スバラシク実力がつくと評判の

電磁気学

キャンパス・ゼミ

大学の物理がこんなに分かる！ 単位なんて楽に取れる！

馬場敬之

マセマ出版社

はじめに

みなさん，こんにちは。マセマの**馬場 敬之（ばば けいし）**です。これまで発刊した**大学物理学「キャンパス・ゼミ」シリーズ**は多くの方々にご愛読頂き，大学物理学学習の新たなスタンダードとして定着してきたようです。そして，今回新たに『**電磁気学キャンパス・ゼミ 改訂 10**』を上梓することが出来て，心より嬉しく思っています。

これから解説する“**電磁気学**”は，**クーロン**，**アンペール**，**ファラデー**，**マクスウェル**らによって創始され，体系化されました。

ファラデーの業績は**電気力線や磁力線の考案**，**電磁誘導の法則の発見**などなど…，枚挙に暇がありません。しかし，貧しい家に生まれた彼はデイヴィーに見出されるまで製本屋の店員として働いていたため，数学的な教育をほとんど受けられませんでした。そのため，彼の数百にも及ぶ素晴らしい論文の中に **1** つの**微分方程式**も登場していないといいます。

対照的に，**マクスウェル**は応用数学の天才的な達人で，様々な**電磁気学**の現象を数学的に記述して，**4** つの**マクスウェルの方程式**にまとめたことはあまりにも有名な話です。

そう…，この**マクスウェルの方程式**：

(Ⅰ) $\mathbf{div}\,\boldsymbol{D} = \rho$ (Ⅱ) $\mathbf{div}\,\boldsymbol{B} = \mathbf{0}$

(Ⅲ) $\mathbf{rot}\,\boldsymbol{H} = \boldsymbol{i} + \dfrac{\partial \boldsymbol{D}}{\partial t}$ (Ⅳ) $\mathbf{rot}\,\boldsymbol{E} = -\dfrac{\partial \boldsymbol{B}}{\partial t}$

を導き，その意味を理解し，そしてこれを使いこなしていくことが，**大学の電磁気学の主要テーマ**なのです。

洗練された理論というものは，見た目にはシンプルで美しいものです。しかし，これを本当に理解するには，**ガウスの発散定理**や**ストークスの定理**などの**ベクトル解析**の知識，および**偏微分方程式の解法**などなど…，様々な**数学的な知識**が要求されます。何故なら，**マクスウェルの方程式**はこれら**ベクトル解析の言葉**で記述されており，またこれを解こうとすると，**ラプラスの方程式**などの**偏微分方程式**が現れるからです。これが電磁気学をマスターしようとする方々が，途中で諦めてしまう主な原因なのです。そうはならないよう，この**実り豊かで魅力的な電磁気学**をどなたでもマスターできるよう**電磁気学のイメージと数学的な解説のバランスの良い参考書**を作るため検討を重ねながら，この『**電磁気学キャンパス・ゼミ 改訂 10**』を書き上げました。

この『**電磁気学キャンパス・ゼミ 改訂 10**』は，全体が **5** 章から構成されており，各章をさらにそれぞれ **10** ～ **20** ページ程度のテーマに分けていますので，非常に読みやすいはずです。電磁気学は難しいものだと思っている方も，まず **1** 回この本を流し読みすることをお勧めします。初めは難しい公式の証明などは飛ばしても構いません。**勾配ベクトル，発散，回転，ガウスの発散定理，ストークスの定理，電場（電束密度），磁場（磁束密度），静電エネルギー，磁場のエネルギー，電気双極子，アンペールの法則，ビオ - サバールの法則，ベクトル・ポテンシャル，電磁誘導の法則，さまざまな回路，マクスウェルの方程式，波動方程式，ダランベールの解，電磁波**などなど…，次々と専門的な内容が目に飛び込んできますが，不思議と違和感なく読みこなしていけるはずです。この**通し読みだけなら，おそらく 1 週間もあれば十分**のはずです。これで**電磁気学の全体像**をつかむ事が大切なのです。

1 回通し読みが終わりましたら，後は各テーマの詳しい解説文を**精読**して，例題を**実際に自分で解きながら**，勉強を進めていって下さい。

この精読が終わりましたならば，後は自分で納得がいくまで何度でも**繰り返し練習**することです。この反復練習により本物の実践力が身に付き，**「電磁気学も自分自身の言葉で自在に語れる」**ようになるのです。こうなれば，**「電磁気学の単位も，大学院の入試も，共に楽勝のはずです！」**

この『**電磁気学キャンパス・ゼミ 改訂 10**』により，皆さんが**奥深くて面白い本格的な物理学の世界**に開眼されることを心より願ってやみません。

マセマ代表　馬場 敬之（けいし）

この改訂 **10** では，ガウスの発散定理の例題を，より教育的な問題に差し替えました。

◆ 目 次 ◆

講義1 電磁気学のプロローグ

講義2 静電場

講義3 定常電流と磁場

電磁気学のプロローグ

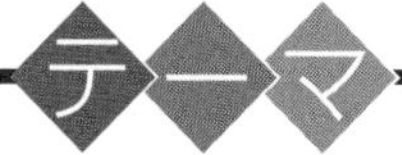

▶ 電磁気学のプロローグ
（高校の電磁気学とマクスウェルの方程式）

▶ スカラー場とベクトル場
（ベクトルの内積と外積，偏微分と全微分）

▶ ベクトル解析の基本（Ⅰ）
（勾配ベクトル grad f，発散 div $\boldsymbol{f}$，回転 rot $\boldsymbol{f}$）

▶ ベクトル解析の基本（Ⅱ）
（ガウスの発散定理，ストークスの定理）

§1. 電磁気学のプロローグ

さァ，これから，“**電磁気学**”の講義を始めよう！電気現象の存在は，具体的にはコハク(琥珀)をまさつして生じる静電気の形で，ギリシャ時代から既に知られていたという。でも，これを初めて数式の形で定量的に表現したのは，クーロンであり，その後，アンペール，ファラデー，マクスウェルらによって，電磁気学の体系が完成された。

電磁気学の基本については，既に高校の物理でも学習されていることと思う。ここでは，電磁気学のプロローグとして，高校の電磁気学の知識と，大学の電磁気学のメインテーマである“**マクスウェルの方程式**”との関係を中心に，これから本格的な電磁気学を学ぶ上での指針と課題を分かりやすく解説しようと思う。

これによって，電磁気学全体の見通しがよくなるので，やる気も湧いてくるはずだ。

● クーロン力と万有引力の公式はソックリだけど…

高校の電磁気学で初めに出てくる“**クーロンの法則**”(*Coulomb's law*)によれば，r(m)だけ離して置かれた，電気量 q_1(C)と q_2(C)の2つ

(“クーロン”と読む。電気量(電荷)の単位)

の点電荷が互いに及ぼし合う力の大きさ f は，

$$f = k\frac{q_1 q_2}{r^2} \quad \cdots\cdots ①$$

$\left(\begin{array}{l} k：比例定数 \\ k \fallingdotseq 8.988 \times 10^9 (\mathrm{Nm^2/C^2}) \end{array}\right)$

(これは，$k \fallingdotseq 9.0 \times 10^9 (\mathrm{Nm^2/C^2})$ と覚えておいてもいいよ。)

図1　クーロン力

(ⅰ) $q_1 q_2 > 0$ のとき斥力

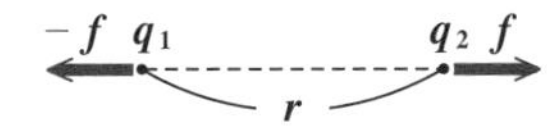

(ⅱ) $q_1 q_2 < 0$ のとき引力

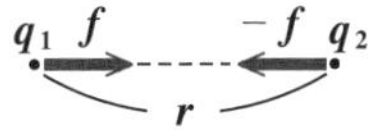

q_1　f　　$-f$　q_2
r

と表される。この力のことを“**クーロン力**”と呼ぶんだけれど，これは，力学で習った次の“**万有引力の法則**”とソックリの形をしていることが分かると思う。

すなわち，万有引力の大きさ f_g は，

$$f_g = G\frac{m_1m_2}{r^2} \quad \cdots\cdots ②$$

r(m) だけ離れて置かれた質量 m_1(kg) と m_2(kg) の 2 つの質点は互いに②の大きさの引力を及ぼす。

(G : 万有引力定数，$G \fallingdotseq 6.672 \times 10^{-11}(\mathrm{Nm^2/kg^2})$)

で表される。 $G \fallingdotseq 6.7 \times 10^{-11}(\mathrm{Nm^2/kg^2})$ と覚えておいてもいいよ。

このように，①のクーロン力と②の万有引力の公式は，同じ形をしているので，この後，力学で学んだ様々な公式や手法がそのまま電磁気学にも当てはまるんじゃないかと楽観しているかも知れないね。しかし，現実はそうではなくて，電磁気学は力学とはまったく異なる公式や手法を利用することになる。

その主な理由を 3 つ挙げておこう。

(Ⅰ) 万有引力には，文字通り引力のみしか働かない。しかし，電荷には正と負 (⊕と⊖) が存在し，図 1 に示すように，

(ⅰ) q_1 と q_2 が同符号 (⊕と⊕，または⊖と⊖) のときは，斥力が働き，

(ⅱ) q_1 と q_2 が異符号 (⊕と⊖，または⊖と⊕) のときは，引力が働く。

(Ⅱ) ①と②のそれぞれの比例定数 $k \fallingdotseq 8.988 \times 10^9(\mathrm{Nm^2/C^2})$ と $G \fallingdotseq 6.672 \times 10^{-11}(\mathrm{Nm^2/kg^2})$ を比べれば分かるように，万有引力に比べてクーロン力は巨大な力となり得る。

(Ⅲ) ニュートン力学において，質点が運動しても空間に何の影響も与えないが，電磁気学においては，電荷が運動すれば (または電流が流れれば)，そのまわりに磁場が発生する。

(Ⅰ) の 2 つの電荷の符号によって，クーロン力が斥力または引力になることは，既に知っていると思う。

(Ⅱ) については具体的に計算してみよう。まず，万有引力について…，

宇宙空間に質量 1(kg) の 2 つの質点が 1(m) の間隔で置かれた場合，その万有引力の大きさ f_g は，$m_1 = m_2 = 1$(kg)，$r = 1$(m) を②に代入して，$f_g \fallingdotseq 6.7 \times 10^{-11} \times \frac{1 \times 1}{1^2} = 6.7 \times 10^{-11}$(N)，すなわち 1 千億分の 6.7(N) と，非常に小さな力であることが分かる。

これに対して，同様に，宇宙空間に電気量 1(C) の 2 つの点電荷が

1(m) の間隔で置かれた場合，そのクーロン力の大きさ f は，

$q_1 = q_2 = 1(\mathrm{C})$，$r = 1(\mathrm{m})$ を①に代入すると，

$f \fallingdotseq 9.0 \times 10^9 \times \dfrac{1 \times 1}{1^2} = 9.0 \times 10^9(\mathrm{N})$，すなわち **90** 億 **(N)** と，超巨大な力になることが分かると思う。

太陽と惑星のように巨大な質量をもったもの同士を質点とみなした場合，相当な大きさの万有引力が働き，惑星が太陽を **1** つの焦点とするだ円軌道を描くことが示せるわけだけれど，普段ボク達の身のまわりにある質量数十 **(kg)** 程度の物体 (質点) 同士に働く万有引力などは小さ過ぎて，検出のしようもないんだね。

これに対して，**1(C)** というのは静電荷として見た場合，確かに大

> 一般の家電製品に流れる電流は，大体 **0.1** ～ **1(A)** 程度だ。
>
> (A：“アンペア”と読む。)
>
> そして，電線の断面を **1** 秒間に **1(C)** の電荷が流れるとき，これを **1(A)** の電流という。すなわち，**1(A) = 1(C/s)** だから，電流としてみた場合，毎秒 **1(C)** の電荷が電線を通過する状態は日常経験していることになるんだね。

きな電荷だけれど，上の例から万有引力と比較して，クーロン力 (静電気力) がいかに大きな力となり得るかが，実感できたと思う。

(Ⅲ) ニュートン力学において，ある程度の質量をもつ質点が座標空間内をある程度の速度で運動しても，まわりの空間に特に変化はない。これに対して，ある電気量をもった電荷が運動したり，電流が流れると，そのまわりに磁場 (磁界) が発生する。これは，ニュートン力学では考えられなかった現象で，電場と磁場が互いに影響し合う複雑な系を取り扱わなければならないため，電磁気学とニュートン力学との間には，その考え方や手法において，決定的な違いが出てくることになるんだね。

以上より，電磁気学では，“クーロンの法則” **1** つをとっても，ニュートン力学とは異なる取り扱い方をしなければいけないことが分かったと思う。それでは，さらに具体的にその考え方を示していこう。

● 電場の考え方を導入しよう！

クーロンの法則：$f = k\dfrac{q_1q_2}{r^2}$ ……① を変形して，

$f = \left(k\dfrac{q_1}{r^2}\right) \cdot q_2$ とし，さらに $E = k\dfrac{q_1}{r^2}$ とおくと，

E(電場)

$f = q_2E$ ……①′ となるのはいいね。

ここで，この E(N/C) のことを“**電場**”(または“**電界**”)(*electric field*)

> 実は，クーロン力もこの電場も，本当はベクトルとして，それぞれ $\boldsymbol{f}$，$\boldsymbol{E}$ などとおくべきものなんだ。でも，今はまだプロローグなので，簡単にスカラー量として表している。

と呼ぶ。エッ，こんなことをして，何になるのかって？一般に力は，**2** つの物体が接触した状態で作用するので，これを“**近接力**(きんせつりょく)”と呼ぶ。これに対して，“**万有引力**”は，**2** つの物体が離れた状態でも力を及ぼし合うので，これのみは“**遠隔力**(えんかくりょく)”と考えられていた。そして，“クーロン力”も，この万有引力と同形式で表されるので，これも初めは“遠隔力”として考えられていたんだ。でも，これに対して，ファラデーは，独特の発想で“**電気力線**(でんきりきせん)”を考案して，クーロン力も近接力として扱うことを提案した。

①のクーロンの法則では，互いに離れた **2** つの電荷が直接遠隔力を及ぼし合っていると考えられる。これに対して，ファラデーの考え方では，まず，図 **2**(i)に示すように，電荷 q_1 が存在することによって，ちょうど豆電球からまわりに光が放射されるように，q_1 を中心に放射状に電気力線が出て，q_1 のまわりの空間に電場 E が形成されるものとする。そして，図 **2**(ii)に示すように，この電場 E の中に置かれた点電荷 q_2 が，電場 E

図 **2**　電気力線と電場

(i) 電荷 q_1 のまわりにできる電場 E

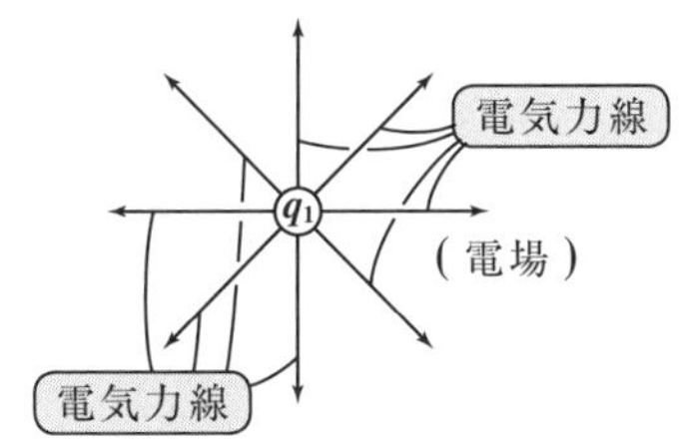

(ii) 電場 E から力を受ける電荷 q_2

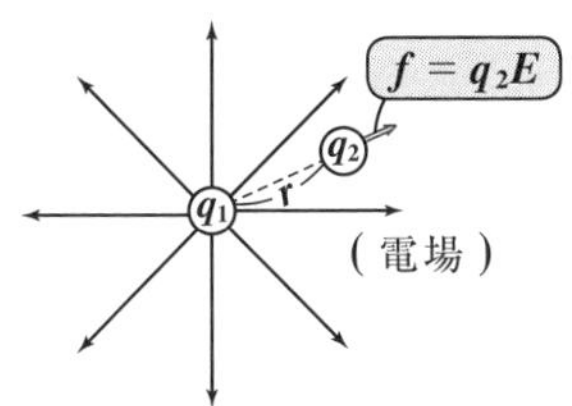

より $f = q_2E$ ……①´ の力を受けると考えるんだ。つまり，q_2 は E と接することによって，①´の近接力を受けることになると考えるんだね。

エッ，単なる仮想的な考え方の問題で，電場そのものは実体をもたないのではないのかって!? 良い質問だ！確かに，この時点では，電荷 E はまだ空想の産物と思えるかも知れない。しかし，この後，マクスウェルは，この電場の考え方を基に理論を展開し，まだ，電子さえ発見されていなかった時代に，電磁波の存在の予言まで行った。現在，ボク達は携帯電話などで幅広く，その恩恵を受けているわけだけど，現在，この"電場" E は，この後に出てくる"**磁場**" H と共に，確かな存在として認められるようになっているんだ。

電磁気学を学習していく上で，この"場"の考え方は欠かせない。このことを肝に銘じておいてくれ。

● 単電荷はあるが，単磁荷はない！

J.J. トムソンが，電気を荷う最小単位の物質として，"**電子**"(*electron*)を発見したのは，マクスウェルが"**マクスウェルの方程式**"を完成した後のことだった。そして，物質を構成する原子はすべて，図3に示すように，"**陽子**"(*proton*)（⊕の電荷をもつ）と"**中性子**"(*neutron*)（電荷をもたない）からなる原子核のまわりに，陽子と同数の電子（⊖の電荷をもつ）が雲のように広がった状態で存在するため，1つの原子として見た場合，これは電気的には完全に中性になるんだね。そして，電子や陽子が荷う最小単位の電気量のことを"**電気素量**(でんきそりょう)"(*elementary electric charge*)といい，これを e で表すと，

$e = 1.602 \times 10^{-19}$(C) であることが分かっている。

図3 原子の構造のイメージ（電子と原子核）

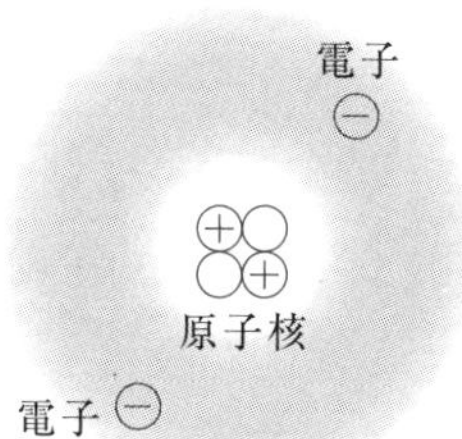

陽子⊕と中性子○からなる原子核のまわりに，陽子と同数の電子⊖が雲のように広がって存在するイメージだ！

このように，⊕の電荷と⊖の電荷の正体が陽子と電子であるため，図 **4** に示すように，電荷には，正の点電荷や負の点電荷，すなわち単電荷が存在し得る。イメージとしては，正の点電荷は陽子(またはプラスイオン)の集合体，負の点電荷は電子の集合体と考えればいいんだね。

図 **4**　単電荷は存在する

図 **5**　単磁荷は存在しない

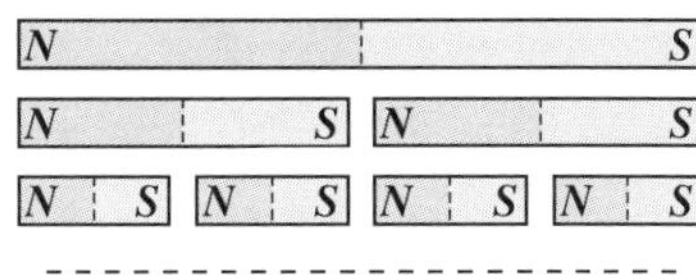

これに対して，磁石の場合，N 極と S 極があり，N と N(または S と S)の間には斥力が働き，N と S の間には引力が働くので，電気のときと同じ取り扱いが出来そうに思える。しかし，N 極に $+q_m$**(Wb)** の磁荷，S 極に $-q_m$**(Wb)** の磁荷をもつ棒磁石を，

つまり，**1** つの棒磁石としてみれば，磁荷は **0** だね。磁荷の単位は **(Wb)** "ウェーバー"

図 **5** に示すように，**2** つに切断しても，**4** つに切断しても…，N 極と S 極を共にもった小さな棒磁石が，金太郎飴のように次々と出来るだけで，N 極のみ，S 極のみの「単磁荷が存在することはない。」これもまた，重要なポイントだからシッカリ頭に入れておこう。

電場 E のときと同様に，磁石のまわりの空間の変化のことを "**磁場**" (*magnetic field*) と呼び，これを H**(A/m)** で表す。しかし，この磁場は，電場とは違って，単磁荷のまわりに生じるものではない。何故なら，単磁荷は存在しないからだ。では，磁場の正体は何か？と問われると，これは，電流(または運動する電荷)の作用と答える以外にないんだね。

図 **6**　アンペールの法則

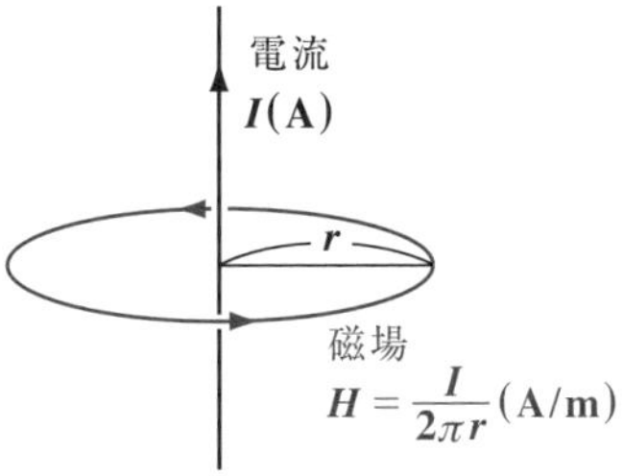

電流 I**(A)**
r
磁場 $H=\frac{I}{2\pi r}$(A/m)

高校の物理でも有名なアンペールの法則は，「I**(A)** の直線電流のまわりに発生する磁場 H は，I に比例し，直線電流からの垂直距離 r に反比例して，$H=\frac{I}{2\pi r}$ **(A/m)**　……③　と表される」というものだった。

つまり，電流によって回転する磁場 $\boldsymbol{H}$ が発生するんだね。そして，このアンペールの法則は，後で示す“マクスウェルの方程式”と密接に関係しているんだよ。

● ファラデーの電磁誘導の法則も重要公式だ！

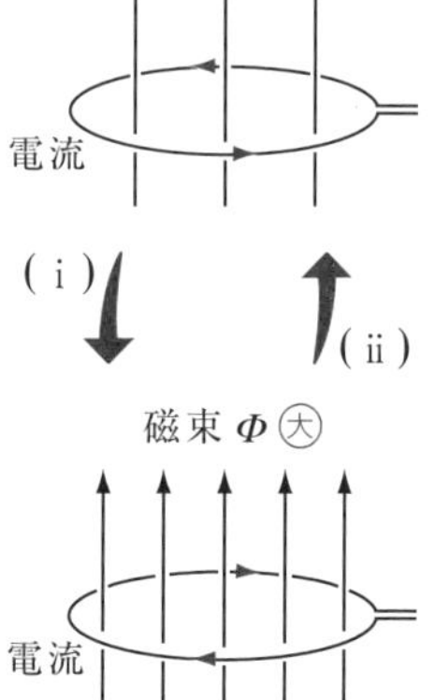

図7　電磁誘導の法則

アンペールの法則により，電流 $\boldsymbol{I}$ から磁場 $\boldsymbol{H}$ が生ずるのであれば，逆に磁場から電流を取り出すことができるのでないかと考えたファラデーは，試行錯誤の末に，次の“**電磁誘導**(でんじゆうどう)(*electromagnetic induction*)**の法則**”を発見した。

$$V = -\frac{d\Phi}{dt}\ (\mathrm{V}) \quad \cdots\cdots ④$$

“ボルト”と読む。

静止した磁場の中に導線を置いても何も電流は流れない。しかし，磁場を変化させて，図7に示すように，円形の導線内の“**磁束**(じそく)” Φ(Wb) を (i)㊀小→㊀大や，(ii)㊀大→㊀小に時間的に変化させると，その磁束の変化を妨げる向きに電流が流れることが分かったんだ。

“ウェーバー”と読む。

この誘導される電流の大きさは，導線の抵抗によってどのようにも変わるので，この電流を起こす元となる起電力，すなわち“**誘導起電力**” V(V) と，磁束 Φ(Wb) の変化率の関係式として④が導かれた。これも，“マクスウェルの方程式”の基となる重要公式だ！

● マクスウェルの方程式を紹介しよう！

これまで，高校で習う電磁気学の基本公式を復習したわけだけど，実はこれらが，大学で学ぶ電磁気学のメインテーマである4つの“**マクスウェルの方程式**”と密接に関わっているんだよ。

それでは，その対応も示しながら，4つのマクスウェルの方程式を下に示そう。

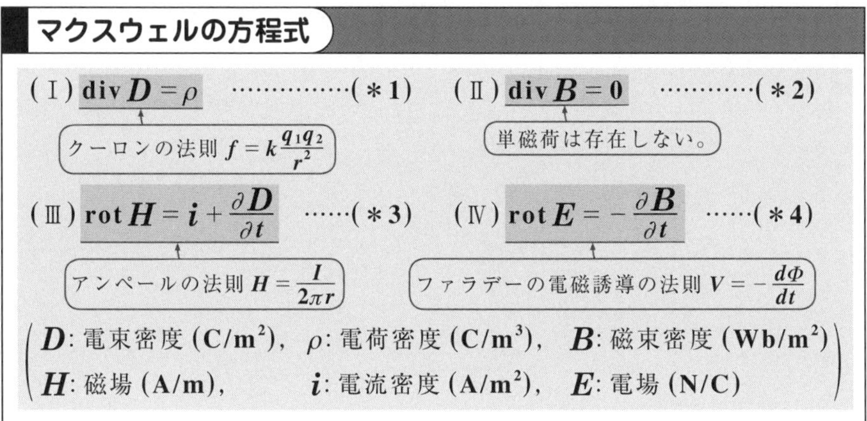

マクスウェルの方程式

(Ⅰ) $\text{div}\,\boldsymbol{D} = \rho$ ……………(＊1)　（クーロンの法則 $f = k\dfrac{q_1 q_2}{r^2}$）

(Ⅱ) $\text{div}\,\boldsymbol{B} = 0$ …………(＊2)　（単磁荷は存在しない。）

(Ⅲ) $\text{rot}\,\boldsymbol{H} = \boldsymbol{i} + \dfrac{\partial \boldsymbol{D}}{\partial t}$ ……(＊3)　（アンペールの法則 $H = \dfrac{I}{2\pi r}$）

(Ⅳ) $\text{rot}\,\boldsymbol{E} = -\dfrac{\partial \boldsymbol{B}}{\partial t}$ ……(＊4)　（ファラデーの電磁誘導の法則 $V = -\dfrac{d\Phi}{dt}$）

（$\boldsymbol{D}$: 電束密度 (C/m^2)，ρ: 電荷密度 (C/m^3)，$\boldsymbol{B}$: 磁束密度 (Wb/m^2)
$\boldsymbol{H}$: 磁場 (A/m)，$\boldsymbol{i}$: 電流密度 (A/m^2)，$\boldsymbol{E}$: 電場 (N/C)）

このシンプルにまとまった4つの方程式を見て，熱力学のエントロピー論で有名なボルツマンは，「これは，神がお創りになった芸術作品である!」と驚嘆したという。

しかし，現時点では，ほとんどの読者の皆さんにとって，「何コレ!?」の世界だろうと思う。それは，これらの方程式がすべて，“**ベクトル解析**”という数学用語で表されているからだ。本当のことを言うと，この4つのマクスウェルの方程式に，もう1つ，ローレンツ力：$\boldsymbol{f} = q(\boldsymbol{E} + \boldsymbol{v} \times \boldsymbol{B})$ ……(＊5)

（これは速度 $\boldsymbol{v}$ (m/s) と磁束密度 $\boldsymbol{B}$ の外積のこと。外積については後で解説する。）

の公式を加えることにより，電磁気学の様々な問題を解いていくことができる。したがって，これからのボク達の主な目的は次の2つなんだね。

(ⅰ) これらマクスウェルの方程式の導き方とその意味をマスターすること。
(ⅱ) これらマクスウェルの方程式を使って，実際に問題を解いてみること。

事実，マクスウェルは，このマクスウェルの方程式から，電場と磁場についての波動方程式(偏微分方程式)を導き，そしてこれを解いて，電磁波(電波)の存在を予言したんだからね。この事は最終章で詳しく解説しよう。

もちろん，今は茫然自失の状態かも知れないね。でも，今はまだ，マクスウェルの方程式を紹介しただけだから，何も分からなくても心配はいらない。これからステップ・バイ・ステップに分かりやすく解説していくからね。そのためにもまず，この後の講義でベクトル解析について，その基本を詳しく教えようと思う。

● 単位もシッカリ押さえよう！

さて，プロローグの最後にもう **1** つ大事な話をしておこう。これまでの解説でも気付いている方が多いと思うけれど，**N**(ニュートン)，**C**(クーロン)，**A**(アンペア)，**Wb**(ウェーバー)など…，電磁気学では実に様々な単位が登場する。まだ解説していないけれど，これ以外にも **F**(ファラッド)，**T**(テスラ)，**G**(ガウス)など…があり，さらにこれらが組合わされて出てくるので，単位を覚えるだけでイヤになってしまうかも知れない。でも，大丈夫だ！

ここで，これらの単位を正確に導くコツを教えることにしよう。ポイントは次の **2** つだけだよ。

(ⅰ)公式の両辺の単位は必ず一致する。
(ⅱ)すべての単位は **MKSA** 単位系によって表せる。

この **2** つは，電磁気学だけでなく，すべての物理量の単位を求める際に利用できる基本法則なんだ。

まず，(ⅰ)について，$a = b$ という等式が与えられた場合，たとえば a の単位が (N) ならば，当然 b の単位も (N) であり，$a(\mathrm{N}) = b(\mathrm{N})$ となる。$a(\mathrm{N}) = b(\mathrm{kg})$ などとなることは決してない。また，$a = b + c$ の等式についても，$a(\mathrm{Wb})$ ならば，$a(\mathrm{Wb}) = b(\mathrm{Wb}) + c(\mathrm{Wb})$ となる。次，(ⅱ)では，物理量は，**MKSA** 単位系，すなわち **m**(メートル)，**kg**(キログラム)，**s**(秒)，**A**(アンペア)の **4** つの組合せ(積や商)のみですべて表すことができると言っているんだよ。

それでは，いくつか例題で練習しておこう。

(*ex*1) 力 $f(N)$ は，公式 $\underset{\mathrm{N}}{f} = \underset{\mathrm{kg}}{m}\,\underset{\mathrm{m/s^2}}{a}$ より，$[N] = [\mathrm{kgm/s^2}]$ となる。（MKSA 単位系）

(*ex*2) $1(\mathrm{A}) = 1(\mathrm{C/s})$ より，$[\mathrm{A}] = \left[\dfrac{\mathrm{C}}{\mathrm{s}}\right]$ よって両辺に s をかけて，

$[\mathrm{C}] = [\mathrm{As}]$ となるのもいいね。つまり，$1(\mathrm{C}) = 1(\mathrm{As})$ と表せる。（MKSA 単位系）

(*ex*3) 公式 $\underset{力(\mathrm{N})}{f} = \underset{電荷(\mathrm{C})}{q}\,\underset{電場}{E}$ より，$E = \dfrac{f}{q}$ だね。よって，電場 E の単位は，

$\left[\frac{N}{C}\right]=[NC^{-1}]$ となる。これをさらに MKSA 単位系で表すと,
（N: $kgms^{-2}$）（C^{-1}: $(As)^{-1}$）

$[NC^{-1}]=[kgms^{-2}(As)^{-1}]=[kgms^{-2}A^{-1}s^{-1}]=[kgm/s^3A]$

となる。よって，電場 E は E(N/C) または E(kgm/s^3A) と表せる。どう？単位を求める場合も，公式の式変形と同様であることが分かっただろう。それでは，次の例題でさらに単位を求める練習をしておこう。

> 例題 1　ローレンツ力の公式の 1 部 $\boldsymbol{f}=q\boldsymbol{v}\times\boldsymbol{B}$ を利用して，
> 磁束密度 B(Wb/m^2) と磁束 Φ(Wb) の単位を MKSA 単位系で表してみよう。

$\boldsymbol{f}=q\boldsymbol{v}\times\boldsymbol{B}$ ……(a)

力 (N)　電荷 (C)　速度 (ms^{-1})

（これは，ローレンツ力 $\boldsymbol{f}=q(\boldsymbol{E}+\boldsymbol{v}\times\boldsymbol{B})$ ……(＊5) の $q\boldsymbol{E}$ を除いた形の式だ。）

より，磁束密度 B(Wb/m^2) は，(a)の式から，

（(a)は，ベクトル積の形だけど，$f=qvB$ と，スカラーの式にして，$B=\frac{f}{qv}$ から，単位を求めればいい。）

$[Wbm^{-2}]=\left[\frac{N}{C\cdot ms^{-1}}\right]=\left[\frac{kgms^{-2}}{Asms^{-1}}\right]=[kg/s^2A]$ となる。

よって，B(Wb/m^2) は，MKSA 単位系では，B(kg/s^2A) と表せる。

さらに，

$\left[\frac{Wb}{m^2}\right]=[kgs^{-2}A^{-1}]$ より，この両辺に m^2 をかけて，磁束 Φ(Wb) は，MKSA 単位系では，Φ(kgm^2/s^2A) と表せるのも大丈夫だね。

（文字通り M，K，S，A の 4 つの単位がすべて登場している！）

また，$[Cs^{-1}]=[A]$ より，磁束密度 B は B(N/Am)，磁束 Φ は Φ(Nm/A) と表されることも多いので，覚えておくといいよ。

以上の要領で，新たな物理量が出てくるたびに，その単位を調べることが出来るんだね。どう？要領が分かっただろう。

§2. スカラー場とベクトル場

電磁気学において“**場**”の考え方は欠かせない。そして，この場は数学的には“**スカラー場**”と“**ベクトル場**”の**2**つに大きく分類される。

ここではまず，内積や外積も含めたベクトルの基本について説明しよう。そして，スカラー場とベクトル場について，具体例を示しながら，詳しく解説するつもりだ。さらに，スカラー場の偏微分と全微分，さらにベクトル場の偏微分についても教えよう。

この講義で，“**場**”の基本がマスターできるはずだ。頑張ろう！

● ベクトルの内積と外積から始めよう！

2つの**3**次元ベクトル $\boldsymbol{a}$ と $\boldsymbol{b}$ の内積と外積の定義は次の通りだ。

ベクトルの内積と外積

2つの**3**次元ベクトル $\boldsymbol{a}=[a_1,\ a_2,\ a_3]$，$\boldsymbol{b}=[b_1,\ b_2,\ b_3]$ について，

(Ⅰ) $\boldsymbol{a}$ と $\boldsymbol{b}$ の内積は次のように定義される。

$$\boldsymbol{a}\cdot\boldsymbol{b}=\|\boldsymbol{a}\|\|\boldsymbol{b}\|\cos\theta$$
$$=a_1b_1+a_2b_2+a_3b_3$$

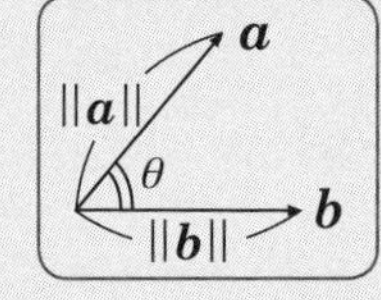

$\left(\begin{array}{l}\theta:\boldsymbol{a}\text{ と }\boldsymbol{b}\text{ のなす角}\\ \|\boldsymbol{a}\|,\ \|\boldsymbol{b}\|:\text{それぞれ }\boldsymbol{a}\text{ と }\boldsymbol{b}\text{ の大きさ}\end{array}\right)$

(Ⅱ) $\boldsymbol{a}$ と $\boldsymbol{b}$ の外積は次のように定義される。

$$\boldsymbol{a}\times\boldsymbol{b}=[a_2b_3-a_3b_2,\ a_3b_1-a_1b_3,\ a_1b_2-a_2b_1]$$

$\boldsymbol{a}\times\boldsymbol{b}=\boldsymbol{c}$ ← これが外積を表すベクトル

とおくと，外積 $\boldsymbol{c}$ は右図のように，

(i) $\boldsymbol{a}$ と $\boldsymbol{b}$ の両方に直交し，その向きは，$\boldsymbol{a}$ から $\boldsymbol{b}$ に向かうように回転するとき，右ネジが進む向きと一致する。

(ii) また，その大きさ $\|\boldsymbol{c}\|$ は，$\boldsymbol{a}$ と $\boldsymbol{b}$ を**2**辺にもつ平行四辺形の面積 S に等しい。よって，$\|\boldsymbol{c}\|=S=\|\boldsymbol{a}\|\|\boldsymbol{b}\|\sin\theta$ となる。

(ただし，$\|\boldsymbol{a}\|=\sqrt{a_1^2+a_2^2+a_3^2}$，$\|\boldsymbol{b}\|=\sqrt{b_1^2+b_2^2+b_3^2}$，$\theta:\boldsymbol{a}$ と $\boldsymbol{b}$ のなす角)

大きさと向きをもった量を"**ベクトル**"というのに対し，正・負の値は取り得るが，大きさのみの量(つまり，実数のこと)を"**スカラー**"という。したがって，ベクトルの内積はスカラー量で，外積はベクトル量ということになるんだね。

図1　ベクトルの内積と正射影

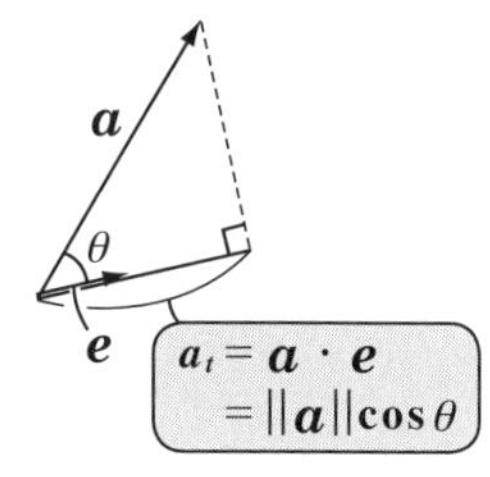

ここで，b と同じ向きの単位ベクトルを（大きさ1のベクトルのこと）e とおくと，$e = \dfrac{b}{\|b\|}$ となるのはいいね。

また，図1に示すように，a と e の内積は，a と e のなす角 θ が $0 \leqq \theta < \dfrac{\pi}{2}$ のとき，a の e 方向への正射影の長さを表すことになる。これを a_t とおくと，次のようになる。

$$a_t = a \cdot e = \|a\|\underbrace{\|e\|}_{1}\cos\theta = \|a\|\cos\theta$$

（つまり，a_t は a の e 方向の成分(スカラー量)と考えていい。）

次，a と b の外積の求め方は右の模式図の通りだ。まず，a と b の成分を上下に並べ，さらに右端に a_1 と b_1 を付け加える。次に真中(x成分)，右(y成分)，左(z成分)の順に2次の正方行列の行列式を求める要領で，

外積の求め方（a_1，b_1 を付け加える。）

$$\begin{matrix} a_1 & & a_2 & & a_3 & & a_1 \\ b_1 & & b_2 & & b_3 & & b_1 \end{matrix}$$

$$[\underbrace{a_2b_3 - a_3b_2}_{x\text{成分}},\ \underbrace{a_3b_1 - a_1b_3}_{y\text{成分}},\ \underbrace{a_1b_2 - a_2b_1}_{z\text{成分}}]$$

$$\begin{vmatrix} a_2 & a_3 \\ b_2 & b_3 \end{vmatrix} = a_2b_3 - a_3b_2,\quad \begin{vmatrix} a_3 & a_1 \\ b_3 & b_1 \end{vmatrix} = a_3b_1 - a_1b_3,\quad \begin{vmatrix} a_1 & a_2 \\ b_1 & b_2 \end{vmatrix} = a_1b_2 - a_2b_1$$

を計算して，それぞれ順に，外積 $a \times b$ の x 成分，y 成分，z 成分とすればいいんだ。

ここで，$a \neq 0$，$b \neq 0$ として，

(i) $a \perp b \rightleftarrows a \cdot b = 0$ $\left(\because a \cdot b = \|a\|\|b\|\cos\dfrac{\pi}{2} = 0\right)$

(ii) $a \,/\!/\, b \rightleftarrows a \times b = 0$ $(\because \|a \times b\| = \|a\|\|b\|\sin 0 = 0)$

となるのも，ベクトルの内積と外積の定義から明らかだね。

同じく定義から，内積には交換則：$\boldsymbol{a}\cdot\boldsymbol{b}=\boldsymbol{b}\cdot\boldsymbol{a}$ が成り立つけれど，外積の場合は成り立たなくて，$\boldsymbol{a}\times\boldsymbol{b}=-\boldsymbol{b}\times\boldsymbol{a}$ となることにも注意しよう。

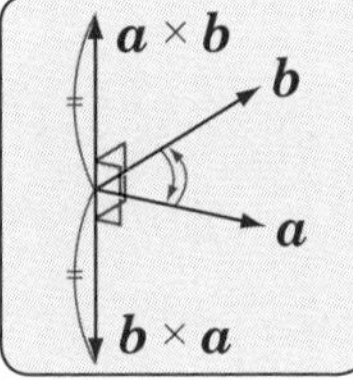

ここで，3つの3次元ベクトル $\boldsymbol{a}$，$\boldsymbol{b}$，$\boldsymbol{c}$ について，$\boldsymbol{a}\times(\boldsymbol{b}\times\boldsymbol{c})$のことを“**ベクトル3重積**”と呼び，これには次の展開公式がある。

$$\boldsymbol{a}\times(\boldsymbol{b}\times\boldsymbol{c})=(\boldsymbol{a}\cdot\boldsymbol{c})\boldsymbol{b}-(\boldsymbol{a}\cdot\boldsymbol{b})\boldsymbol{c}\quad\cdots\cdots(*a)$$

(i) $\boldsymbol{a}$ と $\boldsymbol{c}$ の内積（スカラー）倍の $\boldsymbol{b}$

(ii) $\boldsymbol{a}$ と $\boldsymbol{b}$ の内積（スカラー）倍の $\boldsymbol{c}$

$(*a)$ が成り立つことを，次の例題で確かめてみよう。

> 例題2　$\boldsymbol{a}=[1,\ 0,\ 1]$，$\boldsymbol{b}=[2,\ -1,\ 1]$，$\boldsymbol{c}=[1,\ 1,\ 0]$ のとき，
> 公式：$\boldsymbol{a}\times(\boldsymbol{b}\times\boldsymbol{c})=(\boldsymbol{a}\cdot\boldsymbol{c})\boldsymbol{b}-(\boldsymbol{a}\cdot\boldsymbol{b})\boldsymbol{c}\quad\cdots\cdots(*a)$ が成り立つことを確認してみよう。

$((*a)$ の左辺$)=\boldsymbol{a}\times(\boldsymbol{b}\times\boldsymbol{c})=[1,\ 0,\ 1]\times[-1,\ 1,\ 3]=[-1,\ -4,\ 1]$

$\boldsymbol{b}\times\boldsymbol{c}$ の計算

$$\begin{matrix} 2 & & -1 & & 1 & & 2 \\ 1 & & 1 & & 0 & & 1 \end{matrix}$$
$$\downarrow\qquad\downarrow\qquad\downarrow$$
$$,\ 3\ ]\ [\ -1\ ,\ 1$$

$\boldsymbol{a}\times(\boldsymbol{b}\times\boldsymbol{c})$ の計算

$$\begin{matrix} 1 & & 0 & & 1 & & 1 \\ -1 & & 1 & & 3 & & -1 \end{matrix}$$
$$\downarrow\qquad\downarrow\qquad\downarrow$$
$$,\ 1\ ]\ [\ -1\ ,\ -4$$

となる。これに対して，$((*a)$ の右辺$)$ を求めると，

$((*a)$ の右辺$)=(\boldsymbol{a}\cdot\boldsymbol{c})\boldsymbol{b}-(\boldsymbol{a}\cdot\boldsymbol{b})\boldsymbol{c}=[2,\ -1,\ 1]-3[1,\ 1,\ 0]$

$1\times1+0\times1+1\times0=1$　　$1\times2+0\times(-1)+1\times1=3$

$=[2,\ -1,\ 1]-[3,\ 3,\ 0]=[-1,\ -4,\ 1]$ となって，

同じ結果が導ける。$((*a)$ の左辺$)$ のベクトル3重積では，2回も外積を行わないといけなくてメンドウだけど，$((*a)$ の右辺$)$ では2回の内積計算で済むから省エネ計算になるんだね。

● スカラー場とベクトル場も押さえよう！

電磁気学において，“場”の考え方が重要だと話したけれど，実はこの場には，(Ⅰ) **スカラー場** (*scalar field*) と (Ⅱ) **ベクトル場** (*vector field*) の2種類がある。順に説明しよう。

(Ⅰ)スカラー場について

スカラー場はさらに(ⅰ)平面スカラー場と(ⅱ)空間スカラー場に分類される。

(ⅰ)平面スカラー場について

平面領域 D 内の各点 $\boldsymbol{r}=[x,\ y]$ に，スカラー $f(\boldsymbol{r})=f(x,\ y)$ が対応

スカラーの値をとる関数なので，これを，"**スカラー値関数**"と呼ぶ。この場合，たとえば，$f(x,\ y)=x^2+y^2$ や $f(x,\ y)=2x-3y+1$ など，$f(x,\ y)$ は **2** 変数関数のことだ。

づけられているとき，この D を"**平面スカラー場**"という。つまり，平面 D 上のすべての点 $(x,\ y)$ に，スカラー $f(x,\ y)$ の値が貼り付けられていると思えばいい。また，$f(x,\ y)$ を z 軸方向に取れば，$z=f(x,\ y)$ は，**3** 次元空間内の曲面として表すことができる。この例として，図 **2** に，

$$f(x,\ y)=\frac{1}{\sqrt{x^2+y^2}} \quad \cdots\cdots①$$

$$((x,\ y)\fallingdotseq(0,\ 0))$$

で表されるスカラー場(曲面)を示そう。ここで，スカラー値関数

図 **2**　平面スカラー場のイメージ

$(ex)\ f(x,\ y)=\dfrac{1}{\sqrt{x^2+y^2}}$ (原点を除く)

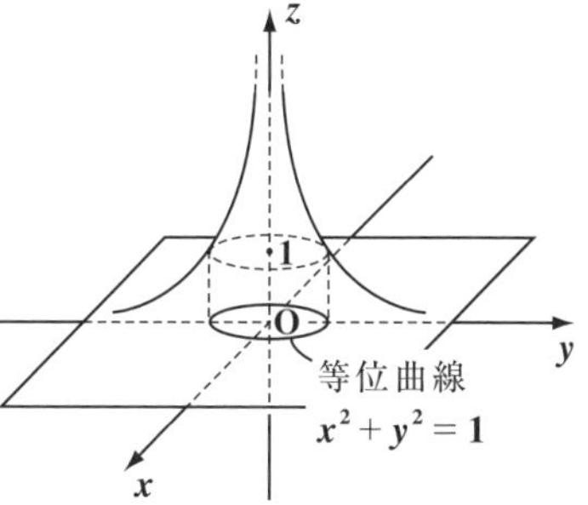

$f(x,\ y)$ そのものをスカラー場と呼ぶ場合もあるので，覚えておこう。また，$f(x,\ y)=k$ (定数)をみたすような曲線を，"**等位曲線**(とういきょくせん)"という。これは，地図の等高線のようなものだね。①の例で，$f(x,\ y)=1$ をみたす **1** つの等位曲線を求めておこう。

$$f(x,\ y)=\boxed{\frac{1}{\sqrt{x^2+y^2}}=1} \quad \text{より，}\ \sqrt{x^2+y^2}=1$$

よって，等位曲線は，$x^2+y^2=1$ となる。← 原点 **O** を中心とする半径 **1** の円

(ⅱ)空間スカラー場について

空間領域 D 内の各点 $\boldsymbol{r}=[x,\ y,\ z]$ に，スカラー $f(\boldsymbol{r})=f(x,\ y,\ z)$

3 変数のスカラー値関数。これそのものを空間スカラー場と呼ぶこともある。

が対応づけられているとき，この D を"**空間スカラー場**"という。空間スカラー場は，平面スカラー場のときのようにグラフで表すことは難しい。ここでは，空間領域 D 内のすべての点 $(x,\ y,\ z)$ にスカ

ラー $\boldsymbol{f}(x,\ y,\ z)$ の値が貼り付けられていると考えよう。

また，$\boldsymbol{f}(x,\ y,\ z)=k$(定数)をみたすような曲面が存在し，これを“**等位曲面**”と呼ぶ。

以上が，スカラー場についての基本なんだ。それでは，次，

(Ⅱ) ベクトル場について

ベクトル場にも(ⅰ)平面ベクトル場と(ⅱ)空間ベクトル場がある。

(ⅰ) 平面ベクトル場について

平面領域 D 内の各点 $\boldsymbol{r}=[x,\ y]$ に，“**ベクトル値関数**”

(ベクトルの値をとる関数のこと。これそのものを“**平面ベクトル場**”と呼ぶこともある。)

$\boldsymbol{f}(\boldsymbol{r})=\boldsymbol{f}(x,\ y)=[\underbrace{f_1(x,\ y)}_{x\text{成分}},\ \underbrace{f_2(x,\ y)}_{y\text{成分}}]$ が対応づけられているとき，この領域 D を“**平面ベクトル場**”と呼ぶ。つまり，平面領域 D 上のすべての点 $(x,\ y)$ に，ベクトル $\boldsymbol{f}(x,\ y)$ が貼り付けられていると思えばいいんだね。

平面ベクトル場の例として，次の 3 つの例

$(ex1)$ $\boldsymbol{f}(x,\ y)=[1,\ 1]$ ←(いたるところ定ベクトルの場)

$(ex2)$ $\boldsymbol{g}(x,\ y)=\left[\frac{1}{2}x,\ \frac{1}{2}y\right]$

$(ex3)$ $\boldsymbol{h}(x,\ y)=\left[-\frac{1}{2}y,\ \frac{1}{2}x\right]$ のイメージを，

図 3(ⅰ)，(ⅱ)，(ⅲ)にそれぞれ示す。

図 3　平面ベクトル場の例

(ⅰ) $\boldsymbol{f}(\boldsymbol{r})=[1,\ 1]$

(ⅱ) $\boldsymbol{g}(\boldsymbol{r})=\left[\frac{1}{2}x,\ \frac{1}{2}y\right]$

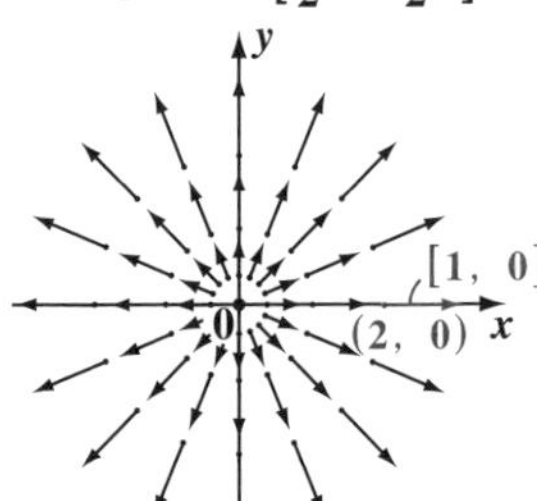

(ⅲ) $\boldsymbol{h}(\boldsymbol{r})=\left[-\frac{1}{2}y,\ \frac{1}{2}x\right]$

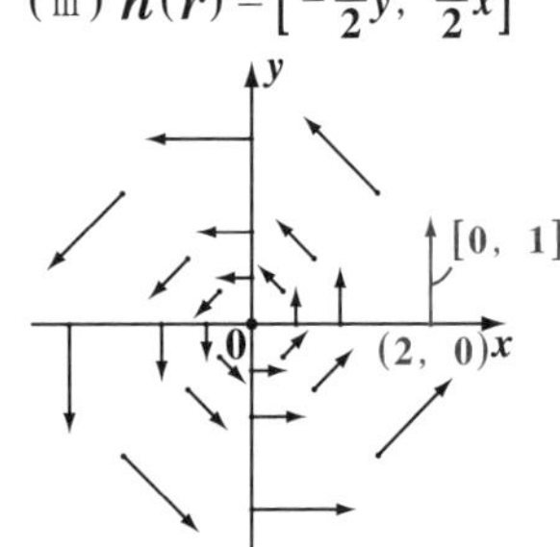

いずれも，xy 平面全体が平面ベクトル場で，$(ex1)$ は，定ベクトルによるベクトル場，$(ex2)$ は，外側に行く程ベクトルの大きさが大きくなって，発散していくベクトル場，そして，$(ex3)$ は渦を巻いた形のベクトル場であることが分かるね。

(ⅱ) 空間ベクトル場について

空間領域 D 内の各点 $\boldsymbol{r} = [x,\ y,\ z]$ に，ベクトル値関数

$$\boldsymbol{f}(\boldsymbol{r}) = \boldsymbol{f}(x,\ y,\ z) = [\underbrace{f_1(x,\ y,\ z)}_{x\text{成分}},\ \underbrace{f_2(x,\ y,\ z)}_{y\text{成分}},\ \underbrace{f_3(x,\ y,\ z)}_{z\text{成分}}]$$

が対応づけられているとき，この領域 D を **"空間ベクトル場"** と呼ぶ。これは，平面ベクトル場のように図で示すことは難しいけれど，空間領域 D 内のすべての点 $(x,\ y,\ z)$ にベクトル $\boldsymbol{f}(x,\ y,\ z)$ が貼り付けられていると考えればいい。

以上，解説したスカラー場とベクトル場は，平面，空間のいずれにおいても時間的に変化しないものばかりだったんだけれど，これが時間的に変化する場合は，独立変数として，時刻 t を加える必要がある。だから，たとえば，時間的に変化する平面ベクトル場 (ベクトル値関数) は，

$\boldsymbol{f}(\boldsymbol{r},\ \underbrace{t}_{\text{時刻を表す変数}}) = \boldsymbol{f}(x,\ y,\ t) = [\underbrace{f_1(x,\ y,\ t)}_{x\text{成分}},\ \underbrace{f_2(x,\ y,\ t)}_{y\text{成分}}]$ となるんだね。納得いった？

● スカラー値関数の偏微分と全微分もマスターしよう！

平面と空間のスカラー値関数はいずれの場合も，多変数関数になるので，多変数関数の微分，すなわち **"偏微分(へんびぶん)"** をマスターする必要があるんだね。

まず，スカラー値関数の偏微分について，例で解説しておこう。

(ex) 2 変数スカラー値関数 $f(x,\ y) = 2x^2y^3$ について，

・この x での偏微分 $\dfrac{\partial f}{\partial x}$ (または f_x) は，x^2 に着目して，$2y^3$ は定数と考えて x で微分する。

（1 変数関数 $f(x)$ の常微分 $\dfrac{df}{dx}$ と区別するため，$\dfrac{\partial f}{\partial x}$ と表す。）

よって，$f_x = \dfrac{\partial f}{\partial x} = \dfrac{\partial}{\partial x}(\underbrace{2}_{}x^2\underbrace{y^3}_{\text{定数扱い}}) = 2y^3 \cdot 2x = 4xy^3$ となる。

・同様に，y での偏微分 $\dfrac{\partial f}{\partial y}$ (または f_y) は，

定数扱い

$f_y = \dfrac{\partial f}{\partial y} = \dfrac{\partial}{\partial y}(2x^2 y^3) = 2x^2 \cdot 3y^2 = 6x^2y^2$ となる。要領はつかめた？

そして，この偏微分は常微分のときと同様に，次の公式が成り立つ。

偏微分の公式

f，g は共に偏微分可能な多変数関数とする。

(1) $(kf)_x = kf_x$ （k：定数）　(2) $(f \pm g)_x = f_x \pm g_x$

(3) $(fg)_x = f_x g + f g_x$　(4) $\left(\dfrac{f}{g}\right)_x = \dfrac{f_x g - f g_x}{g^2}$

(5) $f_x = \dfrac{\partial f}{\partial x} = \dfrac{df}{du} \cdot \dfrac{\partial u}{\partial x}$ （合成関数の偏微分）

（以上は，x についてのみの偏微分の公式を示したが，y，z などについても同様である。）

それでは，次の例題で，偏微分の練習をしておこう。

例題3　平面スカラー場 $f(x,\ y) = \dfrac{1}{\sqrt{x^2+y^2}}$ （$(x,\ y) \neq (0,\ 0)$）について，偏微分 $f_x = \dfrac{\partial f}{\partial x}$ と $f_y = \dfrac{\partial f}{\partial y}$ を求めよう。

この $f(x,\ y)$ は P21 に示した平面スカラー場だね。この偏微分 f_x と f_y を求めるには，$x^2+y^2=u$ とおいて，合成関数の偏微分公式を用いるといい。

・$f_x = \dfrac{\partial f}{\partial x} = \dfrac{\partial}{\partial x}\left\{(x^2+y^2)^{-\frac{1}{2}}\right\} = \dfrac{\partial u}{\partial x} \cdot \dfrac{du^{-\frac{1}{2}}}{du}$

（x^2+y^2 を u とおく）　$\dfrac{\partial u}{\partial x} = (x^2+y^2)_x = 2x$　$\dfrac{du^{-\frac{1}{2}}}{du} = -\dfrac{1}{2}u^{-\frac{3}{2}} = -\dfrac{1}{2}\dfrac{1}{(x^2+y^2)^{\frac{3}{2}}}$

$= 2x \cdot \left\{-\dfrac{1}{2} \cdot \dfrac{1}{(x^2+y^2)^{\frac{3}{2}}}\right\} = -\dfrac{x}{(x^2+y^2)\sqrt{x^2+y^2}}$ 　となる。

・$f_y = \dfrac{\partial f}{\partial y} = \dfrac{\partial}{\partial y}\left\{(x^2+y^2)^{-\frac{1}{2}}\right\} = \dfrac{\partial u}{\partial y} \cdot \dfrac{du^{-\frac{1}{2}}}{du}$

（x^2+y^2 を u とおく）　$\dfrac{\partial u}{\partial y} = (x^2+y^2)_y = 2y$　$\dfrac{du^{-\frac{1}{2}}}{du} = -\dfrac{1}{2}u^{-\frac{3}{2}} = -\dfrac{1}{2}\dfrac{1}{(x^2+y^2)^{\frac{3}{2}}}$

$= 2y \cdot \left\{-\dfrac{1}{2} \cdot \dfrac{1}{(x^2+y^2)^{\frac{3}{2}}}\right\} = -\dfrac{y}{(x^2+y^2)\sqrt{x^2+y^2}}$ 　となる。

次，2階偏微分 $f_{xx}=\dfrac{\partial^2 f}{\partial x^2}$，$f_{yy}=\dfrac{\partial^2 f}{\partial y^2}$ については問題ないね。

（f を x で2階偏微分）（f を y で2階偏微分）

では，$f_{xy}=\dfrac{\partial}{\partial y}\left(\dfrac{\partial f}{\partial x}\right)=\dfrac{\partial^2 f}{\partial y\partial x}$，$f_{yx}=\dfrac{\partial}{\partial x}\left(\dfrac{\partial f}{\partial y}\right)=\dfrac{\partial^2 f}{\partial x\partial y}$ についてだけれど，

（f を x で偏微分した後に，y で偏微分したもの）（f を y で偏微分した後に，x で偏微分したもの）

f_{xy} と f_{yx} が共に連続ならば，

$f_{xy}=f_{yx}$ ……(＊) が成り立つ。これを **"シュワルツの定理"** という。これも重要公式だから覚えておこう。

また，多変数のスカラー値関数には，偏微分以外に **"全微分(ぜんびぶん)"** も存在する。その定義を下に示そう。

全微分の定義

(Ⅰ) 2変数スカラー値関数 $f(x,\ y)$ が全微分可能のとき，

$$df=\frac{\partial f}{\partial x}dx+\frac{\partial f}{\partial y}dy \quad \cdots\cdots(*b)$$ が成り立ち，

これを **"全微分"** という。

(Ⅱ) 3変数スカラー値関数 $f(x,\ y,\ z)$ が全微分可能のとき，

$$df=\frac{\partial f}{\partial x}dx+\frac{\partial f}{\partial y}dy+\frac{\partial f}{\partial z}dz \quad \cdots\cdots(*b)'$$ が成り立ち，

これを **"全微分"** という。

そして，平面スカラー場 $f(x,\ y)$，空間スカラー場 $f(x,\ y,\ z)$ は暗黙の了解として，この全微分可能な関数であることを前提としている。

ここで，偏微分と全微分の図形的な意味を，2変数スカラー値関数（平面スカラー場）$f(x,\ y)$ を使って解説しておこう。まず，

$z=f(x,\ y)$ とおくと，これは次ページの図4(ⅰ)に示すような，空間座標におけるある曲面を表すことになるんだね。そして，この曲面上の点 $A(x,\ y,\ z)$ における偏微分について，

・$f_x = \dfrac{\partial f}{\partial x}$ は，この曲面を A を通る y 軸に垂直な平面で切ってできる曲線の接線 AB の傾きのことだ。同様に，

・$f_y = \dfrac{\partial f}{\partial y}$ は，この曲面を A を通る x 軸に垂直な平面で切ってできる曲線の接線 AD の傾きのことなんだ。

図 **4**　偏微分と全微分

(ⅰ)

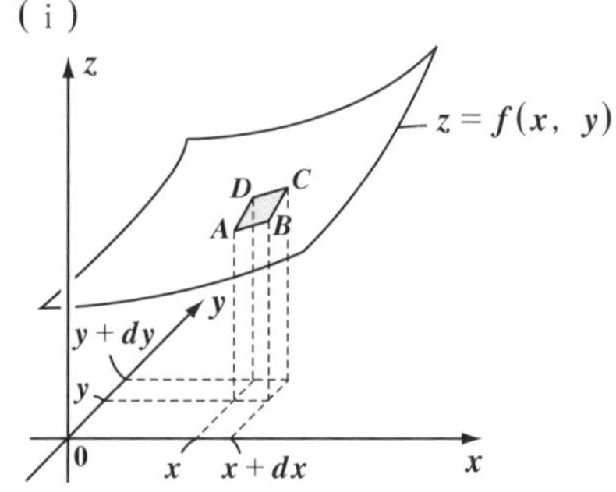

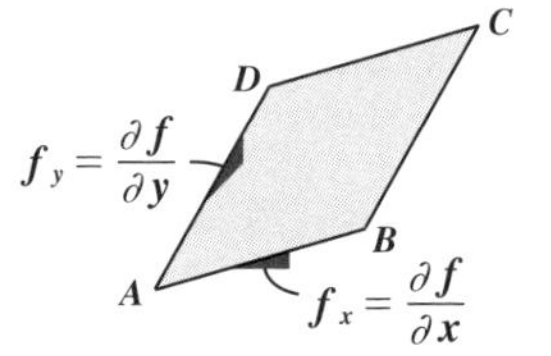

(ⅱ)

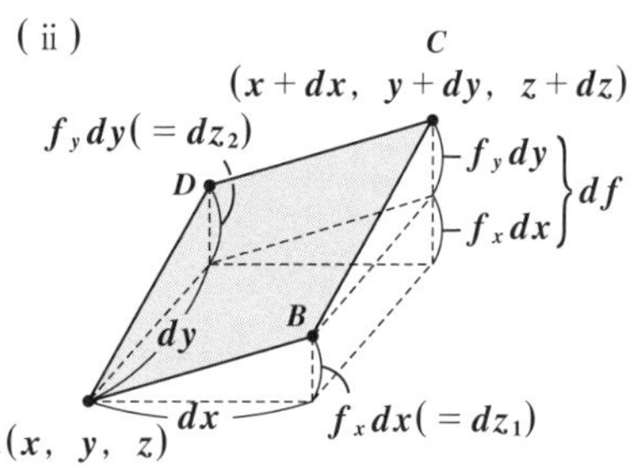

そして，全微分可能な関数とは図 **4**(ⅰ)に示すように，曲面上のすべての点で接平面が存在するような滑らかな関数のことだ。ここで，この曲面上の **4** 点 $A(x,\ y,\ z)$，$B(x+dx,\ y,\ z+dz_1)$，$C(x+dx,\ y+dy,\ z+dz)$，$D(x,\ y+dy,\ z+dz_2)$ により，曲面上に微小な四角形 $ABCD$ をとって考える。$z=f(x,\ y)$ を全微分可能な関数とすると，この微小な四角形は，曲面ではなく平面とみなすことができる。ここで，

・A から B に向けて，x 軸方向の z の増加分を dz_1 とおくと，

$dz_1 = f_x dx = \dfrac{\partial f}{\partial x}dx$　……①　となる。

・また，A から D に向けて，y 軸方向の z の増加分を dz_2 とおくと，

$dz_2 = f_y dy = \dfrac{\partial f}{\partial y}dy$　……②　となるのも大丈夫だね。

図 **4**(ⅱ)より，この①と②の和が，A から C に向けての z の全増加分，すなわち全微分 $dz(=df)$ となるので，$dz = dz_1 + dz_2$ より，全微分の公式：

$df = f_x dx + f_y dy = \dfrac{\partial f}{\partial x}dx + \dfrac{\partial f}{\partial y}dy$　……$(*b)$　が導ける。

全微分可能な **3** 変数スカラー値関数 $f(x, y, z)$ の全微分の公式：

$df = \frac{\partial f}{\partial x}dx + \frac{\partial f}{\partial y}dy + \frac{\partial f}{\partial z}dz$ …$(*b)'$ は，イメージが湧きにくいけれど，$(*b)$ と同様の考え方から導ける公式なんだ。覚えておこう！

● ベクトル値関数の偏微分は成分毎に行う！

ベクトル値関数，すなわち平面ベクトル場 $\boldsymbol{f}(x, y)$ や空間ベクトル場 $\boldsymbol{f}(x, y, z)$ の偏微分については，各成分毎に偏微分を行えばいい。

ベクトル値関数の偏微分

(Ⅰ) 平面ベクトル場 $\boldsymbol{f}(x, y) = [f_1(x, y), f_2(x, y)]$ が偏微分可能のとき，その x, y による偏微分は次のようになる。

$$\frac{\partial \boldsymbol{f}}{\partial x} = \left[\frac{\partial f_1}{\partial x}, \frac{\partial f_2}{\partial x}\right], \quad \frac{\partial \boldsymbol{f}}{\partial y} = \left[\frac{\partial f_1}{\partial y}, \frac{\partial f_2}{\partial y}\right]$$

(Ⅱ) 空間ベクトル場 $\boldsymbol{f}(x, y, z) = [f_1(x, y, z), f_2(x, y, z), f_3(x, y, z)]$ が偏微分可能のとき，その x, y, z による偏微分は次のようになる。

$$\frac{\partial \boldsymbol{f}}{\partial x} = \left[\frac{\partial f_1}{\partial x}, \frac{\partial f_2}{\partial x}, \frac{\partial f_3}{\partial x}\right], \quad \frac{\partial \boldsymbol{f}}{\partial y} = \left[\frac{\partial f_1}{\partial y}, \frac{\partial f_2}{\partial y}, \frac{\partial f_3}{\partial y}\right]$$

$$\frac{\partial \boldsymbol{f}}{\partial z} = \left[\frac{\partial f_1}{\partial z}, \frac{\partial f_2}{\partial z}, \frac{\partial f_3}{\partial z}\right]$$

P22 の例で示した **3** つの内の **2** つの平面ベクトル場 $\boldsymbol{f}(x, y) = [1, 1]$，$\boldsymbol{g}(x, y) = \left[\frac{1}{2}x, \frac{1}{2}y\right]$ について，その x, y による偏微分の結果を以下に示そう。

(ⅰ) $\frac{\partial \boldsymbol{f}}{\partial x} = [0, 0]$，$\frac{\partial \boldsymbol{f}}{\partial y} = [0, 0]$ ← $\boldsymbol{f}$ は定ベクトルだから偏微分すれば当然 $\boldsymbol{0}$ になる！

(ⅱ) $\frac{\partial \boldsymbol{g}}{\partial x} = \left[\frac{\partial}{\partial x}\left(\frac{1}{2}x\right), \frac{\partial}{\partial x}\left(\frac{1}{2}y\right)\right] = \left[\frac{1}{2}, 0\right]$ （$\frac{1}{2}y$：定数扱い）

$\frac{\partial \boldsymbol{g}}{\partial y} = \left[\frac{\partial}{\partial y}\left(\frac{1}{2}x\right), \frac{\partial}{\partial y}\left(\frac{1}{2}y\right)\right] = \left[0, \frac{1}{2}\right]$ （$\frac{1}{2}x$：定数扱い） となる。大丈夫？

§3. ベクトル解析の基本(I)

さァ，これから“**ベクトル解析**”の基本について講義を始めよう！ベクトル解析とは，ベクトルと微分積分を融合させた数学の一分野で，電磁気学をマスターする上で，このベクトル解析の知識は欠かせない。

ここでは，**ナブラ**(または，**ハミルトン演算子**)∇と併せて，ベクトル解析の**3**つのメインテーマ“**勾配ベクトル**”**grad** f，“**発散**”**div** f，“**回転**”**rot** fについて詳しく解説しよう。これらの記号法に，初めは違和感を感じるかも知れないけれど，積極的に練習して是非慣れてくれ。これで，電磁気学を攻略する基礎が固まるからだ！

● 勾配ベクトル(グラディエント)grad f から始めよう！

平面スカラー場 $f(x, y)$ や空間スカラー場 $f(x, y, z)$ に対して，その“**勾配**(こうばい)**ベクトル**”(または“**グラディエント**”)**grad** f の定義を次に示そう。

勾配ベクトル(グラディエント)の定義

(I) 平面スカラー場 $f(x, y)$ の“**勾配ベクトル**”(または“**グラディエント**”)は，**grad** f と表され，これは次のように定義される。

$$\mathbf{grad}\, f = \left[\frac{\partial f}{\partial x},\ \frac{\partial f}{\partial y}\right] = [f_x,\ f_y] \quad \cdots\cdots(*c)$$

(II) 空間スカラー場 $f(x, y, z)$ の“**勾配ベクトル**”(または“**グラディエント**”)は，**grad** f と表され，これは次のように定義される。

$$\mathbf{grad}\, f = \left[\frac{\partial f}{\partial x},\ \frac{\partial f}{\partial y},\ \frac{\partial f}{\partial z}\right] = [f_x,\ f_y,\ f_z] \quad \cdots\cdots(*c)'$$

スカラー値関数 f に対して，そのグラディエント **grad** f はベクトル値関数になっていること，また，**grad** f の各成分がそれぞれ異なる変数で偏微分されていることに気を付けよう。

それでは，次の例題で実際に勾配ベクトル **grad** f を計算してみよう。

例題 **4**　(**1**) $f(x, y) = x^2 + 2y^2$ の $-$**grad** f を求めよう。
(**2**) $g(x, y, z) = 2x^2yz^3$ の $-$**grad** g を求めよう。

(1) 平面スカラー場 $f(x,\ y) = x^2 + 2y^2$ の勾配ベクトルは，その定義より，

$$-\mathbf{grad}\,f = -\left[\frac{\partial f}{\partial x},\ \frac{\partial f}{\partial y}\right] = -\left[\frac{\partial}{\partial x}(x^2 + \underbrace{2y^2}_{\text{定数扱い}}),\ \frac{\partial}{\partial y}(\underbrace{x^2}_{\text{定数扱い}} + 2y^2)\right]$$

$= -[2x,\ 4y]$ となるんだね。

(2) 空間スカラー場 $g(x,\ y,\ z) = 2x^2yz^3$ の勾配ベクトルも，定義より，

$$-\mathbf{grad}\,g = -\left[\frac{\partial g}{\partial x},\ \frac{\partial g}{\partial y},\ \frac{\partial g}{\partial z}\right]$$

$$= -\left[\frac{\partial}{\partial x}(2x^2yz^3),\ \frac{\partial}{\partial y}(2x^2yz^3),\ \frac{\partial}{\partial z}(2x^2yz^3)\right]$$

（定数扱い：$\frac{\partial}{\partial x}$ では 2 と yz^3，$\frac{\partial}{\partial y}$ では $2x^2$ と z^3，$\frac{\partial}{\partial z}$ では $2x^2y$）

$$= -[2yz^3 \cdot 2x,\ 2x^2z^3 \cdot 1,\ 2x^2y \cdot 3z^2]$$

$= -[4xyz^3,\ 2x^2z^3,\ 6x^2yz^2]$ となる。

何故，$\mathbf{grad}\,f$ や $\mathbf{grad}\,g$ ではなくて，$-\mathbf{grad}\,f$ や $-\mathbf{grad}\,g$ を求めたのかって？それは話が少し先走るけれど，電磁気学の電場 $\boldsymbol{E}$ と電位 ϕ の間に公式

$\boldsymbol{E} = -\mathbf{grad}\,\phi$ ……(＊) が存在する

電場（ベクトル場）

電位（スカラー場）

これは，力学の保存力 $\boldsymbol{f}_c$ とポテンシャル U との間に，$\boldsymbol{f}_c = -\mathbf{grad}\,U$ の関係があるのと同じだ。

からなんだ。これについては後で詳しく解説しよう。(P68 参照)

それでは，例題 4(1) の例 $z = f(x,\ y) = x^2 + 2y^2$ を使って，$-\mathbf{grad}\,f$ の図形的な意味を解説しよう。図 1(ⅰ) に示すように，曲面 $z = f(x,\ y)$ に対して，$f(x,\ y) = k$(正の定数) とおいて等位曲線を求めると，それは図 1(ⅱ) に示すようなだ円になる。この等位曲線上の点 $\mathrm{P}(x,\ y)$ における接線と，その点 P における $-\mathbf{grad}\,f$ とは，図 1(ⅱ) に示すように必ず直交する。つまり，図 1(ⅰ) の点 P′ の

図 1　$-\mathbf{grad}\,f$ の図形的意味

(ⅰ)

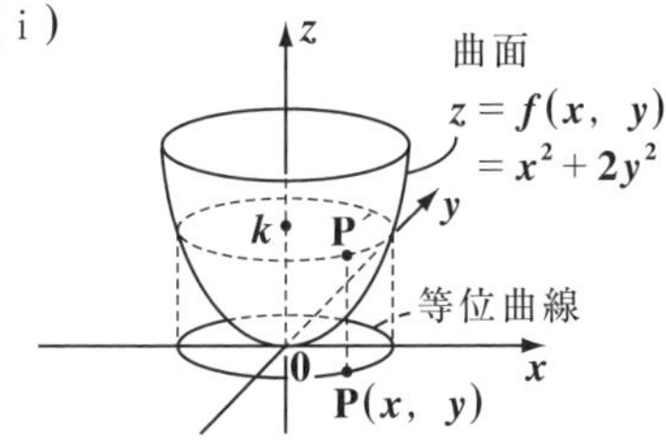

(ⅱ)

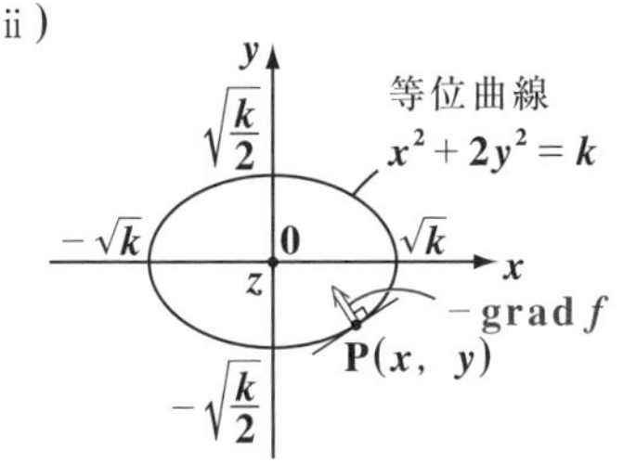

(真上から見た図)

位置に小さな球を置いて，静かに手を離すと，球は曲面 $z=f(x,\ y)$ の負の最大傾斜角の方に向かって落ちていくはずだね。もちろん，xy 平面上に正射影されたものではあるけれど，その向きを示すベクトルが，$-\mathbf{grad}\,f$ ということになる。これで，$\mathbf{grad}\,f$ が勾配ベクトルといわれる理由が分かったと思う。（“傾き”という意味）

それではここで，ベクトル解析独特の記号法，すなわち“**ナブラ**”(または“**ハミルトン演算子**”)∇ についても解説しておこう。

(Ⅰ) 平面ベクトル場において，∇(ナブラ)を次のように定義する。

$$\nabla=\left[\frac{\partial}{\partial x},\ \frac{\partial}{\partial y}\right] \quad \text{または，} \quad \nabla=\frac{\partial}{\partial x}\boldsymbol{i}+\frac{\partial}{\partial y}\boldsymbol{j}$$

(ただし，$\boldsymbol{i}=[1,\ 0]$，$\boldsymbol{j}=[0,\ 1]$)

この ∇ は，ベクトルの形をしているけれど，これだけでは意味がない。これは，スカラー値関数 $f(x,\ y)$ に作用して初めて $\mathbf{grad}\,f$ となるんだよ。つまり，$\mathbf{grad}\,f=\nabla f=\left[\frac{\partial}{\partial x},\ \frac{\partial}{\partial y}\right]f=\left[\frac{\partial f}{\partial x},\ \frac{\partial f}{\partial y}\right]$

となるんだね。納得いった？

(Ⅱ) 同様に，空間ベクトル場においても，∇(ナブラ)を次のように定義する。

$$\nabla=\left[\frac{\partial}{\partial x},\ \frac{\partial}{\partial y},\ \frac{\partial}{\partial z}\right] \quad \text{または，} \quad \nabla=\frac{\partial}{\partial x}\boldsymbol{i}+\frac{\partial}{\partial y}\boldsymbol{j}+\frac{\partial}{\partial z}\boldsymbol{k}$$

(ただし，$\boldsymbol{i}=[1,\ 0,\ 0]$，$\boldsymbol{j}=[0,\ 1,\ 0]$，$\boldsymbol{k}=[0,\ 0,\ 1]$)

そして，この ∇ も，スカラー値関数 $f(x,\ y,\ z)$ に作用して初めて $\mathbf{grad}\,f$ を表すことになる。つまり，

$$\mathbf{grad}\,f=\nabla f=\left[\frac{\partial}{\partial x},\ \frac{\partial}{\partial y},\ \frac{\partial}{\partial z}\right]f=\left[\frac{\partial f}{\partial x},\ \frac{\partial f}{\partial y},\ \frac{\partial f}{\partial z}\right] \quad \text{となる。}$$

でも，何故 ∇(ナブラ)などという，ベクトルもどきの変な演算子をもち出す必要があるのかって？それは，この後に登場する“**発散**” $\mathbf{div}\,\boldsymbol{f}$ や“**回転**” $\mathbf{rot}\,\boldsymbol{f}$ も，形式的にこの ∇(ナブラ)とベクトル値関数 $\boldsymbol{f}$ との内積や外積の形で統一的に表現できて，便利だからなんだ。**P15** に示したマクスウェルの方程式に，**div**(発散)や **rot**(回転)が出てきたのを思い出してくれ。

● 発散 div $\boldsymbol{f}$ は，水の流れでイメージできる！

平面ベクトル場 $\boldsymbol{f}(x,\ y)$ や空間ベクトル場 $\boldsymbol{f}(x,\ y,\ z)$ に対して，その“**発散**”（または“**ダイヴァージェンス**”）div $\boldsymbol{f}$ の定義を下に示す。

発散（ダイヴァージェンス）の定義

（Ⅰ）平面ベクトル場 $\boldsymbol{f}(x,\ y)=[f_1(x,\ y),\ f_2(x,\ y)]$ の“**発散**”（または“**ダイヴァージェンス**”）div $\boldsymbol{f}$ は，次のように定義される。

$$\mathrm{div}\,\boldsymbol{f}=\frac{\partial f_1}{\partial x}+\frac{\partial f_2}{\partial y}\quad\cdots\cdots(*d)$$

← div $\boldsymbol{f}=\nabla\cdot\boldsymbol{f}$ と表される。

（Ⅱ）空間ベクトル場 $\boldsymbol{f}(x,\ y,\ z)=[f_1(x,\ y,\ z),\ f_2(x,\ y,\ z),\ f_3(x,\ y,\ z)]$ の“**発散**”（または“**ダイヴァージェンス**”）div $\boldsymbol{f}$ は，次のように定義される。

$$\mathrm{div}\,\boldsymbol{f}=\frac{\partial f_1}{\partial x}+\frac{\partial f_2}{\partial y}+\frac{\partial f_3}{\partial z}\quad\cdots\cdots(*d)'$$

← div $\boldsymbol{f}=\nabla\cdot\boldsymbol{f}$ と表される。

ベクトル値関数 $\boldsymbol{f}$ に対して，その発散 div $\boldsymbol{f}$ はスカラー値関数になっていることに気を付けよう。また，ナブラ ∇ を用いると，発散 div $\boldsymbol{f}$ は div $\boldsymbol{f}=\nabla\cdot\boldsymbol{f}$ と表されることになる。もちろん，本当の内積は，「各成分同士の積の和」のことだけれど，これは，下に示すように，「∇ が $\boldsymbol{f}$ の各成分に作用したものの和」であることに要注意だ。

（Ⅰ）平面ベクトル場では，

$$\nabla\cdot\boldsymbol{f}=\left[\frac{\partial}{\partial x},\ \frac{\partial}{\partial y}\right]\cdot[f_1,\ f_2]=\frac{\partial f_1}{\partial x}+\frac{\partial f_2}{\partial y}=\mathrm{div}\,\boldsymbol{f}$$

となるし，また，

（Ⅱ）空間ベクトル場では，

$$\nabla\cdot\boldsymbol{f}=\left[\frac{\partial}{\partial x},\ \frac{\partial}{\partial y},\ \frac{\partial}{\partial z}\right]\cdot[f_1,\ f_2,\ f_3]=\frac{\partial f_1}{\partial x}+\frac{\partial f_2}{\partial y}+\frac{\partial f_3}{\partial z}=\mathrm{div}\,\boldsymbol{f}$$

となる。

それでは 3 つの平面ベクトル場 $\boldsymbol{f}=[1,\ 1]$，$\boldsymbol{g}=\left[\frac{1}{2}x,\ \frac{1}{2}y\right]$，$\boldsymbol{h}=\left[-\frac{1}{2}y,\ \frac{1}{2}x\right]$ （P22 参照）の発散を求めてみよう。

$(ex1)$ $\mathrm{div}\,\boldsymbol{f}=\frac{\partial 1}{\partial x}+\frac{\partial 1}{\partial y}=0+0=0$ ← 定ベクトル場

$(ex2)$ $\mathrm{div}\,\boldsymbol{g}=\frac{\partial}{\partial x}\left(\frac{1}{2}x\right)+\frac{\partial}{\partial y}\left(\frac{1}{2}y\right)=\frac{1}{2}+\frac{1}{2}=1$ ← 発散する場

$(ex3)$ $\mathbf{div}\,\boldsymbol{h} = \dfrac{\partial}{\partial x}\left(-\dfrac{1}{2}y\right) + \dfrac{\partial}{\partial y}\left(\dfrac{1}{2}x\right) = 0 + 0 = 0$ ← 回転する場

さらに，次の例題で，空間ベクトル場の発散も求めておこう。

$(ex4)$ 空間ベクトル場 $\boldsymbol{F} = [x^2 - y^2,\ x^2y,\ z]$ の発散 $\mathbf{div}\,\boldsymbol{F}$ は，

$$\mathbf{div}\,\boldsymbol{F} = \nabla \cdot \boldsymbol{F} = \frac{\partial}{\partial x}(x^2 - y^2) + \frac{\partial}{\partial y}(x^2y) + \frac{\partial z}{\partial z} = 2x + x^2 + 1$$

$= (x+1)^2$ となるんだね。大丈夫？

それでは，発散 $\mathbf{div}\,\boldsymbol{f}$ の物理的な意味を解説しよう。まず，平面ベクトル場 $\boldsymbol{f} = [f_1(x,\ y),\ f_2(x,\ y)]$ で考えよう。この $\boldsymbol{f}$ を水の流れ場と考えると分かりやすい。

図 2　div の物理的な意味 (Ⅰ)

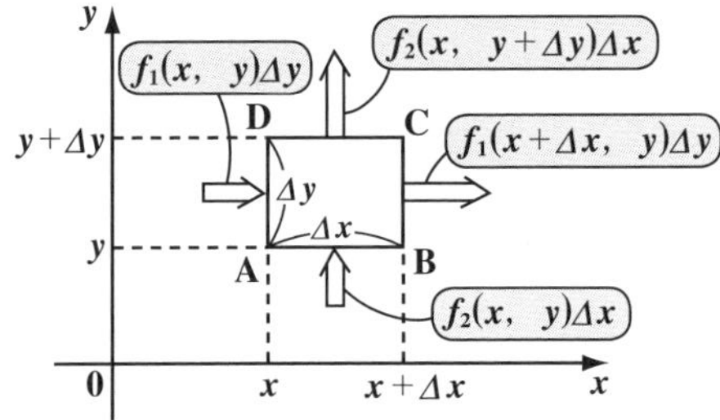

図 2 に示すように，平面ベクトル場 (水の流れ場) $\boldsymbol{f}$ の中に，横 Δx，たて Δy の微小な長方形 ABCD をとり，これを通して，流入・流出する水の総量を調べてみよう。

(i) x 軸方向の水の正味の流出量について，

辺 AD を通して流入する水量は $f_1(x,\ y)\Delta y$ であり，辺 BC を通して流出する水量は $f_1(x+\Delta x,\ y)\Delta y$ となる。

よって，差し引きした正味の□ABCD から流出する水量は近似的に，

$$f_1(x+\Delta x,\ y)\Delta y - f_1(x,\ y)\Delta y$$
$$= \{f_1(x+\Delta x,\ y) - f_1(x,\ y)\}\Delta y$$
$$\fallingdotseq \frac{\partial f_1}{\partial x}\Delta x \Delta y \quad \cdots\cdots(a)$$

だね。

> 偏微分係数 $\dfrac{\partial f_1}{\partial x}$ は近似的に
> $\dfrac{\partial f_1}{\partial x} \fallingdotseq \dfrac{f_1(x+\Delta x,\ y) - f_1(x,\ y)}{\Delta x}$
> と表されるので，これから
> $f_1(x+\Delta x,\ y) - f_1(x,\ y) \fallingdotseq \dfrac{\partial f_1}{\partial x}\Delta x$
> となるんだね。

(ii) y 軸方向の水の正味の流出についても同様に，辺 AB を通して流入する水量は $f_2(x,\ y)\Delta x$ であり，辺 DC を通して流出する水量は，$f_2(x,\ y+\Delta y)\Delta x$ となる。よって，差し引きした正味の□ABCD から流出する水量は近似的に，

$$f_2(x,\ y+\Delta y)\Delta x - f_2(x,\ y)\Delta x = \{\underline{f_2(x,\ y+\Delta y) - f_2(x,\ y)}\}\Delta x$$
$$\fallingdotseq \underline{\frac{\partial f_2}{\partial y}\Delta y}\Delta x = \frac{\partial f_2}{\partial y}\Delta x\Delta y \quad \cdots\cdots(\text{b})$$ となる。

以上(i)(ii)より，平面ベクトル場の微小長方形 **ABCD** から流出する正味の水量は(a)+(b)より求まって，

$$\left(\frac{\partial f_1}{\partial x}+\frac{\partial f_2}{\partial y}\right)\Delta x\Delta y \quad \cdots\cdots(\text{c})$$ となるのはいいね。よって，

この(c)を長方形 **ABCD** の面積 $\Delta x\Delta y$ で割って，単位面積当たりの正味の流出量を求めると，それが発散 $\mathrm{div}\,\boldsymbol{f} = \dfrac{\partial f_1}{\partial x}+\dfrac{\partial f_2}{\partial y}$ になるんだね。

$\mathrm{div}\,\boldsymbol{f}$ は，流れ場 $\boldsymbol{f}$ の中の各微小領域において，

(i) 水道の蛇口のように，水の湧き出しがある場合は，$\mathrm{div}\,\boldsymbol{f} > 0$ となり，

(ii) 排水口のように，水の吸い込みがある場合は，$\mathrm{div}\,\boldsymbol{f} < 0$ となり，そして，

(iii) 水の湧き出しも吸い込みもない場合は，$\mathrm{div}\,\boldsymbol{f} = 0$ となる。

(ex1) $\boldsymbol{f}=[1,\ 1]$ や (ex3) $\boldsymbol{h}=\left[-\frac{1}{2}y,\ \frac{1}{2}x\right]$ では，その発散が **0** なので，流れ場全体のどこにも湧き出しや吸い込みはないんだね。

(ex2) $\boldsymbol{g}=\left[\frac{1}{2}x,\ \frac{1}{2}y\right]$ の発散は **1** なので，流れ場全体のどの微小領域からも一定の湧き出しがあることが分かる。

それでは次，空間ベクトル場 $\boldsymbol{f}=[f_1,\ f_2,\ f_3]$ の発散 $\mathrm{div}\,\boldsymbol{f}$ についても，少し複雑にはなるけれど，図3に示すように空間ベクトル場の中に微小な直方体を考え，これを通過する正味の流出量を近似的に求めると，平面ベクトル場のときと同様に，

図3　div の物理的な意味(II)

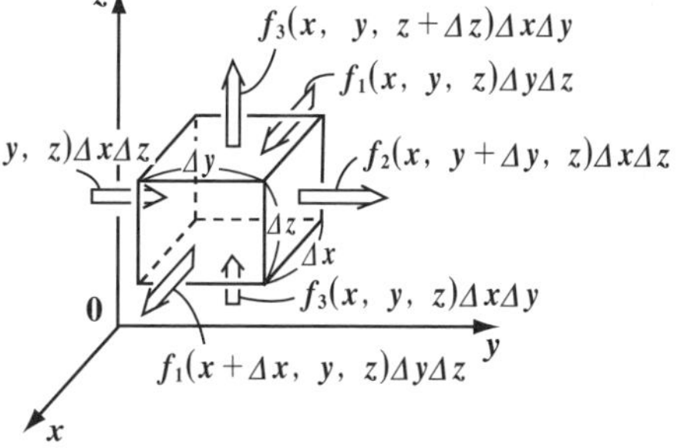

$$\{\underline{f_1(x+\Delta x,\ y,\ z)-f_1(x,\ y,\ z)}\}\Delta y\Delta z+\{\underline{f_2(x,\ y+\Delta y,\ z)-f_2(x,\ y,\ z)}\}\Delta x\Delta z+\{\underline{f_3(x,\ y,\ z+\Delta z)-f_3(x,\ y,\ z)}\}\Delta x\Delta y$$

$$\fallingdotseq\ \boxed{\frac{\partial f_1}{\partial x}\Delta x}\qquad \fallingdotseq\ \boxed{\frac{\partial f_2}{\partial y}\Delta y}\qquad \fallingdotseq\ \boxed{\frac{\partial f_3}{\partial z}\Delta z}$$

$$\fallingdotseq\left(\frac{\partial f_1}{\partial x}+\frac{\partial f_2}{\partial y}+\frac{\partial f_3}{\partial z}\right)\Delta x\Delta y\Delta z \quad \cdots\cdots(\text{d})$$ となる。したがって，

この(d)を微小な直方体の体積 $\Delta x\Delta y\Delta z$ で割って，単位体積当たりの正味の流出量を求めると，それが，$\mathbf{div}\,\boldsymbol{f} = \dfrac{\partial f_1}{\partial x} + \dfrac{\partial f_2}{\partial y} + \dfrac{\partial f_3}{\partial z}$ になる。

$(ex4)$ $\boldsymbol{F} = [x^2 - y^2,\ x^2y,\ z]$ の発散 $\mathbf{div}\,\boldsymbol{F} = (x+1)^2$ より，平面 $x = -1$ においてのみ，湧き出しも，吸い込みもないけれど，$x \neq -1$ では，$\mathbf{div}\,\boldsymbol{F} > 0$ となるので，いたる所で湧き出しがあることが分かるんだね。

ここで，恒等的に $\mathbf{div}\,\boldsymbol{f} = 0$ をみたすベクトル場 $\boldsymbol{f}$ のことを特に "**湧き出しのない場**" ということも覚えておこう。

● ラプラスの方程式も紹介しよう！

これまで解説した，勾配ベクトルと発散を組み合わせて，新たな演算子を作ることができる。空間スカラー場 $f(x,\ y,\ z)$ の勾配ベクトルは，

$$\mathbf{grad}\,f = \left[\frac{\partial f}{\partial x},\ \frac{\partial f}{\partial y},\ \frac{\partial f}{\partial z}\right] \quad \cdots\cdots ①$$

となり，これはベクトル場になる。

よって，①の発散 $\mathbf{div}$ をとることができる。すなわち，$\mathbf{div}(\mathbf{grad}\,f)$ は，

$$\mathbf{div}(\mathbf{grad}\,f) = \underset{\text{ベクトルもどき}}{\nabla} \cdot (\underset{\text{ベクトル}}{\nabla f}) = \left[\frac{\partial}{\partial x},\ \frac{\partial}{\partial y},\ \frac{\partial}{\partial z}\right] \cdot \left[\frac{\partial f}{\partial x},\ \frac{\partial f}{\partial y},\ \frac{\partial f}{\partial z}\right]$$

ベクトルもどきとベクトルの内積は，ベクトルもどきの各成分が，ベクトルの各成分に作用したものの和だ。

$$= \frac{\partial}{\partial x}\left(\frac{\partial f}{\partial x}\right) + \frac{\partial}{\partial y}\left(\frac{\partial f}{\partial y}\right) + \frac{\partial}{\partial z}\left(\frac{\partial f}{\partial z}\right)$$

$$= \frac{\partial^2 f}{\partial x^2} + \frac{\partial^2 f}{\partial y^2} + \frac{\partial^2 f}{\partial z^2} \quad \cdots\cdots ②$$

となるんだね。

ここで，$\nabla \cdot (\nabla f) = (\nabla \cdot \nabla) f = \nabla^2 f = \Delta f$ とおくと，

(ギリシャ文字の "**デルタ**")

$$\Delta = \nabla^2 = \nabla \cdot \nabla = \frac{\partial^2}{\partial x^2} + \frac{\partial^2}{\partial y^2} + \frac{\partial^2}{\partial z^2}$$

となるね。この Δ(デルタ)は，"**ラプラスの演算子**" または "**ラプラシアン**" と呼ばれる新たな演算子で，これが空間スカラー場 f に作用して，$\Delta f = \dfrac{\partial^2 f}{\partial x^2} + \dfrac{\partial^2 f}{\partial y^2} + \dfrac{\partial^2 f}{\partial z^2}$ となるんだね。

平面スカラー場 $f(x, y)$ におけるラプラシアン $\Delta(=\nabla^2=\nabla\cdot\nabla)$ は当然，

$\Delta=\dfrac{\partial^2}{\partial x^2}+\dfrac{\partial^2}{\partial y^2}$ のことで，これが平面スカラー場 $f(x, y)$ に作用して，

$\Delta f=\dfrac{\partial^2 f}{\partial x^2}+\dfrac{\partial^2 f}{\partial y^2}$ となるのも大丈夫だね。

ここで，偏微分方程式 $\Delta f=g$（$g(x, y, z)$ または $g(x, y)$ のこと）（具体的には，$f_{xx}+f_{yy}+f_{zz}=g$，または $f_{xx}+f_{yy}=g$ のこと）のことを，“**ポアソンの方程式**”(***Poisson's equation***) といい，特に偏微分方程式 $\Delta f=0$（具体的には，$f_{xx}+f_{yy}+f_{zz}=0$，または $f_{xx}+f_{yy}=0$ のこと）のことを“**ラプラスの方程式**”(***Laplace's equation***) という。これらの方程式も，電磁気学の問題を解く上でよく出てくるので，シッカリ覚えておこう。

● 回転 rot f もマスターしよう！

回転は，その性質上すべて空間ベクトル場を想定している。よってまず，空間ベクトル場 f の“**回転**”（または“**ローテイション**”）rot f の定義を下に示そう。

回転（ローテイション）の定義

空間ベクトル場 $f(x, y, z)=[f_1(x, y, z), f_2(x, y, z), f_3(x, y, z)]$ の“**回転**”（または“**ローテイション**”）rot f は，次のように定義される。

$$\mathrm{rot}\,f=\left[\frac{\partial f_3}{\partial y}-\frac{\partial f_2}{\partial z},\ \frac{\partial f_1}{\partial z}-\frac{\partial f_3}{\partial x},\ \frac{\partial f_2}{\partial x}-\frac{\partial f_1}{\partial y}\right]\ \cdots\cdots(*e)$$

（rot $f=\nabla\times f$ と表される。）

偏微分は，$\dfrac{\partial f_3}{\partial y}=f_{3y}$，$\dfrac{\partial f_2}{\partial z}=f_{2z}$ など…と表せるので，

rot $f=[f_{3y}-f_{2z},\ f_{1z}-f_{3x},\ f_{2x}-f_{1y}]$ と略記することもできる。さらに，ベクトルもどきの演算子（ナブラ）$\nabla=\left[\dfrac{\partial}{\partial x}, \dfrac{\partial}{\partial y}, \dfrac{\partial}{\partial z}\right]$ を利用すると，回転 rot f は，

rot $f=\nabla\times f$

と表すこともできる。右に，$\nabla\times f$ の具体的な計算法を示す。

$\nabla\times f$ の計算

$$\begin{matrix}\dfrac{\partial}{\partial x} & & \dfrac{\partial}{\partial y} & & \dfrac{\partial}{\partial z} & & \dfrac{\partial}{\partial x}\\ f_1 & & f_2 & & f_3 & & f_1\end{matrix}$$

$$\left[\frac{\partial f_3}{\partial y}-\frac{\partial f_2}{\partial z},\ \frac{\partial f_1}{\partial z}-\frac{\partial f_3}{\partial x},\ \frac{\partial f_2}{\partial x}-\frac{\partial f_1}{\partial y}\right]$$

それでは，次の各空間ベクトル場の回転を実際に計算してみよう。

(ex1) は P31 の平面ベクトル場 $\boldsymbol{f}=[1,\ 1]$ を空間ベクトル場に書き換えたものだ。
(ex2) の $\boldsymbol{g}$，(ex3) の $\boldsymbol{h}$ も同様に空間ベクトル場に書き換えている。

(ex1) $\boldsymbol{f}=[1,\ 1,\ 0]$ の回転 $\mathbf{rot}\,\boldsymbol{f}$ は，
$\mathbf{rot}\,\boldsymbol{f}=[0,\ 0,\ 0]=\mathbf{0}$ となる。
大丈夫？

$\frac{\partial}{\partial x}$ $\frac{\partial}{\partial y}$ $\frac{\partial}{\partial z}$ $\frac{\partial}{\partial x}$
1 1 0 1
$,\ 0-0][\ 0-0,\ \ 0-0$

(ex2) $\boldsymbol{g}=\left[\frac{1}{2}x,\ \frac{1}{2}y,\ 0\right]$ の回転も，
$\mathbf{rot}\,\boldsymbol{g}=[0,\ 0,\ 0]=\mathbf{0}$ となる。
これも $\mathbf{0}$ となってしまった！

$\frac{\partial}{\partial x}$ $\frac{\partial}{\partial y}$ $\frac{\partial}{\partial z}$ $\frac{\partial}{\partial x}$
$\frac{1}{2}x$ $\frac{1}{2}y$ 0 $\frac{1}{2}x$
$,\ 0-0][\ 0-0,\ \ 0-0$

(ex3) $\boldsymbol{h}=\left[-\frac{1}{2}y,\ \frac{1}{2}x,\ 0\right]$ の回転は，
$\mathbf{rot}\,\boldsymbol{h}=[0,\ 0,\ 1]$ となって，
これは $\mathbf{0}$ でない定ベクトルだ。

$\frac{\partial}{\partial x}$ $\frac{\partial}{\partial y}$ $\frac{\partial}{\partial z}$ $\frac{\partial}{\partial x}$
$-\frac{1}{2}y$ $\frac{1}{2}x$ 0 $-\frac{1}{2}y$
$,\ \frac{1}{2}-\left(-\frac{1}{2}\right)\ ]\left[0-0,\ \ 0-0\right.$

(ex4) $\boldsymbol{F}=[x^2-y^2,\ x^2y,\ z]$ の回転は，
$\mathbf{rot}\,\boldsymbol{F}=[0,\ 0,\ 2(x+1)y]$ と
なって，これも $\mathbf{0}$ ではないね。

$\frac{\partial}{\partial x}$ $\frac{\partial}{\partial y}$ $\frac{\partial}{\partial z}$ $\frac{\partial}{\partial x}$
x^2-y^2 x^2y z x^2-y^2
$,\ 2xy-(-2y)]\,[\,\underline{0-0},\ \ 0-0$

$\frac{\partial z}{\partial y}-\frac{\partial}{\partial z}(x^2y)=0-0$ だからね。

以上で，回転の計算にも慣れた？

それでは次，回転 $\mathbf{rot}\,\boldsymbol{f}$ の物理的な意味についても解説しよう。

図 4 に示すように，空間ベクトル場 $\boldsymbol{f}$ では，空間内のすべての点 $\mathrm{P}(x,\ y,\ z)$ に，ベクトル場 $\boldsymbol{f}=[f_1,\ f_2,\ f_3]$ が対応しており，これを今回は点 P に働く力だと考えると，

回転 $\mathbf{rot}\,\boldsymbol{f}=\left[\frac{\partial f_3}{\partial y}-\frac{\partial f_2}{\partial z},\ \frac{\partial f_1}{\partial z}-\frac{\partial f_3}{\partial x},\ \frac{\partial f_2}{\partial x}-\frac{\partial f_1}{\partial y}\right]$ が，文字通り点 P のまわりの回転の強さを表していることになる。何故そうなるのか？これから詳しく教えよう。

図 4 空間ベクトル場

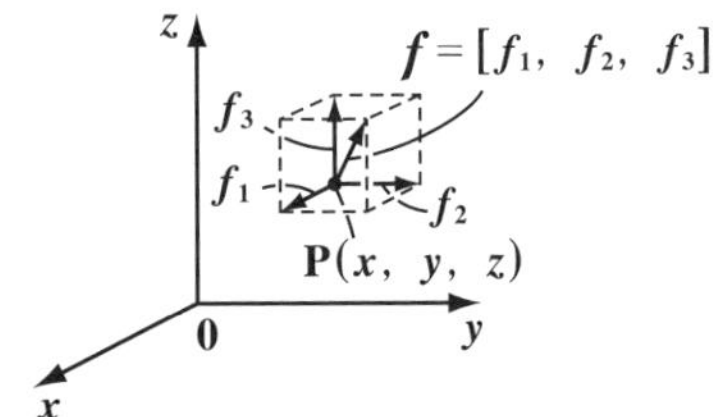

図5に示すように，空間ベクトル場 $\boldsymbol{f}$ の xy 平面上の点 $\mathrm{P}(x,\ y,\ 0)$ を中心とする腕の長さが $\Delta x\ (=\Delta y)$ の微小な十字形の浮き PABCD (+) が置かれているものとする。

図5 $\mathrm{rot}\,\boldsymbol{f}$ の物理的意味

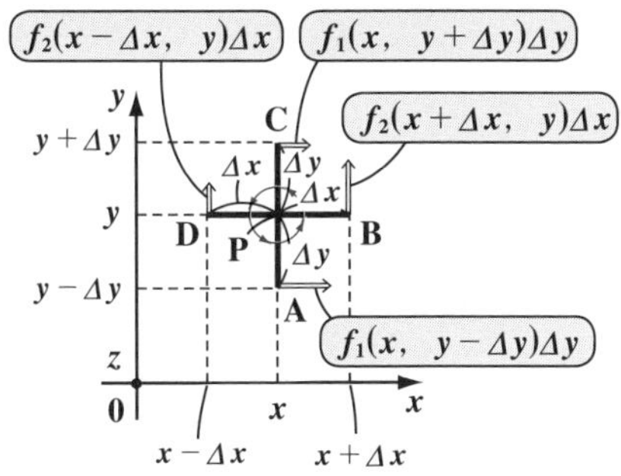

ここで，ベクトル場 $\boldsymbol{f}=[f_1,\ f_2,\ f_3]$ を力と考えて，xy 平面上でこの浮きに対して，$\boldsymbol{f}$ の x 成分 f_1 と y 成分 f_2 が，P のまわりにどのような回転力を与えているかを考えてみよう。

点 P のまわりに，反時計まわりに回転する向きを正とすると，

(ⅰ) 点 A と点 C に働く力 $f_1(x,\ y-\Delta y)$ と $f_1(x,\ y+\Delta y)$ によって，点 P のまわりに，この浮きを回転させようとするモーメントは，

(力)×(腕の長さ)

$$\underbrace{f_1(x,\ y-\Delta y)\Delta y}_{\oplus\text{の向きのモーメント}}-\underbrace{f_1(x,\ y+\Delta y)\Delta y}_{\ominus\text{の向きのモーメント}}\ \cdots\cdots②$$ となる。

(ⅱ) 同様に，点 B と点 D に働く力 $f_2(x+\Delta x,\ y)$ と $f_2(x-\Delta x,\ y)$ によって，点 P のまわりにこの浮きを回転させようとするモーメントは，

$$\underbrace{f_2(x+\Delta x,\ y)\Delta x}_{\oplus\text{の向きのモーメント}}-\underbrace{f_2(x-\Delta x,\ y)\Delta x}_{\ominus\text{の向きのモーメント}}\ \cdots\cdots③$$ だね。

以上(ⅰ)(ⅱ)より，②＋③が，xy 平面内で，この浮きを中心 P のまわりに反時計まわりに回転させようとする力のモーメントになる。よって，これを変形してまとめると，

$$②+③=f_1(x,\ y-\Delta y)\Delta y-f_1(x,\ y+\Delta y)\Delta y+f_2(x+\Delta x,\ y)\Delta x-f_2(x-\Delta x,\ y)\Delta x$$
$$=\{f_2(x+\Delta x,\ y)-f_2(x-\Delta x,\ y)\}\Delta x-\{f_1(x,\ y+\Delta y)-f_1(x,\ y-\Delta y)\}\Delta y$$

$f_2(x,\ y)$ を引いた分たす →
$$=\frac{\{f_2(x+\Delta x,\ y)-f_2(x,\ y)\}+\{f_2(x,\ y)-f_2(x-\Delta x,\ y)\}}{\Delta x}(\Delta x)^2$$

$f_1(x,\ y)$ を引いた分たす →
$$-\frac{\{f_1(x,\ y+\Delta y)-f_1(x,\ y)\}+\{f_1(x,\ y)-f_1(x,\ y-\Delta y)\}}{\Delta y}(\Delta y)^2$$

$(\Delta y)^2=(\Delta x)^2$

ここで，$\Delta x\ (=\Delta y)\to 0$ の極限をとると，②＋③は，

$$②+③=\left\{\underbrace{\frac{f_2(x+\Delta x,\ y)-f_2(x,\ y)}{\Delta x}}_{\frac{\partial f_2}{\partial x}}+\underbrace{\frac{f_2(x,\ y)-f_2(x-\Delta x,\ y)}{\Delta x}}_{\frac{\partial f_2}{\partial x}}\right\}\underbrace{(\Delta x)^2}_{(dx)^2}$$

$$-\left\{\underbrace{\frac{f_1(x,\ y+\Delta y)-f_1(x,\ y)}{\Delta y}}_{\frac{\partial f_1}{\partial y}}+\underbrace{\frac{f_1(x,\ y)-f_1(x,\ y-\Delta y)}{\Delta y}}_{\frac{\partial f_1}{\partial y}}\right\}\underbrace{(\Delta y)^2}_{(dx)^2}$$

より，②＋③→ $2\frac{\partial f_2}{\partial x}(dx)^2-2\frac{\partial f_1}{\partial y}(dx)^2=2\left(\frac{\partial f_2}{\partial x}-\frac{\partial f_1}{\partial y}\right)(dx)^2$ となる。

よって，この極限を $2(dx)^2$ で割って浮きの大きさの影響を取り去って得られる $\frac{\partial f_2}{\partial x}-\frac{\partial f_1}{\partial y}$ ……④

を，xy 平面内で，ベクトル場 $\boldsymbol{f}$ が点 P に及ぼす回転作用と考えることができる。

図 6 rot $\boldsymbol{f}$ の物理的な意味

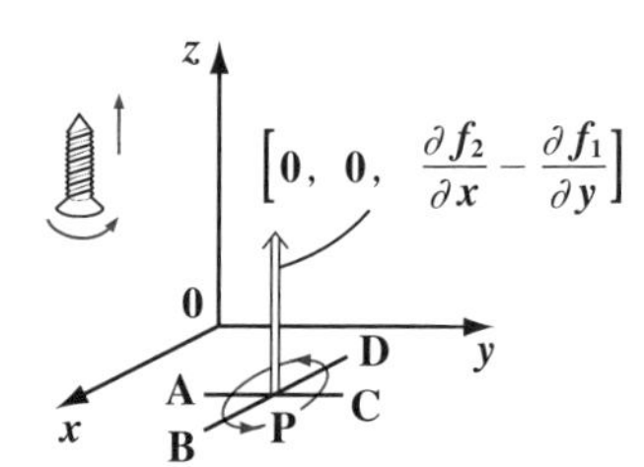

そして，さらにこの④は，図 6 に示すように，xy 平面内での反時計まわりの回転作用なので，右ねじがまわるときに進む z 軸の正の向きのベクトルと考えることができる。よって，この回転作用は，$\left[0,\ 0,\ \frac{\partial f_2}{\partial x}-\frac{\partial f_1}{\partial y}\right]$ ……⑤と表すことができる。納得いった？

同様に考えて，

・yz 平面内で，ベクトル場 $\boldsymbol{f}$ が点 P$(0,\ y,\ z)$ に及ぼす回転作用は，

$\left[\frac{\partial f_3}{\partial y}-\frac{\partial f_2}{\partial z},\ 0,\ 0\right]$ ……⑥　であり，

・zx 平面内で，ベクトル場 $\boldsymbol{f}$ が点 P$(x,\ 0,\ z)$ に及ぼす回転作用は，

$\left[0,\ \frac{\partial f_1}{\partial z}-\frac{\partial f_3}{\partial x},\ 0\right]$ ……⑦　である。

以上より，空間ベクトル場の中の任意の点 P$(x,\ y,\ z)$ に，ベクトル場 $\boldsymbol{f}$ が及ぼす回転作用は，⑤＋⑥＋⑦であり，これが回転 rot $\boldsymbol{f}$ の正体なんだ。

よって，$\mathrm{rot}\,\boldsymbol{f}=\left[\frac{\partial f_3}{\partial y}-\frac{\partial f_2}{\partial z},\ \frac{\partial f_1}{\partial z}-\frac{\partial f_3}{\partial x},\ \frac{\partial f_2}{\partial x}-\frac{\partial f_1}{\partial y}\right]$ となる。

これで，回転 rot $\boldsymbol{f}$ の物理的な意味も分かっただろう。

P36の例題で，$(ex1)\ \boldsymbol{f}=[1,\ 1,\ 0]$，$(ex2)\ \boldsymbol{g}=\left[\frac{1}{2}x,\ \frac{1}{2}y,\ 0\right]$の場合，共に $\mathrm{rot}\,\boldsymbol{f}=\boldsymbol{0}$，$\mathrm{rot}\,\boldsymbol{g}=\boldsymbol{0}$ となった。このように回転が恒等的に $\boldsymbol{0}$ となる場を **"渦のない場"** という。また，$(ex3)\ \boldsymbol{h}=\left[-\frac{1}{2}y,\ \frac{1}{2}x,\ 0\right]$の回転 $\mathrm{rot}\,\boldsymbol{h}=[0,\ 0,\ 1]$ より，これは原点のまわりだけでなく，xy 平面上のすべての点のまわりで一定の回転作用が働いていることを表す。$(ex4)$ も，$\mathrm{rot}\,\boldsymbol{F}=[0,\ 0,\ 2(x+1)y]$ より，$x \neq -1$，$y \neq 0$ のすべての点で回転作用が働いている。

● grad，div，rot の応用公式も押さえておこう！

それでは，勾配ベクトル $\mathrm{grad}\,f$，発散 $\mathrm{div}\,\boldsymbol{f}$，回転 $\mathrm{rot}\,\boldsymbol{f}$ を組み合わせた，電磁気学で頻出の次の重要公式も紹介しておこう。

grad，div，rot の応用公式

(Ⅰ) $\mathrm{div}(\mathrm{rot}\,\boldsymbol{f})=0$ ……$(*f)$　(Ⅱ) $\mathrm{rot}(\mathrm{grad}\,f)=\boldsymbol{0}$ ……$(*f)'$

(Ⅲ) $\mathrm{rot}(\mathrm{rot}\,\boldsymbol{f})=\mathrm{grad}(\mathrm{div}\,\boldsymbol{f})-\Delta\boldsymbol{f}$ ……$(*f)''$

(Ⅰ) は，$\boldsymbol{f}=[f_1,\ f_2,\ f_3]$ とおいて証明しよう。

$$\mathrm{div}(\mathrm{rot}\,\boldsymbol{f})=\nabla\cdot[f_{3y}-f_{2z},\ f_{1z}-f_{3x},\ f_{2x}-f_{1y}]$$
$$=(f_{3y}-f_{2z})_x+(f_{1z}-f_{3x})_y+(f_{2x}-f_{1y})_z$$
$$=f_{3yx}-f_{2zx}+f_{1zy}-f_{3xy}+f_{2xz}-f_{1yz}$$
$$=0$$ ← スカラー　となる。

$\frac{\partial}{\partial x}$　$\frac{\partial}{\partial y}$　$\frac{\partial}{\partial z}$　$\frac{\partial}{\partial x}$
f_1　f_2　f_3　f_1
$,\ f_{2x}-f_{1y}\ ][f_{3y}-f_{2z},\ f_{1z}-f_{3x}$

ただし，シュワルツの定理より，$f_{3yx}=f_{3xy}$ などとした。

$\frac{\partial^2 f_3}{\partial x\partial y}=\frac{\partial^2 f_3}{\partial y\partial x}$ のこと

(Ⅱ) は，スカラー値関数 f について証明する。

$$\mathrm{rot}(\mathrm{grad}\,f)=\nabla\times[f_x,\ f_y,\ f_z]$$
$$=[f_{zy}-f_{yz},\ f_{xz}-f_{zx},\ f_{yx}-f_{xy}]$$

（各成分は 0 ← シュワルツの定理より）

$\frac{\partial}{\partial x}$　$\frac{\partial}{\partial y}$　$\frac{\partial}{\partial z}$　$\frac{\partial}{\partial x}$
f_x　f_y　f_z　f_x
$,\ f_{yx}-f_{xy}\ ][f_{zy}-f_{yz},\ f_{xz}-f_{zx}$

$$=[0,\ 0,\ 0]=\boldsymbol{0}$$ ← ベクトル　となって，これも証明できた！

(Ⅲ) は，ベクトル 3 重積の公式 $\boldsymbol{a}\times(\boldsymbol{b}\times\boldsymbol{c})=(\boldsymbol{a}\cdot\boldsymbol{c})\boldsymbol{b}-(\boldsymbol{a}\cdot\boldsymbol{b})\boldsymbol{c}$ との類似性を利用してみよう。（(ⅰ) $\boldsymbol{a}\cdot\boldsymbol{c}$，(ⅱ) $\boldsymbol{a}\cdot\boldsymbol{b}$）

ベクトルもどき ∇ はスカラー $(\nabla\cdot\boldsymbol{f})$ の前にくる！

$$\mathrm{rot}(\mathrm{rot}\,\boldsymbol{f})=\nabla\times(\nabla\times\boldsymbol{f})=\nabla(\nabla\cdot\boldsymbol{f})-\nabla\cdot\nabla\boldsymbol{f}$$

（(ⅰ) $\nabla\cdot\boldsymbol{f}$，(ⅱ) $\nabla\cdot\nabla=\nabla^2=\Delta$）

$$=\mathrm{grad}(\mathrm{div}\,\boldsymbol{f})-\Delta\boldsymbol{f}$$　となるんだね。納得いった？

§4. ベクトル解析の基本(Ⅱ)

前回の講義で，**grad** f，**div** f，**rot** $\boldsymbol{f}$ などのベクトル解析の基本について解説した。結構大変だったと思う。でも，まだこれだけでは十分とは言えないんだ。電磁気学をマスターするには，これから解説する“**ガウスの発散定理**”や“**ストークスの定理**”まで理解しておく必要があるんだね。

これらの定理を数学的にキチンと証明するのはかなり大変なんだけれど，ここでは，電磁気学をマスターする上で必要な知識として，そのイメージを教えるつもりだ。今回の講義で，数学的な準備が整うので，シッカリ練習しよう！

● ガウスの発散定理をマスターしよう！

ではまず，“**ガウスの発散定理**(はっさんていり)”(***Gauss' divergence theorem***)を下に示そう。

ガウスの発散定理

右図に示すようにベクトル場 $\boldsymbol{f}=[f_1,\ f_2,\ f_3]$ の中に，閉曲面 $\boldsymbol{S}$ で囲まれた領域 $\boldsymbol{V}$ があるとき，次式が成り立つ。

(Ⅰ) $\displaystyle\iiint_V \mathbf{div}\,\boldsymbol{f}\,dV=\iint_S \boldsymbol{f}\cdot\boldsymbol{n}\,dS$ ……$(*g)$

(ただし，単位法線ベクトル $\boldsymbol{n}$ は，閉曲面 $\boldsymbol{S}$ の内部から外部に向かう向きにとる。)

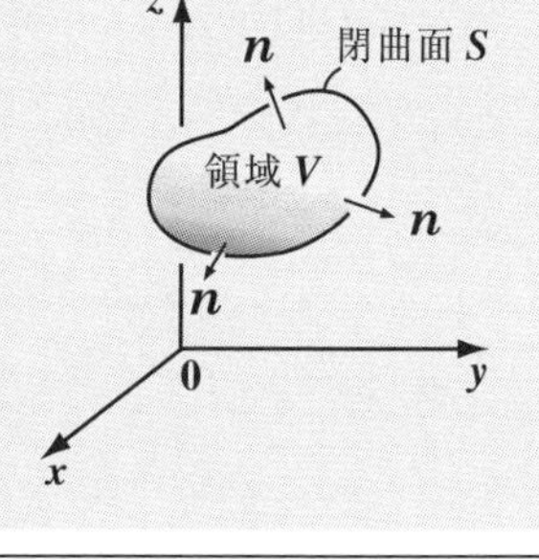

エッ，難しそうだって!? そうだね。$(*g)$ のガウスの発散定理には，体積分や面積分などの重積分が含まれているからね。そして，これを数学的に証明するのは，かなり大変なんだ。

“**ガウスの発散定理**”や，この後の“**ストークスの定理**”の数学的に厳密な証明に興味のある方は，「ベクトル解析キャンパス・ゼミ」(マセマ)で学習されることを勧める。

でも，この公式は，物理的なイメージで考えると，当たり前のことだと，すぐに分かると思う。これから解説しよう。

まず，ベクトル場 $\boldsymbol{f}=[f_1,\ f_2,\ f_3]$ は水の流速を表す流れ場であると考えるといいよ。すると，図1に示すように，閉曲面 S の1部である微小な面積(面要素) dS を通って，内側から外側へ単位時間当たりに流出する実質的な水量が，

図1
$\iint_S \boldsymbol{f}\cdot\boldsymbol{n}\,dS$ の物理的な意味

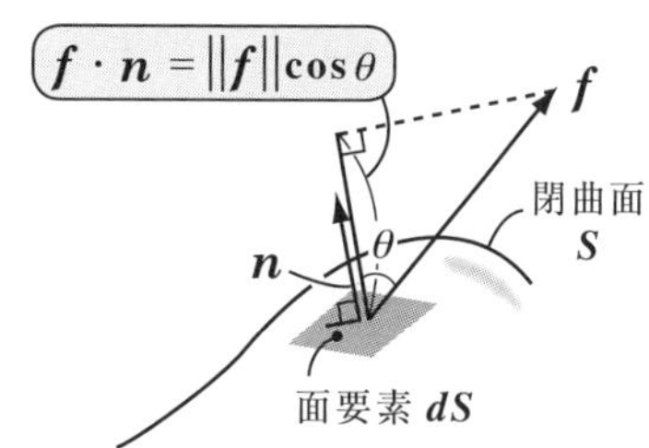

$\boldsymbol{f}\cdot\boldsymbol{n}\,dS$ ……① であることが分かるはずだ。

実質的な流出量を求めるには，流速 $\boldsymbol{f}$ の dS に対して垂直な成分のみが必要であり，$\boldsymbol{f}$ と $\boldsymbol{n}$ のなす角を θ とおくと，これは，

(曲面に垂直な，内側から外側に向かう単位ベクトルのこと)

$\|\boldsymbol{f}\|\cos\theta=\|\boldsymbol{f}\|\underbrace{\|\boldsymbol{n}\|}_{1}\cos\theta=\boldsymbol{f}\cdot\boldsymbol{n}$ となり，これに微小面積 dS をかけたもの，すなわち $\boldsymbol{f}\cdot\boldsymbol{n}\,dS$ が，実質的に dS を通って外部に流れ出る流出量になる。そして，これを閉曲面 S 全体で面積分したもの，

すなわち $\iint_S \boldsymbol{f}\cdot\boldsymbol{n}\,dS$ ……$(*g)'$ が，

閉曲面 S 全体を通して，内側から外側に流れ出す「総流出量」を表すことになるわけなんだね。

では，何故水が流出するのか？それは，閉曲面 S の内部の領域 V に水の湧き出し，つまり $\mathrm{div}\,\boldsymbol{f}$ があるはずだからで，この V における「総湧き出し量」は，これを領域 V 全体で体積分(3重積分)したもの，

すなわち $\iiint_V \mathrm{div}\,\boldsymbol{f}\,dV$ ……$(*g)''$ となるんだね。

そして，$(*g)''=(*g)'$ となるはずで，これから **"ガウスの発散定理"**

$$\iiint_V \mathrm{div}\,\boldsymbol{f}\,dV=\iint_S \boldsymbol{f}\cdot\boldsymbol{n}\,dS \quad \cdots\cdots(*g)$$ が導けるんだね。

納得いった？

それでは，次の例題で実際に $(*g)$ のガウスの発散定理が成り立つことを確認してみよう。

例題5　空間ベクトル場 $\boldsymbol{f} = [x,\ y,\ z]$ において，原点 $\mathbf{O}$ を中心とする半径 a の球面（閉曲面）を S とし，S で囲まれる領域を V とおく。このとき，ガウスの発散定理：

$$\iiint_V \mathrm{div}\,\boldsymbol{f}\,dV = \iint_S \boldsymbol{f}\cdot\boldsymbol{n}\,dS \quad \cdots\cdots(*g)$$ が成り立つことを確認しよう。

（ただし，$\boldsymbol{n}$ は S の内部から外部に向かう単位法線ベクトルとする。）

(i) $(*g)$ の左辺について，

まず，$\boldsymbol{f} = [x,\ y,\ z]$ の発散 $\mathrm{div}\,\boldsymbol{f}$ を求めると，

$$\mathrm{div}\,\boldsymbol{f} = \nabla\cdot\boldsymbol{f} = \underbrace{\frac{\partial x}{\partial x}}_{1} + \underbrace{\frac{\partial y}{\partial y}}_{1} + \underbrace{\frac{\partial z}{\partial z}}_{1} = 3$$ だね。よって，

$$((*g)\text{ の左辺}) = \iiint_V \underbrace{\mathrm{div}\,\boldsymbol{f}}_{3(\text{定数})}\,dV = 3\underbrace{\iiint_V dV}_{\text{半径 }a\text{ の球の体積}}$$

$$= 3\times\frac{4}{3}\pi a^3 = 4\pi a^3 \quad \cdots\cdots(\mathrm{a})$$ となる。

(ii) $(*g)$ の右辺について，

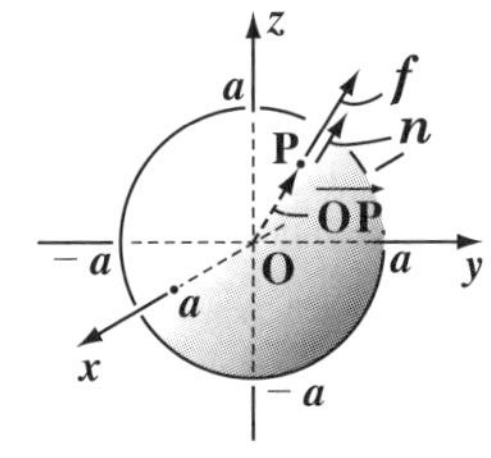

右図に示すように，

球面 $S: x^2 + y^2 + z^2 = a^2$ 上の点 $\mathrm{P}(x,\ y,\ z)$ におけるベクトル場 $\boldsymbol{f}$ は，$\boldsymbol{f} = [x,\ y,\ z]$ より $\boldsymbol{f} = \overrightarrow{\mathrm{OP}}$ となり，これは，大きさが a で，球面と直交するベクトルになっているんだね。ゆえに，

$$\boldsymbol{f}\cdot\boldsymbol{n} = \underbrace{\|\boldsymbol{f}\|}_{a}\,\underbrace{\|\boldsymbol{n}\|}_{1}\,\underbrace{\cos 0}_{1} = a\ (\text{定数})$$ となる。よって，

$$((*g)\text{ の右辺}) = \iint_S \underbrace{\boldsymbol{f}\cdot\boldsymbol{n}}_{a(\text{定数})}\,dS = a\underbrace{\iint_S dS}_{\text{半径 }a\text{ の球面の面積}}$$

$$= a\times 4\pi a^2 = 4\pi a^3 \quad \cdots\cdots(\mathrm{b})$$ となる。

以上より，(a)＝(b)が成り立つので，これから，ガウスの発散定理 $(*g)$ が成り立っていることが確認できた。大丈夫だった？ではもう **1** 題，より本格的な問題を解いてみよう。

例題 **6**　ベクトル場 $\boldsymbol{f}=[-xy,\ 2y^2,\ z^2]$ において **3** つの座標平面(ただし，$x \geqq 0$，$y \geqq 0$，$z \geqq 0$ とする。)と平面 $x=2$ と曲面 $z=2-2y^2$ とで囲まれる領域を V とおく。また，V を囲む閉曲面を S とおく。このとき，面積分 $\iint_S \boldsymbol{f}\cdot\boldsymbol{n}\,dS$ を求めよ。(ただし，$\boldsymbol{n}$ は S の内部から外部に向かう単位法線ベクトルとする。)

今回の閉曲面 S は，図(i)に示すように，**5** つの面 S_1，S_2，S_3，S_4，S_5 から成るので，この面積分 $\iint_S \boldsymbol{f}\cdot\boldsymbol{n}\,dS$ は，

$\iint_S = \iint_{S_1} + \iint_{S_2} + \iint_{S_3} + \iint_{S_4} + \iint_{S_5}$ となって，**5** つの面積分の総和となり計算がとてもメンドウなんだね。よって，ここでガウスの発散定理：

$$\iint_S \boldsymbol{f}\cdot\boldsymbol{n}\,dS = \iiint_V \mathrm{div}\,\boldsymbol{f}\,dV \quad \cdots\cdots(*)$$

を用いて，体積分で求めることにする。

図(i)

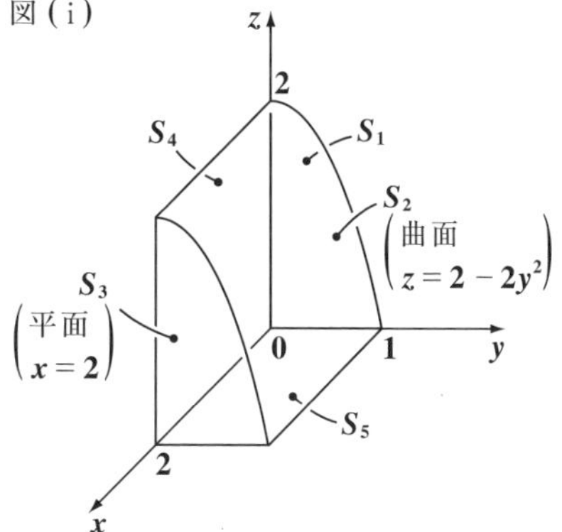

まず，ベクトル場 $\boldsymbol{f}=[-xy,\ 2y^2,\ z^2]$ の発散を求めると，

$$\mathrm{div}\,\boldsymbol{f} = \underbrace{\frac{\partial(-xy)}{\partial x}}_{-y} + \underbrace{\frac{\partial(2y^2)}{\partial y}}_{4y} + \underbrace{\frac{\partial(z^2)}{\partial z}}_{2z}$$

$= 3y + 2z$ より，$(*)$ から，

$$\iint_S \boldsymbol{f}\cdot\boldsymbol{n}\,dS = \int_0^2 \left\{ \int_0^1 \left(\int_0^{2-2y^2} \underbrace{\mathrm{div}\,\boldsymbol{f}}_{(3y+2z)}\,dz \right) dy \right\} dx$$

となる。

よって，この体積分を求めると，

図(ii)

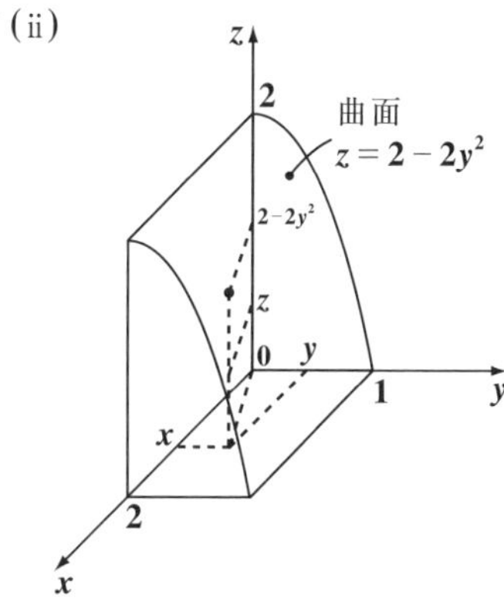

・x が，$0 \leqq x \leqq 2$ の範囲のある x の値をとるとき，
・y は，$0 \leqq y \leqq 1$ の範囲のある y の値をとり，
・z は，$0 \leqq z \leqq 2-2y^2$ の範囲を動く。

$$\iint_S \boldsymbol{f}\cdot\boldsymbol{n}\,dS=\int_0^2\left\{\int_0^1\left(\int_0^{2-2y^2}(\underset{\text{定数扱い}}{3y}+2z)\,dz\right)dy\right\}dx$$

$$\begin{aligned}[3y\cdot z+z^2]_0^{2-2y^2}&=3y\cdot(2-2y^2)+(2-2y^2)^2\\&=6y-6y^3+4-8y^2+4y^4\\&=4y^4-6y^3-8y^2+6y+4\end{aligned}$$

$$=\int_0^2\left\{\int_0^1(4y^4-6y^3-8y^2+6y+4)\,dy\right\}dx$$

$$\begin{aligned}&\left[\frac{4}{5}y^5-\frac{3}{2}y^4-\frac{8}{3}y^3+3y^2+4y\right]_0^1\\&=\frac{4}{5}-\frac{3}{2}-\frac{8}{3}+3+4\\&=7+\frac{24-45-80}{30}=7-\frac{101}{30}=\frac{210-101}{30}=\frac{109}{30}\ (\text{定数})\end{aligned}$$

$$=\int_0^2\frac{109}{30}\,dx=\frac{109}{30}[x]_0^2=\frac{109}{30}\times 2$$

$=\dfrac{109}{15}$ となるんだね。大丈夫だった？

これで，ガウスの発散定理の問題についても，ずい分解ける自信が付いてきたでしょう？

では次，ストークスの定理についても解説しよう。

● ストークスの定理もマスターしよう！

次に，"ストークスの定理"(*Stokes' theorem*)を下に示そう。

ストークスの定理

右図に示すように，ベクトル場 $\boldsymbol{f}=[f_1,\ f_2,\ f_3]$ の中に，閉曲線 C で囲まれた曲面 S があるとき，次式が成り立つ。

$$\iint_S \mathrm{rot}\,\boldsymbol{f}\cdot\boldsymbol{n}\,dS=\oint_C \boldsymbol{f}\cdot d\boldsymbol{r}\ \cdots\cdots(*h)$$

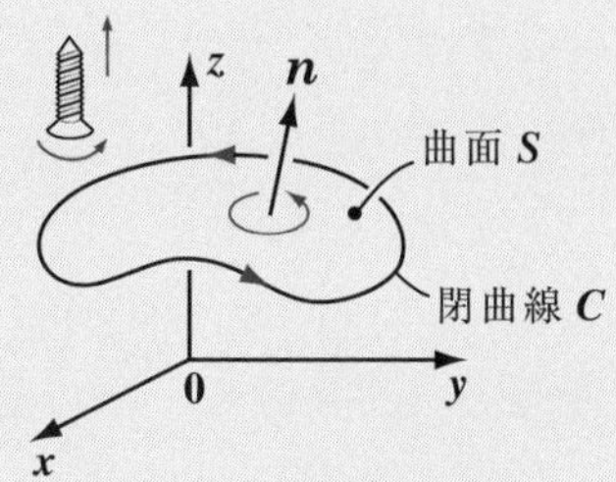

(ただし，単位法線ベクトル $\boldsymbol{n}$ を S の正の向きとし，周回積分路 C は右上図に示すような向きに回るものとする。)

$(*h)$ のストークスの定理の左辺は，$\boldsymbol{f}$ が $\mathrm{rot}\,\boldsymbol{f}$ に変わってはいるけれど，ガウスの発散定理でも出てきた面積分だね。すなわち，$\mathrm{rot}\,\boldsymbol{f}$ の法線方向の成分を面積分するんだね。

これに対して，$(*h)$ の右辺は，"**接線線積分**(せっせんせんせきぶん)"になっている。微小ベクトル $d\boldsymbol{r}$ を具体的に書くと，

$d\boldsymbol{r}=[dx,\ dy,\ dz]$

のことで，これは曲線 C 上の点 $\mathrm{P}(x,\ y,\ z)$ における微小な接線ベクトルのことなんだ。

図2　接線線積分のイメージ

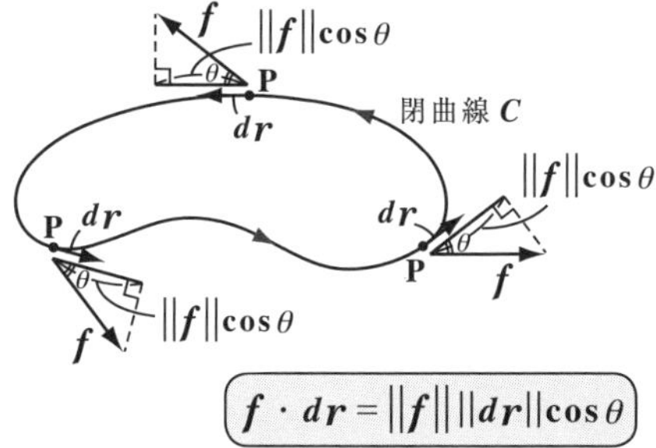

よって，図2に示すように，$\boldsymbol{f}$ と $d\boldsymbol{r}$ の内積，すなわち

$\boldsymbol{f}\cdot d\boldsymbol{r}=[f_1,\ f_2,\ f_3]\cdot[dx,\ dy,\ dz]=f_1dx+f_2dy+f_3dz$ を閉曲線 C のまわりに右ネジが回転して $\boldsymbol{n}$ がその進む向きとなるように，1周分積分するので，積分記号 $\int$ の代わりに $\oint_C$ と表したんだ。よって，$(*h)$ の右辺は，"**周回接線線積分**(しゅうかいせっせんせんせきぶん)"(または"**1周接線線積分**")と呼ぶことができるんだね。

ストークスの定理：$\iint_S \mathrm{rot}\,\boldsymbol{f}\cdot\boldsymbol{n}\,dS = \oint_C \boldsymbol{f}\cdot d\boldsymbol{r}$ ……$(*h)$ を，一般論として証明するのはかなり大変なので，ベクトル場 $\boldsymbol{f}$ を，図3(ⅰ)に示すように，平面ベクトル場 $\boldsymbol{f}=[f_1,\ f_2,\ 0]$ と単純化して証明してみることにしよう。すると，

$$\mathrm{rot}\,\boldsymbol{f} = \nabla\times\boldsymbol{f}$$
$$= [-f_{2z},\ f_{1z},\ f_{2x}-f_{1y}]$$

$\frac{\partial}{\partial x}$ $\frac{\partial}{\partial y}$ $\frac{\partial}{\partial z}$ $\frac{\partial}{\partial x}$
f_1 f_2 0 f_1
$,\ f_{2x}-f_{1y}\ ][-f_{2z},\ \ f_{1z}$

となる。また，図3(ⅰ)に示すように，閉曲線 C も曲面 S も共に xy 平面上にあるので，平面 S の単位法線ベクトルは，当然，

$\boldsymbol{n}=[0,\ 0,\ 1]$ となる。よって，

$$\mathrm{rot}\,\boldsymbol{f}\cdot\boldsymbol{n} = f_{2x}-f_{1y} \quad \cdots\cdots①$$

$-f_{2z}\cdot 0 + f_{1z}\cdot 0 + (f_{2x}-f_{1y})\cdot 1$

となる。また，

$$\boldsymbol{f}\cdot d\boldsymbol{r} = [f_1,\ f_2,\ 0]\cdot[dx,\ dy,\ dz]$$
$$= f_1\,dx + f_2\,dy \quad \cdots\cdots②$$ だね。

よって，①，②を $(*h)$ に代入して，

$$\iint_S (f_{2x}-f_{1y})\,dS = \oint_C (f_1\,dx + f_2\,dy) \quad \cdots\cdots(*h)'$$

が成り立つことを示せばいいんだね。

図3 $\boldsymbol{f}=[f_1,\ f_2,\ 0]$ のときのストークスの定理

(ⅰ)

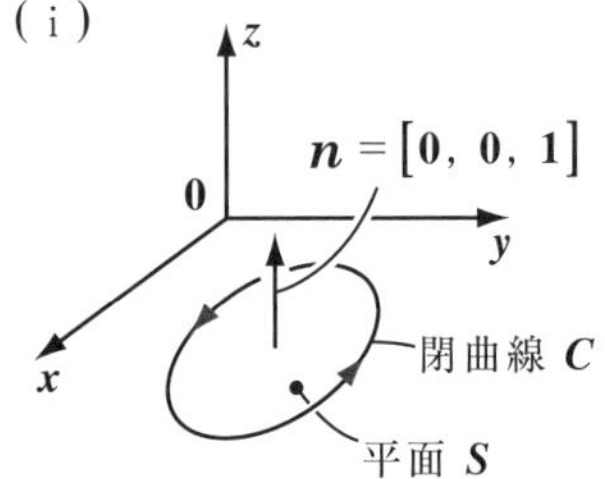

(ⅱ)

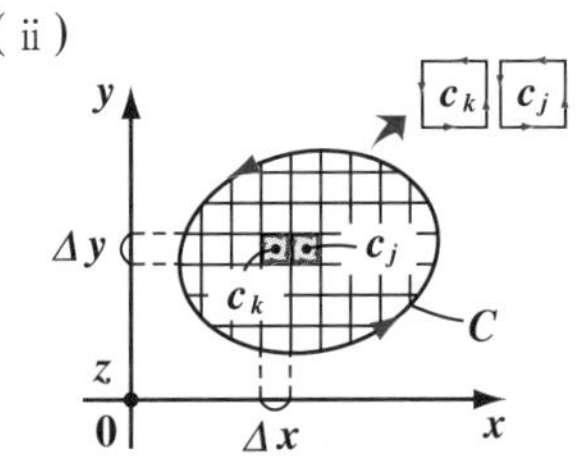

(ⅲ)

$-f_1\left(x,\ y+\frac{\Delta y}{2}\right)$
$\left(x-\frac{\Delta x}{2},\ y\right)$ $\left(x,\ y+\frac{\Delta y}{2}\right)$
$f_2\left(x+\frac{\Delta x}{2},\ y\right)$
c_k
Δy
$(x,\ y)$
$\left(x+\frac{\Delta x}{2},\ y\right)$
$-f_2\left(x-\frac{\Delta x}{2},\ y\right)$
$\left(x,\ y-\frac{\Delta y}{2}\right)$
Δx
$f_1\left(x,\ y-\frac{\Delta y}{2}\right)$

図3(ⅱ)は，図3(ⅰ)を真上から見たものだ。そして，この平面 S を1辺の長さが Δx と Δy の面要素に分割し，$1,\ 2,\ \cdots,\ k,\ \cdots,\ n$ と，それぞれ番号を付け，k 番目の面要素を $c_k\ (k=1,\ 2,\ \cdots,\ n)$ とおくことにする。

閉曲線 C の周辺では，面要素がいびつな形になるのは仕方がないね。

ここで，これら面要素の接線線積分の総和をとると，

$\displaystyle\sum_k \oint_{c_k} \boldsymbol{f}\cdot d\boldsymbol{r}$ ……③ となる。すると，

図 3(ⅱ) に示すように，隣り合う要素では，互いに逆向きの線積分を行うので，打ち消し合って，結局③で残るのは，閉曲線 C に沿った接線線積分のみになる。よって，

(これは，$(*h)'$ の右辺だ！)

$$\sum_k \oint_{c_k} \boldsymbol{f}\cdot d\boldsymbol{r} = \oint_C \boldsymbol{f}\cdot d\boldsymbol{r} = \oint_C (f_1 dx + f_2 dy) \quad \cdots\cdots ④$$ となるんだね。

次に，図 3(ⅲ) に示すように，まず要素 c_k のまわりの接線線積分を計算しよう。符号も考慮に入れて，

$$\oint_{c_k} \boldsymbol{f}\cdot d\boldsymbol{r}$$

$$= f_1\left(x,\ y-\frac{\Delta y}{2}\right)\Delta x + f_2\left(x+\frac{\Delta x}{2},\ y\right)\Delta y - f_1\left(x,\ y+\frac{\Delta y}{2}\right)\Delta x - f_2\left(x-\frac{\Delta x}{2},\ y\right)\Delta y$$

(各項は，要素の下辺（→），右辺（↑），上辺（←），左辺（↓）の線積分)

$$= \left\{f_2\left(x+\frac{\Delta x}{2},\ y\right) - f_2\left(x-\frac{\Delta x}{2},\ y\right)\right\}\Delta y - \left\{f_1\left(x,\ y+\frac{\Delta y}{2}\right) - f_1\left(x,\ y-\frac{\Delta y}{2}\right)\right\}\Delta x$$

$$= \left\{\frac{f_2\left(x+\frac{\Delta x}{2},\ y\right) - f_2(x,\ y)}{\frac{\Delta x}{2}} + \frac{f_2(x,\ y) - f_2\left(x-\frac{\Delta x}{2},\ y\right)}{\frac{\Delta x}{2}}\right\}\cdot\frac{\Delta x}{2}\Delta y$$

$$- \left\{\frac{f_1\left(x,\ y+\frac{\Delta y}{2}\right) - f_1(x,\ y)}{\frac{\Delta y}{2}} + \frac{f_1(x,\ y) - f_1\left(x,\ y-\frac{\Delta y}{2}\right)}{\frac{\Delta y}{2}}\right\}\cdot\frac{\Delta y}{2}\Delta x \quad \cdots ⑤$$

($\frac{\partial f_2}{\partial x} = f_{2x}$，$\frac{\partial f_1}{\partial y} = f_{1y}$。$f_2(x,\ y)$ を引いた分たした！ $f_1(x,\ y)$ を引いた分たした！)

ここで，$k = 1,\ 2,\ \cdots,\ n$ として，この総和をとると $\displaystyle\sum_k \oint_{c_k} \boldsymbol{f}\cdot d\boldsymbol{r}$ となる。

さらに，$\Delta x \to 0$，$\Delta y \to 0$ の極限をとると，⑤より，$\displaystyle\sum_k \oint_{c_k} \boldsymbol{f}\cdot d\boldsymbol{r}$ は，

$$\sum_k \oint_{c_k} \boldsymbol{f}\cdot d\boldsymbol{r} = \iint_S \left\{ \underbrace{(f_{2x}+f_{2x})\frac{1}{2}}_{f_{2x}} dx\,dy - \underbrace{(f_{1y}+f_{1y})\frac{1}{2}}_{f_{1y}} dx\,dy \right\}$$

$$= \iint_S (f_{2x}-f_{1y}) \underbrace{dx\,dy}_{dS(\text{面要素})} = \iint_S (f_{2x}-f_{1y})\,dS \quad \cdots\cdots⑥$$

（これは，$(*h)'$ の左辺だ！）

この⑥と，$\sum_k \oint_{c_k} \boldsymbol{f}\cdot d\boldsymbol{r} = \oint_C (f_1 dx + f_2 dy)$ ……④ より，

$\iint_S (f_{2x}-f_{1y})\,dS = \oint_C (f_1 dx + f_2 dy)$ ……$(*h)'$ が成り立つことが示せたんだね。納得いった？

これは，本当のストークスの定理：$\iint_S \mathrm{rot}\,\boldsymbol{f}\cdot\boldsymbol{n}\,dS = \oint_C \boldsymbol{f}\cdot d\boldsymbol{r}$ ……$(*h)$

の特殊な場合に過ぎないのだけれど，電磁気学をマスターするためには，厳密な証明よりも，ストークスの定理を使って，実際に問題を解くことの方が重要なんだよ。

早速，次の例題で，ストークスの定理を実際に使ってみよう！

> 例題 7　ベクトル場 $\boldsymbol{f}=[1,\ 1,\ 0]$ の xy 平面上に閉曲線 C：$x^2+y^2=a^2$（a：正の定数）をとる。この C を反時計まわりにまわる積分路をとる周回接線線積分：
>
> $\oint_C \boldsymbol{f}\cdot d\boldsymbol{r}$ の値を求めよう。

$\boldsymbol{f}=[1,\ 1,\ 0]$，$d\boldsymbol{r}=[dx,\ dy,\ dz]$

より，$\boldsymbol{f}$ と $d\boldsymbol{r}$ の内積は，

$$\boldsymbol{f}\cdot d\boldsymbol{r} = [1,\ 1,\ 0]\cdot[dx,\ dy,\ dz]$$
$$= 1\cdot dx + 1\cdot dy + \cancel{0\cdot dz}$$
$$= dx + dy \quad \text{だね。}$$

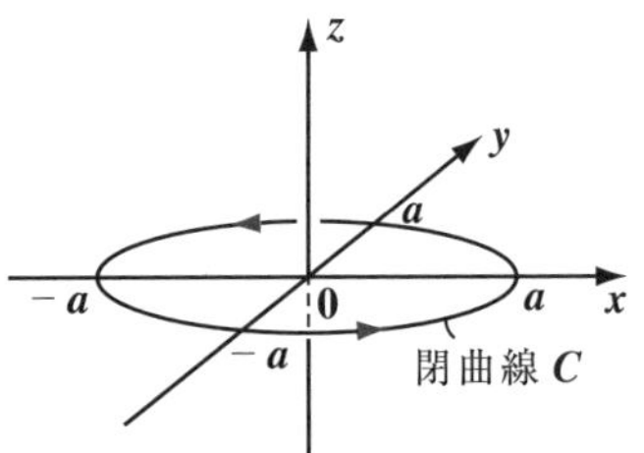

よって，求める周回接線線積分は，

$$\oint_C \boldsymbol{f}\cdot d\boldsymbol{r} = \oint_C (dx + dy) \quad \cdots\cdots(a)$$ となる。

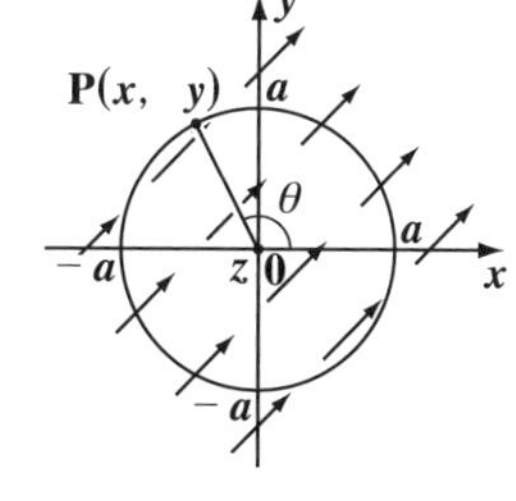

ここで，円 $C : x^2 + y^2 = a^2$ の周上を 1 周する動点 $P(x,\ y)$ の座標は，媒介変数 θ $(0 \leqq \theta \leqq 2\pi)$ を用いて，次のように表せるのは大丈夫だね。

$$\begin{cases} x = a\cos\theta \\ y = a\sin\theta \end{cases} \quad (0 \leqq \theta \leqq 2\pi)$$

よって，
$$\begin{cases} dx = \dfrac{dx}{d\theta}d\theta = -a\sin\theta\, d\theta \\ dy = \dfrac{dy}{d\theta}d\theta = a\cos\theta\, d\theta \end{cases} \quad \cdots\cdots(b)$$

となるので，(b)を(a)に代入して，θ での積分に変換すると，

$$\oint_C \boldsymbol{f}\cdot d\boldsymbol{r} = \int_0^{2\pi} (-a\sin\theta\, d\theta + a\cos\theta\, d\theta)$$

$$= a\int_0^{2\pi} (-\sin\theta + \cos\theta)\, d\theta = a\big[\cos\theta + \sin\theta\big]_0^{2\pi}$$

$$= a\{\underbrace{\cos 2\pi}_{1} + \underbrace{\sin 2\pi}_{0} - (\underbrace{\cos 0}_{1} + \underbrace{\sin 0}_{0})\} = 0$$ となるんだね。

別解

この接線線積分をまともに計算するのではなくて，ストークスの定理を利用することもできる。

$\mathrm{rot}\,\boldsymbol{f} = [0,\ 0,\ 0] = \boldsymbol{0}$ だね。

$$\begin{matrix} \dfrac{\partial}{\partial x} & & \dfrac{\partial}{\partial y} & & \dfrac{\partial}{\partial z} & & \dfrac{\partial}{\partial x} \\ 1 & \downarrow & 1 & \downarrow & 0 & \downarrow & 1 \\ & ,\ 0 &][& 0 & , & 0 & \end{matrix}$$

よって，ストークスの定理より，

$$\oint_C \boldsymbol{f}\cdot d\boldsymbol{r} = \iint_S \underbrace{\mathrm{rot}\,\boldsymbol{f}}_{\boldsymbol{0}} \cdot \underbrace{\boldsymbol{n}}_{[0,\,0,\,1]}\, dS$$

$\boldsymbol{0}\cdot[0,\ 0,\ 1] = 0$ だね。

$$= \iint_S 0\, dS = 0$$ となって，

ただし，S は，閉曲線(円)C によって囲まれる xy 平面上の領域のことだ。

アッサリ同じ結果が導けるんだね。どう？これで，ストークスの定理の威力が分かっただろう。

それでは，もう **1** 題，次の例題で，ストークスの定理の問題を解いて，この定理にも慣れてもらうことにしよう。

> 例題 **8**　空間ベクトル場 $\boldsymbol{f}=[-2y,\ 3x,\ 0]$ において，xy 平面上に原点を中心とする半径 **2** の閉曲線（円）C：$x^2+y^2=4\ (z=0)$ があり，C に囲まれる xy 平面上の曲面（円）を S とおく。このとき，ストークスの定理：$\iint_S \mathrm{rot}\,\boldsymbol{f}\cdot\boldsymbol{n}\,dS=\oint_C \boldsymbol{f}\cdot d\boldsymbol{r}$ ……(∗) が成り立つことを確認しよう。ただし，S に対する単位法線ベクトル $\boldsymbol{n}$ の z 成分は正とする。

(ⅰ) (∗) の左辺について，

空間ベクトル場：

$\boldsymbol{f}=[-2y,\ 3x,\ 0]$ の回転

$\mathrm{rot}\,\boldsymbol{f}$ を求めると，

$\mathrm{rot}\,\boldsymbol{f}=[0,\ 0,\ 5]$ ……① となる。

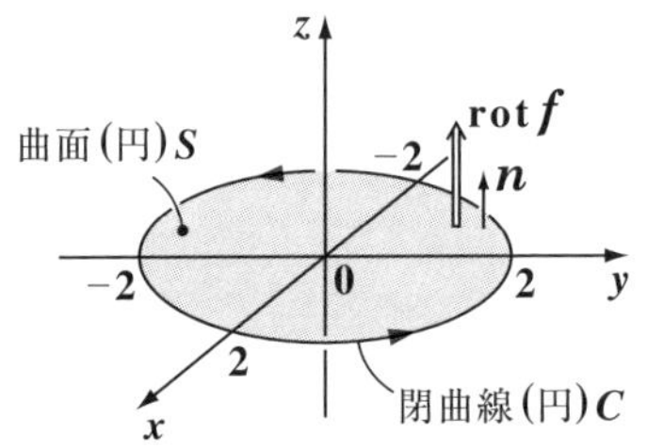

rot f の計算

$$\begin{array}{cccc} \frac{\partial}{\partial x} & \frac{\partial}{\partial y} & \frac{\partial}{\partial z} & \frac{\partial}{\partial x} \\ -2y & 3x & 0 & -2y \end{array}$$

$[0-0,\ 0-0,\ 3-(-2)]$

また，右上図より，曲面（円）S は xy 平面上の円より，この単位法線ベクトル $\boldsymbol{n}$ は，$\boldsymbol{n}=[0,\ 0,\ \underset{\oplus}{1}]$ ……② である。よって，①と②の内積を求めると，

$\mathrm{rot}\,\boldsymbol{f}\cdot\boldsymbol{n}=[0,\ 0,\ 5]\cdot[0,\ 0,\ 1]=\cancel{0\times0}+\cancel{0\times0}+5\times1=5$（定数）となる。

よって，

$$((*)\text{の左辺})=\iint_S \underbrace{\mathrm{rot}\,\boldsymbol{f}\cdot\boldsymbol{n}}_{5\,(\text{定数})}\,dS=5\underbrace{\iint_S dS}_{S\text{は半径2の円より，この面積は}\pi\cdot2^2=4\pi}=5\times4\pi=20\pi \text{ ……③ である。}$$

(ii) (*)の右辺について，

$$\boldsymbol{f}\cdot d\boldsymbol{r} = [-2y,\ 3x,\ 0]\cdot[dx,\ dy,\ dz] = -2ydx + 3xdy + \cancel{0\cdot dz}$$

$$= -2ydx + 3xdy \quad \cdots\cdots④$$ となる。

よって，④を(*)の右辺に代入すると，

$$((*)\text{の右辺}) = \oint_C \boldsymbol{f}\cdot d\boldsymbol{r} = \oint_C (-2ydx + 3xdy) \quad \cdots\cdots⑤$$ となる。

ここで，xy 平面上の閉曲線 (円) C は，原点を中心とする半径 2 の円より，x と y は媒介変数 θ を用いて，

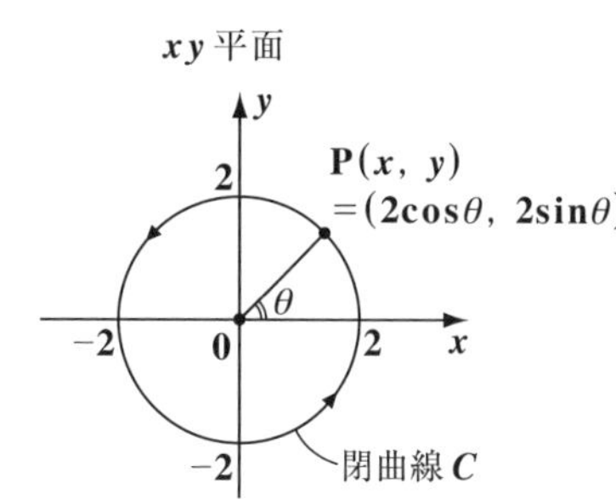

$$\begin{cases} x = 2\cos\theta \\ y = 2\sin\theta \end{cases} \quad \cdots\cdots⑥ \quad (0 \leqq \theta < 2\pi)$$

とおける。ここで，dx と $d\theta$，および dy と $d\theta$ の関係を求めると，

$$dx = \frac{d(2\cos\theta)}{d\theta}d\theta = -2\sin\theta\cdot d\theta,\quad dy = \frac{d(2\sin\theta)}{d\theta}d\theta = 2\cos\theta\cdot d\theta$$ となる。

よって，⑥とこれらを⑤に代入すると，

$$((*)\text{の右辺}) = \int_0^{2\pi}(-2\cdot\underbrace{2\sin\theta}_{y}\cdot\underbrace{(-2\sin\theta)d\theta}_{dx} + 3\cdot\underbrace{2\cos\theta}_{x}\cdot\underbrace{2\cos\theta d\theta}_{dy})$$

$$= \int_0^{2\pi}(8\cdot\underbrace{\sin^2\theta}_{\frac{1}{2}(1-\cos2\theta)} + 12\cdot\underbrace{\cos^2\theta}_{\frac{1}{2}(1+\cos2\theta)})d\theta$$

半角の公式

$$\begin{cases} \sin^2\theta = \dfrac{1-\cos2\theta}{2} \\ \cos^2\theta = \dfrac{1+\cos2\theta}{2} \end{cases}$$

$$= \int_0^{2\pi}\{4(1-\cos2\theta) + 6(1+\cos2\theta)\}d\theta$$

$$= \int_0^{2\pi}(10 + 2\cos2\theta)d\theta = \left[10\cdot\theta + \sin2\theta\right]_0^{2\pi}$$

$$= 10\cdot2\pi + \cancel{\sin4\pi} = 20\pi$$ となる。 ←（(i) の結果③と一致する。）

以上(i)(ii)より，(*)のストークスの定理が成り立つことが確認できたんだね。

これで，数学的準備も整ったので，次章から本格的な電磁気学の講義に入ろう。

講義1 ● 電磁気学のプロローグ　公式エッセンス

1.　静電場のクーロンの法則

$$f = k\frac{q_1 q_2}{r^2}$$
$\left(\begin{array}{l} r(\mathrm{m}):2\text{つの点電荷}\ q_1(\mathrm{C}),\ q_2(\mathrm{C})\ \text{間の距離}, \\ k = 8.988\times 10^9\ (\mathrm{Nm^2/C^2}) \end{array}\right)$

$k = \frac{1}{4\pi\varepsilon_0}$ $\left(\text{真空の誘電率}\ \varepsilon_0 = \frac{1}{4\pi\times 10^{-7}\times c^2}\ (\mathrm{C^2/Nm^2})\right)$

2.　ベクトル3重積

$$\boldsymbol{a}\times(\boldsymbol{b}\times\boldsymbol{c}) = \underbrace{(\boldsymbol{a}\cdot\boldsymbol{c})\boldsymbol{b}}_{(\mathrm{i})} - \underbrace{(\boldsymbol{a}\cdot\boldsymbol{b})\boldsymbol{c}}_{(\mathrm{ii})}$$

3.　勾配ベクトル（グラディエント）

スカラー値関数 $f(x,\ y,\ z)$ に対して，

$$\mathrm{grad}\, f = \nabla f = \left[\frac{\partial}{\partial x},\ \frac{\partial}{\partial y},\ \frac{\partial}{\partial z}\right]f = \left[\frac{\partial f}{\partial x},\ \frac{\partial f}{\partial y},\ \frac{\partial f}{\partial z}\right]$$

4.　発散（ダイヴァージェンス）　（ただし，平面ベクトル場）

ベクトル場 $\boldsymbol{f} = [f_1(x,\ y),\ f_2(x,\ y)]$ に対して，

$$\mathrm{div}\,\boldsymbol{f} = \nabla\cdot\boldsymbol{f} = \left[\frac{\partial}{\partial x},\ \frac{\partial}{\partial y}\right]\cdot[f_1,\ f_2] = \frac{\partial f_1}{\partial x} + \frac{\partial f_2}{\partial y}$$

5.　ポアソンの方程式

$$\Delta f = \frac{\partial^2 f}{\partial x^2} + \frac{\partial^2 f}{\partial y^2} + \frac{\partial^2 f}{\partial z^2} = g \quad \left(\text{ラプラシアン}\Delta = \nabla\cdot\nabla = \frac{\partial^2}{\partial x^2} + \frac{\partial^2}{\partial y^2} + \frac{\partial^2}{\partial z^2}\right)$$

特に，$g = 0$，すなわち $\Delta f = 0$ を，ラプラスの方程式という。

6.　回転（ローテイション）

ベクトル場 $\boldsymbol{f} = [f_1(x,\ y,\ z),\ f_2(x,\ y,\ z),\ f_3(x,\ y,\ z)]$ に対して，

$$\mathrm{rot}\,\boldsymbol{f} = \nabla\times\boldsymbol{f} = \left[\frac{\partial f_3}{\partial y} - \frac{\partial f_2}{\partial z},\ \frac{\partial f_1}{\partial z} - \frac{\partial f_3}{\partial x},\ \frac{\partial f_2}{\partial x} - \frac{\partial f_1}{\partial y}\right]$$

7.　grad，div，rotの応用公式

(Ⅰ) $\mathrm{div}(\mathrm{rot}\,\boldsymbol{f}) = 0$　　　(Ⅱ) $\mathrm{rot}(\mathrm{grad}\,f) = \boldsymbol{0}$

(Ⅲ) $\mathrm{rot}(\mathrm{rot}\,\boldsymbol{f}) = \mathrm{grad}(\mathrm{div}\,\boldsymbol{f}) - \Delta\boldsymbol{f}$

8.　ガウスの発散定理

$$\iiint_V \mathrm{div}\,\boldsymbol{f}\,dV = \iint_S \boldsymbol{f}\cdot\boldsymbol{n}\,dS$$

9.　ストークスの定理

$$\iint_S \mathrm{rot}\,\boldsymbol{f}\cdot\boldsymbol{n}\,dS = \oint_C \boldsymbol{f}\cdot d\boldsymbol{r}$$

静電場

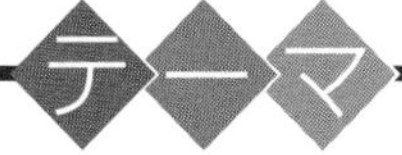

▶ クーロンの法則からマクスウェルの方程式へ

$\left(\boldsymbol{f} = k\dfrac{q_1 q_2}{r^2}\boldsymbol{e}, \quad \mathrm{div}\,\boldsymbol{D} = \rho \right)$

▶ 電位と電場

$(\boldsymbol{E} = -\mathrm{grad}\,\phi)$

▶ 導体

(導体の性質，鏡像法，静電遮蔽)

▶ コンデンサー

$\left($静電エネルギー，電場のエネルギー密度 $u_e = \dfrac{1}{2}\varepsilon_0 E^2\right)$

▶ 誘電体

(真電荷と分極電荷，電束密度 $\boldsymbol{D} = \varepsilon_0 \boldsymbol{E} + \boldsymbol{P}$)

§1. クーロンの法則からマクスウェルの方程式へ

さァ，これから“**静電場**”の講義を始めよう。真空中において，点電荷やある領域に存在する電荷分布が時間的に変動しないで静止しているとき，当然これらによって作られる電場も時間的に変化しない一定の電場になるはずだね。これを“**静電場**”といい，電磁気学の最も基本的なテーマの1つなんだ。

この静電場を支配する基本法則は，“**クーロンの法則**”なんだけれど，プロローグでも紹介したように，大学の電磁気学では，これに“**ガウスの法則**”や“**ガウスの発散定理**”などを適用することにより，“**マクスウェルの方程式**”の1つ $\mathrm{div}\,\boldsymbol{D}=\rho$ ……(∗1) にまで変形することができる。たとえば，これは素朴な少年が成長して，洗練された紳士になるようなものだと思えばいいよ。

この成長のストーリーを，これから分かりやすく解説していこう！

● まず，クーロンの法則からスタートしよう！

図1に示すように，距離 r(m) だけ離れた2つの点電荷 q_1(C) と q_2(C) に互いに作用する力の大きさを f とおくと，“**クーロンの法則**”より，

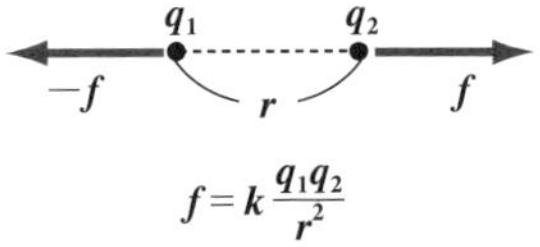

$$f=k\frac{q_1q_2}{r^2} \quad \cdots\cdots(*) \quad (k:\text{比例定数})$$

図1 クーロンの法則(Ⅰ)

q_1 q_2 $-f$ r f

$f=k\frac{q_1q_2}{r^2}$

図は $q_1q_2>0$ のイメージ

と表される。それでは，この素朴な(∗)の式に変形を加えていくことにしよう。ここで，MKSA単位系を用いると，比例定数 k は光速 $c=2.998\times10^8$ (m/s) を用いて，

$k \fallingdotseq 9\times10^9$ と覚えておいてもいい。

$$k=c^2\times10^{-7}=8.988\times10^9\ (\mathrm{Nm^2/C^2}) \quad \cdots\cdots①$$

と表せるんだ。

(∗)より，$k=\frac{fr^2}{q_1q_2}\left(\frac{\mathrm{N\cdot m^2}}{\mathrm{C^2}}\right)$ よって，k の単位が導ける。これはさらに $\mathrm{kgms^{-2}\cdot m^2\ (As)^{-2}}$ より，$\mathrm{kgm^3/A^2s^4}$ と表すこともできる。

何故 $k=c^2\times10^{-7}$ とおけるのか？ “定常電流と磁場”(P143)のところで詳しく解説する。

ここで，さらにこの比例定数を

$$k=\frac{1}{4\pi\varepsilon_0} \quad \cdots\cdots②$$ とおいて，(∗)に代入すると，

$$f = \frac{1}{4\pi\varepsilon_0} \cdot \frac{q_1 q_2}{r^2} = \frac{q_1 q_2}{4\pi r^2 \varepsilon_0} \quad \cdots\cdots③$$ となる。

この ε_0 とは，**真空の“誘電率(ゆうでんりつ)”**(*permittivity*)のことで，コンデンサーの電気容量を決定するための基礎となる重要な定数なんだ。この ε_0 の値も求めておこう。①と②より，

$$\varepsilon_0 = \boxed{\frac{1}{4\pi}} \cdot \frac{1}{k} = \frac{1}{4\pi \times c^2 \times 10^{-7}} = \underline{8.854 \times 10^{-12}\ (\mathrm{C^2/Nm^2})}$$ となるね。

（無次元(単位なし)）（k の単位の逆数が ε_0 の単位だ。）

ここまでは大丈夫？　でも，何故②のように，定数 k の分母について 4π をくくり出した形にしたのか？知りたいだろうね。それは，こうすることによって③の分母に $4\pi r^2$ (半径 r の球の表面積) が作られ，これから，**“ガウスの法則”**へと話を進めていく糸口となるからなんだ。詳しい話は，もう少し後でしよう。

クーロン力は当然ベクトルなので，図2に示すように，

- ・q_1 が q_2 に及ぼすクーロン力を $\boldsymbol{f}_{12}$ と表し，
- ・q_2 が q_1 に及ぼすクーロン力を $\boldsymbol{f}_{21}$ と表すことにする。

また，q_1 から q_2 に向かうベクトルを $\boldsymbol{r}$，その大きさを $r = \|\boldsymbol{r}\|$ とおくと，$\boldsymbol{r}$ と同じ向きの単位ベクトル(大きさ1のベクトル) $\boldsymbol{e}$ は，

$\boldsymbol{e} = \dfrac{\boldsymbol{r}}{r}$ と表せるのも大丈夫だね。

図2 クーロンの法則(Ⅱ)

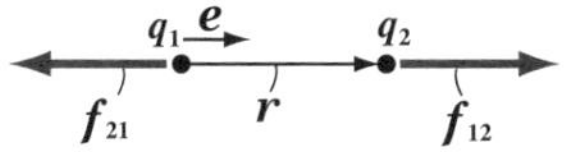

よって，点電荷 q_1 が点電荷 q_2 に及ぼすクーロン力 $\boldsymbol{f}_{12}$ は，

$$\boldsymbol{f}_{12} = \frac{1}{4\pi\varepsilon_0} \cdot \frac{q_1 q_2}{r^2}\boldsymbol{e} \quad \cdots\cdots④$$ または $$\boldsymbol{f}_{12} = \frac{1}{4\pi\varepsilon_0} \cdot \frac{q_1 q_2}{r^3}\boldsymbol{r} \quad \cdots\cdots④'$$

と表される。ここで，q_2 が q_1 に及ぼすクーロン力 $\boldsymbol{f}_{21}$ は作用・反作用の法則より当然，

$\boldsymbol{f}_{21} = -\boldsymbol{f}_{12}$ となるのもいいね。

次，クーロン力の“**重ね合わせの原理**”についても解説しておこう。図3に示すように，複数の点電荷 q_1，q_2，…，q_n が，点電荷 q に及ぼす合力を f とおく。

図3 クーロン力の重ね合わせ

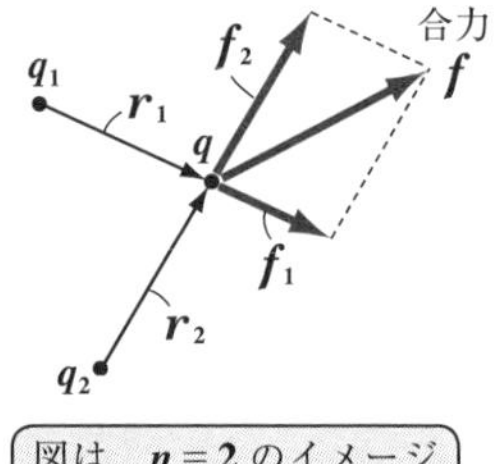

また，点 q_k から点 q に向かうベクトルを r_k とおき，q_k が q に及ぼす個別のクーロン力を f_k とおくと，

$$f_k = \frac{1}{4\pi\varepsilon_0}\cdot\frac{qq_k}{r_k^{\ 3}}r_k \quad \cdots\cdots ⑤ \quad (k=1,\ 2,\ \cdots,\ n)$$ となる。

（ただし，$r_k = \|r_k\|$）

ここで，複数の点電荷 q_1，q_2，…，q_n が点電荷 q に及ぼすクーロン力の合力 f は，⑤を単純にたし合わせたもの，すなわち

$$f = \sum_{k=1}^{n}\boxed{\frac{1}{4\pi\varepsilon_0}\cdot q}\frac{q_k}{r_k^{\ 3}}r_k = \frac{q}{4\pi\varepsilon_0}\sum_{k=1}^{n}\frac{q_k}{r_k^{\ 3}}r_k \quad \cdots\cdots ⑥$$

（定数）

となる。これを，クーロン力の“**重ね合わせの原理**”というんだよ。
それでは，次の例題で練習しておこう。

> 例題9　xy 座標平面上の3点 $(0,\ 0)$，$A(1,\ 0)$，$B(1,\ 2)$ にそれぞれ $q_1 = -5\sqrt{5}\times 10^{-4}$ (C)，$q_2 = 16\times 10^{-4}$ (C)，$q = 10^{-5}$ (C) の点電荷があるとき，q_1 と q_2 が q に及ぼすクーロン力の合力 f を求めよう。ただし，比例定数 $k = \dfrac{1}{4\pi\varepsilon_0} = 9\times 10^9$ $(\mathrm{Nm^2/C^2})$ とする。

右図に示すように，

$r_1 = [1,\ 2]$，$r_2 = [0,\ 2]$ とおくと，

（q_1 から q に向かう）（q_2 から q に向かうベクトル）

$$\begin{cases} r_1 = \|r_1\| = \sqrt{1^2+2^2} = \sqrt{5} \\ r_2 = \|r_2\| = \sqrt{0^2+2^2} = 2 \end{cases}$$ となる。

$q_1 = -5\sqrt{5}\times 10^{-4}$ (C)，$q_2 = 16\times 10^{-4}$ (C)

$q = 10^{-5}$ (C)，$k = 9\times 10^9$ $(\mathrm{Nm^2/C^2})$

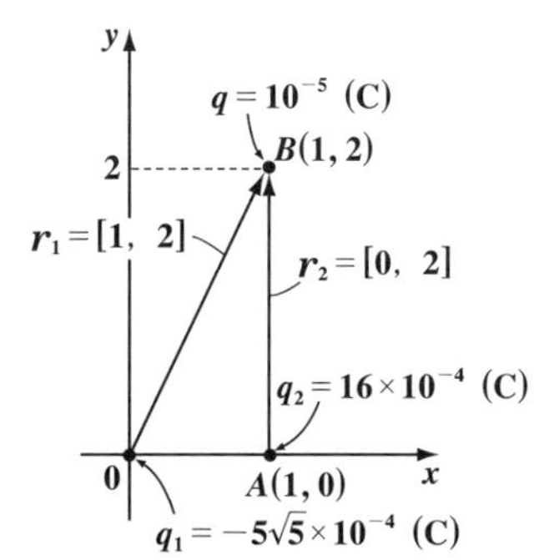

を⑥に代入して，q_1，q_2 が q に及ぼすクーロン力の合力 $\boldsymbol{f}$ は，

$$\boldsymbol{f}=\underbrace{\frac{1}{4\pi\varepsilon_0}}_{k=9\times10^9}q\left(\frac{q_1}{r_1^{\,3}}\boldsymbol{r}_1+\frac{q_2}{r_2^{\,3}}\boldsymbol{r}_2\right)$$

$$=9\times10^9\times\underbrace{10^{-5}}_{q}\left\{\frac{-5\sqrt{5}\times10^{-4}}{(\sqrt{5})^3}\underbrace{[1,\ 2]}_{\boldsymbol{r}_1}+\frac{16\times10^{-4}}{2^3}\underbrace{[0,\ 2]}_{\boldsymbol{r}_2}\right\}$$

$$=9\times10^4\times10^{-4}\{-[1,\ 2]+2[0,\ 2]\}=9\{[0,\ 4]-[1,\ 2]\}$$

$=9[-1,\ 2]$，または $[-9,\ 18]$ となって，答えだ！

● 電場とガウスの法則もマスターしよう！

点電荷 Q が，$r\ (=\|\boldsymbol{r}\|)$ だけ離れた点電荷 q に及ぼすクーロン力 $\boldsymbol{f}$ は，

$$\boldsymbol{f}=\frac{1}{4\pi\varepsilon_0}\cdot\frac{qQ}{r^2}\boldsymbol{e}\quad\cdots(\mathrm{a})$$

$\left(\text{ただし，}\boldsymbol{e}=\dfrac{\boldsymbol{r}}{r}\right)$ となるのはいいね。

ここで，この (a) を少し変形して，

$$\boldsymbol{f}=q\cdot\underbrace{\frac{1}{4\pi\varepsilon_0}\cdot\frac{Q}{r^2}\boldsymbol{e}}_{\boldsymbol{E}\ (\text{電場})}\quad\cdots(\mathrm{a})'\text{ とし，}$$

$$\boldsymbol{E}=\frac{1}{4\pi\varepsilon_0}\cdot\frac{Q}{r^2}\boldsymbol{e}\ \left(=\frac{1}{4\pi\varepsilon_0}\cdot\frac{Q}{r^3}\boldsymbol{r}\right)\quad\cdots(\mathrm{b})$$

とおくと，(a)′ は，$\boldsymbol{f}=q\boldsymbol{E}\ \cdots(\mathrm{c})$ となる。

ここで，点電荷 q の位置を任意に変化させると，$\boldsymbol{r}$ は点 Q を始点として，空間全体を動くベクトルとなるため，$\boldsymbol{E}$ は $\boldsymbol{r}$ の関数として $\boldsymbol{E}(\boldsymbol{r})$ と表せる。この $\boldsymbol{E}(\boldsymbol{r})$ のことを点 Q が空間に作る **“電場(でんば)”** または **“電界(でんかい)”** (*electric field*) といい，そのイメージを図 4(i) に示した。そして，この電場 $\boldsymbol{E}(\boldsymbol{r})$ の中のある点 $\boldsymbol{r}$ に点電荷 q をおくと，図 4(ii) に示すように，$\boldsymbol{E}(\boldsymbol{r})$ による近接力として，点電荷 q に

図 4 クーロンの法則と電場

(i) Q が作る電場 $\boldsymbol{E}$

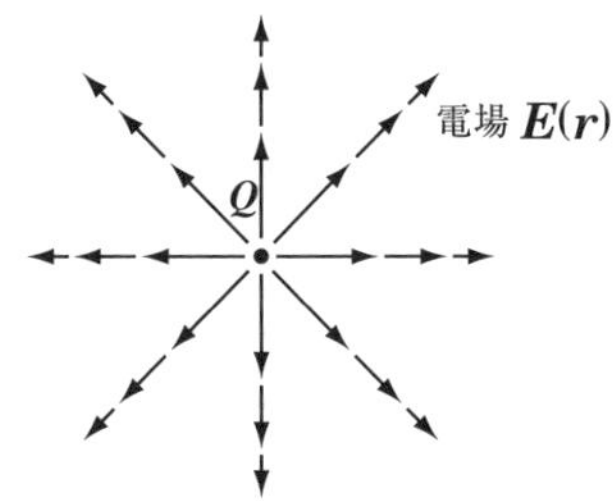

(ii) 電場 $\boldsymbol{E}$ より q が受ける力

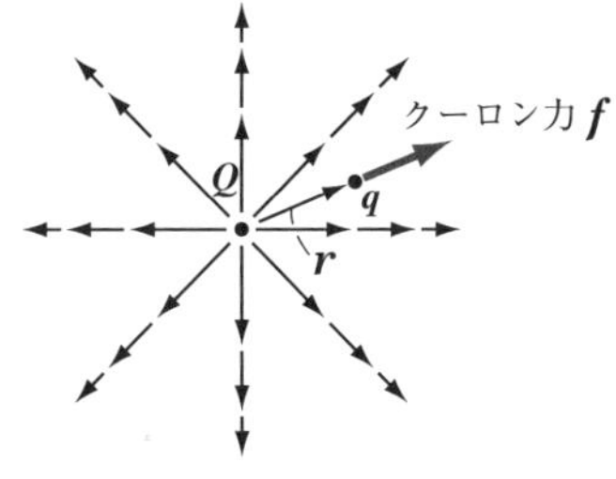

クーロン力 $\boldsymbol{f} = q\boldsymbol{E} = \underline{q\boldsymbol{E}(\boldsymbol{r})}$ ……(c) が働くと考えるんだ。

電場 $\boldsymbol{E}(\boldsymbol{r})$ は空間 (または平面) 全体に存在するベクトル場で，Q から q に向かう位置ベクトル $\boldsymbol{r}$ が決まると，定ベクトルとして電場 $\boldsymbol{E}(\boldsymbol{r})$ が決まる。

つまり，遠隔力の形で表された“クーロンの法則”を

(ⅰ) まず，Q による電場 $\boldsymbol{E}(\boldsymbol{r})$ を考え，
(ⅱ) 次に，電場 $\boldsymbol{E}(\boldsymbol{r})$ によって q が力 $\boldsymbol{f}(=q\boldsymbol{E})$ を受けると，

2 段階に分けて考えているんだね。クーロンの法則から出発して，ずい分洗練された形になってきただろう？ それではさらに，

電場 $\boldsymbol{E} = \dfrac{1}{4\pi\varepsilon_0} \cdot \dfrac{Q}{r^2}\boldsymbol{e}$ ……(b) について，検討を加えてみよう。

(c) の両辺のベクトルの大きさをとってみよう。ここで，$\|\underline{\boldsymbol{e}}\| = 1$ であり，（単位ベクトル）

また電場の大きさ (強さ) を E $(=\|\boldsymbol{E}\|)$ とおくと，(b) より，

$$E = \frac{1}{4\pi r^2} \cdot \frac{Q}{\varepsilon_0} \quad \cdots\cdots(\mathrm{b})'$$ となる。

(b)´ の右辺の $\dfrac{Q}{4\pi\varepsilon_0}$ は定数なので，これから，電場の大きさ E は明らかに球対称に，点電荷 Q から離れるに従って，r^2 に逆比例して小さくなっていくことが分かるんだね。

ここで，(b)´ の両辺に $4\pi r^2$ (半径 r の球の表面積) をかけてみると，

$$\underline{4\pi r^2} \cdot \underline{E} = \frac{Q}{\varepsilon_0} \ (\text{一定}) \quad \cdots\cdots(\mathrm{d})$$ となるね。

（球の表面積）（球面に垂直な電場の大きさ）

エッ，大した変形じゃないって!? とんでもない!! この (d) こそ“**ガウスの法則**”の雛型そのものなんだ！ 解説しよう。

図 5　ガウスの法則の雛型

$4\pi r^2 \cdot E = \dfrac{Q}{\varepsilon_0}$

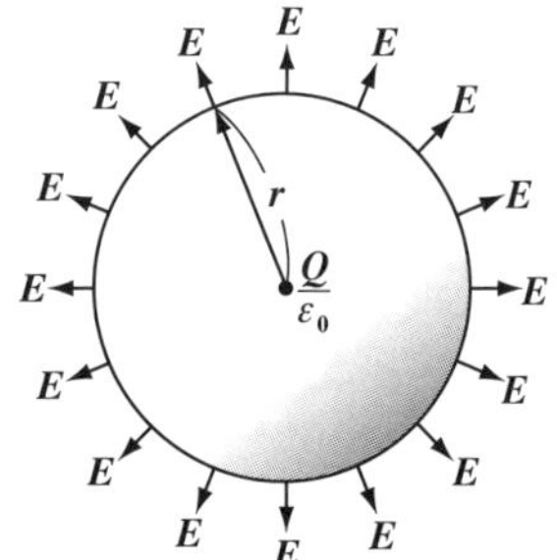

正確な図は描きにくいんだけれど，(d) が表すイメージは，図 5 に示すように，中心に点電荷 $(\div\varepsilon_0)$ があり，それを囲む半径 r の球の表面には一様に，球面とは垂直に同じ大きさの電場

$\boldsymbol{E}$ が針ねずみのように出ている，というものなんだね。

これって，水の湧き出しのモデルとソックリなのに気付かないかい？そう…，

$$\begin{cases} \cdot \dfrac{Q}{\varepsilon_0} \text{を水の単位時間当たりの湧き出し量,} \\ \cdot \boldsymbol{E} \text{を球面から流出する単位面積当たりの流出速度} \end{cases}$$

と考え，球の表面積を $S\ (=4\pi r^2)$ とおくと，当然，

$S\cdot E = \dfrac{Q}{\varepsilon_0}$ ……(e) が成り立つのが分かるね。そして，この (e) は (d) と同じ式なんだね。

ここで，(e) をさらに洗練させてみよう。$\dfrac{Q}{\varepsilon_0}$ を囲むのは球面ではなくて，図 6(i) に示すように任意の閉曲面 S でもかまわない。もちろん，この場合，閉曲面 S から出ている電場 (ベクトル) $\boldsymbol{E}$ の大きさは一定でもなければ，閉曲面 S に対して垂直であるとも限らない。

図 6 ガウスの法則 (I)

(i)

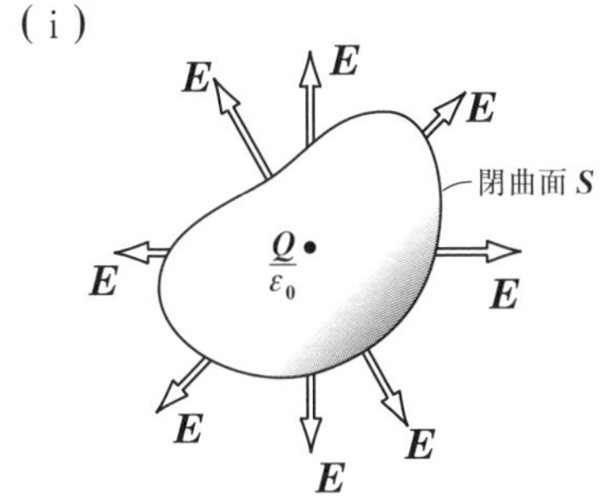

(ii)

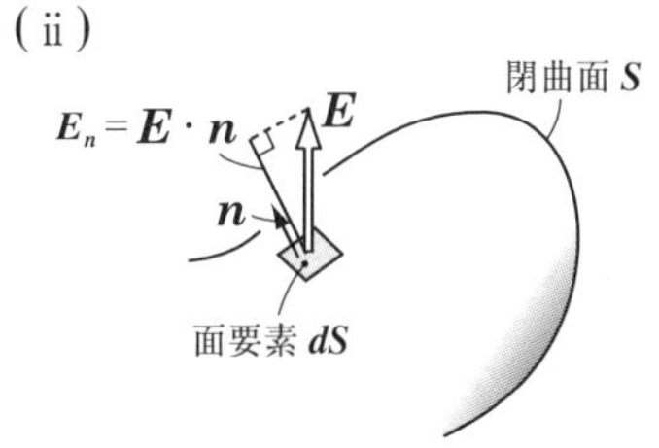

したがって，図 6(ii) に示すように，閉曲面 S の中の微小な面要素 dS を考え，これと垂直な単位法線ベクトルを $\boldsymbol{n}$ とおく。すると，$\boldsymbol{E}$ の $\boldsymbol{n}$ 方向の成分 $\boldsymbol{E}\cdot\boldsymbol{n}$ に dS をかけた

dS と垂直な向きの，実質的な水の流出速度と考えればいい。

$\boldsymbol{E}\cdot\boldsymbol{n}\,dS$ が，面要素 dS を通って内から外に流出する水量となる。よって，これを全閉曲面 S に渡って面積分したもの，すなわち

$\iint_S \boldsymbol{E}\cdot\boldsymbol{n}\,dS$ が，閉曲面 S を通して単位時間に流出する水の総流出量になる。そして，これは内部の湧き出し量 $\dfrac{Q}{\varepsilon_0}$ と等しい。

よって，$SE = \dfrac{Q}{\varepsilon_0}$ ……(e) は，任意の閉曲面Sに対して一般化された公式：

$$\iint_S \boldsymbol{E}\cdot\boldsymbol{n}\,dS = \frac{Q}{\varepsilon_0} \quad \cdots\cdots(*\,*)$$

と表せる。この$(*\,*)$を“**ガウスの法則**”という。ここで，$\boldsymbol{E}$の$\boldsymbol{n}$方向の成分をE_n $(=\boldsymbol{E}\cdot\boldsymbol{n})$とおき，これが一定であるとすると，$(*\,*)$の左辺は，

$$\iint_S \underbrace{\boldsymbol{E}\cdot\boldsymbol{n}}_{E_n(\text{一定})}\,dS = E_n\underbrace{\iint_S dS}_{S} = \underbrace{S}_{\text{面積}}\cdot\underbrace{E_n}_{\text{電場の大きさ}}$$

となって，Sは一般の閉曲面の面積で，球面の表面積でなくてもかまわないんだけど，(e)と同様の式が導ける。

次，“ガウスの法則”$(*\,*)$の右辺の電荷Qについてだけれど，これは実は点電荷でなくてもかまわない。

図7(ⅰ)に示すように，閉曲面の内部に複数の点電荷Q_1，Q_2，…，Q_nが存在する場合，

$$Q = Q_1 + Q_2 + \cdots + Q_n$$

とおいても，$(*\,*)$は成り立つ。

また，図7(ⅱ)に示すように，閉曲面の内部の領域V'に体積密度ρ(C/m^3)で分布する電荷Q，すなわち$Q = \iiint_{V'} \rho\,dV'$が存在する場合でも，ガウスの法則$(*\,*)$は成り立つ。

図7 ガウスの法則(Ⅱ)

(ⅰ) $Q = Q_1 + Q_2 + \cdots + Q_n$

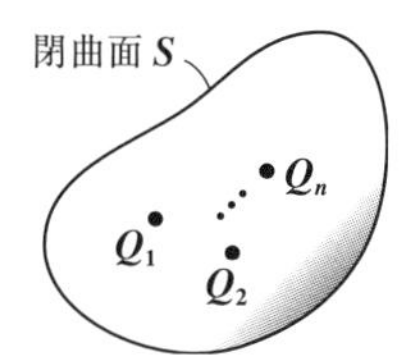

(ⅱ) $Q = \iiint_{V'} \rho\,dV'$

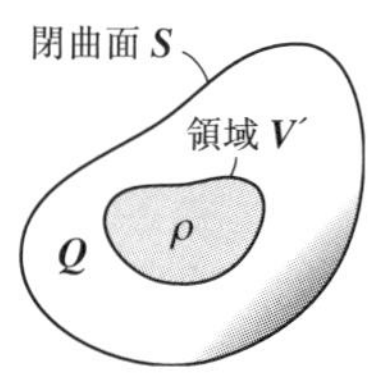

さらに，閉曲面Sの内部に，線密度δ (C/m)や面密度σ (C/m^2)の電荷分布が存在する場合でも，Qをそれぞれ$Q = \int_l \delta\,dl$や$Q = \iint_{S'} \sigma\,dS'$とおくことにより，ガウスの法則$(*\,*)$はそのまま成り立つ。これも覚えておいてくれ。

● マクスウェルの方程式を導いてみよう！

これまで，クーロンの法則から出発して，ガウスの法則：

$$\iint_S \boldsymbol{E}\cdot\boldsymbol{n}\,dS = \frac{Q}{\varepsilon_0}\ \cdots\cdots(*\,*)$$ まで導いた。

素朴なクーロンの法則からずい分変形を重ねて来たわけだけど，これをさらに洗練させることによって，いよいよ"**マクスウェルの方程式**"の1つ

$$\mathrm{div}\,\boldsymbol{D} = \rho \ \cdots\cdots(*1)$$ が導けるんだ。

$(*\,*)$のガウスの法則の左辺をみて何か気付かない？　そう…，

"**ガウスの発散定理**" $\iiint_V \mathrm{div}\,\boldsymbol{f}\,dV = \iint_S \boldsymbol{f}\cdot\boldsymbol{n}\,dS$ (P40) が利用できることが分かるはずだ！　よって，$(*\,*)$を変形すると，

$$\iiint_V \mathrm{div}\,\boldsymbol{E}\,dV = \frac{Q}{\varepsilon_0}\ \cdots\cdots(\mathrm{f})$$ ← ガウスの発散定理より，$\iint_S \boldsymbol{E}\cdot\boldsymbol{n}\,dS = \iiint_V \mathrm{div}\,\boldsymbol{E}\,dV$ だからね。

ここで，(f)は領域V全体についての積分の式だけれど，図8に示すように，この領域内の微小な体積ΔVについて考えてみることにする。するとこの微小体積ΔVの内部に含まれる微小な電荷は点電荷，または電荷分布のいずれにせよ，ΔQと表すことができるね。よって(f)の式は次のように書き換えることができる。

図8 マクスウェルの方程式

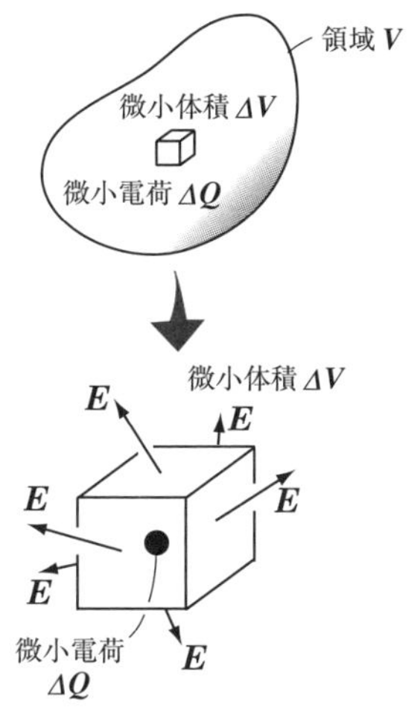

$$\mathrm{div}\,\boldsymbol{E}\cdot\Delta V = \frac{\Delta Q}{\varepsilon_0}$$

この両辺をΔV (>0)で割ると，

$$\mathrm{div}\,\boldsymbol{E} = \frac{1}{\varepsilon_0}\cdot\frac{\Delta Q}{\Delta V}$$ となる。

（これは微小領域における電荷の体積密度ρのことだ。）

ここで，$\frac{\Delta Q}{\Delta V} = \rho$（電荷の体積密度）とおくと，

$$\mathrm{div}\,\boldsymbol{E} = \frac{\rho}{\varepsilon_0}\ \cdots\cdots(*1)'$$ が導ける。← これをマクスウェルの方程式と呼んでもかまわない。

$(*1)'$ の式をさらにシンプルに表現するために，新たに"**電束密度**（でんそくみつど）" $\boldsymbol{D}$ という量を定義しよう。今は真空中における電荷と電場の関係を考えているので，真空中においては $\boldsymbol{D}$ は

$\mathrm{div}\,\boldsymbol{E} = \dfrac{\rho}{\varepsilon_0}$ ……$(*1)'$

$\boldsymbol{D} = \varepsilon_0 \boldsymbol{E}$ ……(g)　で表せる。

$f = qE$ ← スカラーの式
$E = \dfrac{f}{q}\left(\dfrac{\mathrm{N}}{\mathrm{C}}\right)$ より，
電場 E の単位は (N/C) だ。
また，ε_0 $(\mathrm{C^2/Nm^2})$ と
$D = \varepsilon_0 E$ ← スカラーの式
より，電束密度 D の単位は
$(\mathrm{C/m^2})$ となる！

よって，$(*1)'$ の両辺に ε_0 をかけると，

$\varepsilon_0 \mathrm{div}\,\boldsymbol{E} = \rho$　　$\mathrm{div}(\varepsilon_0 \boldsymbol{E}) = \rho$ （ε_0：定数）

以上より，マクスウェルの方程式の1つ

$\mathrm{div}\,\boldsymbol{D} = \rho$ ……$(*1)$　が導けた！

$\boldsymbol{E} = [E_1,\ E_2,\ E_3]$，$\boldsymbol{D} = [D_1,\ D_2,\ D_3]$ とおくと，

$$\varepsilon_0 \mathrm{div}\,\boldsymbol{E} = \varepsilon_0\left(\frac{\partial E_1}{\partial x} + \frac{\partial E_2}{\partial y} + \frac{\partial E_3}{\partial z}\right) = \frac{\partial(\varepsilon_0 E_1)}{\partial x} + \frac{\partial(\varepsilon_0 E_2)}{\partial y} + \frac{\partial(\varepsilon_0 E_3)}{\partial z}$$

（ε_0：定数）（右辺は $\mathrm{div}(\varepsilon_0 \boldsymbol{E})$ のこと）

$$= \frac{\partial D_1}{\partial x} + \frac{\partial D_2}{\partial y} + \frac{\partial D_3}{\partial z} = \mathrm{div}\,\boldsymbol{D}$$　となるからね。

"クーロンの法則"から出発してこの洗練された"マクスウェルの方程式" $(*1)$ を導くまでの流れはとても重要なので，自力で導けるように練習しておこう。

ここで，"**電気力線**（でんきりきせん）"についても解説しておこう。空間に電場 $\boldsymbol{E}$ が存在するとき，空間内の各点の電場 $\boldsymbol{E}$ を接線とする曲線を描くことができる。この曲線のことを"**電気力線**"という。

図9 電気力線（電束密度）のイメージ

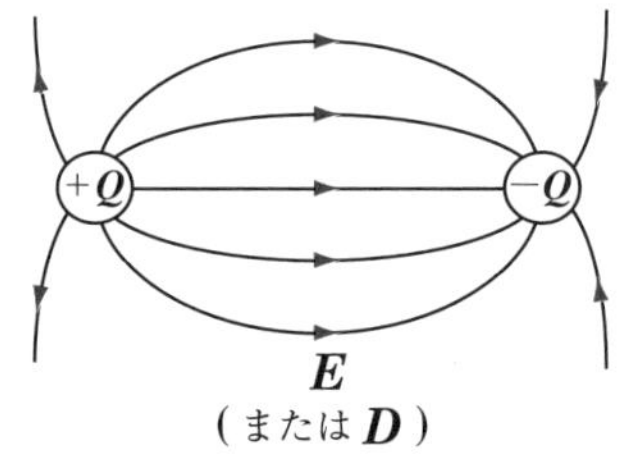

図9に示すように静電場（時間的に変動しない電場）の場合，この電気力線は正電荷から始まり負電荷で終わることになる。そして電気力線の密度の大小により電場の大きさの大小が分かり，かつその向きも分かるので，電気力線は電場の様子を直感的なイメージとしてとらえるのにとても便利なんだね。ここで真空中においては，$\boldsymbol{D} = \varepsilon_0 \boldsymbol{E}$ ……(g) から分かるように，

電場 $\boldsymbol{E}$ と電束密度 $\boldsymbol{D}$ には比例関係があるので電気力線の代わりに，電束密度の曲線として正電荷から負電荷に向けて曲線を描いてもかまわない。

マクスウェルの方程式：

$\mathrm{div}\,\boldsymbol{E} = \dfrac{\rho}{\varepsilon_0}$ ……$(*1)'$，または，

$\mathrm{div}\,\boldsymbol{D} = \rho$ ……$(*1)$ の $\rho = 0$ の場合，

すなわち微小領域 ΔV に電荷がないとき

$\mathrm{div}\,\boldsymbol{E} = 0$ または $\mathrm{div}\,\boldsymbol{D} = 0$ となる。

図 10 にこのときの $\boldsymbol{E}$（電気力線）または $\boldsymbol{D}$（電束密度）のイメージを示す。

図 10 電気力線（電束密度）
$\mathrm{div}\,\boldsymbol{E} = 0$（または $\mathrm{div}\,\boldsymbol{D} = 0$）
の場合のイメージ

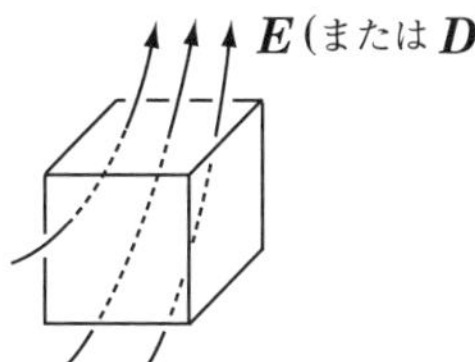

$\rho = 0$，すなわち ΔV の内部に電荷 (ΔQ) がないので，$\boldsymbol{E}$（または $\boldsymbol{D}$）は，入ってきたものと同じ量（本数）のものが外に流出することになるんだね。納得いった？

（電荷 (ΔQ) ← 湧き出し）

$(*1)'$，$(*1)$ のマクスウェルの方程式を具体的に示すと，

$$\frac{\partial E_1}{\partial x} + \frac{\partial E_2}{\partial y} + \frac{\partial E_3}{\partial z} = \frac{\rho}{\varepsilon_0} \quad \cdots\cdots(*1)', \qquad \frac{\partial D_1}{\partial x} + \frac{\partial D_2}{\partial y} + \frac{\partial D_3}{\partial z} = \rho \quad \cdots\cdots(*1)$$

となる。これは，静電場を支配する重要な基本方程式なんだけれど，これだけで問題を解くことは難しい。1 つの方程式に対して未知の 3 つのスカラー値関数 E_1，E_2，E_3（または D_1，D_2，D_3）が存在するからだ。

> 本当は，静電場 $\boldsymbol{E}$ の 3 つの成分 E_1，E_2，E_3 は 1 つのスカラー値関数 ϕ（電位）によって表すことができるんだけれど，それは次の節で詳しく解説する。

したがってここでは，より実用的な“ガウスの法則”について例題で練習しておくことにしよう。

$$\iint_S \boldsymbol{E}\cdot\boldsymbol{n}\,dS = \frac{Q}{\varepsilon_0}, \quad \text{または } SE_n = \frac{Q}{\varepsilon_0}$$

● ガウスの法則の例題を解いてみよう！

それでは，次の例題で無限に広がる平板や無限に伸びた直線に一様に電荷が分布する場合，そのまわりの空間に生じる電場を，ガウスの法則を使って求めてみることにしよう。

例題 **10** 無限に広い平板に一様な面密度 σ (C/m^2) で電荷が分布しているとき，この平板によってできる電場の大きさを求めてみよう。

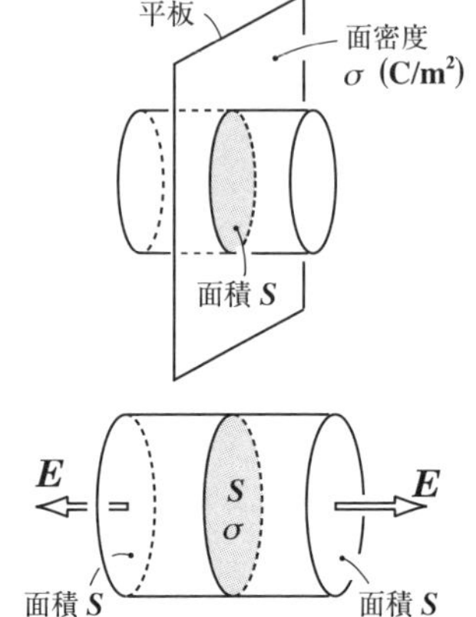

右図に示すように面密度 σ (C/m^2) で帯電した平板から面積 S の円を取り，この左右に伸ばした円柱面について考える。この円柱面の内部の電荷を Q とおくと，

$Q = \sigma S$ (C) となるのはいいね。

また，この円柱面 (閉曲面) から出てくる電場 $\boldsymbol{E}$ は前後の円のみに存在し，一定の大きさで，かつ円に対して垂直な向きをとるんだね。

エッ，円柱の側面から電場は出てこないのかって？　いい質問だ。ここでは無限に広い平板を考えているので，側面に垂直な電場の成分 (E_n) に対しては必ずそれを打ち消す成分 ($-E_n$) が存在する。よって，円柱の側面から出てくる電場は存在しないと考えていいんだね。

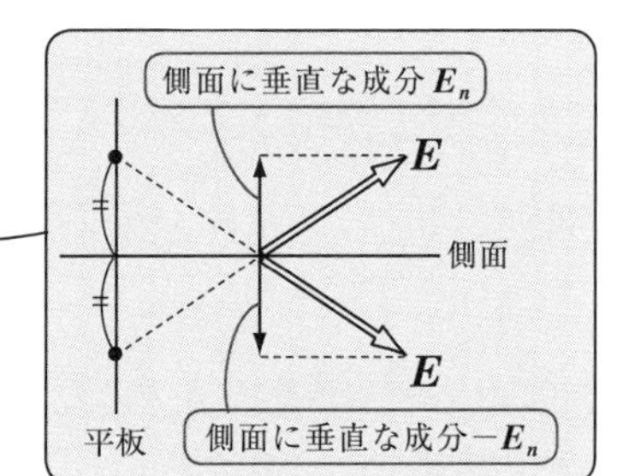

以上より，ガウスの法則を用いると，

$$\underline{2S} \cdot E = \frac{\sigma S}{\varepsilon_0}$$

Q

前後 2 枚の円の面積

閉曲面 (円柱の前後の円と側面) から出る電場が面に対して垂直で，かつ一定であるならば，ガウスの法則の左辺の面積分は不要で，(面積)×(電場の大きさ) で十分だ！

両辺を $2S$ で割って，求める電場の大きさ

E は，$E = \dfrac{\sigma}{2\varepsilon_0}$ (N/C) となる。

定数

これは，平行平板コンデンサーの電場を求める際に使うので，覚えておこう。

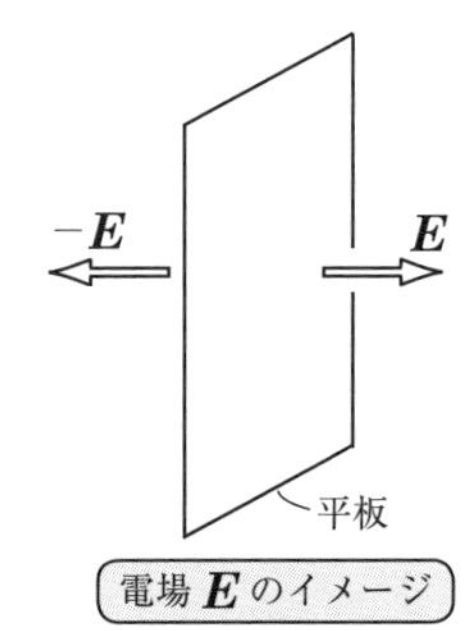

例題 **11** 無限に伸びる直線に一様な線密度 δ (C/m) で電荷が分布しているとき，この直線の周囲にできる電場の大きさを求めてみよう。

右図に示すように線密度 δ (C/m) で帯電した直線を中心軸とし，高さ l，半径 r の円柱面(閉曲面)について考える。この円柱面の内部の電荷を Q とおくと，$Q=\delta l$ (C) となるのは大丈夫だね。
また，例題 **9** と同様に，無限直線の対称性から，この円柱面の上下の円と垂直な電場の成分は必ず打ち消されるので，上下の円から出てくる電場は存在しない。
よって軸の対称性から考えて，この円柱面の側面からのみ，この側面に垂直で一定の大きさの電場 $\boldsymbol{E}$ が出ていることが分かると思う。

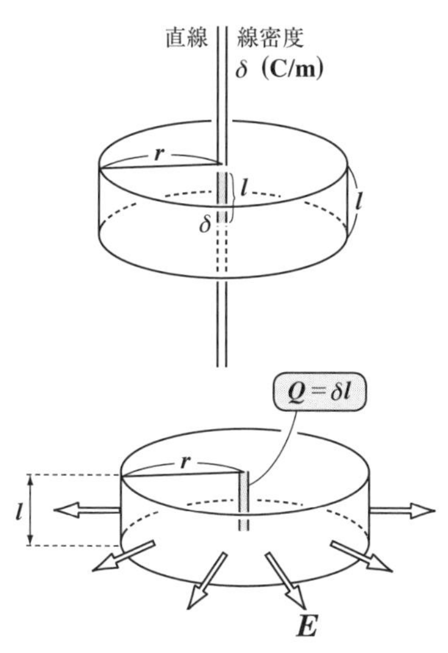

以上より，ガウスの法則を用いると，

$$\underbrace{2\pi r\cdot l}_{\text{側面の面積}}\ \underbrace{E}_{\text{電場の大きさ}}=\frac{\overbrace{\delta l}^{Q}}{\varepsilon_0}$$

よって，両辺を $2\pi rl$ で割って，

直線軸から r の距離で，軸から放射状に出ている電場 $\boldsymbol{E}$ の大きさは，

$E=\dfrac{\delta}{2\pi r\varepsilon_0}$ (N/C) となるんだね。

E は r に逆比例するので，軸から遠ざかる程，小さくなることが分かるね。

この **2** 題の例題から，面対称や軸対称な電場を求めるのに，“ガウスの法則”が非常に役に立つことが分かったと思う。

ここでは最後に，この例題 **11** の電場を元の“クーロンの法則”からも求めてみよう。積分計算が入って少し繁雑な解法になるけれど，いい練習になると思うよ。

例題 11 の別解

ガウスの法則を使わずに，クーロンの法則による電場の公式：

$$E=\frac{1}{4\pi\varepsilon_0}\cdot\frac{Q}{r^2}\quad\cdots\cdots(\mathrm{b})'$$

← P57 の $E=\frac{1}{4\pi\varepsilon_0}\cdot\frac{Q}{r^2}e$ …(b) の両辺の大きさ（スカラー）をとった式だ。

を使って，同じ例題 11 の問題を解いてみることにしよう。

右図（i）に示すように直線に沿って x 軸と原点 O をとり，原点 O から r だけ離れた位置に点 P をとる。OP は直線と垂直であり，この向きに r 軸をとる。

図（i）

x 座標が x の位置に，微小線分 dx をとり，ここでの微小な電荷 $dQ=\delta dx$ が，P の位置に作る微小な電場の大きさを dE とおく。ここで，$\frac{x}{r}=\tan\theta$ となるように，角 θ をとると，$dQ=\delta dx$ が P に作る電場の r 軸方向の成分は当然 $dE\cdot\cos\theta$ となるのはいいね。

図（ii）

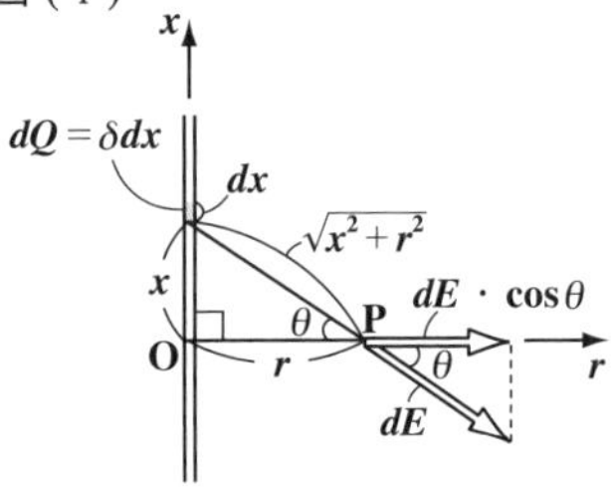

次，図（ii）に示すように x 座標が $-x$ の位置にとった微小線分 dx の微小電荷 $dQ=\delta dx$ が P に作る電場も考慮に入れると，x 軸と平行な電場の成分は互いに打ち消しあって，結局 r 軸方向の電場の成分のみが残り，それは

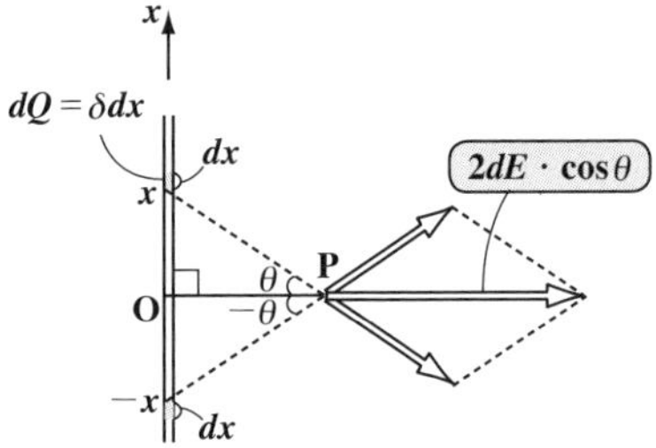

$$2\cdot dE\cdot\cos\theta=2\cdot\underbrace{\frac{1}{4\pi\varepsilon_0}\cdot\frac{dQ}{x^2+r^2}}_{dE}\cos\theta=\frac{1}{2\pi\varepsilon_0}\cdot\frac{\delta dx}{x^2+r^2}\cos\theta$$

となるんだね。これを，x の積分区間 $[0,\ \infty)$ で積分したものが，この直線全体に一様に分布する電荷 Q が軸から r だけ離れた点 P に作る電場 E になる。よって，

（$(-\infty,\ 0]$ の区間の積分は，既に折り込み済みだからね。）

$$E=\frac{\delta}{2\pi\varepsilon_0}\int_0^{\infty}\frac{\cos\theta}{x^2+r^2}dx\quad\cdots\cdots①$$ だね。

ここで，θ と x が変数で，$x = r\tan\theta$ の関係がある。よって，①の積分を変数 θ のみに統一し，θ での積分に変換してみよう。

すると，$x : 0 \to \infty$ のとき，$\theta : 0 \to \frac{\pi}{2}$ ← 図(i)から分かるね。

$$dx = r\frac{d(\tan\theta)}{d\theta}d\theta = r\cdot\frac{1}{\cos^2\theta}d\theta$$

公式：$1 + \tan^2\theta = \frac{1}{\cos^2\theta}$

また，$x^2 + r^2 = (r\tan\theta)^2 + r^2 = r^2(1 + \tan^2\theta) = \frac{r^2}{\cos^2\theta}$ より，

$$E = \frac{\delta}{2\pi\varepsilon_0}\int_0^{\infty}\frac{\cos\theta}{x^2 + r^2}dx \quad \cdots\cdots①$$ の積分は，

（$\infty \to \frac{\pi}{2}$，$x^2 + r^2 \to \frac{r^2}{\cos^2\theta}$，$dx \to \frac{r}{\cos^2\theta}d\theta$）

$$E = \frac{\delta}{2\pi\varepsilon_0}\int_0^{\frac{\pi}{2}}\frac{\cos\theta}{\frac{r^2}{\cos^2\theta}}\cdot\frac{r}{\cos^2\theta}d\theta = \frac{\delta}{2\pi r\varepsilon_0}\int_0^{\frac{\pi}{2}}\cos\theta\, d\theta$$

$$= \frac{\delta}{2\pi r\varepsilon_0}\left[\sin\theta\right]_0^{\frac{\pi}{2}} = \frac{\delta}{2\pi r\varepsilon_0}$$ (N/C) となって，同じ結果が導けた。

$\sin\frac{\pi}{2} - \sin 0 = 1 - 0 = 1$

大丈夫だった？

実はこのような積分による解法ができるのは，クーロン力の重ね合わせの原理(P56)と同様に，図11に示すように，電場についても次式で示す重ね合わせの原理が成り立つことを前提条件としているからなんだね。

図11 電場の重ね合わせ

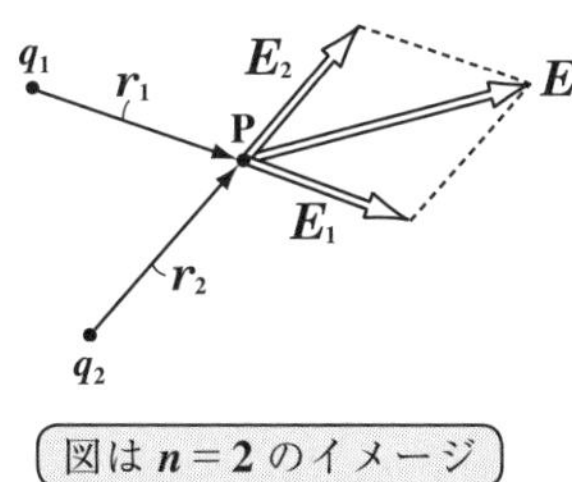

図は $n = 2$ のイメージ

$$E = \sum_{k=1}^{n}E_k = \frac{1}{4\pi\varepsilon_0}\sum_{k=1}^{n}\frac{q_k}{r_k^3}r_k$$

（ただし，E_k は点電荷 q_k $(k = 1, 2, \cdots, n)$ が点Pに作る電場のことだ。
$$E_k = \frac{1}{4\pi\varepsilon_0}\frac{q_k}{r_k^3}r_k$$ ）

§2. 電位と電場

力学で，万有引力などの“**保存力**”$\boldsymbol{f}_c$（ベクトル場）には，“**ポテンシャル**”U（スカラー場）が存在し，$\boldsymbol{f}_c = -\mathbf{grad}\,U$ で表されることを知っていると思う。実は電磁気学における“**静電場**”$\boldsymbol{E}$（ベクトル場）と“**電位**”ϕ（スカラー場）の間にも同様の関係が成り立つので，まずこれを基に，電位 ϕ の数学的な性質を押さえることにしよう。その後，電位 ϕ の物理的な意味についても詳しく解説するつもりだ。さらにここでは，“**電気双極子**”についても，その電場と電位を求めてみよう。

今回も盛り沢山の内容だけど，分かりやすく教えるから，シッカリついてらっしゃい。

● 静電場 $\boldsymbol{E}$ は電位 ϕ の勾配ベクトルで表せる！

物理学には，力学や電磁気学など様々な分野があるんだけれど，この中の 1 つを完璧に究めると，他の分野に対しても応用が効くようになるんだよ。それは，扱う対象が異なっても同じ数学的な構造をしていれば，容易に類推がついてしまうからなんだ。

これから解説する静電場 $\boldsymbol{E}$（ベクトル値関数）と電位 ϕ（スカラー値関数）の関係も，力学で学習した保存力 $\boldsymbol{f}_c$（ベクトル値関数）とポテンシャル（または位置エネルギー）U（スカラー値関数）との関係とソックリなので，対比して学習しておくといいんだよ。

ではまず，保存力 $\boldsymbol{f}_c$ とポテンシャル U の関係式を，$\boldsymbol{f}_c$ が（Ⅰ）2 次元ベクトルの場合と（Ⅱ）3 次元ベクトルの場合に分けて，下に示しておこう。

（Ⅰ）保存力 $\boldsymbol{f}_c$ が 2 次元の場合

$\boldsymbol{f}_c = [f_{c1},\ f_{c2}]$ は，

ポテンシャル $U(x,\ y)$ により，

$$\boldsymbol{f}_c = -\nabla U = -\mathbf{grad}\,U$$

$$= -\left[\frac{\partial U}{\partial x},\ \frac{\partial U}{\partial y}\right]$$

と表される。

（Ⅱ）保存力 $\boldsymbol{f}_c$ が 3 次元の場合

$\boldsymbol{f}_c = [f_{c1},\ f_{c2},\ f_{c3}]$ は，

ポテンシャル $U(x,\ y,\ z)$ により，

$$\boldsymbol{f}_c = -\nabla U = -\mathbf{grad}\,U$$

$$= -\left[\frac{\partial U}{\partial x},\ \frac{\partial U}{\partial y},\ \frac{\partial U}{\partial z}\right]$$

と表される。

このように2つ(または3つ)の力の成分をただ1つのスカラー値関数Uの勾配ベクトルで表されることが，保存力f_cの定義なんだね。そして，この保存力の典型例が万有引力であり，クーロン力$f = qE = \frac{1}{4\pi\varepsilon} \cdot \frac{qQ}{r^2} e$

$f_g = -G\frac{mM}{r^2}e$

は，この万有引力と同様にr^2に逆比例する形の式で表されている。よって，クーロン力fにも，ポテンシャルに相等するただ1つのスカラー値関数が存在するはずなんだね。しかし，ここでは$f = qE$の式から，単位電荷$q = 1$(C)とおくと，電場Eは単位電荷(1C)に働く力とみなせるので，クーロン力fの代わりに静電場Eのポテンシャルとして電位ϕ(V)を，

"ファイ"　"ボルト"

$E = -\nabla\phi = -\mathbf{grad}\,\phi$ ……(＊)と表すことができる。

この電位ϕの物理的な意味については後で詳しく解説する。今は，保存力のポテンシャルUとの類似性から，まずϕの数学的な役割をしっかりマスターしておこう。

この(＊)も，Eが(Ⅰ)2次元ベクトルの場合と(Ⅱ)3次元ベクトルの場合に分けて，具体的に次のように表せるんだね。

(Ⅰ)静電場Eが2次元の場合

$E = [E_1,\ E_2]$は，

電位$\phi(x,\ y)$により，

2変数x，yのスカラー値関数

$E = -\nabla\phi = -\mathbf{grad}\,\phi$

$= -\left[\frac{\partial\phi}{\partial x},\ \frac{\partial\phi}{\partial y}\right]$ …(a)

と表される。

(Ⅱ)静電場Eが3次元の場合

$E = [E_1,\ E_2,\ E_3]$は，

電位$\phi(x,\ y,\ z)$により，

3変数x，y，zのスカラー値関数

$E = -\nabla\phi = -\mathbf{grad}\,\phi$

$= -\left[\frac{\partial\phi}{\partial x},\ \frac{\partial\phi}{\partial y},\ \frac{\partial\phi}{\partial z}\right]$ …(b)

と表される。

ここで，マクスウェルの方程式(P63)：

$\mathbf{div}\,E = \frac{\rho}{\varepsilon_0}$ ……(＊1)′ を思い出してくれ。そして，

$\nabla \cdot E$のこと

この(＊1)′に，(Ⅰ)2次元の場合のEの公式(a)，および(Ⅱ)3次元の場合のEの公式(b)を，それぞれ代入してみよう。すると，

マクスウェルの方程式
$$\mathrm{div}\boldsymbol{E} = \frac{\rho}{\varepsilon_0} \quad \cdots (*1)'$$

(Ⅰ) 2 次元の静電場 $\boldsymbol{E} = -\mathbf{grad}\,\phi$ …(a) を (∗1)´ に代入すると，

$$\mathbf{div}(-\mathbf{grad}\,\phi) = \frac{\rho}{\varepsilon_0} \qquad -\mathbf{div}(\mathbf{grad}\,\phi) = \frac{\rho}{\varepsilon_0}$$

$\mathbf{div}(\mathbf{grad}\,\phi) = -\dfrac{\rho}{\varepsilon_0}$ となる。よって，ポアソンの方程式 (P35)：

$$\nabla \cdot (\nabla\phi) = (\nabla \cdot \nabla)\phi = \Delta\phi = \left(\frac{\partial^2}{\partial x^2} + \frac{\partial^2}{\partial y^2}\right)\phi$$

$$\frac{\partial^2\phi}{\partial x^2} + \frac{\partial^2\phi}{\partial y^2} = -\frac{\rho}{\varepsilon_0} \quad \cdots (c)$$

が導ける。同様に，

(Ⅱ) 3 次元の静電場 $\boldsymbol{E} = -\mathbf{grad}\,\phi$ …(b) を (∗1)´ に代入すると，

$\mathbf{div}(\mathbf{grad}\,\phi) = -\dfrac{\rho}{\varepsilon_0}$ となる。よって，ポアソンの方程式

$$\nabla \cdot (\nabla\phi) = (\nabla \cdot \nabla)\phi = \Delta\phi = \left(\frac{\partial^2}{\partial x^2} + \frac{\partial^2}{\partial y^2} + \frac{\partial^2}{\partial z^2}\right)\phi$$

$$\frac{\partial^2\phi}{\partial x^2} + \frac{\partial^2\phi}{\partial y^2} + \frac{\partial^2\phi}{\partial z^2} = -\frac{\rho}{\varepsilon_0} \quad \cdots (d)$$

が導けるんだね。大丈夫？

例題 12　(c) または (d) の式から，電位 $\phi(V)$ の単位 [V] (ボルト) を MKSA 単位系で表してみよう。

(*c*) または (*d*) の左辺の単位は $\dfrac{\partial^2\phi}{\partial x^2}$ などより，$\left[\dfrac{\mathrm{V}}{\mathrm{m}^2}\right]$ となる。

また，電荷の体積密度 ρ の単位は，$\left[\dfrac{\mathrm{C}}{\mathrm{m}^3}\right]$ で，

真空の誘電率 ε_0 の単位は，$\left[\dfrac{\mathrm{C}^2}{\mathrm{N}\cdot\mathrm{m}^2}\right]$ だね。

$$\varepsilon_0 = \underbrace{\frac{1}{4\pi}}_{\text{無次元}} \cdot \frac{qQ}{f \cdot r^2} \left[\frac{\mathrm{C}^2}{\mathrm{N}\cdot\mathrm{m}^2}\right]$$

$k = c^2 \times 10^{-7}$，$k = \dfrac{1}{4\pi\varepsilon_0}$ より，

$$\varepsilon_0 = \frac{1}{4\pi \cdot c^2 \cdot 10^{-7}} = 8.854 \times 10^{-12} \ (\mathrm{C}^2/\mathrm{Nm}^2)$$

以上より，$\left[\dfrac{\mathrm{V}}{\mathrm{m}^2}\right] = \left[\dfrac{\mathrm{C}\cdot\mathrm{m}^{-3}}{\mathrm{C}^2\cdot\mathrm{N}^{-1}\cdot\mathrm{m}^{-2}}\right]$

よって，

$$[\mathrm{V}] = [\underbrace{\mathrm{C}^{-1}}_{(\mathrm{A}\cdot\mathrm{s})^{-1}} \cdot \underbrace{\mathrm{N}}_{\mathrm{kgms}^{-2}} \cdot \mathrm{m}^{-1} \cdot \mathrm{m}^2]$$

$$= [\mathrm{A}^{-1} \cdot \mathrm{s}^{-1} \cdot \mathrm{kg} \cdot \mathrm{m} \cdot \mathrm{s}^{-2} \cdot \mathrm{m}] = [\mathrm{kgm}^2/\mathrm{s}^3\mathrm{A}]$$

となるんだね。

例題 13　xy 平面に電位 $\phi(x,\ y)=e^{-x^2-y^2}$ が与えられているとき，点 $(2,\ 1)$ における電場 $\boldsymbol{E}$ と，電荷密度 ρ を求めてみよう。

右図に示すように，z 軸の代わりに ϕ 軸をとれば，平面スカラー場の電位 $\phi(x,\ y)=e^{-x^2-y^2}$ は，点 $(0,\ 0)$ で極大値 $\phi(0,\ 0)=e^0=1\,(\mathrm{V})$ をとる山型の曲面になる。

$e^{-x^2-y^2}=e^{-2^2-1^2}=e^{-5}$ より
$\phi(x,\ y)=e^{-5}$ となる
等電位線：$x^2+y^2=5$

このとき，電場 $\boldsymbol{E}(x,\ y)$ は，

$$\boldsymbol{E}=-\mathbf{grad}\,\phi=-\left[\frac{\partial\phi}{\partial x},\ \frac{\partial\phi}{\partial y}\right]$$

だね。ここで，

$$\frac{\partial\phi}{\partial x}=\left(e^{-x^2-y^2}\right)_x=-2xe^{-x^2-y^2}$$

（$-x^2-y^2$ を u とおく）

$$\frac{\partial u}{\partial x}\cdot\frac{de^u}{du}=-2xe^u=-2xe^{-x^2-y^2}$$

$$\frac{\partial\phi}{\partial y}=\left(e^{-x^2-y^2}\right)_y=-2ye^{-x^2-y^2}\ \text{より，}$$

$$\frac{\partial u}{\partial y}\cdot\frac{de^u}{du}=-2ye^u=-2ye^{-x^2-y^2}$$

（合成関数の偏微分）

電場 $\boldsymbol{E}(x,\ y)=-\mathbf{grad}\,\phi=\left[2xe^{-x^2-y^2},\ 2ye^{-x^2-y^2}\right]$ となる。

よって，点 $(2,\ 1)$ における電場 $\boldsymbol{E}(2,\ 1)$ は，

$$\boldsymbol{E}(2,\ 1)=\left[2\cdot2e^{-2^2-1^2},\ 2\cdot1\cdot e^{-2^2-1^2}\right]=\left[4e^{-5},\ 2e^{-5}\right]\ \text{となる。}$$

電位 $\phi(x,\ y)$ が 2 次元スカラー場であるとき，電位の等しい点 $(x,\ y)$ の集合は 1 つの曲線を表し，これを"**等電位線**（とうでんいせん）"という。右に，$\phi(x,\ y)=e^{-x^2-y^2}=e^{-5}$（点 $(2,\ 1)$ での電位）（定数）をみたす等電位線 $x^2+y^2=5$ を示す。このとき電場 $\boldsymbol{E}(2,\ 1)$ は，この等電位線と垂直になることも覚えておこう。

真上から見た図

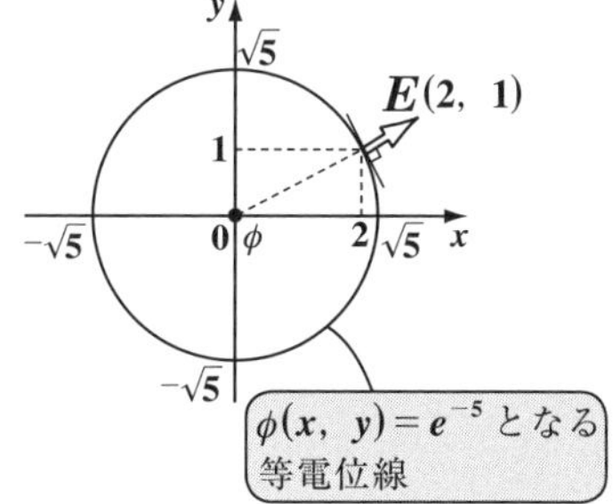

何故なら，$\boldsymbol{E}=-\mathbf{grad}\phi$ より，$\boldsymbol{E}$ は，ϕ の勾配ベクトルに－をつけたものだからだ。つまり，曲面 ϕ 上の点 $(2,\ 1,\ e^{-5})$ の位置に小さな球を置いて手を放すと，この球は曲面 ϕ の最も勾配の大きな向きに転がり落ちるはずだろう。この球が落ちる向きを示す xy 平面上の向きが，電場 $\boldsymbol{E}$ の向きであり，これは等電位線と垂直な向きになるんだね。

注意

電位 $\phi(x,\ y,\ z)$ が3次元スカラー場であるとき，電位の等しい点の集合は1つの曲面を表す。この曲面のことを"**等電位面**"という。右図に示すように，

$\phi(x,\ y,\ z)=\underbrace{\phi(x_1,\ y_1,\ z_1)}_{\text{定数}}$ で与えられる

等電位面と，電場 $\boldsymbol{E}(x,\ y,\ z)$ は垂直になることも頭に入れておこう。

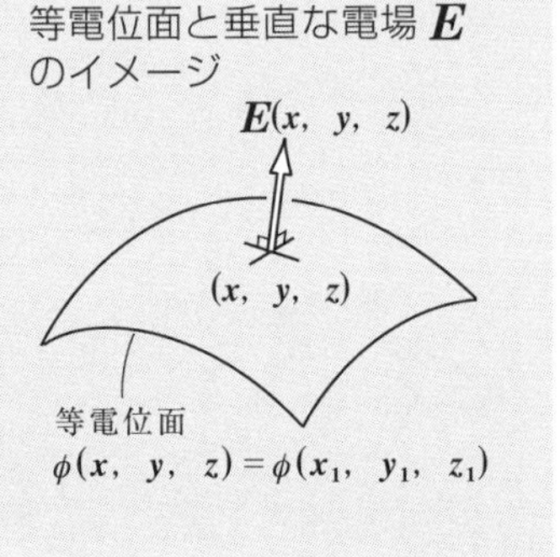

それでは次，$\phi(x,\ y)$ についてのポアソンの方程式：

$$\frac{\partial^2\phi}{\partial x^2}+\frac{\partial^2\phi}{\partial y^2}=-\frac{\rho}{\varepsilon_0}\quad\cdots\cdots①$$

（ρ：電荷の体積密度，$\varepsilon_0 = 8.854\times10^{-12}\ (\mathrm{C^2/Nm^2})$）

$\phi(x,\ y)=e^{-x^2-y^2}$

$\dfrac{\partial\phi}{\partial x}=-2xe^{-x^2-y^2}$

$\dfrac{\partial\phi}{\partial y}=-2ye^{-x^2-y^2}$

を利用して，点 $(2,\ 1)$ における電荷密度 $\rho\ (\mathrm{C/m^3})$ を求めてみよう。

$$\frac{\partial^2\phi}{\partial x^2}=\left(-2xe^{-x^2-y^2}\right)_x=-2\left\{1\cdot e^{-x^2-y^2}+x\cdot\underbrace{\left(e^{-x^2-y^2}\right)_x}_{-2xe^{-x^2-y^2}}\right\}$$

（公式：$(f\cdot g)'=f'\cdot g+f\cdot g'$）（合成関数の微分）

$$=-2\left(e^{-x^2-y^2}-2x^2e^{-x^2-y^2}\right)=2(2x^2-1)e^{-x^2-y^2}$$ であり，

同様に，

$$\frac{\partial^2\phi}{\partial y^2}=\left(-2ye^{-x^2-y^2}\right)_y=2(2y^2-1)e^{-x^2-y^2}$$ だね。

以上を①に代入して，

$$2(2x^2-1)e^{-x^2-y^2}+2(2y^2-1)e^{-x^2-y^2}=-\frac{\rho}{\varepsilon_0}$$ となる。

これから点$(2,\ 1)$における電荷密度ρは，

$$\rho = -\underbrace{\varepsilon_0}_{8.854\times10^{-12}\,(C^2/Nm^2)}\cdot\left\{2(2\overbrace{x^2}^{2^2}-1)e^{\overbrace{-x^2-y^2}^{-2^2-1^2=-5}}+2(2\overbrace{y^2}^{1^2}-1)e^{\overbrace{-x^2-y^2}^{-2^2-1^2=-5}}\right\}$$

$$= -8.854\times10^{-12}\times16\times e^{-5} = -9.545\times10^{-13}\,(C/m^3)$$

$\phi(x,\ y)$は平面スカラー場だけれど単位厚さがあるものと考え，電荷密度は面密度ではなく，体積密度で求めた。

となる。納得いった？

● 仕事Wと電位ϕの関係を押さえよう！

ではこれから図1に示すように，静電場$\boldsymbol{E}$の中でq(C)の点電荷を経路C_0に沿って，点P_0から点P_1までゆっくりと移動させるのに必要な仕事Wを求め，これから電位ϕの物理的な意味を解説する。

図1　微小仕事$dW = -q\boldsymbol{E}\cdot d\boldsymbol{r}$

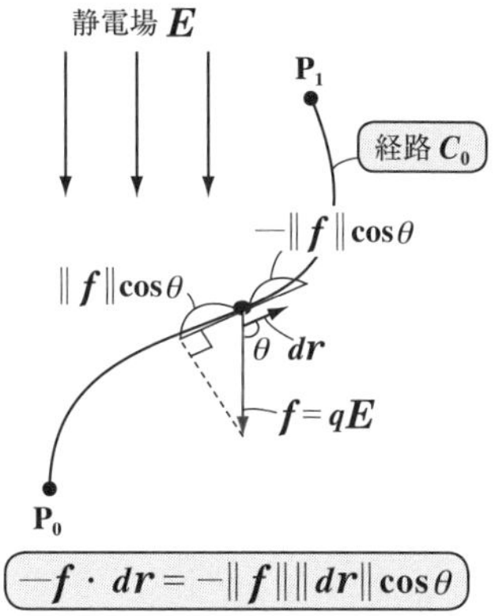

点電荷qは静電場から$q\boldsymbol{E}$の力を受ける。この力に逆らって微小な変位$d\boldsymbol{r}$だけゆっくりと移動させるのに必要な微小な仕事をdWとおくと，

$dW = -\boldsymbol{f}\cdot d\boldsymbol{r} = \underline{-q\boldsymbol{E}}\cdot d\boldsymbol{r}$となるのはいいね。

本当は，$q\boldsymbol{E}$の逆向きに，これよりほんのわずかだけ大きい力を加えないと点電荷qは移動しない。もちろん，逆向きにもっと大きな力を加えると，点電荷qが加速され，ある程度の速度をもつようになる。でも点電荷がある程度の速度で運動すると，磁場が生じることになり，静電場の問題ではなくなってしまうんだね。したがって，ここでは点電荷もゆっくり移動させることがコツなんだ。

よって，これを経路C_0に沿って接線線積分すれば，点電荷qをP_0からP_1までC_0に沿って移動させるのに必要な仕事Wが，次のように求まる。

$$W = -q\int_{C_0}\boldsymbol{E}\cdot d\boldsymbol{r}\ \cdots\cdots①$$

$$W = -q\int_{C_0} \underline{\underline{E}} \cdot d\boldsymbol{r} \quad \cdots\cdots ① \leftarrow \boxed{dW = -q\boldsymbol{E} \cdot d\boldsymbol{r}}$$

$$\boxed{\frac{1}{4\pi\varepsilon_0} \cdot \frac{Q}{r^2}\boldsymbol{e}}$$

ここで，図 **2** に示すように原点 **O** に点電荷 Q をおくことによって電場 $\boldsymbol{E}$ ができたものとすると，

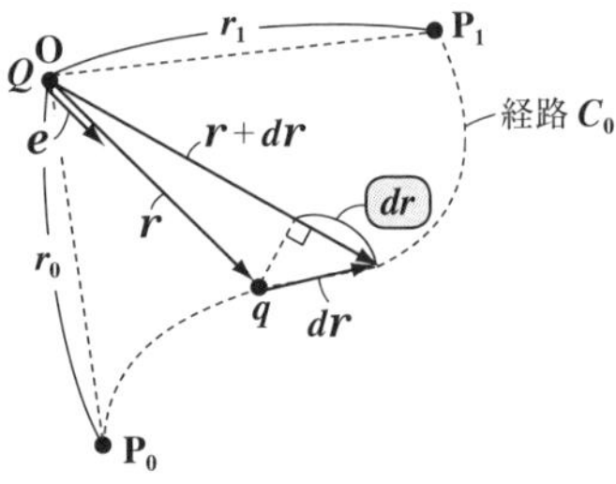

図 2　仕事 W の計算

$$\boldsymbol{E} = \frac{1}{4\pi\varepsilon_0} \cdot \frac{Q}{r^2}\boldsymbol{e} \quad \cdots\cdots\cdots ②$$

$$\left(\text{ただし，} \boldsymbol{e} = \frac{\boldsymbol{r}}{r}\right)$$

であり，この②を①に代入すると，

$$W = -q\int_{C_0} \frac{1}{4\pi\varepsilon_0}\frac{Q}{r^2}\boldsymbol{e} \cdot d\boldsymbol{r} = -\frac{qQ}{4\pi\varepsilon_0}\int_{C_0} \frac{1}{r^2}\boldsymbol{e} \cdot d\boldsymbol{r} \quad \cdots\cdots ③$$

となる。ここで，図 **2** より，近似的に $\boldsymbol{e} \cdot d\boldsymbol{r} = dr$ ……④　となる。

よって，④を③に代入し，$\mathrm{OP}_0 = r_0$，$\mathrm{OP}_1 = r_1$ とおくと，

$$W = \frac{qQ}{4\pi\varepsilon_0}\int_{r_0}^{r_1}\left(-\frac{1}{r^2}\right)dr = \frac{qQ}{4\pi\varepsilon_0}\left[\frac{1}{r}\right]_{r_0}^{r_1}$$

$$\therefore W = \frac{qQ}{4\pi\varepsilon_0}\left(\frac{1}{r_1} - \frac{1}{r_0}\right) \quad \cdots\cdots ⑤$$ が導ける。← 経路 C_0 とは無関係な結果となった！

⑤式から言えることは，「点電荷 q を点 P_0 から点 P_1 まで移動させるのに必要な仕事 W は，始点 P_0 と終点 P_1 の位置のみで決まり，図 **3** に示すような経路 C_0，C_1，C_2，…などの取り方によらない」ということなんだね。

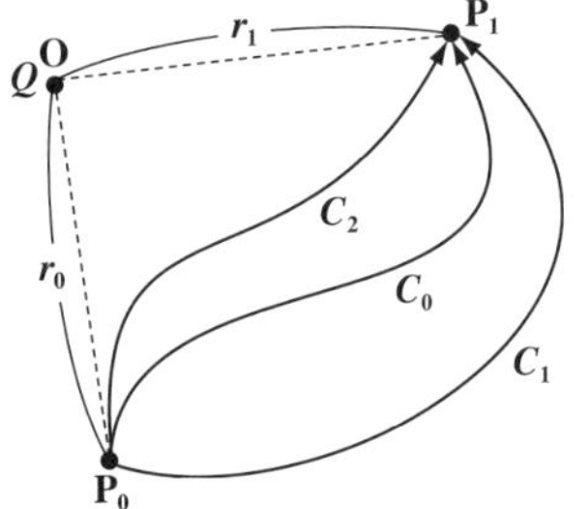

図 3　仕事 W は経路によらない

これまで，点電荷 Q が作る静電場について調べてきたけれど，様々な電荷分布も点電荷の集合体と考えられるので，一般の電荷分布による静電場も複数の点電荷による電場の重ね合わせで表すことができる。よって，一般の静電場の中で点電荷 q を移動させるのに必要な仕事も，**2** 点 P_0 と P_1 の位置のみで決まり，途中の経路とは無関係と言える。

これから，重力場における低い点 P_0 と高い点 P_1 と同様に，静電場におい

（低い位置 P_0 にある質点に仕事を行って高い位置 P_1 にもっていけるからね。）

ても，各点(位置)にエネルギー，すなわち位置エネルギー(ポテンシャル)が存在することが分かると思う。

そして，単位電荷 $q=1$ (C) が静電場の中の位置 **P** にあるときにもつ位置エネルギーのことを "**電位**" (*electric potential*) と呼び，$\phi(\mathbf{P})$ と表す。

よって，⑤の q に $q=1$ を代入すると，$\phi(\mathbf{P}_1)-\phi(\mathbf{P}_0)$ が次のように求まる。

$$\phi(\mathbf{P}_1)-\underbrace{\phi(\mathbf{P}_0)}_{0}=\frac{Q}{4\pi\varepsilon_0}\left(\frac{1}{r_1}-\frac{1}{\underset{\infty}{r_0}}\right)\ \cdots\cdots ⑥$$

この右辺の仕事を W' とおくと $\phi(\mathbf{P}_1)=\phi(\mathbf{P}_0)+W'$ となり，低いポテンシャル $\phi(\mathbf{P}_0)$ に仕事 W' を加えて，高いポテンシャル $\phi(\mathbf{P}_1)$ になると言える。

ここで，点 $\mathbf{P}_0$ を基準点として無限遠にとると，$r_0\to\infty$ より，$\phi(\mathbf{P}_0)=0$ となる。また，$\mathbf{P}_1$ を一般の任意の点 $\mathbf{P}(\mathbf{OP}=r)$ に置き換えると，⑥は，

$$\text{電位}\ \phi(\mathbf{P})=\frac{1}{4\pi\varepsilon_0}\frac{Q}{r}\ \cdots\cdots ⑦$$ (r: 点電荷 Q から **P** までの距離)となる。

⑦より，$\phi(\mathbf{P})$ は単位電荷 1 (C) を無限遠から **P** の位置まで，ゆっくりと運んでくる仕事に等しい。

(Ⅰ) また，複数の点電荷 Q_1，Q_2，…，Q_n がある場合，電位にも重ね合わせの原理が成り立つので，点 **P** における電位 $\phi(\mathbf{P})$ が，

$$\text{電位}\ \phi(\mathbf{P})=\frac{1}{4\pi\varepsilon_0}\sum_{k=1}^{n}\frac{Q_k}{r_k}$$ となるのも大丈夫だね。

(ただし，r_k: 点電荷 Q_k から **P** までの距離)

(Ⅱ) さらに，電荷密度 ρ で空間領域 V' に連続的に電荷が分布する場合，点 **P** での電位 $\phi(\mathbf{P})$ は，

$$\text{電位}\ \phi(\mathbf{P})=\frac{1}{4\pi\varepsilon_0}\iiint_{V'}\frac{\rho}{r}\,dV'$$ となるんだね。

(ただし，r: 微小領域 dV' から **P** までの距離)

次，この電位 ϕ の物理的な定義から，静電場 $\boldsymbol{E}$ と電位 ϕ の数学上の関係式：

$\boldsymbol{E}=-\nabla\phi$ が成り立つことも導いておこう。

点 **P** の位置ベクトルを $\boldsymbol{r}$ とおくと，$\phi(\mathbf{P})=\phi(\boldsymbol{r})$ と表してもいい。

(i) ここで，$\phi(\boldsymbol{r})$ を全微分可能な関数と考えると，

$$d\phi=\phi(\boldsymbol{r}+d\boldsymbol{r})-\phi(\boldsymbol{r})=\frac{\partial\phi}{\partial x}dx+\frac{\partial\phi}{\partial y}dy+\frac{\partial\phi}{\partial z}dz \quad \leftarrow \text{全微分の定義式}$$

$$=\underbrace{\left[\frac{\partial\phi}{\partial x},\ \frac{\partial\phi}{\partial y},\ \frac{\partial\phi}{\partial z}\right]}_{\nabla\phi}\cdot\underbrace{[dx,\ dy,\ dz]}_{d\boldsymbol{r}}=\nabla\phi\cdot d\boldsymbol{r}\ \cdots\cdots(\mathrm{a})$$ となる。

(ⅱ) これに対して，$d\phi$ は，静電場 $\boldsymbol{E}$ の中で単位電荷を $d\boldsymbol{r}$ だけ移動させる仕事と考えることもできるので，

(ⅰ) $d\phi = \phi(\boldsymbol{r}+d\boldsymbol{r})-\phi(\boldsymbol{r}) = \nabla\phi \cdot d\boldsymbol{r}$ ……(a)

$$d\phi = -\underset{\text{単位電荷}}{\boxed{1}}\boldsymbol{E}\cdot d\boldsymbol{r} = -\boldsymbol{E}\cdot d\boldsymbol{r} \quad \cdots\cdots(\mathrm{b})$$ と表せる。

(ⅰ)(ⅱ) より，(a) と (b) を比較して，$\nabla\phi\cdot d\boldsymbol{r} = -\boldsymbol{E}\cdot d\boldsymbol{r}$ より，重要公式：

$\boldsymbol{E} = -\nabla\phi = -\mathrm{grad}\,\phi$ ……$(*i)$ が導けるんだね。納得いった？

それでは次，電場 $\boldsymbol{E}$ に対して，$(*i)$ をみたす電位 ϕ が存在するための条件が $\mathrm{rot}\,\boldsymbol{E} = \boldsymbol{0}$ ……$(*j)$，すなわち，静電場が“**渦なし**”であることを示そう。

図 4(ⅰ) に示すように，電位 ϕ が位置のみによって決まるための条件は，2 点 P_1 と P_2 を結ぶ経路 C_1，C_2 に関わらず，

$$\int_{C_1}\boldsymbol{E}\cdot d\boldsymbol{r} = \int_{C_2}\boldsymbol{E}\cdot d\boldsymbol{r} \quad \cdots\cdots①$$

が成り立つことだった。この①を変形すると，

$$\int_{C_1}\boldsymbol{E}\cdot d\boldsymbol{r} - \underbrace{\int_{C_2}\boldsymbol{E}\cdot d\boldsymbol{r}}_{\int_{C_{-2}}\boldsymbol{E}\cdot d\boldsymbol{r}} = 0$$

経路 C_2 を逆向きにたどる経路

$$\int_{C_1}\boldsymbol{E}\cdot d\boldsymbol{r} + \int_{C_{-2}}\boldsymbol{E}\cdot d\boldsymbol{r} = 0$$ となる。

図 4 電位 ϕ が存在するための条件

(ⅰ)

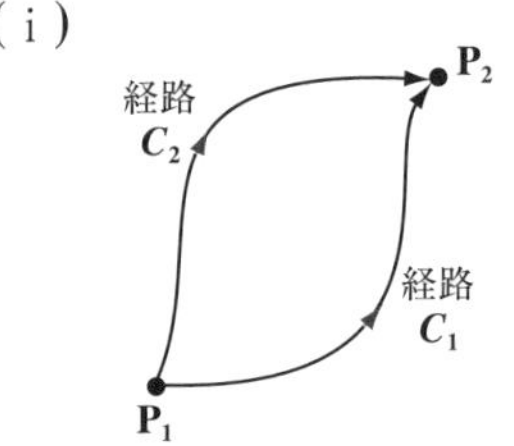

(ⅱ)

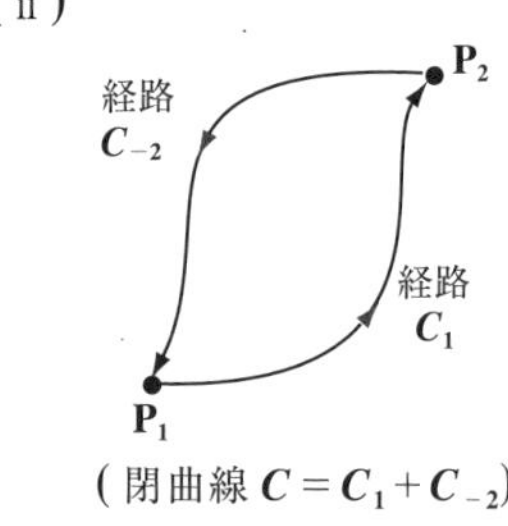

(閉曲線 $C = C_1 + C_{-2}$)

この左辺は図 4(ⅱ) に示す通り，1 周まわる“周回接線線積分”(P45) になるので，

$$\oint_C \boldsymbol{E}\cdot d\boldsymbol{r} = 0 \quad \cdots\cdots②$$ と表せる。(ただし，$C = C_1 + C_{-2}$)

この②の左辺を見て何かピンとこない？ …そう，ストークスの定理

$\iint_S \mathrm{rot}\,\boldsymbol{f}\cdot\boldsymbol{n}\,dS = \oint_C \boldsymbol{f}\cdot d\boldsymbol{r}$ ……$(*h)$ (P45) の右辺と同じ形だね。

よって，②はストークスの定理より，

$$\iint_S \underset{\overset{\|}{\mathbf{0}}}{\underline{\mathbf{rot}\,\boldsymbol{E}}} \cdot \boldsymbol{n}\,dS = 0$$ ……②′

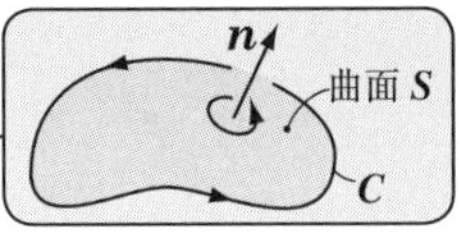

と変形できる。ここで，②′の右辺が恒等的に $\mathbf{0}$ となるためには，

$\mathbf{rot}\,\boldsymbol{E} = \mathbf{0}$ ……$(*j)$ が成り立たないといけない。これが，電場 $\boldsymbol{E}$（ベクトル場）に対して電位 ϕ（スカラー・ポテンシャル）が存在するための必要十分条件なんだ。

この証明を数学的に厳密にやりたい方は，「ベクトル解析キャンパス・ゼミ」で学習されることを勧める。

静電場 $\boldsymbol{E}$ において，$(*j)$ は常に成り立つので，電位 ϕ は必ず存在する。事実，$\boldsymbol{E} = -\mathbf{grad}\,\phi$ を $(*j)$ の左辺に代入すると，

$\mathbf{rot}(-\mathbf{grad}\,\phi) = \underline{-\mathbf{rot}(\mathbf{grad}\,\phi) = \mathbf{0}}$ となって，成り立つからね。

（公式：$\mathbf{rot}(\mathbf{grad}\,f) = \mathbf{0}$ ……$(*f)'$ (P39)）

しかし逆に言えば，$(*j)$ は静電場だからこそ成り立つ公式だと覚えておいてくれ。実際に，電場や磁場が変動するダイナミックなモデルではもはや $(*j)$ は成り立たない。P15 で紹介したマクスウェルの 4 番目の方程式：

(Ⅳ) $\mathbf{rot}\,\boldsymbol{E} = -\dfrac{\partial \boldsymbol{B}}{\partial t}$ ←（左辺は一般に $\mathbf{0}$ ではない！）が支配する世界になるからだ。

● 球対称な静電場の問題を解いてみよう！

次，点電荷による静電場のように，球対称な静電場の問題について解説しよう。

図 5 に示すように，xyz 座標の代わりに球座標を用いると，点 P は $P(r,\ \theta,\ \varphi)$ で表すことができる。

r は $\overline{OP}$（動径）の長さで，θ は**天頂角**（てんちょうかく），φ は**方位角**（ほういかく）と呼ぶ。

図 5 球座標系

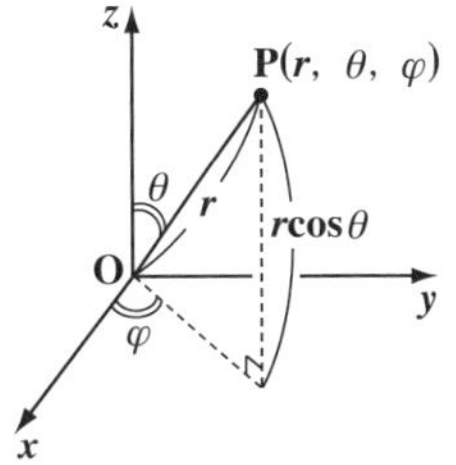

原点 O に点電荷 Q (C) をおいてできる電場 $\boldsymbol{E}$ は球対称であるため，θ と φ には無関係で，r のみの実質的に 1 次元の関数となる。だからこの場合，静電場 $\boldsymbol{E}$ は動径方向のベクトルとなるので，正・負の値は取り得るけれど，電場はスカラー量 E で考えていいんだね。

そして，$\boldsymbol{E} = -\mathbf{grad}\,\phi$ ……$(*i)$ の関係式も，模式図的に示すと，次の通りだ。

$$E = \frac{1}{4\pi\varepsilon_0}\cdot\frac{Q}{r^2} \quad \underset{r\text{で微分して}\ominus\text{を付ける}}{\overset{r\text{で積分して}\ominus\text{を付ける}}{\rightleftarrows}} \quad \phi = \frac{1}{4\pi\varepsilon_0}\cdot\frac{Q}{r}$$

（E，ϕ 共に θ と φ とは無関係だからね。）

点電荷だけでなく，一般に球対称な問題で，E から ϕ を求める場合，

$\phi = -\int_\infty^r E\,dr = \int_r^\infty E\,dr$　となるので，積分区間 $[r,\ \infty)$ で E を積分すればいいことを知っておくといい。

それでは，球対称の電場と電位の問題を，次の例題で練習しよう。

例題 14　原点 **O** を中心とする半径 a の球の内部に，密度 ρ $(\mathrm{C/m^3})$ の電荷が一様に分布している。球の外部は真空であるとして，球の中心 **O** から r $(\geqq 0)$ における電場 $E(r)$ と電位 $\phi(r)$ を求めよう。

球対称の問題だから，電場 $E(r)$ を求めるには，(ⅰ) $0 \leqq r \leqq a$，(ⅱ) $a < r$ の 2 つの場合に分けて，ガウスの法則を用いればいいんだね。

（ガウスの法則：$4\pi r^2\cdot E = \dfrac{Q}{\varepsilon_0}$）

(ⅰ) $0 \leqq r \leqq a$ のとき，

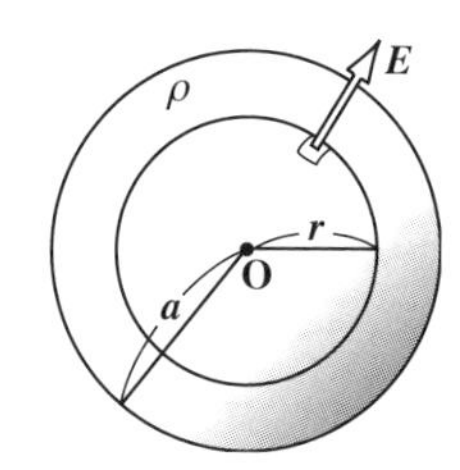

ガウスの法則を用いると，

$$\underbrace{4\pi r^2}_{S}\cdot E(r) = \frac{\overbrace{\frac{4}{3}\pi r^3\cdot\rho}^{\text{半径 } r \text{ の球内の全電荷 } Q}}{\varepsilon_0}$$

∴電場 $E(r) = \dfrac{\rho}{3\varepsilon_0}r$　となる。

(ⅱ) $a < r$ のとき，

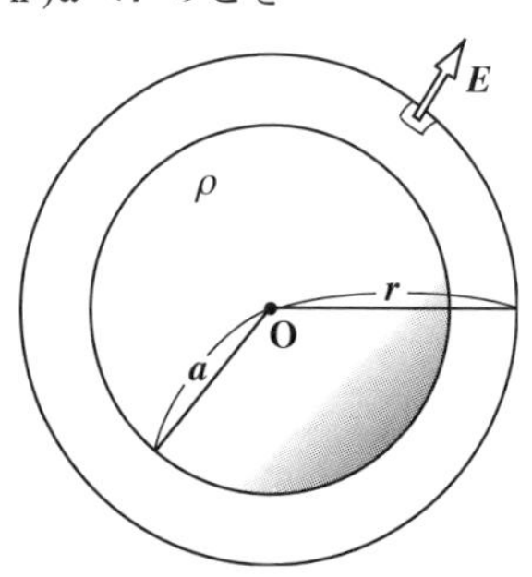

ガウスの法則を用いると，

$$\underbrace{4\pi r^2}_{S}\cdot E(r) = \frac{\overbrace{\frac{4}{3}\pi a^3\cdot\rho}^{\text{半径 } a \text{ の球内の全電荷 } Q}}{\varepsilon_0}$$

∴電場 $E(r) = \dfrac{a^3\rho}{3\varepsilon_0}\cdot\dfrac{1}{r^2}$　だね。

以上(ⅰ)(ⅱ)より，r と電場 $E(r)$ の関係を表すグラフを右に示す。

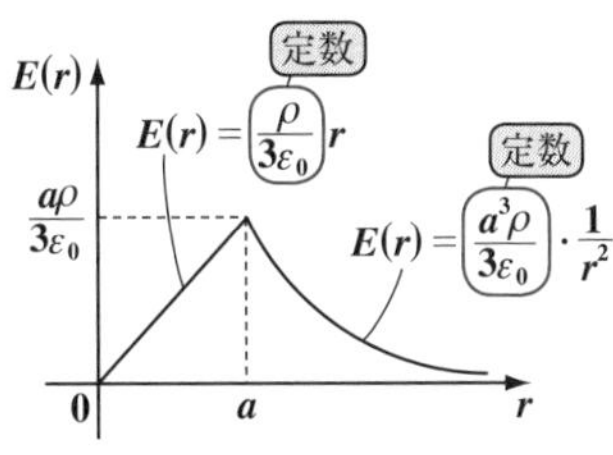

球対称モデルでは，電位 ϕ は，

$\phi=\int_r^\infty E(r)\,dr$ で計算できるので，これも(ⅰ) $0\leqq r\leqq a$ と(ⅱ) $a<r$ のときの 2 つの場合に分けて求めよう。

(ⅰ) $0\leqq r\leqq a$ のとき，

$$\phi(r)=\int_r^\infty E(r)\,dr=\int_r^a E(r)\,dr+\int_a^\infty E(r)\,dr$$

これは無限積分なので極限の形で求める。

$$=\frac{\rho}{3\varepsilon_0}\int_r^a r\,dr+\frac{a^3\rho}{3\varepsilon_0}\int_a^\infty\frac{1}{r^2}dr=\frac{\rho}{3\varepsilon_0}\left[\frac{1}{2}r^2\right]_r^a+\lim_{c\to\infty}\frac{a^3\rho}{3\varepsilon_0}\left[-\frac{1}{r}\right]_a^c$$

$$=\frac{\rho}{3\varepsilon_0}\left(\frac{1}{2}a^2-\frac{1}{2}r^2\right)+\lim_{c\to\infty}\frac{a^3\rho}{3\varepsilon_0}\left(-\frac{1}{c}+\frac{1}{a}\right)=\frac{a^2\rho}{6\varepsilon_0}-\frac{\rho}{6\varepsilon_0}r^2+\frac{a^2\rho}{3\varepsilon_0}$$

$$\therefore \text{電位 } \phi(r)=-\frac{\rho}{6\varepsilon_0}r^2+\frac{a^2\rho}{2\varepsilon_0}$$

（定数）（定数）←上に凸の r の 2 次関数

(ⅱ) $a<r$ のとき，

無限積分は極限で求める。

$$\phi(r)=\int_r^\infty E(r)\,dr=\frac{a^3\rho}{3\varepsilon_0}\int_r^\infty\frac{1}{r^2}dr=\lim_{c\to\infty}\frac{a^3\rho}{3\varepsilon_0}\left[-\frac{1}{r}\right]_r^c$$

$$=\lim_{c\to\infty}\frac{a^3\rho}{3\varepsilon_0}\left(-\frac{1}{c}+\frac{1}{r}\right)$$

$$\therefore \text{電位 } \phi(r)=\frac{a^3\rho}{3\varepsilon_0}\cdot\frac{1}{r}$$

（定数）

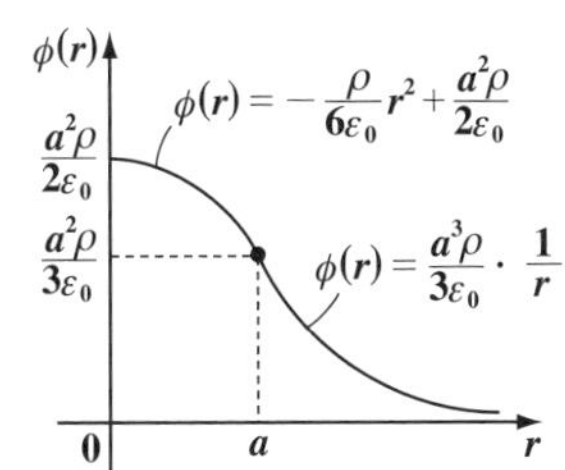

以上(ⅰ)(ⅱ)より，r と電位 $\phi(r)$ の関係を表すグラフを右に示す。大丈夫だった？

● 電気双極子の電場と電位も求めよう！

図 6 に示すように，符号の異なる等しい大きさの電荷 $+q$(C) と $-q$(C) が，微小な固定された距離 l だけ隔てて存在するとき，これを 1 つの系とみて "**電気双極子**(でんきそうきょくし)" (*electric dipole*) と呼ぶ。

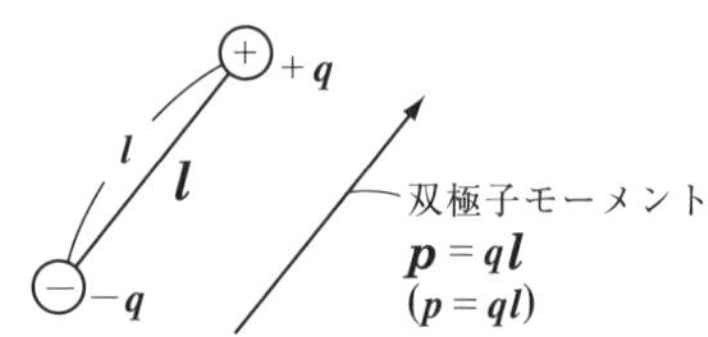

図 6 電気双極子

分極した分子など，電気双極子とみなせる例は沢山あるので，ここで詳しく調べておこう。

図 6 の電気双極子に対して "**電気双極子モーメント**" (*electric dipole moment*)$\boldsymbol{p}$ を次のように定義する：電気双極子モーメント $\boldsymbol{p} = q\boldsymbol{l}$ …①

($\boldsymbol{p}$ は，⊖から⊕に向かうベクトルであることに気を付けよう。)

そして，この電気双極子モーメントの大きさを p とおくと，$p = ql$ …①′ となる。

何故，このようなものを定義するのかって？ それは電気双極子の問題を取り扱うときこれが頻繁に現れてくるからなんだ。たとえば，図 7 に示すように，大きさ E の一様な静電場に対して，角度 θ の傾きをつけて，微小距離 l，電荷 $+q$，$-q$ の電気双極子をおいたとき，この電気双極子に働く力のモーメントの大きさ N は，

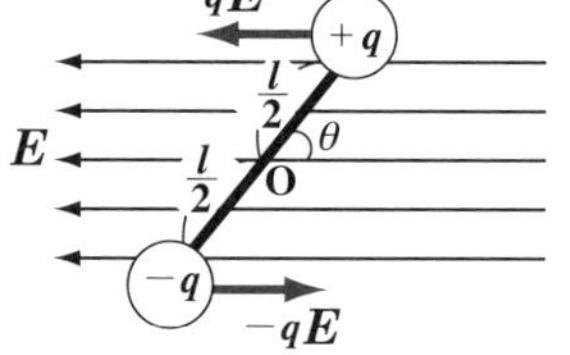

図 7 一様な電場の中の電気双極子

(O のまわりの力のモーメント)(反時計まわりを⊕とした。)

$$N = qE \cdot \frac{l}{2}\sin\theta + qE \cdot \frac{l}{2}\sin\theta = ql \cdot E\sin\theta = pE\sin\theta$$

(双極子モーメントの大きさ p)

となるのはいいね。このように，N も p で表されるんだね。

それでは，この大きさ $p(=ql)$ をもつ双極子モーメントが周りの平面に作る電場を，まず電場の公式：$\boldsymbol{E} = \frac{1}{4\pi\varepsilon_0} \cdot \frac{Q}{r^3}\boldsymbol{r}$ (P57) と電場の重ね合わせの原理から求めてみよう。別に，まず電位 ϕ を求めてから，電場 $\boldsymbol{E}$ を $\boldsymbol{E} = -\mathrm{grad}\,\phi$ から求めるやり方についても紹介する。

では，次の例題を実際に解いてみよう。

例題 15　xy 座標平面上の 2 点 $(a,\ 0)$ と $(-a,\ 0)$ にそれぞれ $+q$(C) と $-q$(C) の点電荷を置いた。(ただし，a は微小な正の数とする。)

これは，大きさ $p=ql=q\cdot 2a$ のモーメントをもつ電気双極子だ。

このとき，点 $\mathrm{P}(x,\ y)$ における電場 $\boldsymbol{E}$ と電位 ϕ を求めてみよう。

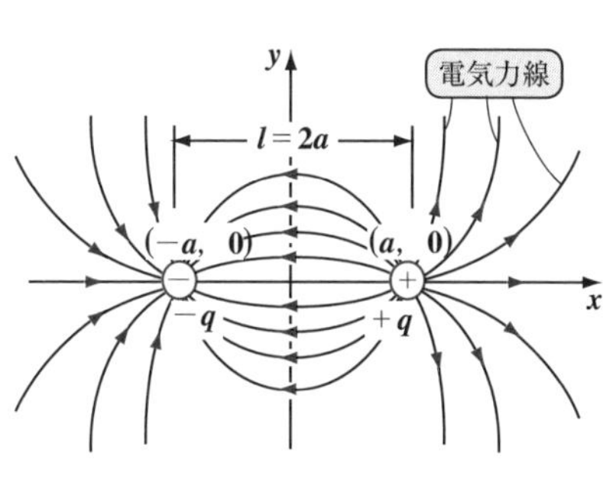

右図に示すように，この電気双極子による電場 $\boldsymbol{E}$ は点 $(a,\ 0)$ にある $+q$(C) の電荷による電場 $\boldsymbol{E}_+$ と点 $(-a,\ 0)$ にある $-q$(C) の電荷による電場 $\boldsymbol{E}_-$ の和 (重ね合わせ) により求まる。よって，

$\boldsymbol{E}=\boldsymbol{E}_+ +\boldsymbol{E}_-$ ……①　だね。

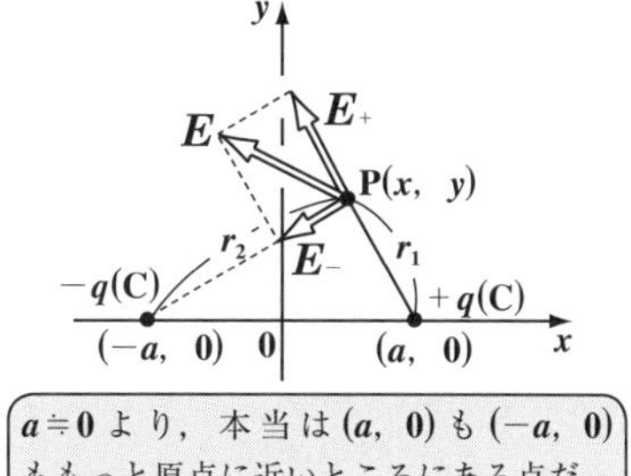

$a \fallingdotseq 0$ より，本当は $(a,\ 0)$ も $(-a,\ 0)$ ももっと原点に近いところにある点だ。

ここで，

$$\boldsymbol{E}_+=\frac{1}{4\pi\varepsilon_0}\cdot\frac{q}{r_1{}^3}\boldsymbol{r}_1,\quad \boldsymbol{E}_-=\frac{1}{4\pi\varepsilon_0}\cdot\frac{(-q)}{r_2{}^3}\boldsymbol{r}_2$$

を①に代入して，

$$\boldsymbol{E}=[E_1,\ E_2]$$

$$=\frac{q}{4\pi\varepsilon_0}\left(\frac{1}{r_1{}^3}\boldsymbol{r}_1-\frac{1}{r_2{}^3}\boldsymbol{r}_2\right)$$

$\boldsymbol{r}_1=[x-a,\ y]$ より，$r_1=\sqrt{(x-a)^2+y^2}$
$\boldsymbol{r}_2=[x+a,\ y]$ より，$r_2=\sqrt{(x+a)^2+y^2}$

$$=\frac{q}{4\pi\varepsilon_0}\left\{\frac{1}{\{(x-a)^2+y^2\}^{\frac{3}{2}}}[x-a,\ y]-\frac{1}{\{(x+a)^2+y^2\}^{\frac{3}{2}}}[x+a,\ y]\right\}$$

よって，$\boldsymbol{E}$ の x 成分 E_1 と y 成分 E_2 は次のようになる。

$$\begin{cases} E_1=\dfrac{q}{4\pi\varepsilon_0}\left(\dfrac{x-a}{\{(x-a)^2+y^2\}^{\frac{3}{2}}}-\dfrac{x+a}{\{(x+a)^2+y^2\}^{\frac{3}{2}}}\right) & \cdots② \\ E_2=\dfrac{q}{4\pi\varepsilon_0}\left(\dfrac{y}{\{(x-a)^2+y^2\}^{\frac{3}{2}}}-\dfrac{y}{\{(x+a)^2+y^2\}^{\frac{3}{2}}}\right) & \cdots③ \end{cases}$$

ここで，点 $\mathrm{P}(x,\ y)$ を極座標 $\mathrm{P}(r,\ \theta)$ で表すことにすると，$x=r\cos\theta$，$y=r\sin\theta$，$x^2+y^2=r^2$ となるのは大丈夫だね。

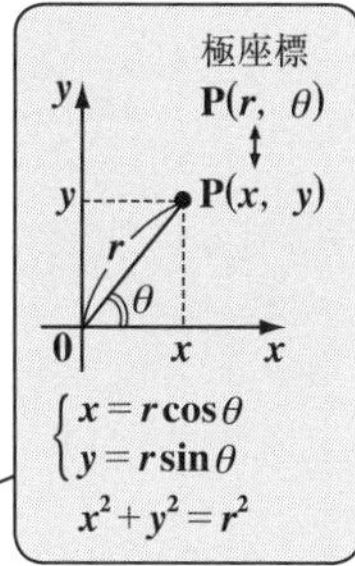

さらに，$\alpha \fallingdotseq 0$ のとき，近似式

$$(1 \pm \alpha)^{\lambda} \fallingdotseq 1 \pm \lambda\alpha \quad \cdots\cdots ④$$

が成り立つことも利用する。

それでは式の変形に入ろう。

$$E_1 = \frac{q}{4\pi\varepsilon_0}\left(\frac{x-a}{\{(x-a)^2+y^2\}^{\frac{3}{2}}} - \frac{x+a}{\{(x+a)^2+y^2\}^{\frac{3}{2}}}\right) \cdots ②$$

$$E_2 = \frac{q}{4\pi\varepsilon_0}\left(\frac{y}{\{(x-a)^2+y^2\}^{\frac{3}{2}}} - \frac{y}{\{(x+a)^2+y^2\}^{\frac{3}{2}}}\right) \cdots ③$$

(i) $\dfrac{1}{\{(x-a)^2+y^2\}^{\frac{3}{2}}} = \{\underbrace{x^2+y^2}_{r^2} - 2a\overbrace{x}^{r\cos\theta} + a^2\}^{-\frac{3}{2}} \fallingdotseq (r^2 - 2ar\cos\theta)^{-\frac{3}{2}}$

$a \fallingdotseq 0$ より，2次の微小項となって，無視できる。

$$= \left\{r^2\left(1 - \frac{2a}{r}\cos\theta\right)\right\}^{-\frac{3}{2}} = r^{-3}\left(1 - \frac{2a}{r}\cos\theta\right)^{-\frac{3}{2}}$$

r に対して a は微小とする。

$(1-\alpha)^{\lambda} \fallingdotseq 1 - \lambda\alpha$

$$\fallingdotseq \frac{1}{r^3}\left\{1 - \left(-\frac{3}{2}\right) \cdot \frac{2a}{r}\cos\theta\right\} = \frac{1}{r^3}\left(1 + \frac{3a}{r}\cos\theta\right)$$

となる。同様に，

(ii) $\dfrac{1}{\{(x+a)^2+y^2\}^{\frac{3}{2}}} \fallingdotseq (r^2 + 2ar\cos\theta)^{-\frac{3}{2}} = r^{-3}\left(1 + \dfrac{2a}{r}\cos\theta\right)^{-\frac{3}{2}}$

$$\fallingdotseq \frac{1}{r^3}\left\{1 + \left(-\frac{3}{2}\right) \cdot \frac{2a}{r}\cos\theta\right\} = \frac{1}{r^3}\left(1 - \frac{3a}{r}\cos\theta\right)$$

となる。

以上 (i)(ii) を②，③に代入して，

$$E_1 = \frac{q}{4\pi\varepsilon_0}\left\{(x-a)\frac{1}{r^3}\left(1 + \frac{3a}{r}\cos\theta\right) - (x+a)\frac{1}{r^3}\left(1 - \frac{3a}{r}\cos\theta\right)\right\}$$

$$= \frac{q}{4\pi\varepsilon_0 r^3}\left(\cancel{x} + \frac{3a}{r}\underbrace{x}_{r\cos\theta}\cos\theta - a - \cancel{\frac{3a^2}{r}\cos\theta} - \cancel{x} + \frac{3a}{r}\underbrace{x}_{r\cos\theta}\cos\theta - a + \cancel{\frac{3a^2}{r}\cos\theta}\right)$$

$$= \frac{q}{4\pi\varepsilon_0 r^3}(6a\cos^2\theta - 2a) = \frac{\overbrace{q \cdot 2a}^{q \cdot l = p}}{4\pi\varepsilon_0 r^3}(3\cos^2\theta - 1)$$

$q \cdot l = p$ ← 双極子モーメントの大きさ

$$E_2 = \frac{q}{4\pi\varepsilon_0}\left\{y \cdot \frac{1}{r^3}\left(\cancel{1} + \frac{3a}{r}\cos\theta\right) - y \cdot \frac{1}{r^3}\left(\cancel{1} - \frac{3a}{r}\cos\theta\right)\right\}$$

$$= \frac{q}{4\pi\varepsilon_0 r^3} \cdot 2\underbrace{y}_{r\sin\theta} \cdot \frac{3a}{r}\cos\theta = \frac{\overbrace{q \cdot 2a}^{q \cdot l = p}}{4\pi\varepsilon_0 r^3} \cdot 3\sin\theta\cos\theta$$

以上より，点 P における電場 $\boldsymbol{E}$ は，次のように求まるんだね。

$$\boldsymbol{E} = [E_1,\ E_2] = \frac{p}{4\pi\varepsilon_0 r^3}[3\cos^2\theta - 1,\ 3\sin\theta\cos\theta] \quad (\text{ただし，} p = q \cdot 2a)$$

次，点 $\mathbf{P}$ における電位 ϕ も電荷 $+q(\mathrm{C})$ による ϕ_+ と，電荷 $-q(\mathrm{C})$ による ϕ_- の和 (重ね合わせ) により求まるので，

P(x, y)
r_2
r_1
$-q(\mathrm{C})$
$+q(\mathrm{C})$
$(-a,\ 0)$
O
$(a,\ 0)$
x
y

$$\phi=\phi_++\phi_-$$

$$=\frac{1}{4\pi\varepsilon_0}\cdot\frac{q}{r_1}+\frac{1}{4\pi\varepsilon_0}\cdot\frac{(-q)}{r_2}=\frac{q}{4\pi\varepsilon_0}\left(\frac{1}{r_1}-\frac{1}{r_2}\right)$$

$$=\frac{q}{4\pi\varepsilon_0}\left(\frac{1}{\{(x-a)^2+y^2\}^{\frac{1}{2}}}-\frac{1}{\{(x+a)^2+y^2\}^{\frac{1}{2}}}\right)$$

$$=\frac{q}{4\pi\varepsilon_0}\left\{(\underbrace{x^2+y^2}_{r^2}-2a\underbrace{x}_{r\cos\theta}+\cancel{a^2})^{-\frac{1}{2}}-(\underbrace{x^2+y^2}_{r^2}+2a\underbrace{x}_{r\cos\theta}+\cancel{a^2})^{-\frac{1}{2}}\right\}$$

$$(r^2-2ar\cos\theta)^{-\frac{1}{2}}=r^{-1}\left(1-\frac{2a}{r}\cos\theta\right)^{-\frac{1}{2}}\fallingdotseq\frac{1}{r}\left(1+\frac{a}{r}\cos\theta\right)$$

$$(r^2+2ar\cos\theta)^{-\frac{1}{2}}=r^{-1}\left(1+\frac{2a}{r}\cos\theta\right)^{-\frac{1}{2}}\fallingdotseq\frac{1}{r}\left(1-\frac{a}{r}\cos\theta\right)$$

$$(1\pm\alpha)^{\lambda}\fallingdotseq1\pm\lambda\alpha$$

$$\fallingdotseq\frac{q}{4\pi\varepsilon_0}\cdot\frac{1}{r}\left\{\cancel{1}+\frac{a}{r}\cos\theta-\left(\cancel{1}-\frac{a}{r}\cos\theta\right)\right\}$$

$$=\frac{\overbrace{q\cdot2a}^{p}}{4\pi\varepsilon_0}\cdot\frac{\cos\theta}{r^2}=\frac{p\cos\theta}{4\pi\varepsilon_0r^2}$$ となるんだね。納得いった？

ここで，$\phi=\dfrac{p\overbrace{r\cos\theta}^{x}}{4\pi\varepsilon_0r^3}=\dfrac{px}{4\pi\varepsilon_0(x^2+y^2)^{\frac{3}{2}}}$ として，$\boldsymbol{E}=-\nabla\phi$ より，

計算は少し省略するけれど，

$E_1=-\dfrac{\partial\phi}{\partial x}=\dfrac{p}{4\pi\varepsilon_0}\left\{\dfrac{3x^2}{(x^2+y^2)^{\frac{5}{2}}}-\dfrac{1}{(x^2+y^2)^{\frac{3}{2}}}\right\}=\dfrac{p}{4\pi\varepsilon_0r^3}(3\cos^2\theta-1)$ と

$E_2=-\dfrac{\partial\phi}{\partial y}=\dfrac{p}{4\pi\varepsilon_0}\cdot\dfrac{3xy}{(x^2+y^2)^{\frac{5}{2}}}=\dfrac{3p}{4\pi\varepsilon_0r^3}\sin\theta\cos\theta$ を求めることもできる。

いい計算練習になるから，自分で確認しておこう。

§3. 導体

これまでの講義では，真空中における点電荷を中心に考察してきたね。でも，現実に存在するのは，ある大きさをもった物質がほとんどなので，これからは，この物質を対象に話を進めよう。ここで，この物質には電気をよく通すものと，通さないものとがある。この電気をよく通す物質を"**導体**(どうたい)"(***conductor***)と呼び，電気を通さない物質を"**誘電体**(ゆうでんたい)"(または"**絶縁体**(ぜつえんたい)")(***dielectrics***)と呼ぶ。

今回の講義では，導体について解説する。まず初めに，静電場の中におかれた導体の電場や電位について調べよう。また，帯電した導体球が外部に作る電場や電位の状態も求めてみよう。さらに，ここでは，幾何学的な発想が面白い"**鏡像法**(きょうぞうほう)"についても教えるつもりだ。

● 導体の内部に電場は存在しない！

一般に，銅や鉄などの金属が電気を通す"**導体**"であり，ガラスやプラスチックなどの非金属が電気を通さない"**誘電体**"(または"**絶縁体**")なんだね。そして電気を通す導体とは，その内部を自由に移動できる"**自由電荷**"(具体的には，自由に動ける"**自由電子**"や"**イオン**"のこと)を十分にもっている物質のことなんだ。金属の場合，それが固体として結晶構造をとると，金属原子の最外殻の電子が，原子核の束縛から解放されて，自由に動ける"**自由電子**"になる。これが，電気の担い手となって，導体としての性質を示すことになるんだね。逆に誘電体とは，その内部に自由電荷をもっていない物質といえる。

実は，導体内の自由電荷といっても，実際にはその移動の際に何らかの抵抗を受けるはずなんだけれど，これからは理想化した導体として，次のように考えることにする。すなわち，

「導体は，その内部に十分な量の自由電荷(自由電子またはイオン)をもち，この自由電荷はわずかな力によっても速やかに移動できるものとする。」

このような導体を，静電場 $\boldsymbol{E}$ の中におくと，導体内部には電場はすぐに存在しなくなるんだよ。何故そうなるのか？ これからその理由を解説しよう。

図 1(i) に示すように，左から右へ向かう静電場 $\boldsymbol{E}$ の中に導体を置いてみよう。置いた瞬間には導体内にも電場が存在するので，導体内の自由電子は電場 $\boldsymbol{E}$ と逆向きに速やかに移動して，その結果導体の左端には⊖の，そして右端には⊕の電荷が現れる。このように，外部の電場の影響で，導体表面に電荷分布が生じる現象を "**静電誘導**(せいでんゆうどう)" という。これによって導体内部には $\boldsymbol{E}$ とは逆向きの電場が作られ，互いに電場が打ち消し合って，図 1(iii) に示すように，導体内には電場が存在しなくなるんだね。もし，なんらかの電場が存在すれば，自由電子が移動してすぐにその電場を打ち消してしまうので，導体内に電場は存在し得ないことが分かると思う。以上より，

「自由電荷が静止している状態では，導体内に電場は存在しない。」

このことを覚えておこう。

図 1　静電場の中の導体

(i) 静電場の中に導体を入れる

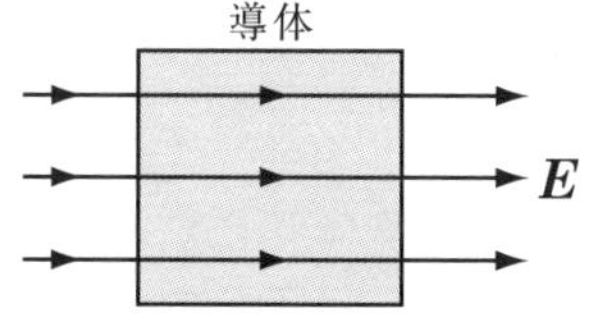

(ii) 自由電子が速やかに移動

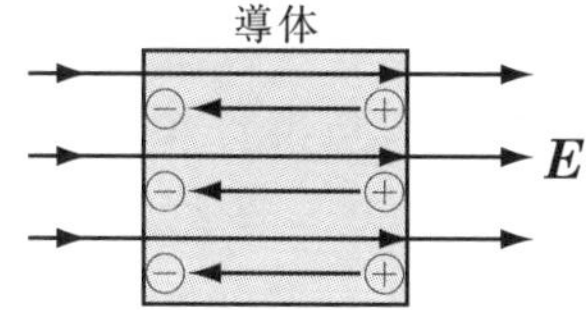

(iii) 導体内に電場は存在しない

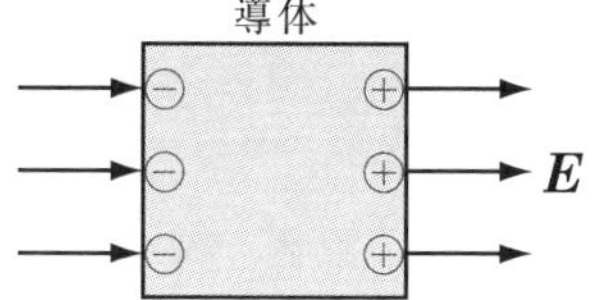

このとき導体内の電位 ϕ についても調べておこう。電場 $\boldsymbol{E}$ と電位 ϕ の関係式：$\boldsymbol{E} = -\mathbf{grad}\,\phi$ ……(a) で考えるんだね。

導体内の電場 $\boldsymbol{E} = \boldsymbol{0}$ より，$\left[\frac{\partial \phi}{\partial x}, \frac{\partial \phi}{\partial y}, \frac{\partial \phi}{\partial z}\right] = [0, 0, 0]$ だね。

よって，各偏微分は $\frac{\partial \phi}{\partial x} = 0$，$\frac{\partial \phi}{\partial y} = 0$，$\frac{\partial \phi}{\partial z} = 0$ となる。ここで，ϕ は全微分可能な滑らかな関数としているので，$d\phi = 0$ より，結局 $\phi =$ (定数)，つまり

「自由電荷が静止している状態では，導体内の電位は一定である」

ことも分かったんだね。

注意

これ以降もすべて「自由電荷が静止している状態」を前提にして解説するので，この言葉はもう省略するよ。

そして，導体内部の電位が一定ならば，電位の連続性から導体表面も内部と同じ電位をもつはずだね。これから，

「導体表面は**1**つの等電位面になる。」

ことも言える。さらに等電位面に対して，電場は常に垂直になるので，

「導体表面に対して電場は垂直になる。」

ことも分かるんだね。

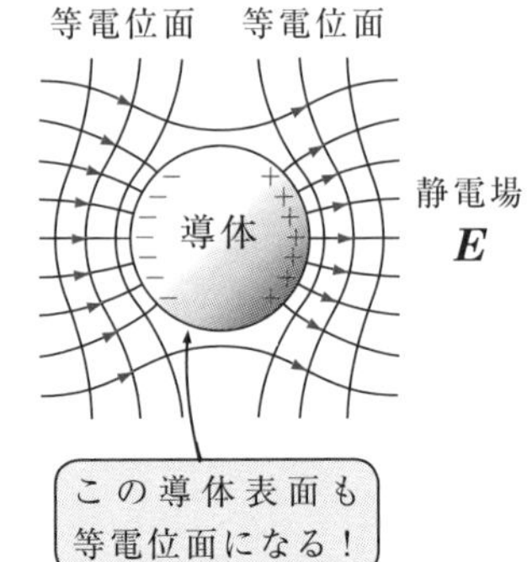

図**2**　導体表面の電位と電場

図**2**に，静電場$\boldsymbol{E}$の中に置かれた導体球の電場と電位の様子を示す。電場$\boldsymbol{E}$による静電誘導で，導体球表面上にはある電荷分布が生じているけれど，この球面に対して外部の電場(電気力線)はいずれも垂直になっていること，導体内に電場が存在しないことが分かると思う。

このような静電誘導だけでなく，導体に真電荷を与えて帯電させた場合でも，電荷が分布できるのは導体の表面だけなんだ。何故って!? もし，導体の内部に電荷分布が存在したとすればそこから電場(電気力線)が生じ，それに沿って自由電荷が移動することになるだろう。これは自由電荷が静止している状態と矛盾する。逆に言えば，たとえ内部に電荷分布が存在したとしても，瞬時に自由電荷が移動して，内部の電荷分布を打ち消してしまうことになるんだね。よって，

「電荷分布が存在するのは，導体の表面だけで，内部には存在しない」

ことも言える。納得いった？

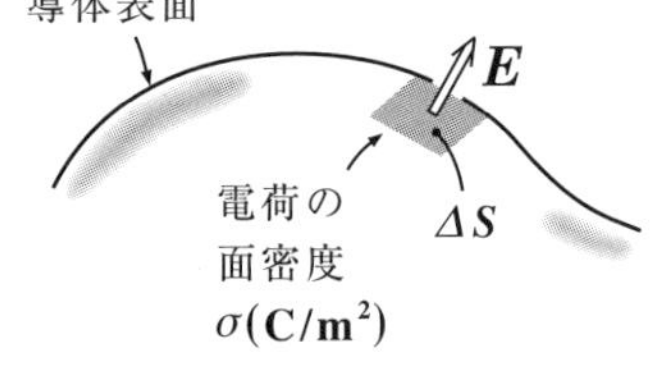

図**3**　導体表面の電場$\boldsymbol{E}$

最後に，図**3**に示すように，導体表面にのみ存在する電荷の面密度を$\sigma(\mathbf{C/m^2})$とし，導体表面の微小な面積をΔSとおくと，これから外部に垂直に出ている電場の大きさEは，ガウスの法則より，

$$\cancel{\Delta S}\cdot E=\frac{\overbrace{\cancel{\Delta S}\cdot\sigma}^{Q}}{\varepsilon_0}\quad\therefore\ E=\frac{\sigma}{\varepsilon_0}\quad\cdots\cdots(*k)$$ となる。

これも重要公式なので覚えておこう。

> 例題 16　原点 0 を中心とする半径 a の導体球に，正の電荷 $Q(\mathrm{C})$ を与える。球の外部は真空である。このとき，球の中心 0 から r $(\geqq 0)$ における電場 $E(r)$ と電位 $\phi(r)$ を求めよう。

例題 14(P78) と類似問題だけど，今回は導体球なので，与えられた電荷 $Q(\mathrm{C})$ は，球の表面のみにしか存在しないんだね。よって，導体球の内部には，電荷も電場も存在しないので，まず，

(ⅰ) $0 \leqq r < a$ のとき，

$E(r) = 0$ が明らかに成り立つ。

(ⅱ) $a \leqq r$ のとき，

ガウスの法則を用いると，

$$4\pi r^2 \cdot E(r) = \frac{Q}{\varepsilon_0}$$

$$\therefore E(r) = \frac{Q}{4\pi\varepsilon_0} \cdot \frac{1}{r^2} \quad \text{となる。}$$

(ⅱ) $a \leqq r$ のとき

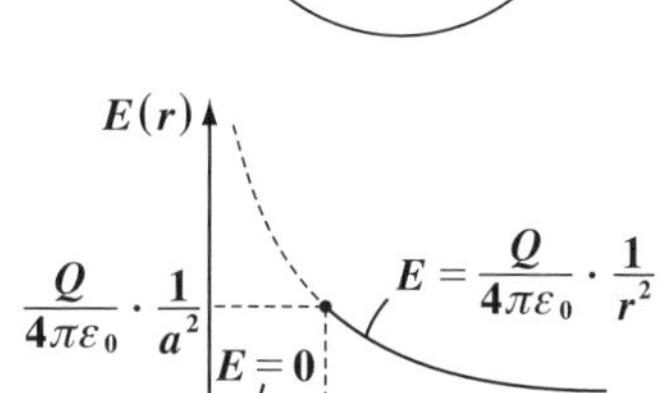

次に，電位 $\phi(r)$ を求めよう。

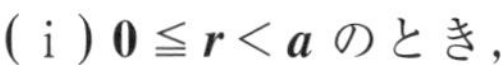

(ⅰ) $0 \leqq r < a$ のとき，

$$\phi(r) = \int_r^\infty E(r)\,dr = \int_a^\infty E(r)\,dr$$

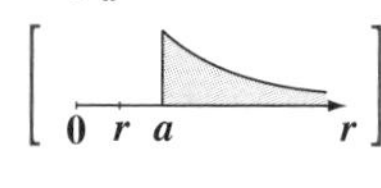

無限積分は極限で求める。

$$= \frac{Q}{4\pi\varepsilon_0}\int_a^\infty \frac{1}{r^2}\,dr = \lim_{c\to\infty}\frac{Q}{4\pi\varepsilon_0}\left[-\frac{1}{r}\right]_a^c = \lim_{c\to\infty}\frac{Q}{4\pi\varepsilon_0}\left(-\frac{1}{c} + \frac{1}{a}\right)$$

$$\therefore \phi(r) = \frac{Q}{4\pi\varepsilon_0 a} \ (\text{定数}) \text{ となるんだね。}$$

(ⅱ) $a \leqq r$ のとき，

$$\phi(r) = \int_r^\infty E(r)\,dr = \frac{Q}{4\pi\varepsilon_0}\int_r^\infty \frac{1}{r^2}\,dr = \lim_{c\to\infty}\frac{Q}{4\pi\varepsilon_0}\left[-\frac{1}{r}\right]_r^c$$

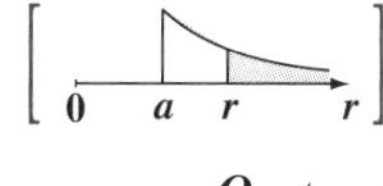

$$= \lim_{c\to\infty}\frac{Q}{4\pi\varepsilon_0}\left(-\frac{1}{c} + \frac{1}{r}\right)$$

$$\therefore \phi(r) = \frac{Q}{4\pi\varepsilon_0} \cdot \frac{1}{r} \quad \text{となる。}$$

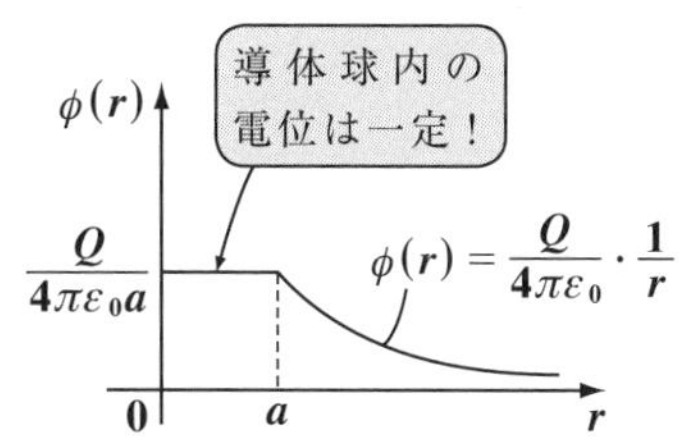

例題 17　原点 $\mathbf{0}$ を中心とする半径 a の導体球 A と，内径 b，外径 c の導体球殻 B があり，空間はすべて真空とする。ここで，導体球 A のみに正の電荷 $Q(\mathrm{C})$ を与えたとき，中心 $\mathbf{0}$ から r $(\geqq 0)$ における電場 $E(r)$ と電位 $\phi(r)$ を求めよう。

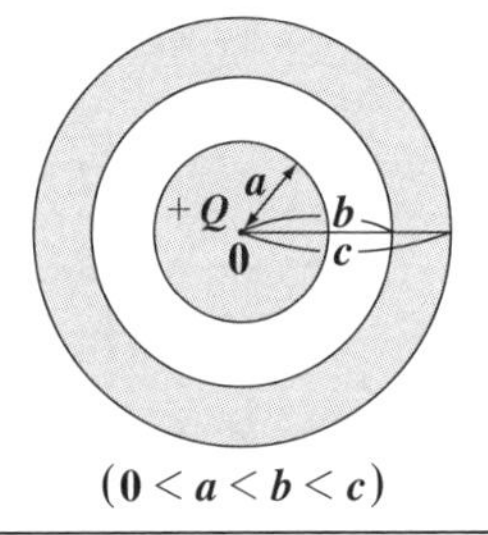

導体内に電場は存在しないので，右図から明らかに，
(ⅰ) $0 \leqq r < a$，(ⅲ) $b < r < c$ のとき
$E(r) = 0$　となるのはいいね。
次，右図に示すように，導体球 A に与えた電荷 $+Q(\mathrm{C})$ により，導体球殻 B の内面には $-Q(\mathrm{C})$ の電荷が引き寄せられ，その分球殻の外面には $+Q(\mathrm{C})$ の電荷が分布することになる。よって，(ⅱ) $a \leqq r \leqq b$，(ⅳ) $c \leqq r$ のいずれにおいても，半径 r の球面の内部にある電荷は $Q(\mathrm{C})$ で等しいので，ガウスの法則を用いると，

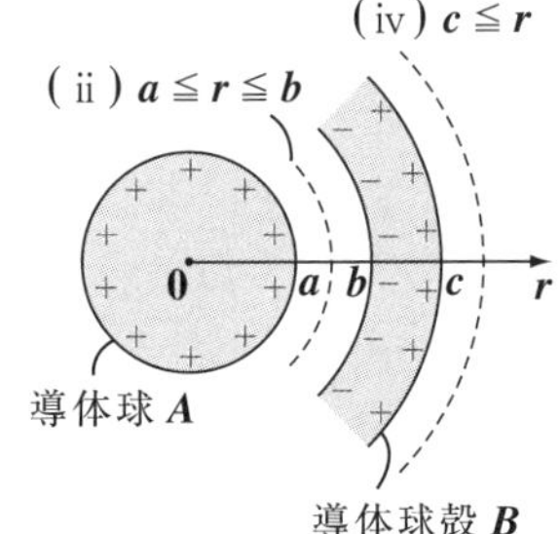

$$4\pi r^2 E(r) = \frac{Q}{\varepsilon_0} \qquad \therefore E(r) = \frac{Q}{4\pi\varepsilon_0} \cdot \frac{1}{r^2}\ \text{となる。}$$

以上をまとめると，電場 $E(r)$ は次のようになる。
(ⅰ) $0 \leqq r < a$ のとき，　$E(r) = 0$
(ⅱ) $a \leqq r < b$ のとき，　$E(r) = \dfrac{Q}{4\pi\varepsilon_0} \cdot \dfrac{1}{r^2}$
(ⅲ) $b \leqq r < c$ のとき，　$E(r) = 0$
(ⅳ) $c \leqq r$ のとき，　$E(r) = \dfrac{Q}{4\pi\varepsilon_0} \cdot \dfrac{1}{r^2}$
$E(r)$ のグラフも右に示しておいた。

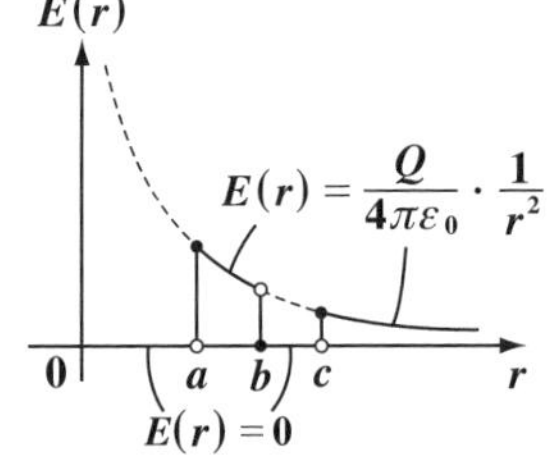

球対称モデルでは，電位 ϕ は $\phi = \int_r^{\infty} E(r)dr$ で計算できるので，これを使って，電位 $\phi(r)$ も求めてみよう。

(i) $0 \leqq r < a$ のとき,

$$\phi(r)=\int_r^{\infty}E(r)\,dr=\int_a^b E(r)\,dr+\int_c^{\infty}E(r)\,dr$$

$$=\frac{Q}{4\pi\varepsilon_0}\left(\int_a^b\frac{1}{r^2}\,dr+\int_c^{\infty}\frac{1}{r^2}\,dr\right)=\frac{Q}{4\pi\varepsilon_0}\left\{\left[-\frac{1}{r}\right]_a^b+\lim_{\lambda\to\infty}\left[-\frac{1}{r}\right]_c^{\lambda}\right\}$$

無限積分は極限で求める。

$$=\frac{Q}{4\pi\varepsilon_0}\left\{-\frac{1}{b}+\frac{1}{a}+\lim_{\lambda\to\infty}\left(-\frac{1}{\lambda}+\frac{1}{c}\right)\right\}=\frac{Q}{4\pi\varepsilon_0}\left(\frac{1}{a}-\frac{1}{b}+\frac{1}{c}\right)$$

定数

(ii) $a \leqq r < b$ のとき,

$$\phi(r)=\int_r^{\infty}E(r)\,dr=\int_r^b E(r)\,dr+\int_c^{\infty}E(r)\,dr$$

$$=\frac{Q}{4\pi\varepsilon_0}\left(\int_r^b\frac{1}{r^2}\,dr+\int_c^{\infty}\frac{1}{r^2}\,dr\right)=\frac{Q}{4\pi\varepsilon_0}\left\{\left[-\frac{1}{r}\right]_r^b+\lim_{\lambda\to\infty}\left[-\frac{1}{r}\right]_c^{\lambda}\right\}$$

$$=\frac{Q}{4\pi\varepsilon_0}\left\{-\frac{1}{b}+\frac{1}{r}+\lim_{\lambda\to\infty}\left(-\frac{1}{\lambda}+\frac{1}{c}\right)\right\}=\frac{Q}{4\pi\varepsilon_0}\left(\frac{1}{r}-\frac{1}{b}+\frac{1}{c}\right)$$

(iii) $b \leqq r < c$ のとき,

$$\phi(r)=\int_r^{\infty}E(r)\,dr=\int_c^{\infty}E(r)\,dr=\frac{Q}{4\pi\varepsilon_0}\int_c^{\infty}\frac{1}{r^2}\,dr$$

$$=\frac{Q}{4\pi\varepsilon_0}\left\{\lim_{\lambda\to\infty}\left[-\frac{1}{r}\right]_c^{\lambda}\right\}=\frac{Q}{4\pi\varepsilon_0}\left\{\lim_{\lambda\to\infty}\left(-\frac{1}{\lambda}+\frac{1}{c}\right)\right\}=\frac{Q}{4\pi\varepsilon_0}\cdot\frac{1}{c}$$

定数

(iv) $c \leqq r$ のとき,

$$\phi(r)=\int_r^{\infty}E(r)\,dr=\int_r^{\infty}E(r)\,dr=\frac{Q}{4\pi\varepsilon_0}\int_r^{\infty}\frac{1}{r^2}\,dr$$

$$=\frac{Q}{4\pi\varepsilon_0}\left\{\lim_{\lambda\to\infty}\left[-\frac{1}{r}\right]_r^{\lambda}\right\}=\frac{Q}{4\pi\varepsilon_0}\left\{\lim_{\lambda\to\infty}\left(-\frac{1}{\lambda}+\frac{1}{r}\right)\right\}=\frac{Q}{4\pi\varepsilon_0}\cdot\frac{1}{r}$$

以上(i)〜(iv)の結果より，電位 $\phi(r)$ のグラフを右に示す。導体球 A や，導体球殻 B の内部で電位 $\phi(r)$ が一定であることも，これで分かるね。

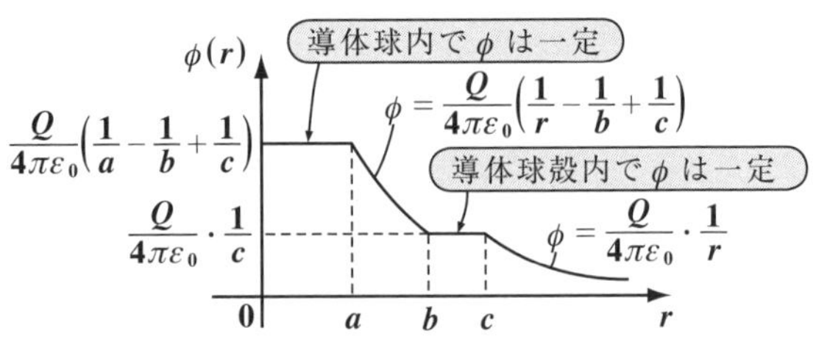

● 静電遮蔽も押さえておこう！

落雷による被害を避けるために，自動車や電車など金属(導体)で囲まれた空間の中に入れば安全であることを知っている方も多いと思う。これは，

「導体に囲まれた空間には，導体の外部の電場が影響しない」

からであり，これを“**静電遮蔽**（せいでんしゃへい）”という。つまり，たとえ自動車に雷が落ちたとしても，車内にいる人は自動車のボディーが金属(導体)でできているため，静電遮蔽によって，落雷の影響を免れることができるんだね。

さらに，これは次のように表現してもいい。

「内部に空洞をもつ導体をどのような外部電場の中に置いても，空洞内に電荷がない限り空洞内の電場は $\mathbf{0}$ であり，空洞と導体は等電位である。」

何故このようなことが言えるのか？解説しておこう。

(I) 図 4(i) に示すように，空洞内の電場が $\mathbf{0}$ でないと仮定すると，空洞内に電気力線が存在し，その始点の壁面には正電荷，その終点の壁面には負電荷が現れることになる。しかし，このとき，始点の電位が終点の電位より高くなることになるので，“導体内のすべての点が等電位である”ことに矛盾する。よって，空洞内壁に電荷が現わ

図 4　静電遮蔽

(i) 空洞の壁面に電荷が現れることはない

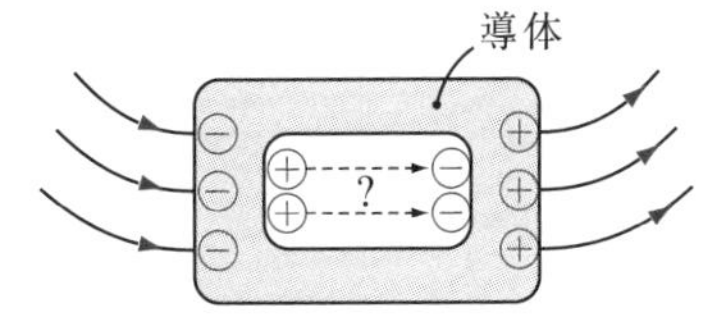

(ii) 回転する電場 E は存在しない

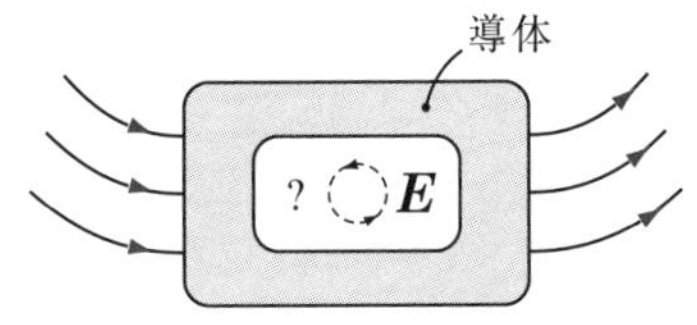

れるような形の電場が存在するはずはないんだね。

(Ⅱ) それでは図 **4**(ⅱ) に示すように，空洞の内壁面に電荷を生じさせない，回転する形の電場 $\boldsymbol{E}$ は存在し得るのだろうか？答えはノーだね。理由は，**P76** で解説したように，静電場では $\mathrm{rot}\,\boldsymbol{E} = \boldsymbol{0}$，すなわち，渦なしの電場しか存在しないので，回転する電場が空洞内に生じることはないんだね。納得いった？

次，**"接地"** (**アース**) についても解説しておこう。接地とは文字通り導体を地面 (地球) に接続するという意味だ。日常，この接地を行うのはコンピュータやテレビなどの電化製品 (導体) の静電気による帯電を防いで製品を保護することを目的としていることは知っていると思う。さらに，これを電磁気学の立場から見ると，地球は巨大な等電位の導体球とみなすことができるので，⊕または⊖に帯電したある導体を接地 (アース) すると，電気的に中和されるので，その導体の電位は基準電位 $0(V)$ であると考えていいんだね。

● 導体平板の鏡像法をマスターしよう！

真空の空間に，ある電荷分布が与えられれば，それを基に電位と電場を求めることが出来るのはいいね。これに対して，空間に導体が存在するとき，その近くに点電荷をもち込むと，導体表面には静電誘導による電荷が生じるので，このときの電場や電位分布を求めることは至難の業だと思ってるかも知れないね。しかし，導体の形状が無限平板や球であるとき，**"鏡像法"**(きょうぞうほう) (*method of images*) という，幾何学的にシンプルで分かりやすい解法が利用できるので，これから紹介しておこう。

鏡像法とは，導体の表面を鏡のように見たてて，点電荷の像の位置に仮想的な点電荷を置くことにより，導体表面による境界条件と同じ条件を作り出せばいいんだ。ン？何のことかよく分からないって!? 当然だ！これから詳しく解説していくからね。

それでは，簡単な具体例で示そう。帯電していない表面が平らな無限に広い導体平板 (裏面の形状は平らでなくてもかまわない) から距離 L の位置にある点 $\mathbf{P}$ に，正の点電荷 $Q(\mathrm{C})$ を置いたとしよう。

すると図5(ⅰ)に示すように，静電誘導により導体平板の表面上に⊖の，また裏面上には⊕の電荷分布が現われるはずだ。ここで，図5(ⅱ)に示すように，導体平板を接地すると，地面から⊖の電子が流れ込んで裏面の⊕を打ち消すけれど，$+Q(C)$の点電荷により引き付けられた導体平板表面上の⊖の電荷分布は残ることになる。この⊖の電荷分布により点電荷$+Q(C)$は導体平板に引きつけられることになるんだね。

また，図5(ⅲ)に示すように接地した導体平板の表面の電位ϕは当然$\phi=0$となる。

表面に⊖の電荷分布があるにも関わらず電位$\phi=0$となるのは大丈夫？これは，元々あった，導体の⊕の電荷は地面(地球)に流れ込んでいったと考えられるけど，平板と地球とを併せた1つの系で見ると，⊕，⊖は打ち消し合って，電位$\phi=0$が成り立つはずだからなんだね。

そして，点電荷$+Q(C)$のまわりには，ある電位の分布があり，これにより，点電荷$+Q(C)$から導体平板表面の⊖の電荷分布に向けて電場が生じ，図5(ⅲ)のような電気力線が描けるはずだ。しかし，これを数学的に求めるには偏微分方程式を解かなければならないんだよ。

でも，これをシンプルに解き明かすのが，"**鏡像法**"なんだね。図5(ⅳ)に示すように，導体平板を取り払ってしまい，

図5　導体平板と鏡像法

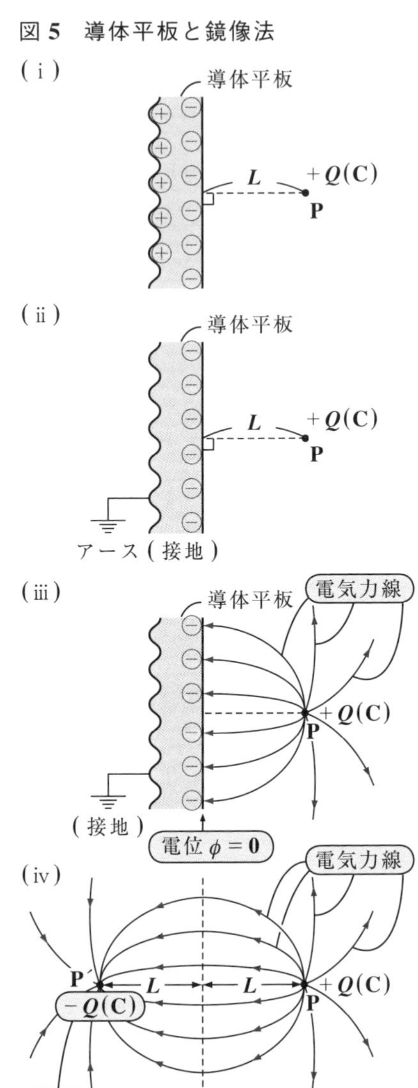

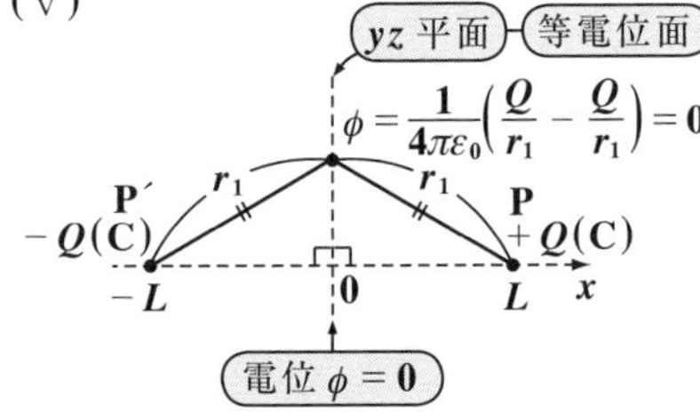

導体平板表面に対して点電荷 $+Q$(C) と反対側の距離 L の位置の点 P′ に $-Q$(C) の点電荷があるものと仮定しよう。ちょうど，導体平板の表面を鏡と見たてたとき，点電荷 $+Q$(C) の鏡像が符号は逆になってしまうんだけど，仮想的な点電荷 $-Q$(C) になるわけだ。

つまり，今回の問題は，導体平板がなく，距離 $2L$ だけ離れた $+Q$(C) と $-Q$(C) の 2 つの点電荷が作る電位と電場の問題に置き換えることができるんだね。何故なら，図 5(v) に示すように，元の導体平板の表面上の点はすべて，2 つの符号の異なる点電荷 $+Q$(C) と $-Q$(C) から等距離 r_1 にあるため，

電位 $\phi = \dfrac{1}{4\pi\varepsilon_0}\left(\dfrac{Q}{r_1} - \dfrac{Q}{r_1}\right) = 0$　をみたすからだ。

ン？導体平板の表面上の電位 $\phi = 0$ をみたすだけで，元の導体平板のあるモデルとないモデルで，それ以外の空間での電位の分布や電場まで等しいと言えるのかって？当然の疑問だ！答えておこう。

P70 で，静電場において，電位 ϕ を支配する偏微分方程式が，（ポアソンの方程式）

$$\frac{\partial^2\phi}{\partial x^2} + \frac{\partial^2\phi}{\partial y^2} + \frac{\partial^2\phi}{\partial z^2} = -\frac{\rho}{\varepsilon_0} \quad \cdots\cdots(\text{d})$$

(ρ：電荷密度) となることを教えた。

ここで，点電荷 Q のまわりの，電荷のない空間での電位を考えるとき，(d) の ρ を $\rho = 0$ とおけるので，

$$\frac{\partial^2\phi}{\partial x^2} + \frac{\partial^2\phi}{\partial y^2} + \frac{\partial^2\phi}{\partial z^2} = 0 \quad \cdots\cdots(\text{d})'$$

となるんだね。

これは“ラプラスの方程式”(P35) で，これをみたす関数 (電位) ϕ は“**調和関数**（ちょうわかんすう）”(*harmonic function*) と呼ばれる，非常に性質の良い関数なんだ。だから，このラプラスの偏微分方程式 (d)′ の境界条件として，$x = 0$ (yz 平面) で $\phi = 0$ などの条件が与えられれば，それが導体平板の性質によるものであれ，鏡像 $-Q$(C) によるものであれ，電位 ϕ の分布は一意に決まってしまうんだ。そして電位 ϕ の分布が決まれば，

$\boldsymbol{E} = -\text{grad}\,\phi$　……(＊) (P69) から，電場 $\boldsymbol{E}$ も定まる。

さらに，導体平板の表面での電場の大きさ E が分かると，

$E = \dfrac{\sigma}{\varepsilon_0}$　……(＊k) (P86) から，導体表面の電荷の面密度 σ も $\sigma = \varepsilon_0 E$ と決まってしまうんだね。納得いった？

それでは実際に次の例題を解いてみよう。

例題 **18**　接地された表面が平らな無限に広い導体の平板から，距離 L の位置の点 **P** に正の点電荷 Q(**C**) を置いたとき，

(1) この点電荷が導体から受けるクーロン力の大きさを求めよう。

(2) この導体平板の表面上の電場の大きさ E の分布を調べよう。

(3) この導体平板の表面上の電荷の分布 (面密度 σ) を調べよう。

導体平板の表面の電位 ϕ が $\phi = 0$ となることから"鏡像法"を用いると，これは，導体を取り去って右図のように鏡像 $-Q$(**C**) を導体表面に対して，**P** と反対側の点 **P**′ においたモデルと等価なんだね。

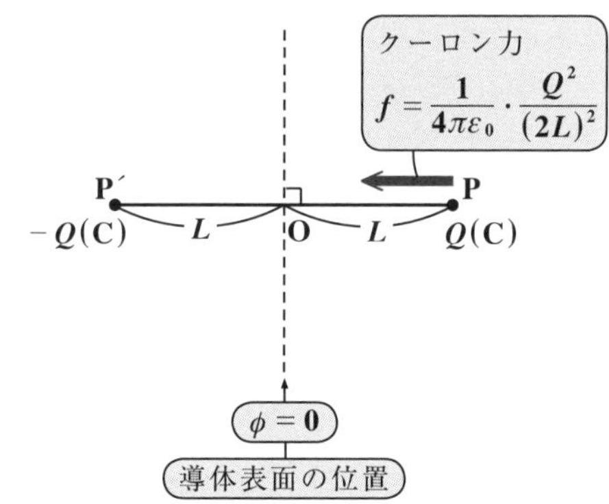

(1) よって，点電荷 Q が導体から受けるクーロン力は，当然，$2L$ だけ離れた鏡像の点電荷 $-Q$(**C**) から受ける引力に等しい。この力の大きさを f とおくと，

$$f = \frac{1}{4\pi\varepsilon_0} \cdot \frac{Q \cdot Q}{(2L)^2} = \frac{Q^2}{16\pi\varepsilon_0 L^2} \ (\mathrm{N})$$ となる。

(2) 次，右図に示すように，点 **P** から導体平板の表面に下ろした垂線の足を **O** とおき，この表面上の点で **O** から $R(\geqq 0)$ だけ離れた点 **T** における電場を $\boldsymbol{E}$ とおくと，これは Q(**C**) による電場 $\boldsymbol{E}_Q$ と鏡像 $-Q$(**C**) による電場 $\boldsymbol{E}_{-Q}$ の重ね合わせ (和) により，

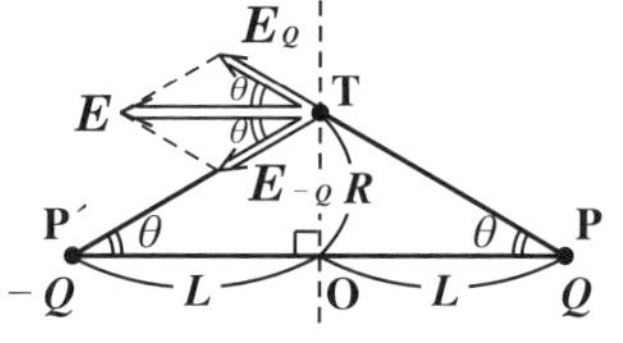

$\boldsymbol{E} = \boldsymbol{E}_Q + \boldsymbol{E}_{-Q}$　となるのはいいね。

ここで，$\angle \mathrm{OPT} = \theta$　とおくと，電場 $\boldsymbol{E}$ の大きさ E は，

$E = 2E_Q \cos\theta$　……①　となる。

ここで，$E_Q = \|\boldsymbol{E}_Q\| = \frac{1}{4\pi\varepsilon_0} \cdot \frac{Q}{R^2 + L^2}$，$\cos\theta = \frac{L}{\sqrt{R^2 + L^2}}$ を①に代入して，

$$E = 2 \cdot \frac{1}{4\pi\varepsilon_0} \cdot \frac{Q}{R^2+L^2} \cdot \frac{L}{\sqrt{R^2+L^2}} = \frac{QL}{2\pi\varepsilon_0(R^2+L^2)^{\frac{3}{2}}} \ \text{(N/C)} \ (R \geqq 0)$$

となる。E は O からの距離 R の関数としてその分布が与えられたんだね。

(3) 導体表面上の電場の大きさ E の分布が分かれば，この表面上の電荷の分布 (面密度 σ) は，$E = \frac{\sigma}{\varepsilon_0}$ より，

$$\sigma = \varepsilon_0 E = \cancel{\varepsilon_0} \cdot \frac{QL}{2\pi\cancel{\varepsilon_0}(R^2+L^2)^{\frac{3}{2}}} = \frac{QL}{2\pi(R^2+L^2)^{\frac{3}{2}}} \ (\text{C/m}^2)$$ となって答えだ！

● 導体球の鏡像法もマスターしよう！

次，導体球の鏡像法についても解説しよう。図 6(i) に示すように，接地された半径 a の導体球の中心 O より L だけ離れた点 P に正の点電荷 Q(C) を置くことにしよう。(ただし，$0 < a < L$)

このとき，静電誘導により，導体球の表面には㊀の電荷が分布するが，この導体球の表面 (および内部) の電位 ϕ は $\phi = 0$ となるはずだ。これから，導体球についても鏡像法が利用できそうなことが分かると思う。

図 6 導体球と鏡像法

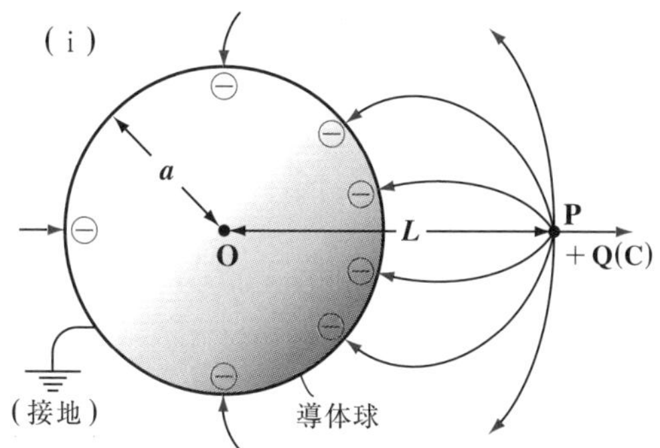

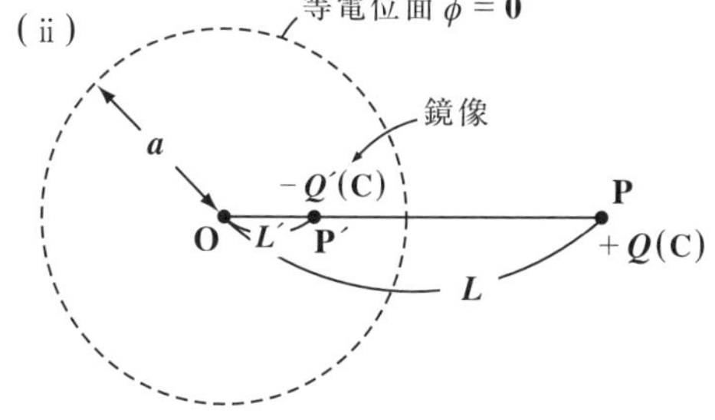

図 6(ii) に示すように，まず，導体球を取り去り，球内部のある位置に，負の点電荷 $-Q'$(C) を置いて，元の導体球面上のすべての点の電位 ϕ が $\phi = 0$ をみたすようにすればいい。当然，球の対称性，また元の導体球面上の㊀の電荷の分布の仕方から，鏡像である負の点電荷 $-Q'$(C) は，線分 OP 上の O から L' だけ離れた点 P´ に存在すると考えられるね。(ただし，$0 < L' < a$)
これから，L' と $-Q'$(C) を定めればいいことが分かるだろう。

図7(ⅰ)に示すように，$\phi=0$ の等電位面(元の導体球面)上の点Tをとり，$PT=r_1$，$P'T=r_2$ とおくと，2点P，P′にそれぞれ置かれた2つの点電荷 $Q(C)$ と $-Q'(C)$ により得られる点Tにおける電位 ϕ は，重ね合わせの原理より，

$$\phi=\frac{1}{4\pi\varepsilon_0}\left(\frac{Q}{r_1}-\frac{Q'}{r_2}\right)\quad\cdots\cdots(a)$$

となる。この点Tは球面上の任意の点なので，Tが球面上を動けば r_1 と r_2 も変化するが，(a)の電位 ϕ は恒等的に $\phi=0$ でなければならないんだね。

図7　導体球と鏡像法

(ⅰ)

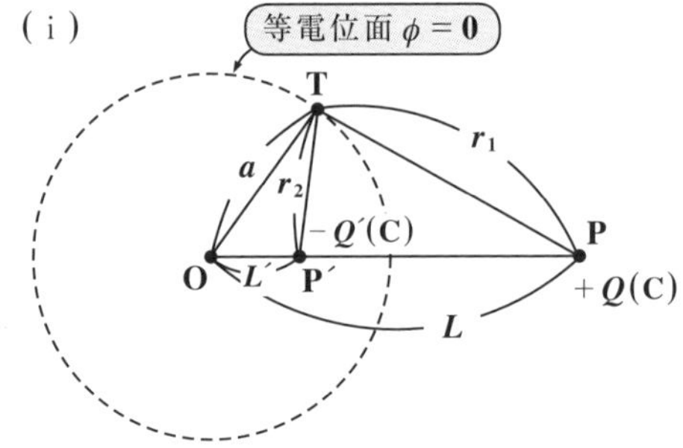

(ⅱ)

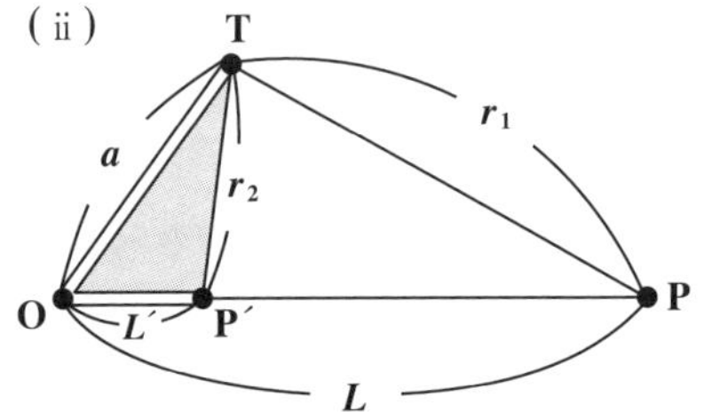

そのためには，Tが動いて，r_1 と r_2 が変化しても，比例関係，すなわち，

$r_2=kr_1$ ……(b) (k：正の定数)を保ちながら変化しないといけない。

実際に，(b)を(a)に代入すると，

$$\phi=\frac{1}{4\pi\varepsilon_0}\left(\frac{Q}{r_1}-\frac{Q'}{kr_1}\right)=\underbrace{\frac{1}{4\pi\varepsilon_0}}_{定数}\cdot\underbrace{\frac{1}{r_1}}_{変数}\underbrace{\left(Q-\frac{Q'}{k}\right)}_{これを恒等的に0にすればいい。}$$ となるね。

ここで，変数 r_1 がどんなに変化しても，$Q-\frac{Q'}{k}=0$，すなわち，

$Q'=kQ$ ……(c) (k：正の定数)となるように，Q' をとれば，球面上の電位 ϕ は，恒等的に $\phi=0$ となって条件をみたす。大丈夫？

では，(b)の条件をみたすためには，図7(ⅱ)に示すように，2つの△TOPと△P′OTが相似であればいいんだね。すなわち，

$\underbrace{L:a=a:L'}_{(ⅰ)}=r_1:r_2$ （(ⅱ)：$a:L'=r_1:r_2$）となれば，r_1 と r_2 は比例関係になるからだ。

(ⅰ) $L:a=a:L'$ より，$LL'=a^2$　　$\therefore L'=\frac{a^2}{L}$ ……(d) が導ける。

(ⅱ) $a:L'=r_1:r_2$ より，$ar_2=\underbrace{L'}_{\frac{a^2}{L}}r_1$　　$\therefore r_2=\underbrace{\frac{a}{L}}_{k(定数)}r_1$ ……(e) となる。

(b)と(e)を比較して，比例定数 $k = \frac{a}{L}$ と求まるので，これを(c)に代入して，

$Q' = \frac{a}{L}Q$ ……(c)′ となるんだね。

以上より，導体球面の鏡像法においては，

$\begin{cases} \text{(Ⅰ) 線分 OP 上に，O から } \frac{a^2}{L} (= L' \cdots \text{(d)}) \text{ の位置に点 P′ をとり，} \\ \text{(Ⅱ) この点 P′ に鏡像として，負の点電荷 } -\frac{a}{L}Q(= -Q') \text{ を置けばいい} \end{cases}$

ことが分かった！ 納得いった？

> 例題 19　接地された半径 a の導体球の中心 O から L だけ離れた点 P に正の電荷 Q(C) を置いたとき，この点電荷が導体球から受けるクーロン力の大きさを求めよう。（ただし，$0 < a < L$ とする。）

導体球面の電位 ϕ が $\phi = 0$ となることから“鏡像法”を用いると，これは，導体球を取り去って，右図のように，鏡像 $-Q' = -\frac{a}{L}Q$ を，線分 OP 上の点で，O から $L' = \frac{a^2}{L}$ の距離の点 P′ に置いたモデルと等価になる。

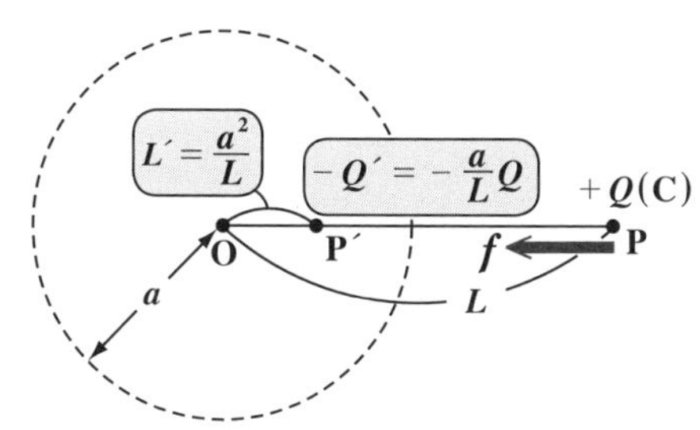

よって，点電荷 Q が，導体球から受けるクーロン力は，$L - L'$ だけ離れた鏡像 $-Q'$ から受ける引力に等しい。この大きさを f とおくと，

$$f = \frac{1}{4\pi\varepsilon_0} \cdot \frac{QQ'}{(L - L')^2} = \frac{1}{4\pi\varepsilon_0} \cdot \frac{Q \cdot \frac{a}{L}Q}{\left(L - \frac{a^2}{L}\right)^2}$$

分子・分母に L^2 をかける

$$= \frac{1}{4\pi\varepsilon_0} \cdot \frac{Q^2 aL}{(L^2 - a^2)^2} = \frac{Q^2 aL}{4\pi\varepsilon_0 (L^2 - a^2)^2}$$

となって，答えだ！

§4. コンデンサー

前回の講義で学んだ導体は，その表面に電荷を蓄えることができるんだね。今回の講義では，まず単独の導体が電気を蓄える容量，すなわち“**電気容量**”について解説しよう。次に2個の導体によって電荷を蓄えるように工夫された装置，つまり“**コンデンサー**”の“電気容量”についても，“**電気容量係数**”から導いてみよう。

また，コンデンサーの具体例として典型的な“**平行平板コンデンサー**”だけでなく，“**球と球殻のコンデンサー**”や“**2重円筒のコンデンサー**”についても教えるつもりだ。さらに，コンデンサーがもつ“**静電エネルギー**”や“**電場のエネルギー密度**”についても詳しく解説しよう。

今回の講義でコンデンサーに対する理解がより深まるはずだ。

● 地球(単独導体)の電気容量を求めてみよう！

まず初めに，ある単独導体の“**電気容量**”C (*capacitance*) について解説しよう。

導体球など，単独の導体に電荷 Q を与えたときその内部の電場が $\mathbf{0}$ となるように，電荷は導体の表面に分布し，導体は一定の電位 ϕ をもつことになるんだね。ここで，たとえば，この導体が帯電していない条件の下，新たに $2Q$ の電荷を与えたとしたらどうなると思う？…，そうだね，同じく導体内部の電場が $\mathbf{0}$ となるように導体表面に前回より2倍の大きさの電荷が分布するはずだ。その結果，重ね合わせの原理より，導体の外部には，前回と比べて2倍の大きさの電場 $\boldsymbol{E}$ が存在し，さらにこれを外部の全空間で積分したものが導体の電位となるので，これも前回と比べて2倍の電位，すなわち 2ϕ となるはずだね。

以上より，“単独の導体に電荷 Q を与えると，この導体の電位 ϕ は Q に比例する”ことが分かると思う。この比例定数を C とおくと，

$Q = C\phi$ …$(*1)$ と表せる。

この比例定数 C のことを“**電気容量**”と呼び，その単位は[F]で表す。

$C\,(\mathrm{F}) = Q\phi^{-1}\,(\mathrm{C/V})$ 　　“ファラッド”と読む。

$(*1)$ より当然，[F]＝[C/V]であることも大丈夫だね。

ただし，この[F]という単位は後で具体例で示すけれど，大き過ぎるので，

実際には，$1(\mu F) = 10^{-6}(F)$ や $1(pF) = 10^{-12}(F)$ の単位が用いられる。
（“マイクロ・ファラッド”）（“ピコ・ファラッド”と読む。）

$Q = C\phi$ …$(*l)$ のイメージは図1に示すように，電荷 Q を浴槽に貯めた水量，電気容量 C を水の断面積，そして電位 ϕ を水位だと思えばいいよ。これから，

図1 $Q = C\phi$ のイメージ

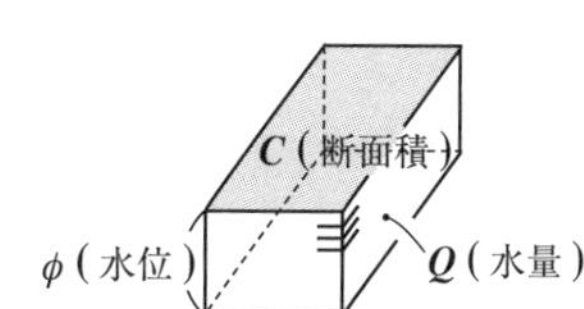

・ϕ が一定のとき，C が大きくなれば Q も大きくなるし，
・Q が一定のとき，C が大きくなれば ϕ は小さくなる。…などのことが，読み取れるんだね。

それでは，半径 a の導体球の電気容量 C を求めてみよう。どうやるのかって？

実は，例題16 (P87) で，半径 a の導体球に電荷 Q を与えたときの導体（内部および表面）の電位 ϕ が，

$$\phi = \frac{Q}{4\pi\varepsilon_0 a} \quad \cdots\cdots①$$

となることは既に教えているんだね。

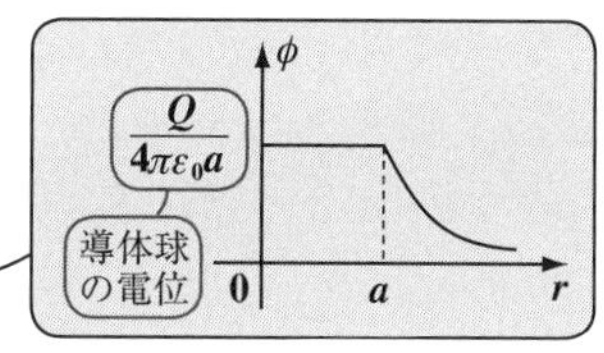

よって，①を変形すると，

$Q = (4\pi\varepsilon_0 a)\phi$ ……①′ となるので，①′と $(*l)$ との比較から，半径 a の導体球の電気容量 C は，

$$C = 4\pi\varepsilon_0 a \quad \cdots\cdots②$$

であることが分かるんだね。

$4\pi\varepsilon_0$ は定数だから，導体球の電気容量 C は半径 a だけで決まってしまうんだね。
（$\varepsilon_0 = 8.854 \times 10^{-12}(C^2/Nm^2)$）←（②より，$\varepsilon_0$ の単位は (F/m) と表してもいい。）

したがって，地球を半径 $R = 6400km (= 6.4 \times 10^6 m)$ の導体球だと考えると，その電気容量 C は，

$$C = 4\pi\varepsilon_0 R = 4\pi \times 8.854 \times 10^{-12} \times 6.4 \times 10^6$$

$$\fallingdotseq 7.12 \times 10^{-4}(F) = 712 \times 10^{-6}(F) = 712(\mu F)$$

であることが分かるんだね。ボク達から見たら巨大な地球でさえ，その電気容量は約 7.12×10^{-4} (F) に過ぎないわけだから，これで単位の [F] がいかに大きなものであるかが，実感としてつかめたと思う。

● コンデンサー(2個の導体)の電気容量を求めてみよう！

1つの導体に帯電させても，同種の電荷は互いに反発し合うので，大きな電気量を蓄えることは難しい。これに対して2個の導体を近づけて置き，それぞれに正と負の等量の電荷を与えると電荷が互いに引き合うため大量の電気量を蓄えることができる。このように，2個の導体を使って電荷を蓄えるための装置を"**コンデンサー**"(*condenser*)(または"**キャパシター**")と呼ぶ。

典型的なコンデンサーとしては，高校物理でもおなじみの2枚の平面導体板を向かい合わせた"**平行平板コンデンサー**"がある。図2に極板の面積S，間隔dで，$+Q$(C)(電位ϕ_1)，$-Q$(C)(電位ϕ_2)をそれぞれの極板に与えた平行平板コンデンサーの様子を示す。

図2 平行平板コンデンサー

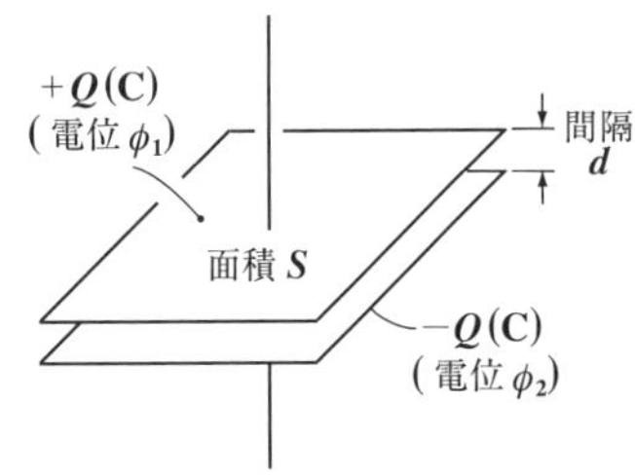

ここで，電位差$V=\phi_1-\phi_2$(V)とおき，この平行平板コンデンサーの電気容量をC(F)とおくと，$Q=CV$ …(＊m)が成り立つことは，既に高校で習っていると思う。

でも，この(＊m)は平行平板コンデンサーだけでなく，任意の形状の2個の導体からなるコンデンサーについても成り立つんだよ。何故そうなるのかって？ いいよ。これから解説しよう。

2個の任意の形状をした導体を帯電させたとき，互いに与え合う影響について調べていくことにしよう。

図3 任意の形状のコンデンサーについても$Q=CV$は成り立つ

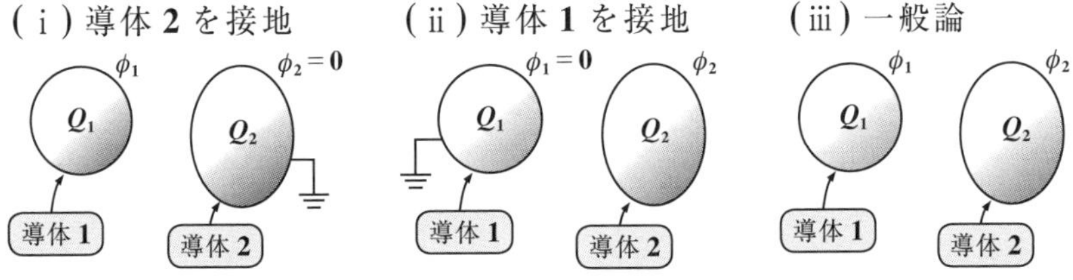

(Ⅰ)図3(ⅰ)に示すように，2つの導体1と2の内，導体2を接地し，導体1に電荷$Q_1(C)$を与えた結果その電位がϕ_1になったものとすると，Q_1とϕ_1は比例するので，比例定数をC_{11}とおくと，当然

$Q_1 = C_{11}\phi_1$ ……(a) $(C_{11} > 0)$ となる。

導体 2 は接地しているので，当然その電位 $\phi_2 = 0$ となるけれど，導体 1 の影響により Q_1 とは異符号の電荷 Q_2 が生じることになる。そして，この Q_2 も導体 1 の電位 ϕ_1 に比例するので，比例定数を C_{21} とおくと，

$Q_2 = C_{21}\phi_1$ ……(b) $(C_{21} < 0)$ となる。

接地して，電位が 0 でも，静電誘導により帯電し得ることは **P92** で示した。

(Ⅱ) 次，図 3(ⅱ) に示すように，導体 1 を接地して，導体 2 に電荷 Q_2(C) を与えたときその電位を ϕ_2 とおくと Q_2 と ϕ_2 は，当然比例する。また，導体 2 の影響により導体 1 には Q_2 と異符号の電荷 Q_1 が生じ，これも ϕ_2 に比例する。よって，

$$\begin{cases} Q_1 = C_{12}\phi_2 & \cdots\cdots(c)\ (C_{12} < 0) \\ Q_2 = C_{22}\phi_2 & \cdots\cdots(d)\ (C_{22} > 0) \end{cases}$$ となるんだね。

(Ⅲ) では最後に，一般論として，導体 1，2 の電位がそれぞれ ϕ_1，ϕ_2 となった場合どうなると思う？ …，そうだね，電位の重ね合わせの原理により，導体 1 の電荷 Q_1 は (a) と (c) の右辺の和，導体 2 の電荷 Q_2 は (b) と (d) の右辺の和になるはずだ。よって，

$$\begin{cases} Q_1 = C_{11}\phi_1 + C_{12}\phi_2 \\ Q_2 = \underbrace{C_{21}}_{C_{12}}\phi_1 + C_{22}\phi_2 \end{cases} \cdots\cdots(e)$$ となる。

ここで，比例定数 C_{11}，C_{12}，C_{21}，C_{22} のことを "**電気容量係数**" (***capacitant coefficient***) と呼び，これらは次の条件をみたす。

$C_{11} > 0$，$C_{22} > 0$　　$C_{12} = C_{21} < 0$

以上も考慮に入れて (e) を変形して行列の積の形で表すと，

$$\begin{bmatrix} \overset{Q}{Q_1} \\ \underset{-Q}{Q_2} \end{bmatrix} = \begin{bmatrix} C_{11} & C_{12} \\ C_{12} & C_{22} \end{bmatrix} \begin{bmatrix} \phi_1 \\ \phi_2 \end{bmatrix} \cdots\cdots(f)$$ となるのはいいね。

ここで，これをコンデンサーと見て導体 1 の電荷 $Q_1 = Q$，導体 2 の電荷 $Q_2 = -Q$ とし，さらに行列式 $\Delta = C_{11}C_{22} - C_{12}{}^2 \neq 0$ として，

$\begin{bmatrix} C_{11} & C_{12} \\ C_{12} & C_{22} \end{bmatrix}$ の逆行列を (f) の両辺に左からかけると，

$$\begin{bmatrix} \phi_1 \\ \phi_2 \end{bmatrix} = \frac{1}{\Delta} \begin{bmatrix} C_{22} & -C_{12} \\ -C_{12} & C_{11} \end{bmatrix} \begin{bmatrix} Q \\ -Q \end{bmatrix}$$

$\begin{bmatrix} a & b \\ c & d \end{bmatrix}$ について $\Delta = ad - bc \neq 0$ ならば，$\begin{bmatrix} a & b \\ c & d \end{bmatrix}^{-1} = \frac{1}{\Delta}\begin{bmatrix} d & -b \\ -c & a \end{bmatrix}$ だからね。

$$\begin{bmatrix}\phi_1\\\phi_2\end{bmatrix}=\frac{1}{\Delta}\begin{bmatrix}C_{22}Q+C_{12}Q\\-C_{12}Q-C_{11}Q\end{bmatrix}$$ となる。

$\therefore\ \phi_1=\dfrac{C_{22}+C_{12}}{\Delta}Q\ \cdots(\mathrm{g}),\ \phi_2=-\dfrac{C_{11}+C_{12}}{\Delta}Q\ \cdots(\mathrm{h})$ が導けるんだね。

よって，導体 **1** と導体 **2** の電位差を $V=\phi_1-\phi_2$

とおくと，**(g)**，**(h)** より，

$$V=\phi_1-\phi_2=\frac{C_{22}+C_{12}}{\Delta}Q-\left(-\frac{C_{11}+C_{12}}{\Delta}Q\right)\quad(\Delta=C_{11}C_{22}-{C_{12}}^2)$$

$$V=\frac{C_{11}+C_{22}+2C_{12}}{C_{11}C_{22}-{C_{12}}^2}Q$$ ここで，$C_{11}+C_{22}+2C_{12}\fallingdotseq 0$ として，

$$Q=\underbrace{\frac{C_{11}C_{22}-{C_{12}}^2}{C_{11}+C_{22}+2C_{12}}}_{C}V$$

さらに，$\dfrac{C_{11}C_{22}-{C_{12}}^2}{C_{11}+C_{22}+2C_{12}}$ は定数なので，これを電気容量 C とおける。

これから，任意の形状のコンデンサーに対しても，

$Q=CV$ …$(*m)$ が成り立つことが分かったんだね。大丈夫だった？

● 平行平板コンデンサーを調べてみよう！

それではもう一度平行平板コンデンサーに話を戻そう。

一方の極板に $+Q(\mathrm{C})$ を，他方の極板に $-Q(\mathrm{C})$ の電荷が与えられているとき，実際のコンデンサーの電気力線の様子は，図 **4** (ⅰ) に示すように，極板の端の方では極板に対して垂直ではなく湾曲してしまう。でも，ここでは，極板の面積 S が，極板の間隔 d より十分に大きいものとして電気力線 (電場の向き) が極板に対して常に垂直となるような，つまり，図 **4** (ⅱ) に示すような理想化した平行平板コンデンサーについて，考えていくことにしよう。もちろん，極板以外の空間はすべて真空であるものとする。

図 **4** 平行平板コンデンサー

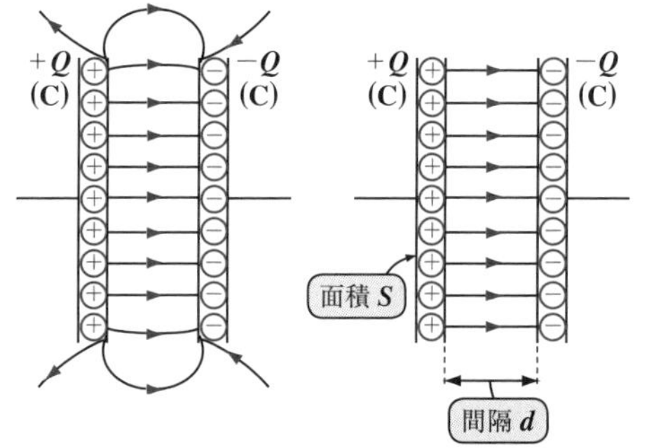

この理想化した平行平板コンデンサーについて，高校の物理では

次の **4** つの公式を習ったはずだ。

(1) $Q = CV$　(2) $E = \frac{V}{d}$　(3) $C = \frac{\varepsilon_0 S}{d}$　(4) $U = \frac{1}{2}CV^2$

- (1) 蓄えられる電気量 Q は電圧(電位差) V に比例する。
- (2) 電場(電界) E は電圧 V の傾きに等しい。
- (3) 電気容量 C は，面積 S に比例し，間隔 d に反比例する。
- (4) 静電エネルギー U は $\frac{1}{2}QEd$ で与えられる。

(1) については，任意の形状のコンデンサーについても成り立つことを示した。でもここで，他の公式と併せて，すべての平行平板コンデンサーの公式が成り立つことを示そう。

まず，図 **5** に示すように面積 S の **1** 枚の平面導体板に $+Q$(C) の電荷を与えると，面密度 $\sigma = \frac{Q}{S}$ (C/m²) で電荷が一様に分布する。この導体板から面積 ΔS の円を取り，この左右に伸ばした円柱面について考えると，円柱内の電荷 ΔQ は，

$\Delta Q = \sigma \cdot \Delta S$ となるのはいいね。

また，この電場 E はこの平板に対して垂直に左右に出ているので，円柱の側面を通して，電場が出ることはない。

よって，ガウスの法則より，

$$\underbrace{2\Delta S}_{\text{左右 2 枚の円の面積}} \cdot E = \frac{\overset{\Delta Q}{\overset{\shortparallel}{\sigma\Delta S}}}{\varepsilon_0}$$ だね。

これから，図 **5** に示すように，この導体平板に対して垂直に左右に $E = \frac{\sigma}{2\varepsilon_0}$ と $-E = -\frac{\sigma}{2\varepsilon_0}$ の電場が存在することが分かるね。(実はこれは，例題 **10** (**P64**) で解説したものと同様だ。)

図 **5**　Q(C) を与えた面積 S の平面導体板

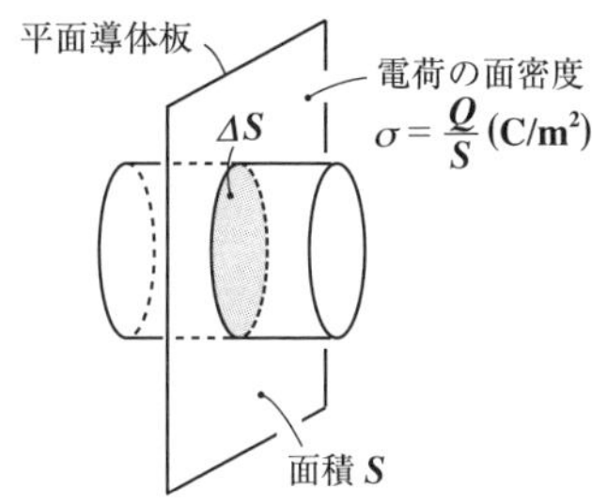

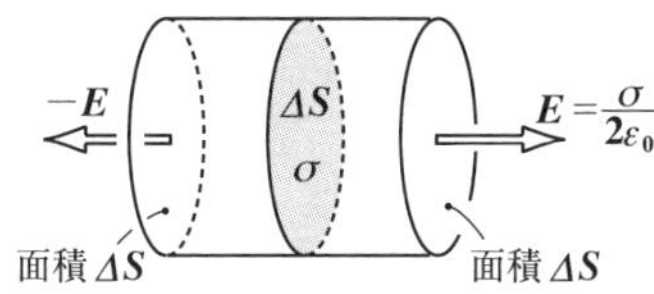

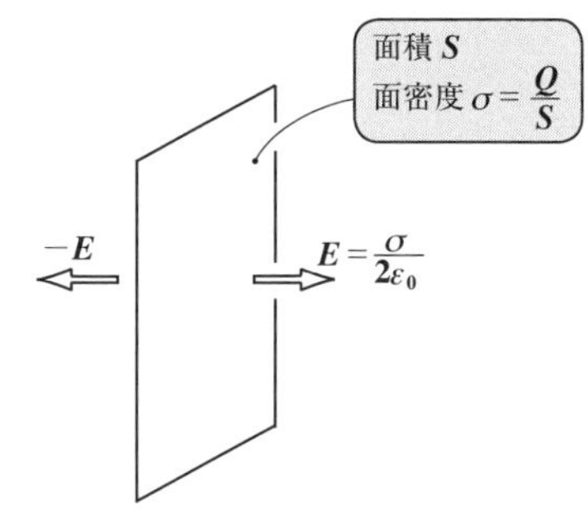

以上より，図 **6** (ⅰ)(ⅱ) に示すように面積 S の薄い導体平板にそれぞれ $+Q$(C) と $-Q$(C) の電荷を与えるとこの導体平板には面密度 $\sigma=\frac{Q}{S}$ と $-\sigma=-\frac{Q}{S}$ の電荷分布が生じ，これにより $E_1=\frac{\sigma}{2\varepsilon_0}$ と $-E_1=-\frac{\sigma}{2\varepsilon_0}$ の極板に垂直な電場ができる。

そして，図 **6** (ⅲ) に示すようにこれら **2** 枚の導体平板 (極板) を間隔 d を取って対置させると，**2** つの導体平板の左右外側の電場は互いに打ち消し合って $E=0$ となり，極板間のみ一定の電場 $E=2E_1=2\cdot\frac{\sigma}{2\varepsilon_0}$，すなわち，$E=\frac{\sigma}{\varepsilon_0}=\frac{Q}{\varepsilon_0 S}$ …①が残ることになる。その様子を図 **6** (ⅳ) に示す。

ここで，$+Q$(C)，$-Q$(C) を与えられたそれぞれの極板の電位を ϕ_1(V) と ϕ_2(V) とおき，ϕ_2 を基準電位 $\phi_2=0$(V) とおくことにしよう。

すると，$V=\phi_1-\underset{\underset{0}{\parallel}}{\cancel{\phi_2}}$ となるため，ϕ_1 がこの平行平板コンデンサーの電圧 (電位差) V そのものを表すことになるんだね。

図 **6** 平行平板コンデンサー

(ⅰ)

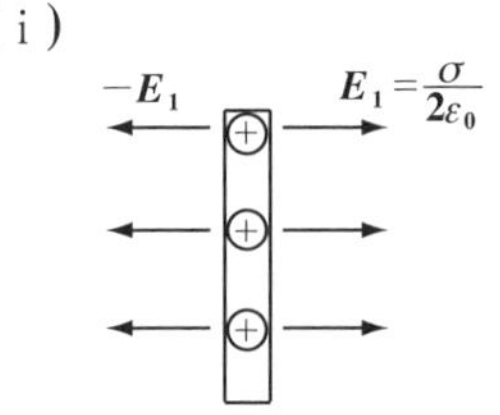

(ⅱ)

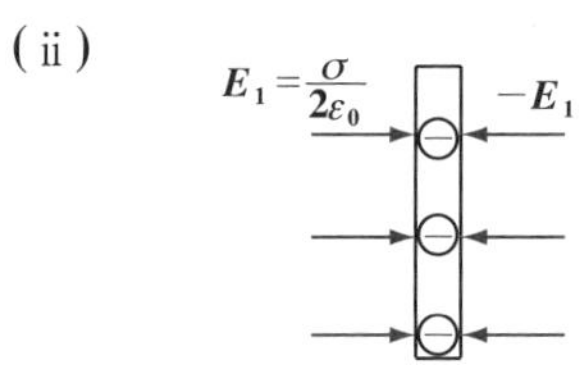

(ⅲ)

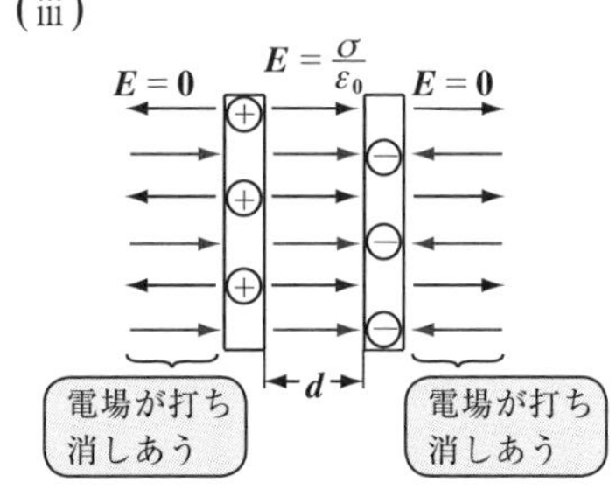

(ⅳ) 平行平板コンデンサー

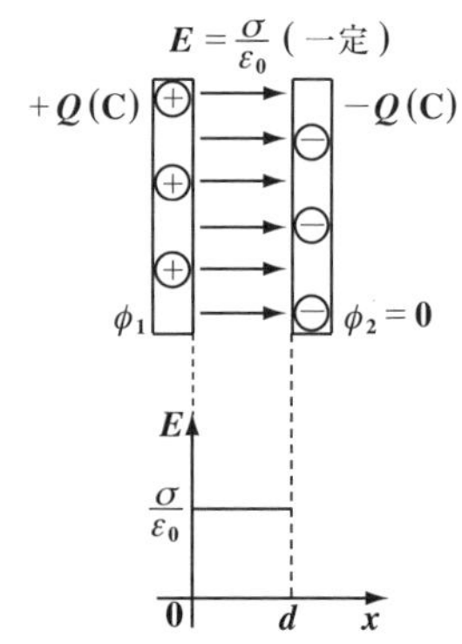

ここで電場 E の向きに x 軸をとり，$+Q$(C) に帯電した極板の位置を 0 とおくと $-Q$(C) で帯電した極板の位置は d となり，また電場 $E=\frac{\sigma}{\varepsilon_0}=\frac{Q}{\varepsilon_0 S}$ (一定) のグラフは，図 6(iv) に示したようになる。これから電位 ϕ_1(電位差 V) を求めると，電場は x 軸方向のみの 1 次元モデルとなっているので，

$$\phi_1=V=-\int_{\infty}^{0}E\,dx=\int_{0}^{\infty}E\,dx=\int_{0}^{d}\underset{\text{定数}}{E}\,dx=[Ex]_0^d=Ed \text{ となる。}$$

よって，$V=Ed$ より，公式 (2) $E=\frac{V}{d}$ が導けた。

この公式 (2) に，$E=\frac{Q}{\varepsilon_0 S}$ を代入すると，

$\frac{Q}{\varepsilon_0 S}=\frac{V}{d}$ より，$Q=\frac{\varepsilon_0 S}{d}V$ となる。
$\frac{\varepsilon_0 S}{d}$ ： C (定数)

よって，$C=\frac{\varepsilon_0 S}{d}$ とおくと，公式 (1) $Q=CV$ と，公式 (3) $C=\frac{\varepsilon_0 S}{d}$ も同時に導けるんだね。

最後に，コンデンサーの**静電エネルギー** U を求める公式 (4) $U=\frac{1}{2}CV^2$ も導いてみよう。ン，でも静電エネルギーって何のことかよく分からないって？ 当然の疑問だね。電位 (ポテンシャルエネルギー) と対比して解説しておこう。静電場の中のある点の電位 ϕ とは，1(C) の点電荷を，基準点である電位 0 の無限遠から電場に逆らってゆっくりとその点まで移動させるのに要する仕事に等しいんだったね。であるならば，図 6(iv) のように間隔 d だけ離れた 2 つの極板にそれぞれ $+Q$(C) と $-Q$(C) の電荷を蓄えているコンデンサーがもつ静電エネルギー U も，これが 0 である状態から現在のこの状態にもち込むまでに，外部からなされた仕事に等しいことが分かるはずだ。ではこの U が 0 である状態とはどんな状態か？ 1 つには，間隔 d だけ離れた 2 つのまったく帯電していない極板の状態を $U=0$ の状態と考え，この極板に除々に電荷を与えていき $+Q$(C) と $-Q$(C)

に帯電する状態までもっていくのに要する仕事を調べることが考えられる。他のやり方としては，予め $+Q$(C) と $-Q$(C) に帯電した2枚の極板を，ほとんど間隔 $x \fallingdotseq 0$ の状態を基準点として，この間隔 x を所定の d にまで

本当に $x=0$ とすると，$\pm Q(C)$ の電荷が接触し，打ち消し合ってなくなってしまうので，接触しない $x \fallingdotseq 0$ のときを $U=0$ の基準点とするんだね。

ゆっくりと広げていくのに要する仕事から，静電エネルギー U を求めてもいい。

図7 平行平板コンデンサーの静電エネルギー U

(ⅰ) 初めの状態

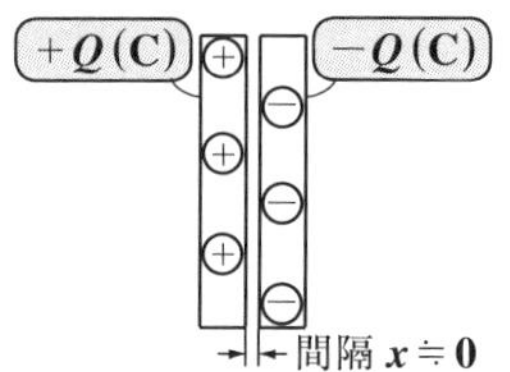

(ⅱ) 力 $f=\frac{1}{2}EQ$ で d だけ移動

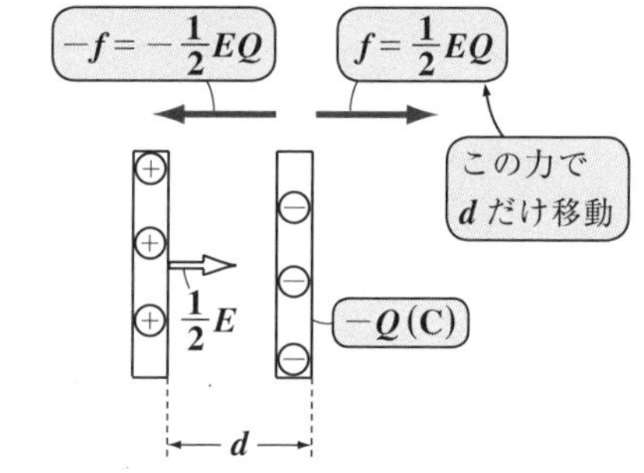

ここでは，後者の手法で U を求めてみよう。図7(ⅰ)に示すように，まず $+Q$(C) と $-Q$(C) に帯電した2枚の極板の間隔 x を，$x \fallingdotseq 0$ の状態からスタートする。

ここで，図7(ⅱ)に示すように，$+Q$(C) に帯電した極板は固定して，$-Q$(C) に帯電した極板を，ゆっくりと右に移動させることにする。このとき，$-Q$(C) の極板は $+Q$(C) の極板が作る電場 $\frac{1}{2}E$ により，$-f=-\frac{1}{2}EQ$ の力に逆らって，$f=\frac{1}{2}EQ$ (一定) の力で d だけ移

本当は，これよりちょっとだけ大きい力なんだね。

動させることになるので，これに要する仕事 $W=\frac{1}{2}EQ\cdot d$ が，求める平行平板コンデンサーの静電エネルギー U になるんだね。

$\therefore U=W=\frac{1}{2}Q\underbrace{E\cdot d}_{V}=\frac{1}{2}\underbrace{Q}_{CV}V=\frac{1}{2}CV^2$ となって，

静電エネルギーの公式 (4) $U=\frac{1}{2}CV^2$ も導けた。

● 静電場のエネルギー密度もマスターしよう！

平行平板コンデンサーの静電エネルギー U が，

$U=\frac{1}{2}CV^2$ ……(a)　$\left(C=\frac{\varepsilon_0 S}{d},\ V=Ed\right)$ と表されることが分かったわけだけど，果してこの U はどこに存在するのか？　疑問に思って当然なんだね。平行平板コンデンサーをジッと見てみると 2 つの極板間のみに一様な電場 E が存在し，その他の空間はすべてただの真空であるわけだから静電エネルギー U は，この 2 つの極板に挟まれた体積 Sd の領域に存在していると考えるのが自然なんだね。

よって，(a) の静電エネルギー U を，一様な電場の存在する領域の体積 Sd で割って，単位体積当りの静電エネルギー u_e を求めてみることにしよう。すると，

$$u_e=\frac{U}{Sd}=\frac{\overset{\frac{\varepsilon_0 S}{d}}{C}\ \overset{(Ed)^2}{V^2}}{2Sd}=\frac{\varepsilon_0 SE^2d^2}{2Sd^2}=\frac{1}{2}\varepsilon_0 E^2$$ となって，

非常に面白い結果が導けた。何が面白いか分かる？　…，そう，u_e の中に平行平板コンデンサーの寸法を表す S や d がキレイに消去されているからだ。よって，これから，平行平板コンデンサーの作る電場に限らず，一般に電場 E が存在するところであれば，いずれの点においても単位体積当たりの静電エネルギー u_e が存在すると言えるんだね。よって，この u_e，すなわち $u_e=\frac{1}{2}\varepsilon_0 E^2$ ……(＊n) のことを，

“静電場のエネルギー密度” と呼ぶことにしよう。

そして，この u_e を基に，静電場 E の存在する領域を V とおくと，この領域全体に渡って u_e を体積分することにより，逆に静電場の全静電エネルギー U を求めることができる。つまり，

$U=\iiint_V u_e dV=\frac{\varepsilon_0}{2}\iiint_V E^2 dV$ ……(＊o) で，U が算出できる。

それでは，次の例題で (＊o) を用いて，帯電した導体球が外部に作る静電場の全静電エネルギー U を求めてみよう。

例題 20　半径 a の導体球に電荷 Q を与えたとき，この導体球が外部に作る静電場の全静電エネルギー U を求めよう。

U は“この帯電した導体球がもつ静電エネルギー”と表現してもかまわない。この静電エネルギー U は，公式：$U=\frac{\varepsilon_0}{2}\iiint_V E^2dV$ ……$(*o)$ を使って求めればいいんだね。エッ，体積分が大変そうだって？　そうでもないよ。これは球対称な問題だから，天頂角 θ や方位角 φ とは無関係に動径の大きさ r だけの積分に持ち込めるからね。

では，具体的に解いてみよう。右図に示すように，導体球の中心 $\mathbf{O}$ から $r(\geqq a)$ だけ離れた点における静電場 E は，半径 r の球面に対して垂直で，その大きさ E は，

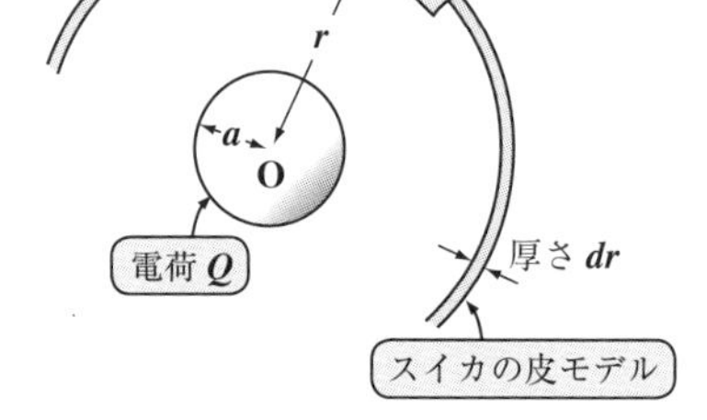

$$E=\frac{Q}{4\pi\varepsilon_0}\cdot\frac{1}{r^2}$$

となるのはいいね。よって，静電場のエネルギー密度 u_e は，

$$u_e=\frac{\varepsilon_0}{2}E^2=\frac{\varepsilon_0}{2}\left(\frac{Q}{4\pi\varepsilon_0}\cdot\frac{1}{r^2}\right)^2=\boxed{\frac{Q^2}{32\pi^2\varepsilon_0}}\cdot\frac{1}{r^4}$$ ……①　となる。

（ここでは，E の大きさのみが重要で，向きはどうでもいい。）（定数）

ここで，微小体積 dV は，半径 r の球面の面積に微小な厚さ dr をかけたもの，すなわち“スイカの皮モデル”で考えると，

$dV=4\pi r^2dr$ ……②　となる。

①，②を $(*o)$ に代入すると，これは r だけの積分区間 $[a,\ \infty)$ での積分となるので，体積分（3 重積分）を計算する必要はないんだね。

よって，求める導体球がもつ静電エネルギー U は，

$$U=\frac{Q^2}{32\pi^2\varepsilon_0}\int_a^\infty\frac{1}{r^4}\cdot\underbrace{4\pi r^2dr}_{dV}=\frac{Q^2}{8\pi\varepsilon_0}\int_a^\infty r^{-2}dr$$

よって，

無限積分は極限で求める。

$$U=\lim_{c\to\infty}\frac{Q^2}{8\pi\varepsilon_0}\left[-\frac{1}{r}\right]_a^c=\lim_{c\to\infty}\frac{Q^2}{8\pi\varepsilon_0}\left(-\frac{1}{c}+\frac{1}{a}\right)=\frac{Q^2}{8\pi\varepsilon_0 a}$$ となる。

($c\to\infty$)

参考

実は，単独の導体の静電エネルギー U にも，コンデンサーと同様に，公式 $U=\frac{1}{2}CV^2$ が使える。よって，$U=\frac{1}{2}CV^2=\frac{1}{2}\cdot\frac{Q^2}{C}$ ($\because Q=CV$) より，これに，P99 で求めた半径 a の導体球の電気容量 $C=4\pi\varepsilon_0 a$ を代入すると，

$U=\frac{1}{2}\cdot\frac{Q^2}{4\pi\varepsilon_0 a}=\frac{Q^2}{8\pi\varepsilon_0 a}$ となって，同じ結果が導けるんだね。

何故，単独導体の静電エネルギー U が，$U=\frac{1}{2}CV^2$ になるのかって？

証明しておこう。

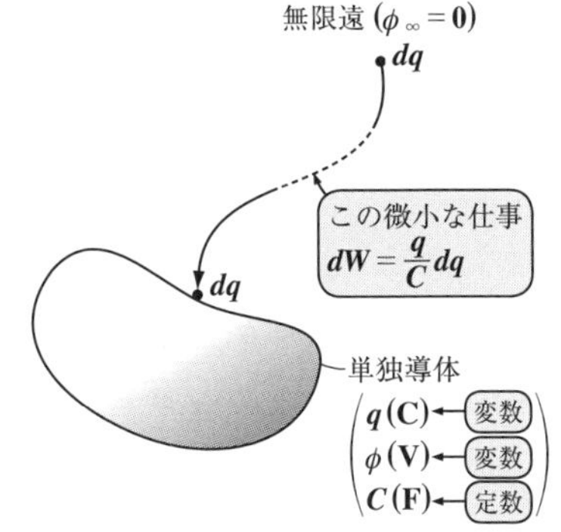

電気容量 C(F) の単独の導体について考えよう。初めこれは帯電していないが，次々に電位 $\phi_\infty=0$ の無限遠から微小電荷 dq (C) がこの導体に運ばれてくるものとする。そして，その途中経過として，右図に示すように単独導体が q (C) ($0\leqq q\leqq Q$) で電位 $\phi\left(=\frac{q}{C}\right)$ (V) の状態であったとする。

このとき，さらに無限遠から微小電荷 dq がこの単独導体に運ばれてくるのに要する微小な仕事 dW は，$dW=\phi\,dq=\frac{q}{C}dq$ となるんだね。

ϕ は，単位電荷 (1C) を無限遠から導体まで運んでくるのに要する仕事だ。

ここで，この右辺を q について，積分区間 $[0,\ Q]$ で定積分したものが，この単独導体が Q (C) に帯電するのに要した仕事であり，これが単独導体がもつ静電エネルギー U になる。よって，

$$U=W=\int_0^Q \frac{q}{C}dq=\frac{1}{C}\left[\frac{1}{2}q^2\right]_0^Q=\frac{1}{C}\cdot\frac{1}{2}Q^2$$

ここで，$Q=CV$ より，

$$U=\frac{1}{2}\cdot\frac{Q^2}{C}=\frac{1}{2}CV^2$$

となるんだね。納得いった？

（ここで，電位差 $V=\phi-\underbrace{\phi_\infty}_{0}=\phi$ のことだ。）

● 球と球殻のコンデンサーの電気容量を求めよう！

それでは，次のような同心の導体球と導体球殻からなるコンデンサーの電気容量を求めてみよう。

例題 21　右図に示すような中心を O とする半径 a の導体球 A と半径 b の薄い導体球殻 B がある。A に $+Q$(C) の電荷を与えたとき，A と B の電位差 V を求めることにより，この球 A と球殻 B のコンデンサーの電気容量 C(F) を求めてみよう。（ただし，導体球殻 B は接地されているものとし，導体以外の空間はすべて真空であるものとする。）

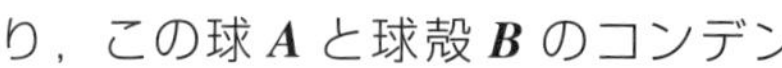

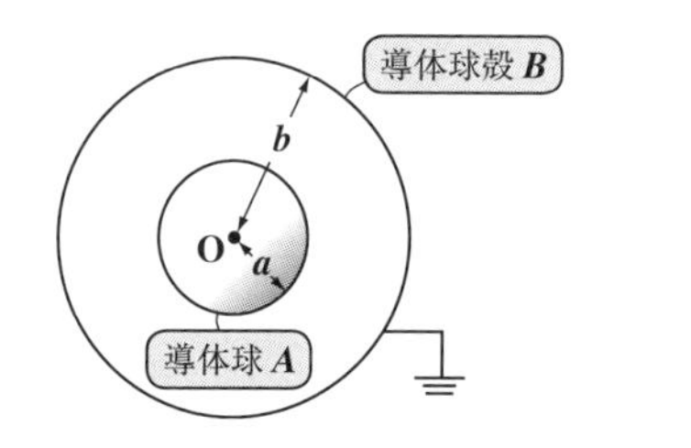

導体球 A と導体球殻 B からなるコンデンサーの電気容量を C とおくと，

$Q=CV$ …①　が成り立つ。

①から，電位差 V が求まれば，電気容量 C を算出できるんだね。頑張ろう！

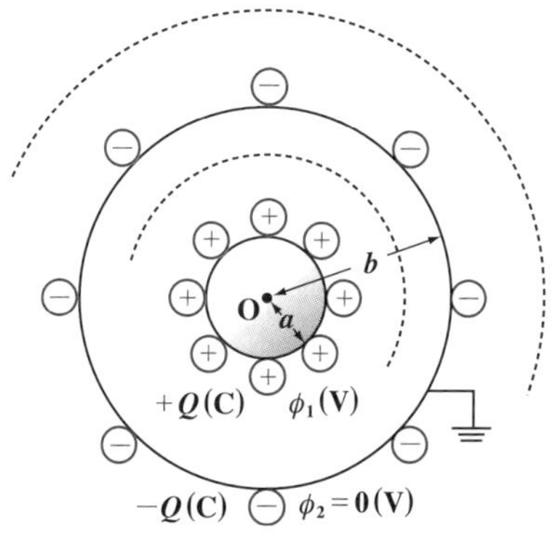

導体球 A に正の電荷 $+Q$(C) を与えると，これにより薄い導体球殻 B には静電誘導により負の電荷 $-Q$(C) が分布することになる。また，A の電位を ϕ_1，B の電位を ϕ_2 とおくと，B は接地しているので $\phi_2=0$(V) となる。よって電位差 $V=\phi_1-\underbrace{\phi_2}_{0}=\phi_1$ …② となるのもいいね。

これは球対称モデルより，中心 $\mathbf{O}$ からの距離を r とおくと，図より明らかに（ⅰ）$0 \leqq r < a$ および（ⅲ）$b \leqq r$ のとき，電場の大きさ $E(r)$ は，$E(r) = 0$ となるのは大丈夫だね。（このとき，半径 r の球面の内部の電荷は $+Q-Q=0$(C) だからね。）

また，（ⅱ）$a \leqq r < b$ のとき，半径 r の球面の内部にある電荷は $+Q$(C) より，ガウスの法則を用いると，

$$4\pi r^2 \cdot E(r) = \frac{Q}{\varepsilon_0} \quad \text{から，}$$

$$E(r) = \frac{Q}{4\pi\varepsilon_0} \cdot \frac{1}{r^2} \quad \text{となる。}$$

（$\frac{Q}{4\pi\varepsilon_0}$：定数）

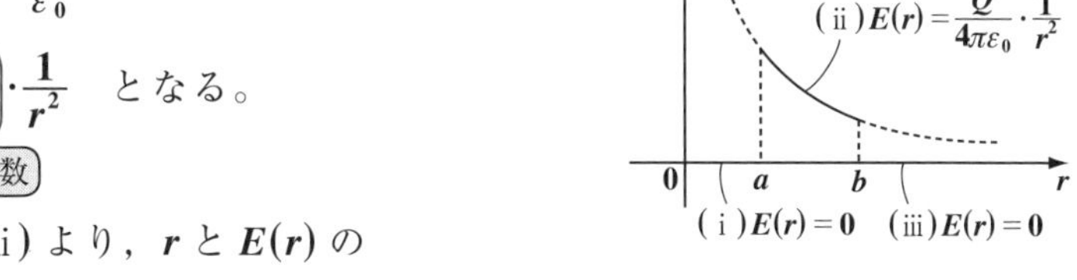

以上（ⅰ）（ⅱ）（ⅲ）より，r と $E(r)$ のグラフを右に示す。

よって，②より，$r=a$ における電位 ϕ_1，すなわち電位差 V は，

$$V = \phi_1 = -\int_{\infty}^{a} E(r)\,dr = \int_{a}^{\infty} E(r)\,dr$$

$$= \frac{Q}{4\pi\varepsilon_0}\int_a^b \frac{1}{r^2}\,dr = \frac{Q}{4\pi\varepsilon_0}\left[-\frac{1}{r}\right]_a^b = \frac{Q}{4\pi\varepsilon_0}\left(-\frac{1}{b}+\frac{1}{a}\right) \quad \text{となる。}$$

これから，

$$V = \frac{1}{4\pi\varepsilon_0} \cdot \frac{b-a}{ba} Q \qquad \text{ここで，} b-a>0 \text{ より，}$$

$$Q = \frac{4\pi\varepsilon_0 ab}{b-a} V \quad \cdots\cdots ③ \quad \text{となる。}$$

（$\frac{4\pi\varepsilon_0 ab}{b-a}$ ＝ C（電気容量））（①との比較から電気容量 C が求まる。）

よって，①と③を比較して，求める電気容量 C は，

$$C = \frac{4\pi\varepsilon_0 ab}{b-a} \text{(F)} \quad \text{となるんだね。大丈夫だった？}$$

● 2重円筒のコンデンサーの電気容量も求めよう！

それでは次，2重円筒のコンデンサーについても，その電気容量を求めてみよう。

> 例題22　右図に示すように，長さLで同じ中心軸をもつ半径aと半径bの薄い円筒形の導体AとBがある。
> Aに$+Q(C)$の電荷を与えたとき，AとBの電位差Vを求めることにより，この2重円筒のコンデンサーの電気容量Cを求めてみよう。
> (ただし，$0<a<b \ll L$である。
> また，導体円筒Bは接地されているものとし，導体以外の空間はすべて真空であるものとする。)

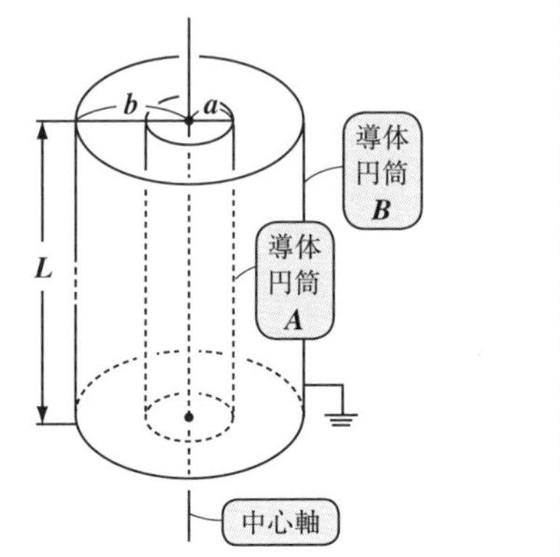

この2重円筒のコンデンサーの電気容量Cについても，公式：

$Q=CV$　を使って，

電位差Vを求めて，導出すればいいんだね。

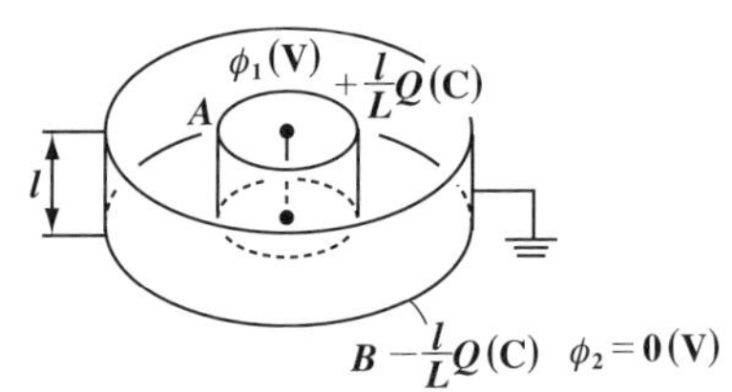

導体円筒Aに$+Q$(C)の電荷を与えると，導体円筒Bには，静電誘導により$-Q$(C)の電荷分布が現われる。これによって，AとBの間の空間に生じる電場は，円筒面に垂直で軸対称に外側に向かう一様なベクトル場と考えていい。

> 円筒の上下端付近では，当然電場にひずみが出来るはずだけれど，a，bに比べてLが非常に大きいことから，これは無視してもいい。

右上図に示すように，長さLの2重円筒A，Bからその1部として，長さlの部分を取り出すと，Aの部分には$+\frac{l}{L}Q$(C)の電荷が，またBの部分には$-\frac{l}{L}Q$(C)の電荷が分布しているはずだね。

この 2 重円筒部に対して，同じ高さ l で中心軸から半径 r の円柱面を考え，これにガウスの法則を用いることにしよう。上下の円を貫く電場は存在しないので，円柱面の側面から出る電場 $E(r)$ についてのみ考えればいいんだね。

まず，(ⅰ) $0 \leqq r < a$，および (ⅲ) $b \leqq r$ のとき，電場の大きさ $E(r)$ は，

このとき，半径 r，高さ l の円柱面の内部の電荷は $\frac{l}{L}Q - \frac{l}{L}Q = 0\,(\mathrm{C})$ だからね。

$E(r) = 0$ だね。

そして，(ⅱ) $a \leqq r < b$ のとき，半径 r，高さ l の円柱面の内部の電荷は，$+\frac{l}{L}Q\,(\mathrm{C})$ より，ガウスの法則を用いて，

$$2\pi r l \cdot E(r) = \frac{\frac{l}{L}Q}{\varepsilon_0}$$

$$\therefore E(r) = \boxed{\frac{Q}{2\pi L\varepsilon_0}} \cdot \frac{1}{r}$$

定数

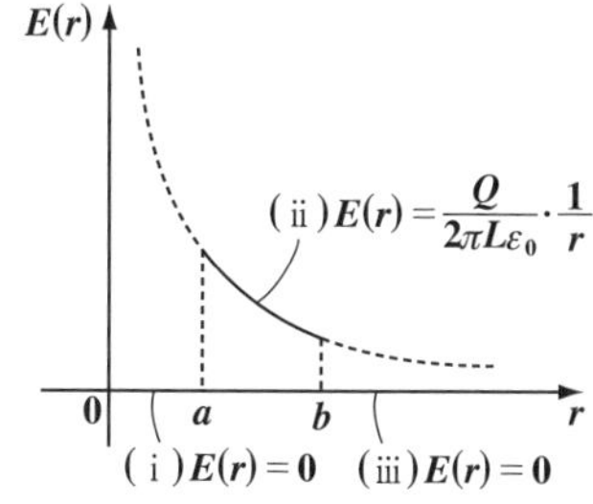

以上 (ⅰ)(ⅱ)(ⅲ) より，r と $E(r)$ のグラフを右に示す。

よって，A の電位 ϕ_1 と B の電位 $\phi_2 = 0$ との電位差 V は，$V = \phi_1$ より，

$$V = \phi_1 = -\int_{\infty}^{a} E(r)\,dr = \int_{a}^{\infty} E(r)\,dr = \frac{Q}{2\pi L\varepsilon_0}\int_{a}^{b}\frac{1}{r}\,dr$$

$$= \frac{Q}{2\pi L\varepsilon_0}\Big[\log r\Big]_a^b = \frac{Q}{2\pi L\varepsilon_0}(\log b - \log a)$$

自然対数（底 e の対数）

これから，$V = \dfrac{\log\frac{b}{a}}{2\pi L\varepsilon_0}Q$　　ここで，$\log\frac{b}{a} > 0$ より，

$$Q = \boxed{\frac{2\pi L\varepsilon_0}{\log\frac{b}{a}}}V$$

（囲みの上に C）となる。　$\therefore$ 電気容量 $C = \dfrac{2\pi L\varepsilon_0}{\log\frac{b}{a}}$ となるんだね。

§5. 誘電体

電気を通す"**導体**"に対して，電気を通さない物質を"**誘電体**"(ゆうでんたい)または"**絶縁体**"(ぜつえんたい)という。エッ，誘電体は電気を通さない物質だから，これを静電場の中に置いても何の変化も起こらないんじゃないかって!? 違うね。導体のときと同様に，誘電体を静電場 $\boldsymbol{E}_0$ の中におくと，"**誘電分極**"(ゆうでんぶんきょく)によって，誘電体の表面に"**分極電荷**"(ぶんきょくでんか)が生じることになる。

しかし，静電場の中の導体表面に静電誘導により電荷が生じても導体の内部にはまったく電場が存在しなかったんだけれど，誘電体の場合，分極電荷が生じてもそれが中途半端なため，誘電体の内部にも電場 $\boldsymbol{E}_1$ が残ることになる。このように，誘電体の場合，外部の電場 $\boldsymbol{E}_0$ と内部の電場 $\boldsymbol{E}_1$ が異なるので，これらを統一的に記述するために新たなベクトル場として"**電束密度** $\boldsymbol{D}$"を導入する必要が出てくるんだね。この電束密度 $\boldsymbol{D}$ については初学者が悩むところなんだけれど，これから分かりやすく明快に教えるつもりだ。

● コンデンサーに誘電体を挟むと電気容量が大きくなる！

鉄や銅など電気を通す"**導体**"に対して，ガラスやアクリルなどのように電気を通さない物質を"**誘電体**"(ゆうでんたい)(***dielectrics***)または"**絶縁体**"(ぜつえんたい)(***insulator***)という。導体はその内部に無数の自由電荷(自由電子)をもっているため電気を通すんだけれど，誘電体にはこの自由電荷が存在しないため電気を通さないんだね。

でも，この誘電体を平行平板コンデンサーの極板間に挿入することにより，その電気容量が大きくなることが分かっている。

図1 コンデンサーと誘電体

(i) 極板間が真空のとき

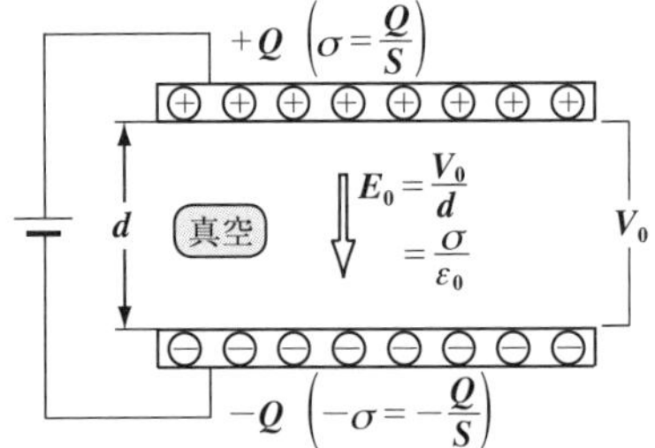

(ii) 極板間に誘電体を挟んだとき

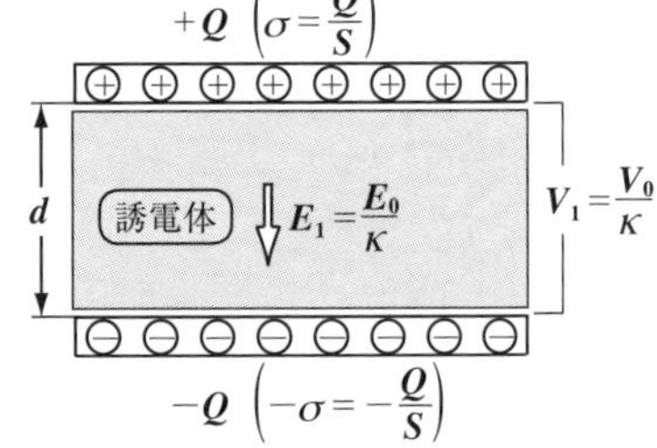

図 1(i) に示すように極板間が真空で，極板の面積 S，間隔 d の平行平板コンデンサーに起電力 V_0 の電源をつなぐと，極板間の電位差は V_0 となる。ここで，それぞれの極板に $+Q$(C) と $-Q$(C) の電荷が蓄えられたものとすると，各極板には一様な面密度 $\sigma = \frac{Q}{S}$ と $-\sigma = -\frac{Q}{S}$ で電荷が分布することになる。このとき，極板間の一様な電場 $\boldsymbol{E}_0$ の大きさ E_0 はどうなる？…そう，E_0 は，

$E_0 = \frac{V_0}{d}$ ……①，または　$E_0 = \frac{\sigma}{\varepsilon_0}$ ……①′ の 2 通りに表現できる。

（高校物理の公式 (P103)）　（P104 参照）

また，このときのコンデンサーの電気容量を C_0 とおくと，

$C_0 = \frac{Q}{V_0}$ ……②　となるのも大丈夫だね。

では次，図 1(ii) に示すように，このコンデンサーを電源からはずして，極板間にガラス板などの誘電体を挿入してみよう。すると，各極板の電荷は $+Q$(C) と $-Q$(C) のままで，電位差が V_0 から V_1 に減少することが確認できる。ここで，κ を 1 より大きい定数とすると，

（ギリシャ文字 “カッパ”）

$V_1 = \frac{V_0}{\kappa}$ ……③　と表せる。

Q が一定で，電位差が V_0 から V_1 に減少するということは，電気容量が元の C_0 から C_1 に増加したと考えられる。実際に C_1 を C_0 で表してみると，

（Q：浴槽の水量，V_0，V_1：水位，C_0，C_1：断面積 (P99)）

$C_1 = \frac{Q}{V_1} = \frac{Q}{\frac{V_0}{\kappa}} = \kappa \frac{Q}{V_0} = \kappa C_0$ ……④　$(\kappa > 1)$ となって，ナルホド電気容量が k 倍だけ増加していることが確認できる。

（③より）　（C_0（②より））

実は，この κ(カッパ) は **“比誘電率”** (***dielectric constant***) と呼ばれる物質特有の無次元 (単位がない) の定数なんだ。常温 (20℃) 付近での比誘電率の例をいくつか右に示すので参考にしてくれ。

表 1 比誘電率 κ

誘電体	比誘電率 κ
ソーダガラス	7.5
ダイヤモンド	5.7
天然ゴム	2.4
パラフィン	2.2

$$E_0 = \frac{V_0}{d} = \frac{\sigma}{\varepsilon_0} \quad \cdots ①,\ ①'$$
$$V_1 = \frac{V_0}{\kappa} \quad \cdots ③$$
$$C_1 = \kappa C_0 \quad \cdots ④$$

このように，誘電体をコンデンサーに挿入することにより，電圧は $\frac{1}{\kappa}$ 倍に減少し，電気容量は κ 倍に増加することが分かった。この時，電場の大きさはどうなるだろうか？極板間が真空のときの電場の大きさ E_0 は，$E_0 = \frac{V_0}{d}$ …① と表された。では図 **1** (ii) に示すように，極板の間隔 d いっぱいに誘電体を挿入したときの誘電体内の電場の大きさを E_1 とおくと，間隔 d に変化はなく電位差のみが $V_1\left(=\frac{V_0}{\kappa}\right)$ となるので，

$$E_1 = \frac{V_1}{d} = \frac{\frac{V_0}{\kappa}}{d} = \frac{1}{\kappa} \cdot \underbrace{\frac{V_0}{d}}_{E_0\text{（①より）}} = \frac{E_0}{\kappa} \quad \cdots\cdots ⑤$$

となって電場の大きさも，真空のときに比べて誘電体内では $\frac{1}{\kappa}$ 倍に減少することが分かる。

ここで，比誘電率 κ は，誘電体の誘電率 ε_1 と真空の誘電率 ε_0 $(= 8.854 \times 10^{-12}\,(\mathrm{C^2/Nm^2}))$ との比なので，

$$\kappa = \frac{\varepsilon_1}{\varepsilon_0} \quad \cdots\cdots ⑥$$

と表される。

たとえば，ソーダガラスの比誘電率は **P115** の表 **1** より $\kappa = 7.5$ なので，このソーダガラスの誘電率 ε_1 は $\varepsilon_1 = \kappa\varepsilon_0 = 7.5\varepsilon_0\,(\mathrm{C^2/Nm^2})$ となる。

⑤より，$E_0 = \kappa E_1$ ……⑤′ となるので，⑥をこれに代入すると，

$$E_0 = \frac{\varepsilon_1}{\varepsilon_0} E_1 \qquad \therefore\ \varepsilon_0 E_0 = \varepsilon_1 E_1 \quad \cdots\cdots ⑦$$

（これをベクトルの形で表せば，$\varepsilon_0 \boldsymbol{E}_0 = \varepsilon_1 \boldsymbol{E}_1$）

が導ける。つまり，電場の大きさは E_0 から E_1 に減少しても，$\varepsilon_0 E_0$ と $\varepsilon_1 E_1$ の物理量は変化しない。よって，これから，真空と誘電体とを併せた静電場の問題を統一的に考えるのに，**“電束密度(でんそくみつど)”** (*electric flux density*) $\boldsymbol{D} = \varepsilon_0 \boldsymbol{E}_0 (= \varepsilon_1 \boldsymbol{E}_1)$ が登場することになる。これについては，後でさらに詳しく解説するつもりだ。

● 誘電体の誘電分極をマスターしよう！

ここで，コンデンサーに誘電体を挿入すると何故電場の大きさが減少するのか？　その理由を説明しよう。

極板の面積 S，間隔 d の平行平板コンデンサーに電圧 V_0 をかけて，それぞれの極板に $+Q$(C) と $-Q$(C) の電荷を帯電させたときの極板間の電場 E_0 のイメージを，図 2(ⅰ) に電気力線で示す。

図 2 コンデンサーと誘電体

(ⅰ) 極板間が真空のとき

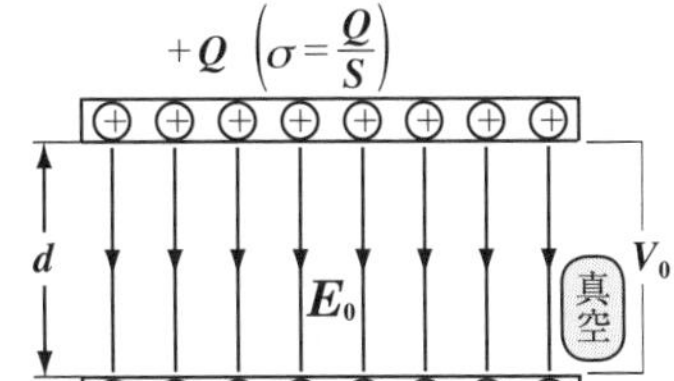

これに対して，図 2(ⅱ) には，この平行平板コンデンサーに，今度は上下に隙間をあけて，誘電率 ε_1 の誘電体を挿入したときの様子を示す。

(ⅱ) 極板間に誘電体を挟んだとき

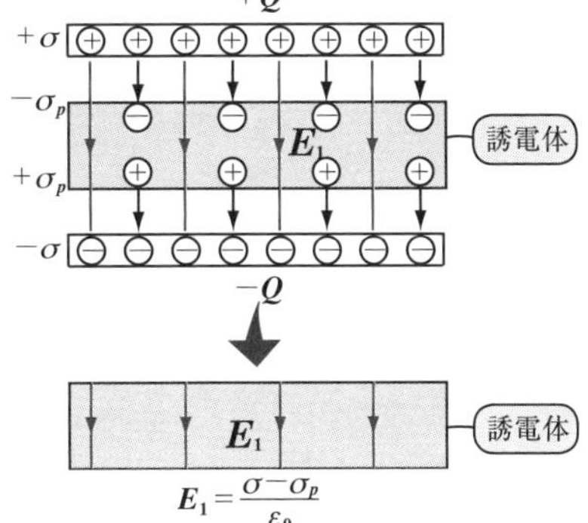

図 2(ⅱ) に示すように，誘電体を電場の中におくと，その電場を打ち消すように，誘電体の表面に電荷が現われる。この現象を "**誘電分極**(ゆうでんぶんきょく)" または "**分極**(ぶんきょく)" (***polarization***) といい，分極の結果，誘電体の表面に現われる電荷のことを "**分極電荷**(ぶんきょくでんか)" (***polarization charge***) と呼ぶ。何故，分極電荷が生じるのか？　その理由は後述することにして，今は，この分極電荷により，図 2(ⅱ) に示すように，誘電体内の電気力線の本数が減少していることに着目してくれ。つまり，これで元の真空中の電場の大きさ E_0 に対して，誘電体中の電場の大きさ E_1 が小さくなることがイメージとしてつかめたと思う。

では次，面密度 $+\sigma$(C/m^2) の極板と対面する誘電体表面には面密度 $-\sigma_p$ (C/m^2) の分極電荷が，また，面密度 $-\sigma$(C/m^2) の極板と対面する誘電体の表面には面密度$+\sigma_p(\mathrm{C/m^2})$の分極電荷が分布しているものとすると，誘電体内の電場の大きさE_1は，

$$E_1 = \frac{\sigma - \sigma_p}{\varepsilon_0} \quad \cdots\cdots ⑧$$

となることが分かると思う。

> $E_0 = \dfrac{\sigma}{\varepsilon_0} \quad \cdots ①'$
> $\varepsilon_0 E_0 = \varepsilon_1 E_1 \cdots ⑦$

> 真空中での$E_0 = \dfrac{\sigma}{\varepsilon_0}$に対して，誘電体中では$\sigma$の代わりに$\sigma - \sigma_p$となるはずだからね。

①´，⑦，⑧は，重要公式なので，まとめて頭に入れておこう。

ここで，誘電体の誘電分極と，導体の静電誘導は“似て非なるもの”であることに気を付けよう。導体にせよ誘電体にせよ，静電場の中に置くと，その静電場を打ち消すように表面に電荷が生じているわけなんだけど，導体の場合，その内部に無数の自由電荷(自由電子)をもっているため，これがサッと移動して導体内部にまったく電場が残らないようにしてしまうんだね。これに対して誘電体はまったく自由電荷をもっていないため，その表面にジワリと分極電荷が現われることになるんだ。しかも，これが十分ではないため，その内部の電場を完全に打ち消すことが出来ず，大きさE_1の電場が残ってしまうんだね。

それでは，どのようなメカニズムでこの誘電分極が起こるのか？　これから詳しく解説しよう。

● 誘電分極のメカニズムを調べよう！

何の電場もない状態であれば，誘電体を構成する原子の原子核と電子がもつ電荷をそれぞれ$+q(\mathrm{C})$と$-q(\mathrm{C})$とおくと，これらの重心は一致しているため電気的に中性であると考えていい。

でも，この原子を電場E_1の中におくと状況は変わる。誘電体だから自由電子はもっていないけれど，この電場の影響によりわずかではあるが，$+q(\mathrm{C})$をもった原子核の重心は電場の向きに，そし

図3 電場の中の原子

(i)

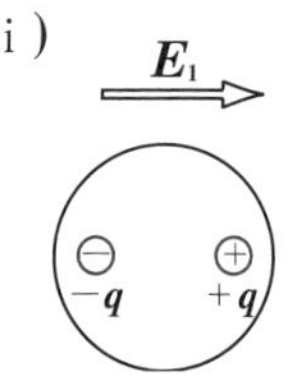

(ii) 電気双極子

l　$-q$　$+q$　$p = ql$　E_1

て $-q$(C) をもった電子の重心は電場とは逆向きに動いて，ズレが生まれるはずだ。したがって，電場 $\boldsymbol{E}_1$ の中におかれた誘電体の原子は分極する。

（これは物質によっては，分子や結晶の単位格子の場合もあり得る。）

図 3(ii) に示すように 2 つの点電荷 $-q$(C) から $+q$(C) に向かう微小なベクトルを $\boldsymbol{l}$ (大きさ l) とおくと，これは電気双極子モーメント $\boldsymbol{p}=q\boldsymbol{l}$ (大きさ $p=ql$) をもつ電気双極子だと考えていいんだね。（P80 参照）

それでは，これらの原子の集合体である誘電体を電場の中においた場合を考えてみよう。図 4 に平面的ではあるけれど，そのイメージを示す。図 4 から分かるように，各原子が電場によって分極してもその内部は正電荷と負電荷で相殺されて，電気的に中性になるが，誘電体の左右の表面にはそれぞれ負の分極電荷と正の分極電荷が生じることが，分かると思う。

これは，図 5 に示すように，2 枚の正電荷と負電荷のシートで考えることもできる。電場 $\boldsymbol{E}_1=\boldsymbol{0}$ のときは，図 5(i) に示すように 2 枚の正・負のシートがキレイに一致しているため，いたるところすべて電気的に中性だね。でも，$\boldsymbol{E}_1 \neq \boldsymbol{0}$ のときは，図 5(ii) に示すように，正・負のシートが微小な長さ l だけズレるため，誘電体の左右表面にそれぞれ負の分極電荷と正の分極電荷が現われるんだね。

図 4 電場の中の誘電体

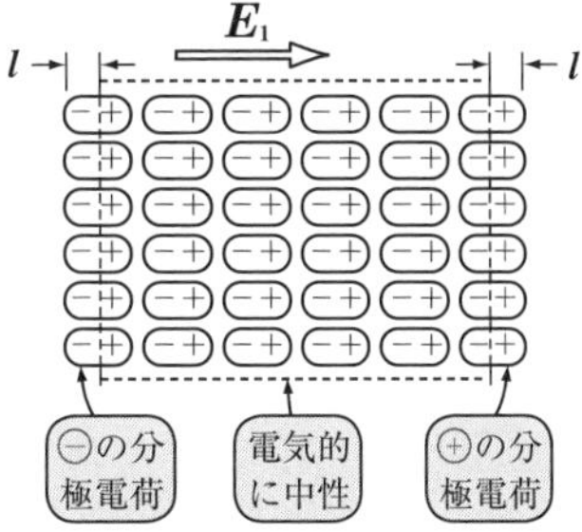

図 5 分極電荷の平面イメージ

(i) 電場 $\boldsymbol{E}_1=\boldsymbol{0}$ のとき

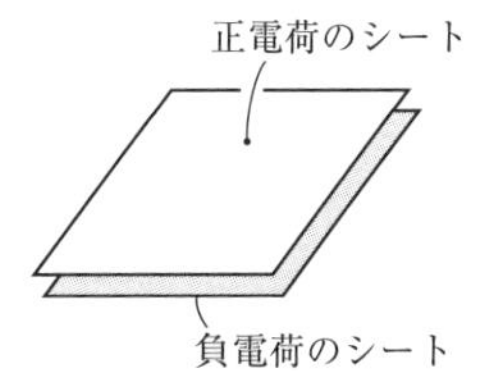

(ii) 電場 $\boldsymbol{E}_1 \neq \boldsymbol{0}$ のとき
シートがずれる

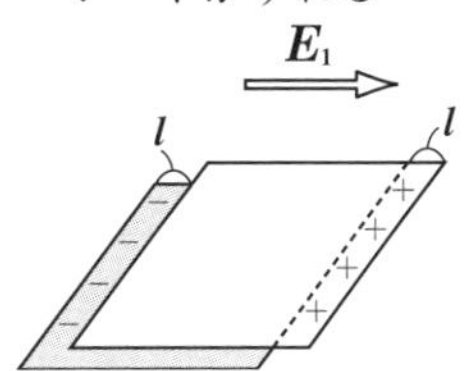

これを立体的に表して，より現実的なマクロモデルとして表したものが図 **6** だ。

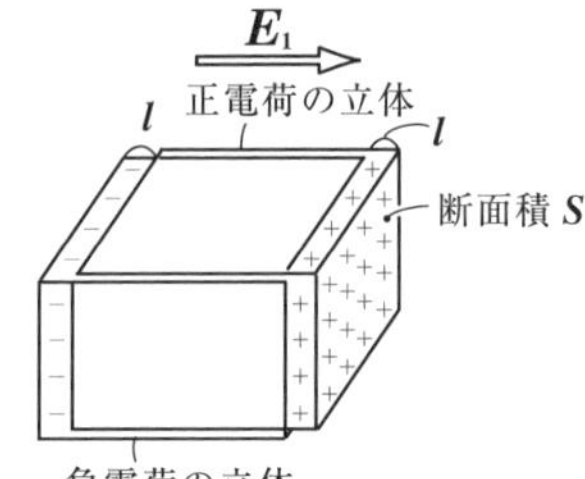

図 **6** 分極電荷の立体イメージ

1つ1つの原子 (または分子) をミクロ (微視的) に見ると，それぞれ異なる複雑な挙動をするはずだけれど，ここでは全体をマクロ (巨視的) にとらえることにより，分極電荷のメカニズムを考えているんだよ。

それでは，この図 **6** を基にして，分極電荷の面密度 $\sigma_p(\mathrm{C/m^2})$ を求めてみよう。

単位体積 $(1\mathrm{m}^3)$ 当りの原子数 (または分子数) を η (ギリシャ文字“エータ”) とおくと，この物質内の電荷密度 $\rho\,(\mathrm{C/m^3})$ は，$\rho = \pm q\eta$ となる。

$\boldsymbol{E}_1 = \boldsymbol{0}$ のとき，正・負の電荷はキレイに打ち消し合って電気的に中性なんだけれど，$\boldsymbol{E}_1 \fallingdotseq \boldsymbol{0}$ のときは，l のズレが生じるので，立体の断面積を S とおくと，立体 (誘電体) の表面には，次のような分極電荷が左右表面に現われることになるんだね。

分極電荷 : $\rho Sl = \pm q\eta Sl = \pm ql\eta S = \pm p\eta S$

(1つの原子による電気双極子モーメントの大きさ p)

この分極電荷を断面積 (表面積) S で割ったものが，分極電荷の面密度 $\pm\sigma_p$ となるのはいいね。よって，

$\sigma_p = p\eta$ ……⑨　となる。

ここで，大きさ p の代わりに，ベクトルの電気双極子モーメント $\boldsymbol{p}$ を用いて，次に示すような新たなベクトル $\boldsymbol{P}$ を定義しよう。

$\boldsymbol{P} = \boldsymbol{p}\eta$ ……⑩

さらに，この $\boldsymbol{P}$ の大きさを P とおくと，⑨，⑩より，

$P = \|\boldsymbol{P}\| = \|\boldsymbol{p}\eta\| = \|\boldsymbol{p}\|\eta = p\eta = \sigma_p$，すなわち

$P = \sigma_p$ ……⑪　となるのもいいね。

この $\boldsymbol{P}$ のことを“**分極**”または“**分極の大きさ**”と呼んだりもするんだけれど，ベクトルであることが分かるように，ここでは“**分極ベクトル**”と呼ぶことにしよう。そして，この分極ベクトル $\boldsymbol{P}$ の大きさ P は，分極電荷の面密度 σ_p と等しく，またその向きは，電気双極子モーメント $\boldsymbol{p}$ の向き（すなわち誘電体内の電場 $\boldsymbol{E}_1$ の向き）と等しいことを頭に入れておこう。

さらに，誘電体に生じる“**分極電荷**”と区別するために，たとえばコンデンサーの極板などに自由電荷（自由電子）により生じる電荷のことを“**真電荷**”と呼ぶことも覚えておいてくれ。

● 公式 $\boldsymbol{D}=\varepsilon_0\boldsymbol{E}+\boldsymbol{P}$ の意味をマスターしよう！

それでは，これまでに出てきた公式を整理しておこう。

$E_0=\dfrac{\sigma}{\varepsilon_0}$ ……①′　　$\varepsilon_0E_0=\varepsilon_1E_1$ ……⑦

$E_1=\dfrac{\sigma-\sigma_p}{\varepsilon_0}$ ……⑧（σ_p は P）　　$P=\sigma_p$ ……⑪

（E_0：真空中の電場の大きさ　　E_1：誘電体中の電場の大きさ
ε_0：真空誘電率　　ε_1：誘電体の誘電率
σ：真電荷の面密度　　σ_p：分極電荷の面密度
P：分極ベクトルの大きさ）

まず，①′と⑦より，

$\sigma=\varepsilon_0E_0=\varepsilon_1E_1$ ……⑫（$\varepsilon_0<\varepsilon_1$ より，$E_0>E_1$）となる。

次，⑪を⑧に代入して整理すると，

$\sigma=\varepsilon_0E_1+P$ ……⑬　となるのも大丈夫だね。

ここで，真空中の電束密度 $\boldsymbol{D}$ の定義は，

$\boldsymbol{D}=\varepsilon_0\boldsymbol{E}_0$ ……⑭（P62）だったので，

⑫と⑭から，$\boldsymbol{D}$ の大きさを D とおくと，$D=\|\boldsymbol{D}\|=\sigma$ だね。

以上より，

(i) 真空中では，$D=\varepsilon_0E_0\ (=\sigma)$ ……⑮
(ii) 誘電体中では，$D=\varepsilon_0E_1+P\ (=\sigma)$ ……⑯　が成り立つ。

さらに，これらをベクトルで表現すると，

$\begin{cases} (\text{i}) \text{ 真空中では，} \boldsymbol{D} = \varepsilon_0 \boldsymbol{E}_0 & \cdots\cdots⑮' \\ (\text{ii}) \text{ 誘電体中では，} \boldsymbol{D} = \varepsilon_0 \boldsymbol{E}_1 + \boldsymbol{P} & \cdots\cdots⑯' \end{cases}$ となる。

一般に，この **2** つをまとめて電束密度 $\boldsymbol{D}$ を

$\boldsymbol{D} = \varepsilon_0 \boldsymbol{E} + \boldsymbol{P}$ ……(＊)　と表すけれど，上述したように，これは次のように場合分けして理解しておくといいんだよ。

$$\begin{cases} (\text{i}) \text{ 真空中では，} \boldsymbol{E} = \boldsymbol{E}_0 \text{ かつ } \boldsymbol{P} = \boldsymbol{0} \text{ より，} \\ \qquad \boldsymbol{D} = \varepsilon_0 \boldsymbol{E}_0 \cdots\cdots⑮' \text{ となり，} \\ (\text{ii}) \text{ 誘電体中では，} \boldsymbol{E} = \boldsymbol{E}_1 \text{ かつ } \boldsymbol{P} \neq \boldsymbol{0} \text{ より，} \\ \qquad \boldsymbol{D} = \varepsilon_0 \boldsymbol{E}_1 + \boldsymbol{P} \cdots\cdots⑯' \text{ となる。納得いった？} \end{cases}$$

分極電荷により，真空中の電場 $\boldsymbol{E}_0$ と誘電体中の電場 $\boldsymbol{E}_1$ は異なるんだけれど，電束密度 $\boldsymbol{D}$ は $\boldsymbol{D} = \underline{\varepsilon_0 \boldsymbol{E}_0 = \varepsilon_1 \boldsymbol{E}_1}$ より，真空中でも誘電体中でも変化しない。よって，⑯′を変形すると，

（$\varepsilon_0 \boldsymbol{E}_0 = \varepsilon_1 \boldsymbol{E}_1$ ……⑦をベクトルで表現したもの。）

$\boldsymbol{P} = \underline{\boldsymbol{D}} - \varepsilon_0 \boldsymbol{E}_1 = \kappa \varepsilon_0 \boldsymbol{E}_1 - \varepsilon_0 \boldsymbol{E}_1 = (\kappa - 1) \varepsilon_0 \boldsymbol{E}_1$　となる。ここで，

（$\varepsilon_1 \boldsymbol{E}_1 = \kappa \varepsilon_0 \boldsymbol{E}_1 \left(\because \kappa = \frac{\varepsilon_1}{\varepsilon_0} \right)$）

$\kappa - 1 = \underline{\chi}$ とおくと，χ は **“電気感受率”** (*electric susceptibility*) と呼ばれる無次元の定数なので，

（ギリシャ文字“カイ”）

$\boldsymbol{P} = \underline{\chi \varepsilon_0} \boldsymbol{E}_1$ ……⑰　となって，$\boldsymbol{P} /\!/ \boldsymbol{E}_1$ (平行) であり，かつ

（定数）

$\boldsymbol{P} = \chi \varepsilon_0 \boldsymbol{E}_1$ より，分極ベクトル $\boldsymbol{P}$ の大きさ P は，誘電体中の電場の大きさ E_1 に比例することが分かる。

> ⑰は力学のフックの法則：$\boldsymbol{f} = k\boldsymbol{x}$ と同じ形式の公式だね。これはすべての誘電体に対して成り立つ公式ではないんだけれど，ここではこの⑰が成り立つ場合についてのみ考えることにする。

ただし，以上の解説は，すべて電場 (または電束密度) の向きが誘電体の表面と垂直である場合のものだったんだ。より一般的な議論は次の例題を解いた後にしよう。

例題 **23** 右図のように平行平板コンデンサーの間に上下真空部分を残して平行に誘電率 ε_1 の誘電体を挿入した。コンデンサーの電荷の面密度を $\pm\sigma$，誘電体の分極電荷の面密度を $\pm\sigma_p$ とおく。また，真空中の電場と電束密度をそれぞれ $\boldsymbol{E}_0$(大きさ E_0) と $\boldsymbol{D}$(大きさ D)，誘電体中の電場と電束密度をそれぞれ $\boldsymbol{E}_1$(大きさ E_1) と $\boldsymbol{D}_1$(大きさ D_1) とおく。また，ε_0 は真空の誘電率を表す。このとき，

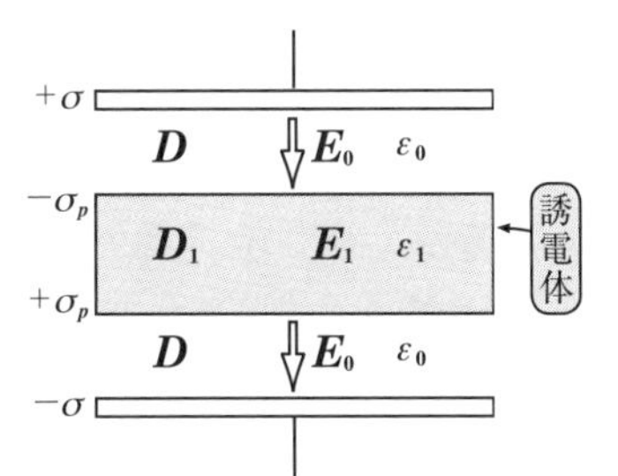

(1) $\boldsymbol{D}$ を (ⅰ) $\boldsymbol{E}_0$ で，(ⅱ) $\boldsymbol{E}_1$ で，(ⅲ) $\boldsymbol{D}_1$ で表してみよう。また，D を σ で表してみよう。

(2) 分極ベクトル $\boldsymbol{P}$ の向きを示そう。

(3) σ_p を ε_0 と E_0 と E_1 で表そう。

この問題は，基本を確認するのにいい問題だよ。早速解いてみよう。

(1) $\boldsymbol{D}=\varepsilon_0\boldsymbol{E}_0=\varepsilon_1\boldsymbol{E}_1\ (=\boldsymbol{D}_1)$ より，

(ⅰ) $\boldsymbol{D}$ は，$\boldsymbol{E}_0$ により，$\boldsymbol{D}=\varepsilon_0\boldsymbol{E}_0$ と表せる。

(ⅱ) $\boldsymbol{D}$ は，$\boldsymbol{E}_1$ により，$\boldsymbol{D}=\varepsilon_1\boldsymbol{E}_1$ と表せる。

これでも $\boldsymbol{D}$ を $\boldsymbol{E}_1$ で表している。

(もちろん $\boldsymbol{D}=\boldsymbol{D}_1$ だから，$\boldsymbol{D}=\boldsymbol{D}_1=\varepsilon_0\boldsymbol{E}_1+\boldsymbol{P}$ と表してもいいね。)

(ⅲ) $\boldsymbol{D}$ と $\boldsymbol{D}_1$ は等しいので，$\boldsymbol{D}=\boldsymbol{D}_1$ と表すこともできる。

(2) 双極子モーメント $\boldsymbol{p}$ の向きは ⊖ から ⊕ に向かうものだった。分極ベクトル $\boldsymbol{P}(=\boldsymbol{p}\eta)$ は $\boldsymbol{p}$ と同じ向きだから，右図に示すように，当然下向きだね。

$D=\varepsilon_0E_0$
$-\sigma_p$
$D=D_1$ 　$\varepsilon_0\boldsymbol{E}_1$ 　$\boldsymbol{P}$
$+\sigma_p$
誘電体
$D=\varepsilon_0E_0$

$E_0>E_1$ より，$\varepsilon_0E_0>\varepsilon_0E_1$ となる。

これを補うように，右辺に P をたして，$\varepsilon_0E_0=\varepsilon_0E_1+P$ （$P=\sigma_p$）となる。このベクトル表示が，$\underbrace{\varepsilon_0\boldsymbol{E}_0}_{\boldsymbol{D}}=\underbrace{\varepsilon_0\boldsymbol{E}_1+\boldsymbol{P}}_{\boldsymbol{D}_1}$ なんだね。

(3) $P=\sigma_p$ より，$\varepsilon_0E_0=\varepsilon_0E_1+\sigma_p$

∴分極電荷の面密度 $\sigma_p=\varepsilon_0(E_0-E_1)$ となるんだね。大丈夫？

● $\text{div}\,\boldsymbol{D} = \rho$ をさらに拡張しよう！

マクスウェルの方程式 $\text{div}\,\boldsymbol{D} = \rho$ ……(＊1) については P62 で，真空中において成り立つことを既に示したね。しかしこの (＊1) の方程式は，真空と誘電体を含む系においても成り立つんだよ。このことをこれから示そう。

公式：$\sigma_p = P$ ……⑪（σ_p：分極電荷の面密度，P：分極ベクトルの大きさ）

が成り立つのは，分極ベクトル $\boldsymbol{P}$ と誘電体の表面が垂直な特別な場合だけなんだね。

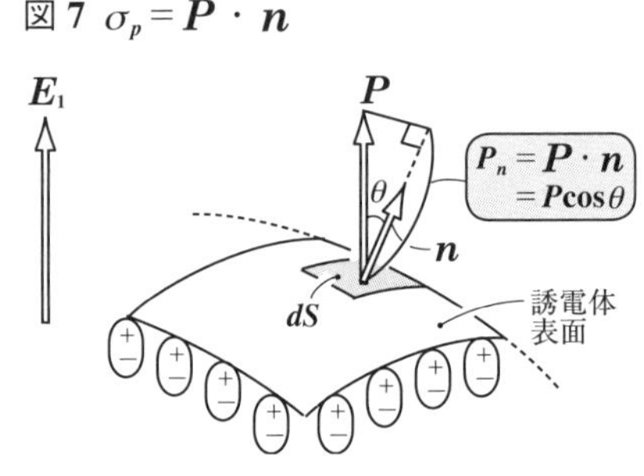

図7 $\sigma_p = \boldsymbol{P}\cdot\boldsymbol{n}$

図7に示すように，一般に $\boldsymbol{P}$ と誘電体表面とが垂直でない場合，誘電体表面上の微小な面積 dS に垂直で内側から外側に向かう単位法線ベクトルを $\boldsymbol{n}$ ($\|\boldsymbol{n}\| = 1$) とおくと，この微小面積における分極電荷の面密度 σ_p は次のようになるのは大丈夫だね。

$$\sigma_p = \boldsymbol{P}\cdot\boldsymbol{n} = P\cos\theta \quad \cdots\cdots ⑱$$ （ただし，θ は $\boldsymbol{P}$ と $\boldsymbol{n}$ のなす角）

（$\|\boldsymbol{P}\|\cdot\|\boldsymbol{n}\|\cdot\cos\theta = P\cos\theta$）

さらに，$P\cos\theta$ のことを P_n($\boldsymbol{P}$ の $\boldsymbol{n}$ 方向の成分) と表すこともあるので覚えておこう。

ここで，この⑱を誘電体の表面全体で積分した

$$\iint_S \boldsymbol{P}\cdot\boldsymbol{n}\,dS$$

は，図8に示すように，誘電体にかかる電場 $\boldsymbol{E}_1$ が
(i) $\boldsymbol{E}_1 = \boldsymbol{0}$ のときは，
$\boldsymbol{P} = \boldsymbol{0}$ より，当然
0 となるんだけれど，

図8 $Q_p = -\iint_S \boldsymbol{P}\cdot\boldsymbol{n}\,dS$

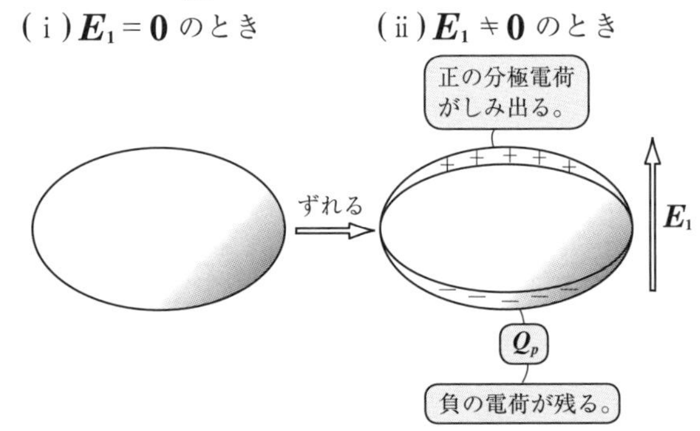

(ⅱ) $\boldsymbol{E}_1 \neq \boldsymbol{0}$ のとき，誘電分極が起こり，表面 S を通して，電荷 $\iint_S \boldsymbol{P}\cdot\boldsymbol{n}\,dS$ が出ていくことになる。図 **8**(ⅱ) に示すように，その

これは，物質そのものが最大で大きさ l だけ表面から出て行く。つまり，この分極電荷がしみ出ると考えるんだね。

分この誘電体内には，その -1 倍の分極電荷が残ることになる。これを Q_p とおくと，

$$Q_p = -\iint_S \boldsymbol{P}\cdot\boldsymbol{n}\,dS \quad \cdots\cdots⑲$$ と表せる。

ガウスの発散定理 (P40)
$$\iint_S \boldsymbol{f}\cdot\boldsymbol{n}\,dS = \iiint_V \mathrm{div}\,\boldsymbol{f}\,dV$$

ここで，⑲の右辺にガウスの発散定理を用いると，

$$Q_p = -\iiint_V \mathrm{div}\,\boldsymbol{P}\,dV \quad \cdots\cdots⑲'$$ となる。

次に，誘電体の全体の体積 V の中の微小な領域 ΔV について考えよう。この ΔV の中の分極電荷を ΔQ_p とおくと，⑲′は，

$\Delta Q_p = -\mathrm{div}\,\boldsymbol{P}\Delta V$ となる。よって，分極電荷の体積密度を ρ_p とおくと，$\rho_p = \dfrac{\Delta Q_p}{\Delta V}$ より，

$$\rho_p = -\mathrm{div}\,\boldsymbol{P} \quad \cdots\cdots⑳$$ が導かれるんだね。

この変形の手順は P61 と同様だから，もう慣れているはずだ！

それでは次，真空中においては，P61 で示したように，

$\mathrm{div}\,\boldsymbol{E} = \dfrac{\rho}{\varepsilon_0}$ ……($*1$)′ (ρ：真電荷の体積密度) が成り立つわけだけど，"真空と誘電体とを併せた系" で考える場合，($*1$)′ の右辺の分子に当然分極電荷の体積密度 ρ_p も加えないといけない。よって，($*1$)′ は当然

$$\mathrm{div}\,\boldsymbol{E} = \frac{\rho+\rho_p}{\varepsilon_0} \quad \cdots\cdots(*1)''$$ となる。これを変形して，

$\varepsilon_0 \mathrm{div}\,\boldsymbol{E} = \rho + \rho_p$ 　 $\mathrm{div}(\varepsilon_0\boldsymbol{E}) + \mathrm{div}\,\boldsymbol{P} = \rho$ (⑳より)

($\varepsilon_0 \mathrm{div}\,\boldsymbol{E} = \mathrm{div}(\varepsilon_0\boldsymbol{E})$，$\rho_p = -\mathrm{div}\,\boldsymbol{P}$ (⑳より)，$\mathrm{div}(\varepsilon_0\boldsymbol{E}) + \mathrm{div}\,\boldsymbol{P} = \mathrm{div}(\varepsilon_0\boldsymbol{E}+\boldsymbol{P})$)

$\mathrm{div}(\varepsilon_0\boldsymbol{E}+\boldsymbol{P}) = \rho$ 　 よって，真空と誘電体を併せた系において

($\varepsilon_0\boldsymbol{E}+\boldsymbol{P} = \boldsymbol{D}$ ← "真空と誘電体の系" での電束密度)

もマクスウェルの方程式 (Ⅰ) $\mathrm{div}\,\boldsymbol{D} = \rho$ ……($*1$) が成り立つんだね。

このマクスウェルの方程式：$\mathbf{div}\,\boldsymbol{D} = \rho$ ……$(*1)$ の興味深いことは，電束密度 $\boldsymbol{D}$ で表せば，たとえ“真空と誘電体を併せた系”であっても，分極電荷の密度 ρ_p の影響は消えてしまうので，真電荷の体積密度 ρ のみを考えればいいということなんだね。面白かった？

（ρ：真電荷の体積密度）

それでは，この $(*1)$ の両辺を領域 V で体積分してみよう。すると，

$$\iiint_V \mathbf{div}\,\boldsymbol{D}\,dV = \iiint_V \rho\,dV$$

（左辺 $= \iint_S \boldsymbol{D}\cdot\boldsymbol{n}\,dS$ ← ガウスの発散定理，右辺 $= Q$（真電荷））

$$\iint_S \boldsymbol{D}\cdot\boldsymbol{n}\,dS = Q \text{（真電荷）}$$

（$\boldsymbol{D}\cdot\boldsymbol{n} = D_n$（$\boldsymbol{D}$ の $\boldsymbol{n}$ 方向の成分））

ここで，$\boldsymbol{D}$ の単位法線ベクトル $\boldsymbol{n}$ 方向の成分を D_n とおくと，

$$\iint_S D_n\,dS = Q$$

さらに，点電荷を中心とする球面上の電束密度のように，D_n が一定であるとすると，

$$D_n \iint_S dS = Q \quad \text{より，}$$

（D_n：定数，$\iint_S dS = S$（閉曲面の面積（誘電体の表面積）））

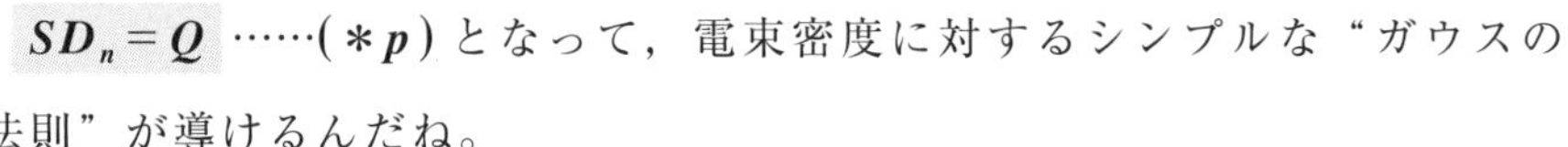

$SD_n = Q$ ……$(*p)$ となって，電束密度に対するシンプルな“ガウスの法則”が導けるんだね。

それでは次の例題で，このガウスの法則を実際に使ってみよう。

> **例題 24**　比誘電率 κ の誘電体中の点電荷 $+Q(\mathrm{C})$ の周りの電場の大きさ E を，点電荷からの距離 r で表してみよう。

点電荷 Q から r の距離の球面上の電束密度 $\boldsymbol{D}$ の大きさ D_n は一定だから，$(*p)$ より，

$$4\pi r^2 \cdot D_n = Q \text{（真電荷）}$$

（$4\pi r^2 = S$（球面の表面積））

$$D_n = \frac{Q}{4\pi r^2}$$

ここで，半径 r の球面上の電場の大きさを E とおくと，$D_n = \underset{\kappa\varepsilon_0}{\underline{\varepsilon}} E = \kappa\varepsilon_0 E$ より，

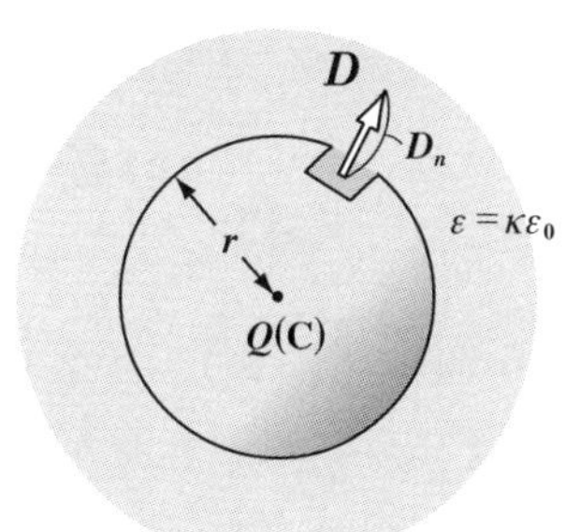

$$\kappa\varepsilon_0 E = \frac{Q}{4\pi r^2} \qquad \therefore E = \frac{1}{\kappa} \cdot \frac{Q}{4\pi\varepsilon_0 r^2}$$

となるんだね。これは真空のときの電場の大きさ $E_0 = \frac{Q}{4\pi\varepsilon_0 r^2}$ (P58) の $\frac{1}{\kappa}$ (<1) 倍の大きさになる。その理由は，右図に示すように，正の点電荷 $+Q$(C) は誘電体の中にあるので，この点電荷の周りに誘電分極により負の分極電荷が生じて，真空のときよりも電場が弱まるからなんだね。納得いった？

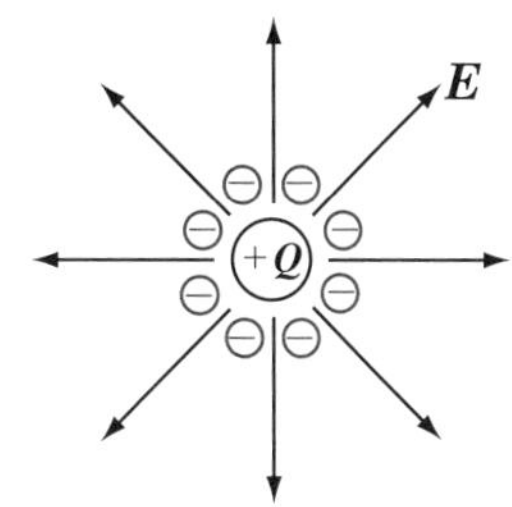

● 電場と電束の屈折の法則も押さえよう！

誘電率が ε_1 と ε_2 の 2 つの誘電体の境界面を境に，電場や電束密度は屈折する。この屈折の法則について解説しよう。ただし，2 つの誘電体の境界面に分極電荷は存在するけれど，真電荷は存在しないものとして考える。

図 9 では 2 つの誘電体の誘電率 ε_1，ε_2 が $\varepsilon_1 < \varepsilon_2$ をみたす場合の電場（または電束密度）の屈折の様子を示した。光の屈折のときと同様に，誘電率 ε_1 の誘電体中を入射角 θ_1 で入ってきた電場 E_1（または電束密度 D_1）は，境界面を境に，誘電率 ε_2 の誘電体中では屈折角 θ_2 の電場 E_2（または電束密度 D_2）に変化する。このとき，

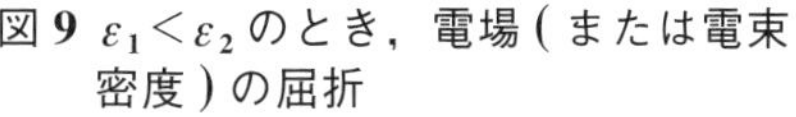
図 9 $\varepsilon_1 < \varepsilon_2$ のとき，電場（または電束密度）の屈折

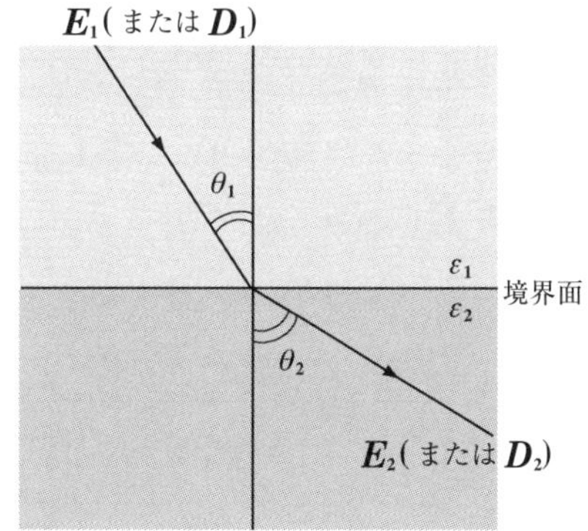

$\dfrac{\tan\theta_1}{\tan\theta_2} = \dfrac{\varepsilon_1}{\varepsilon_2}$ ……$(*q)$ が成り立つことを示そう。

(Ⅰ) 静電場において $\mathrm{rot}\,\boldsymbol{E} = \boldsymbol{0}$ より，

$\oint_C \boldsymbol{E}\cdot d\boldsymbol{r} = 0$ ……① (P76) となる。

図 10(ⅰ) に示すように，境界面をまたぐように横 a，縦 $b\ (\fallingdotseq 0)$ の細長い周回積分路をとって，①の 1 周接線線積分を行うと，

$$\oint_C \boldsymbol{E}\cdot d\boldsymbol{r} = aE_2\sin\theta_2 - aE_1\sin\theta_1 = 0$$

[→ ←]

$b \fallingdotseq 0$ より，↓と↑の接線線積分は無視！

よって，$\cancel{a}(E_2\sin\theta_2 - E_1\sin\theta_1) = 0$

$\therefore\ \underline{\underline{E_1\sin\theta_1 = E_2\sin\theta_2}}$ ……②

が成り立つ。②から，図 10(ⅱ) に示すように，$\boldsymbol{E}_1$ と $\boldsymbol{E}_2$ の境界面と平行な成分は等しいことが分かる。

図 10 $E_1\sin\theta_1 = E_2\sin\theta_2$ の証明

(ⅰ) $\oint_C \boldsymbol{E}\cdot d\boldsymbol{r} = 0$

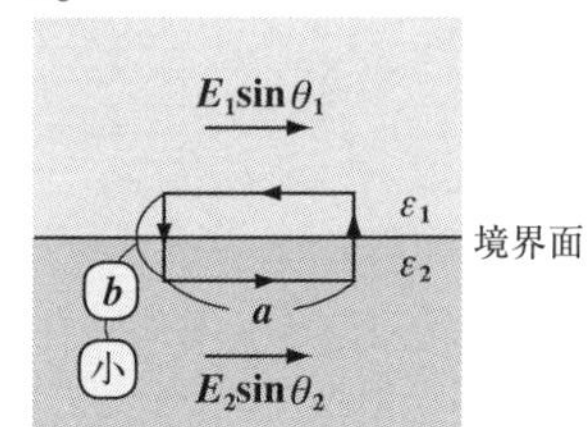

(ⅱ)

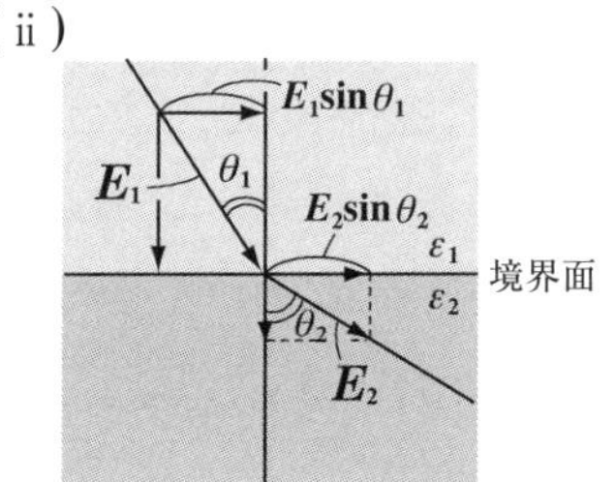

(Ⅱ) 境界面には真電荷はないので，

電束密度のガウスの法則より，

$S\cdot D_n = 0$ ……③

真電荷 $Q = 0$

となる。図 11(ⅰ) に示すように，境界面をまたぐように面積 S，高さ $b\,(\fallingdotseq 0)$ の円柱面を考えると，③より，

$$S\cdot D_n = S\cdot(-D_1\cos\theta_1) + S\cdot D_2\cos\theta_2 = 0$$

$b \fallingdotseq 0$ より，側面での面積分は無視した！

図 11 $D_1\cos\theta_1 = D_2\cos\theta_2$

(ⅰ) $SD_n = 0$

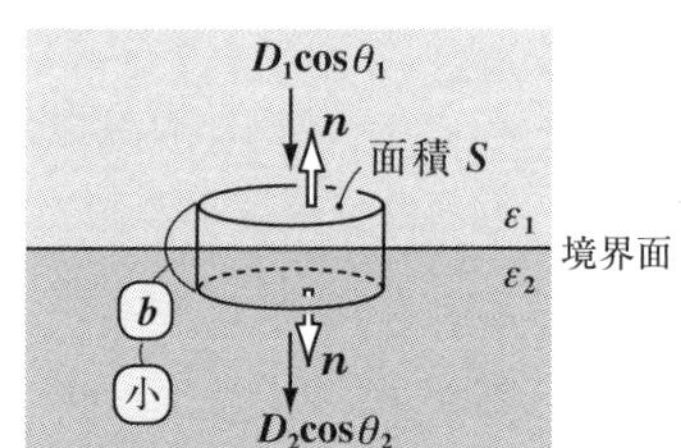

(ⅱ)

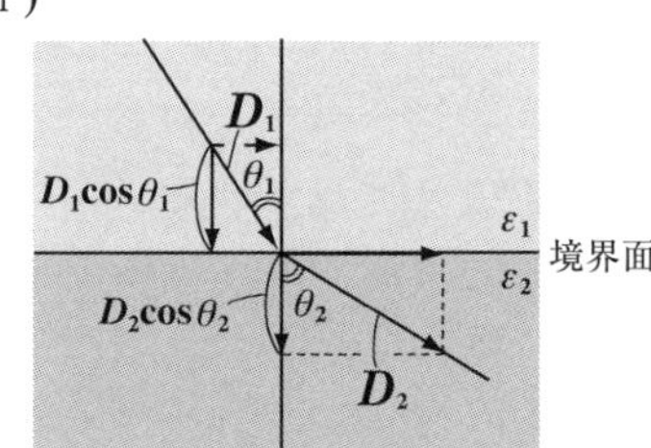

よって，$\cancel{S}(-\boldsymbol{D}_1\cos\theta_1+\boldsymbol{D}_2\cos\theta_2)=0$

$\therefore \underline{\underline{D_1\cos\theta_1=D_2\cos\theta_2}}$ ……④　が成り立つ。④から，図 11(ⅱ) に示すように，$\boldsymbol{D}_1$ と $\boldsymbol{D}_2$ の境界面と垂直な成分が共に等しいことが分かると思う。

以上より，② ÷ ④を行うと，

$$\underbrace{\frac{E_1}{D_1}}_{\frac{E_1}{\varepsilon_1 E_1}=\frac{1}{\varepsilon_1}}\cdot\overbrace{\frac{\sin\theta_1}{\cos\theta_1}}^{\tan\theta_1}=\underbrace{\frac{E_2}{D_2}}_{\frac{E_2}{\varepsilon_2 E_2}=\frac{1}{\varepsilon_2}}\cdot\overbrace{\frac{\sin\theta_2}{\cos\theta_2}}^{\tan\theta_2}$$

より，$\dfrac{\tan\theta_1}{\varepsilon_1}=\dfrac{\tan\theta_2}{\varepsilon_2}$

以上より，電場 (または電束密度) の屈折の法則：$\dfrac{\tan\theta_1}{\tan\theta_2}=\dfrac{\varepsilon_1}{\varepsilon_2}$ ……$(*q)$

が導けたんだね。納得いった？

例題 25　右図のように，電場が真空から誘電率 ε_1 の誘電体に対して入射角 $\dfrac{\pi}{6}$，屈折角 $\dfrac{\pi}{3}$ で屈折した。このとき，この誘電率 ε_1 を真空の誘電率 ε_0 で表してみよう。

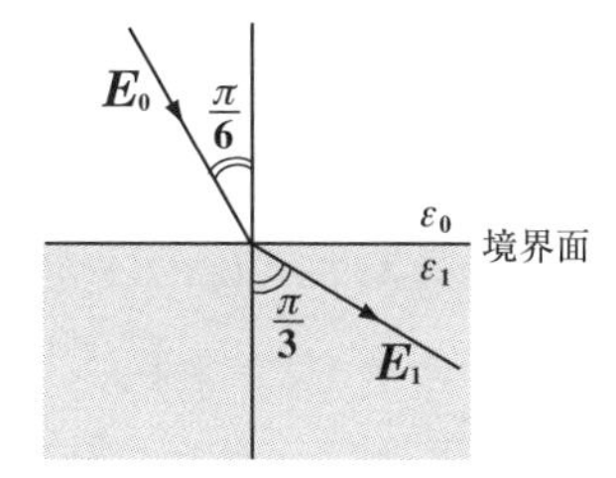

電場の屈折の法則より，

$$\frac{\tan\frac{\pi}{6}}{\tan\frac{\pi}{3}}=\frac{\varepsilon_0}{\varepsilon_1}\qquad \text{よって，}\ \frac{\frac{1}{\sqrt{3}}}{\sqrt{3}}=\frac{\varepsilon_0}{\varepsilon_1}\qquad \frac{1}{3}=\frac{\varepsilon_0}{\varepsilon_1}$$

$\therefore \varepsilon_1=\underbrace{3}_{\text{比誘電率}\kappa\text{のこと}}\varepsilon_0$ となって，答えだ。納得いった？

講義2● 静電場　公式エッセンス

1. 点電荷 Q(C) が r だけ離れた点電荷 q に及ぼすクーロン力 f

$$\boldsymbol{f} = q\boldsymbol{E}(\boldsymbol{r}) \quad \left(\text{電場 } \boldsymbol{E}(\boldsymbol{r}) = \frac{1}{4\pi\varepsilon_0}\cdot\frac{Q}{r^2}\boldsymbol{e} \left(= \frac{1}{4\pi\varepsilon_0}\cdot\frac{Q}{r^3}\boldsymbol{r} \right) \right)$$

2. ガウスの法則（$\boldsymbol{E}$：電場，$\boldsymbol{D}$：電束密度）

$$\iint_S \boldsymbol{E}\cdot\boldsymbol{n}\,dS = \frac{Q}{\varepsilon_0}, \qquad \iint_S \boldsymbol{D}\cdot\boldsymbol{n}\,dS = Q \ (\text{真電荷})$$

3. 静電場 $\boldsymbol{E}$ と電位 ϕ の関係

$$\boldsymbol{E} = -\nabla\phi = -\mathbf{grad}\phi = -\left[\frac{\partial\phi}{\partial x}, \ \frac{\partial\phi}{\partial y}, \ \frac{\partial\phi}{\partial z}\right]$$

4. 電位の重ね合わせの原理

$$\text{電位 } \phi(P) = \frac{1}{4\pi\varepsilon_0}\cdot\sum_{k=1}^{n}\frac{Q_k}{r_k} \quad (r_k:\text{点電荷 } Q_k \text{ から点 P までの距離})$$

5. 導体平板の鏡像法

鏡像 $-Q$(C) を，導体平面に関して P と反対側の点 P′ に置く。

6. 導体球面の鏡像法（a：半径，$0 < a < L$）

(i) 線分 OP 上に，O から $\dfrac{a^2}{L}$ の位置に点 P′ をとり，($\overline{\text{OP}} = L$)

(ii) この点 P′ に鏡像 $-\dfrac{a}{L}Q$ (C) を置く。

7. 平行平板コンデンサーの4つの公式

(1) $Q = CV$　(2) $E = \dfrac{V}{d}$　(3) $C = \dfrac{\varepsilon_0 S}{d}$　(4) $U_e = \dfrac{1}{2}CV^2$

(1)：これは任意の形状のコンデンサーでも成り立つ。
(4)：静電エネルギー

8. 静電場 $\boldsymbol{E}$ のエネルギー密度 u_e

$$u_e = \frac{1}{2}\varepsilon_0 E^2$$

9. 真空と誘電体の系での電束密度 $\boldsymbol{D}$ とマクスウェルの方程式 (＊1)

$$\boldsymbol{D} = \varepsilon_0\boldsymbol{E} + \boldsymbol{P}, \qquad \mathbf{div}\boldsymbol{D} = \rho \ \cdots\cdots(*1) \quad (\text{分極ベクトル } \boldsymbol{P} = \boldsymbol{p}\eta)$$

$\boldsymbol{p}$：電気双極子モーメント
η：単位体積当りの電子（分子）数

10. 電場と電束密度の屈折の法則

$$\frac{\tan\theta_1}{\tan\theta_2} = \frac{\varepsilon_1}{\varepsilon_2} \quad (\theta_1:\text{入射角}, \ \theta_2:\text{屈折角}, \ \varepsilon_1, \ \varepsilon_2:\text{誘電率})$$

定常電流と磁場

▶ アンペールの法則
$\left(\oint_c \boldsymbol{H} \cdot d\boldsymbol{r} = I\right)$

▶ ビオ - サバールの法則
$\left(d\boldsymbol{H} = \dfrac{1}{4\pi} \cdot \dfrac{Id\boldsymbol{l} \times \boldsymbol{r}}{r^3}\right)$

▶ 磁場のベクトル・ポテンシャル
$(\boldsymbol{H} = \mathrm{rot}\,\boldsymbol{A})$

▶ アンペールの力とローレンツ力
$(\boldsymbol{f} = l\boldsymbol{I} \times \boldsymbol{B},\ \ \boldsymbol{f} = q(\boldsymbol{E} + \boldsymbol{v} \times \boldsymbol{B}))$

§1. 定常電流が作る磁場

これまで電荷が静止状態でできる静電場について学習してきた。しかし，この電荷が動くことにより電流となり，その電流のまわりには磁場が発生する。今回は定常電流により生まれる磁場について勉強しよう。

この磁場の性質により，4つの“**マクスウェルの方程式**”の内の2つを導くことができる。また，定常電流により生まれる磁場は“**アンペールの法則**”や“**ビオ - サバールの法則**”により求めることができる。ここでは，“アンペールの法則”について詳しく解説しよう。さらに，“**真空の誘電率**”ε_0と“**真空の透磁率**”μ_0と光速cとの間に成り立つ関係式についても教えるつもりだ。

今回も盛り沢山の内容になるけれど，また分かりやすく丁寧に解説するからシッカリついてらっしゃい。それじゃ，始めよう！

● 電流には様々な表し方がある！

まず，初めに，“**電流**”(*current*)について解説しよう。電流とは，自由電荷など，荷電粒子の移動によって生まれる電荷の流れのことで，具体的には「導体の断面を1秒間に通過する電気量」で定義する。そしてこれが時間的に一定で変化しないとき，特に“**定常電流**”(*stationary current*)という。

この電流をI (A)（アンペア）とおくと，定義より単位[A] = [C/s]であることが分かると思う。そして，この電流Iには次の3つの表現法がある。これから順に解説しよう。

(Ⅰ) 導体の断面をΔt (s)間にΔQ (C)の電荷が通過するとき，

電流 $I = \dfrac{\Delta Q}{\Delta t}$ となる。ここで，$\Delta t \to 0$の極限をとると，

電流 $I = \dfrac{dQ}{dt}$ …① と表せる。← これは，Iが定常電流でないときでも，Iを表現する方法の1つだ。

(Ⅱ) 断面積 S の一様な導線内を流れる定常電流 I は，高校物理でもおなじみの次の形で表せる。

$$I = vS\eta e \quad \cdots ②$$

ηe：ρ(電荷の体積密度)

v：自由電子の平均速度 (m/s)
S：導線の断面積 (m^2)
η：単位体積当りの自由電子の個数 (m^{-3})
e：電気素量 (1.602×10^{-19} (C))

図1 電流 I

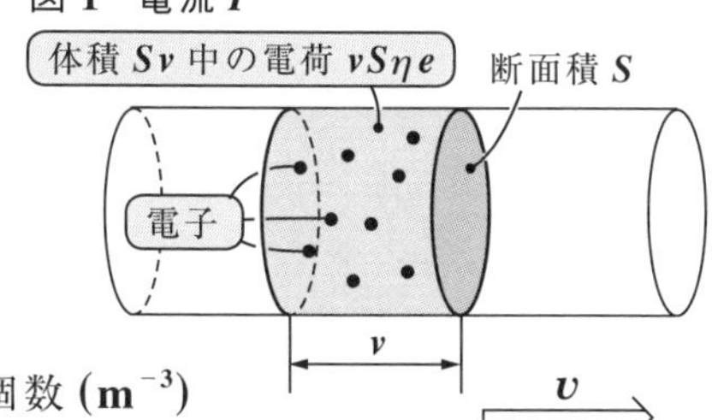

②の意味は，単位体積 ($1m^3$) 中に η 個の自由電子があるとすると，これに電気素量 e をかけた ηe が導体中の電荷の体積密度 ρ になる。よって，$vS\eta e$ は図1に示すように体積 vS 中に含まれる総電気量であり，これが1秒後には断面積 S の断面をドッと通過すると考えるわけだから，定義よりこれが電流 I となるんだね。もちろん，自由電子の電荷は ⊖ だから，実際の自由電子はこの電流の流れの向き ($\boldsymbol{v}$ の向き) とは逆向きに移動していることになるのも大丈夫だね。

(Ⅲ) 単位面積当りのベクトル表示の電流を "**電流密度**" (***current density***) と呼び，これを $\boldsymbol{i}$ で表す。電流 I をこの電流密度 $\boldsymbol{i}$ で表すこともできる。図2に示すように，断面積 S の断面と電流密度 $\boldsymbol{i}$ とが垂直でなくてもかまわない。また，$\boldsymbol{i}$ は断面積 S 上の各点毎に異なるものであってもかまわない。ここで，S に対する単位法線ベクトルを $\boldsymbol{n}$ で表すと，S 上の微小面積 dS を通過する正味の微小電流 dI は，$dI = \boldsymbol{i} \cdot \boldsymbol{n} dS$ となる。

図2 $\boldsymbol{i}$ による I の表し方

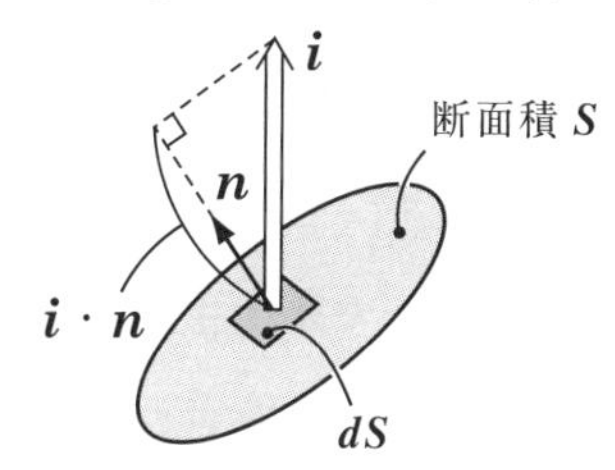

よって，この右辺を断面積 S 全体に渡って面積分したものが，S を通過する電流 I となるんだね。よって，I は，

$$I = \iint_S \boldsymbol{i} \cdot \boldsymbol{n} \, dS \quad \cdots ③$$ と表せる。

以上が，電流の3つの表現方法だ。シッカリ頭に入れておこう。

ここで，電流密度 $\boldsymbol{i}$ は電流の速度ベクトル $\boldsymbol{v}$ により，

$$\boldsymbol{i} = \rho \boldsymbol{v} \quad \cdots ④$$

と表すこともできる。何故って？

$$I = \frac{dQ}{dt} \quad \cdots\cdots\cdots\cdots ①$$
$$I = vS\eta e \quad \cdots\cdots\cdots\cdots ②$$
$$I = \iint_S \boldsymbol{i} \cdot \boldsymbol{n} \, dS \quad \cdots ③$$

$\boldsymbol{i}$，すなわち ρ と $\boldsymbol{v}$ が断面積 S 全体に渡って一定で，かつ $\boldsymbol{i}$ と断面が垂直であるとき，④を③に代入すると，次のように②が導けるからだ。

$$I = \iint_S \underbrace{\boldsymbol{i}}_{\rho\boldsymbol{v}} \cdot \boldsymbol{n} \, dS = \underbrace{\rho}_{一定} \iint_S \underbrace{\boldsymbol{v} \cdot \boldsymbol{n}}_{v\,(一定)\,(v = \|\boldsymbol{v}\|)} dS$$

$$= \underbrace{\rho}_{\eta e} v \underbrace{\iint_S dS}_{S} = vS\eta e$$

← これは，②による I の表現だ！

さらに，電流密度 $\boldsymbol{i}$ と電荷の体積密度 ρ との間には次の関係が成り立つ。これを，"**電荷の保存則**（ほぞんそく）" と呼ぶ。

$$\mathrm{div}\, \boldsymbol{i} = -\frac{\partial \rho}{\partial t} \quad \cdots (*r)$$

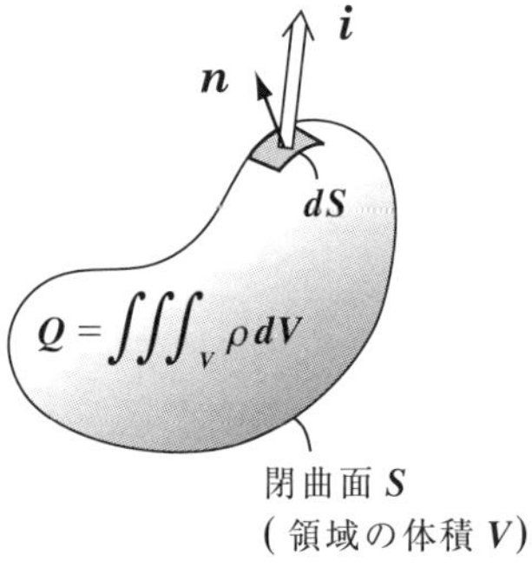

この $(*r)$ についても証明しておこう。図 **3** に示すように，閉曲面 S で囲まれる領域 D 内のある時刻 t における電荷（電気量）を Q とおくと，

$$Q = \iiint_V \rho \, dV \quad \cdots ⑤$$

（ρ：電荷の体積密度）

図 **3** 電荷の保存則

と表せる。この閉曲面の微小面積 dS を通って，内側から外側に電流密度 $\boldsymbol{i}$ で電荷が流出していくものとすると，当然

$$\iint_S \boldsymbol{i} \cdot \boldsymbol{n} \, dS = -\frac{dQ}{dt} \quad \cdots ⑥$$ が成り立つはずだね。

もちろん，$\boldsymbol{n}$ は dS の単位法線ベクトルのことだ。

ン？ ⑥と①は矛盾するって？ 確かに⑥は $I=-\frac{dQ}{dt}$ のことだから，①と比較して右辺に ⊖ が付いて異なっているね。でも，異なって当然なんだ！①の電荷 Q は，導線の断面を通過する電気量のことだったんだけれど，⑥の Q は閉曲面 S の内部（つまり領域 V 内）の全電荷のことで，電流 I により，時刻の経過と共に Q は減少するはずだから，$-\frac{dQ}{dt}$ と表せるはずなんだね。納得いった？

では，⑥の左右両辺を，ガウスの発散定理と⑤を用いて，さらに変形してみよう。

$$\iint_S \boldsymbol{i}\cdot\boldsymbol{n}\,dS = -\frac{dQ}{dt}$$

$\iint_S \boldsymbol{i}\cdot\boldsymbol{n}\,dS = \iiint_V \mathrm{div}\,\boldsymbol{i}\,dV$（ガウスの発散定理）

$-\frac{dQ}{dt} = -\frac{d}{dt}\iiint_V \rho\,dV = -\iiint_V \frac{\partial\rho}{\partial t}dV$

V 内の電荷 Q は時刻 t の 1 変数関数と考えられるので，$\frac{dQ}{dt}$ と表したけれど，電荷の体積密度 ρ は時刻 t だけでなく位置 (x, y, z) の関数とも考えられるので，偏微分 $\frac{\partial\rho}{\partial t}$ の形で表現した。

よって，$\iiint_V \mathrm{div}\,\boldsymbol{i}\,dV = -\iiint_V \frac{\partial\rho}{\partial t}dV$ となるので，

微小体積 ΔV で考えると，$\mathrm{div}\,\boldsymbol{i}\,\Delta V = -\frac{\partial\rho}{\partial t}\Delta V$ より，両辺を ΔV で割って

電荷の保存則： $\mathrm{div}\,\boldsymbol{i} = -\frac{\partial\rho}{\partial t}$ …(＊r) が導かれるんだね。

納得いった？

以上で，電流 I についての解説は終わったので，いよいよ定常電流の作る磁場について勉強していこう。

● 高校物理の復習から始めよう！

エルステッドは，電流の流れている導線に磁針を近づけると磁針が振れることから，電流の周りに“**磁場**”(***magnetic field***)が発生していることを発見した。この発見を基に，アンペールやビオやサバール等は実験を重ねて，“**アンペールの法則**”(***Ampère's law***)および“**ビオ-サバールの法則**”(***Biot-Savart's law***)を導いた。

ビオ-サバールの法則は微分形式で与えられているため，高校物理で習っている方は少ないと思う。しかし，アンペールの法則については，無限に長い直線電流の周りの磁場の公式として既に知っている方も多いはずだ。

ここではまず，高校物理の復習も兼ねて，定常電流が作る **3** つの磁場の公式を示しておこう。

図 **4**　定常電流が作る磁場（高校物理）

(ⅰ) 直線電流が作る磁場

$H = \frac{I}{2\pi a}$（アンペールの法則）

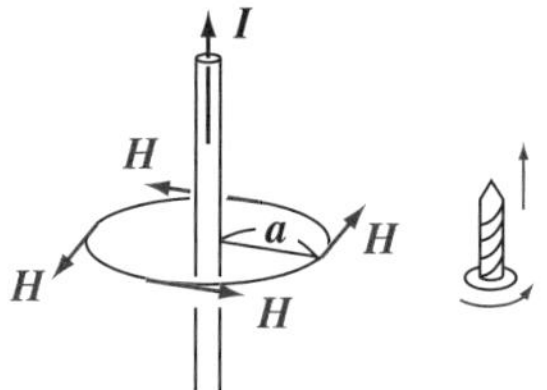

(ⅱ) 円形電流が作る磁場

$H = \frac{I}{2a}$

(ⅲ) ソレノイド・コイルが作る磁場

$H = nI = \frac{N}{L}I$

(ⅰ) 無限に伸びた直線状の導線に定常電流 I (A) が流れているとき，導線から a (m) だけ離れたところに磁場：

$$H = \frac{I}{2\pi a} \quad \cdots\cdots①$$

が生じる。

(ⅱ) 次，半径 a (m) の円形状の導線に定常電流 I (A) が流れているとき，円の中心に磁場：

$$H = \frac{I}{2a} \quad \cdots\cdots②$$

が生じる。

(ⅲ) 単位長さ当りの巻き数 n (1/m)（または，長さ L (m) 当り N 巻き）の無限に長いソレノイド・コイル（円筒状のコイル）の内部には磁場：

$H = nI = \frac{N}{L}I$ …③ が生じる。 ← $nL = N$ より，$n = \frac{N}{L}$ だね。

①，②，③より，磁場 H の単位は [A/m] であることが分かると思う。また，磁場 H は電場 $\boldsymbol{E}$ と同様，本来はベクトル量なので，$\boldsymbol{H}$ (A/m) と表す。従って，正確には H ($= \|\boldsymbol{H}\|$) は磁場 $\boldsymbol{H}$ の大きさ（または強さ）と表すべきだろうけれど，ここでは，H も $\boldsymbol{H}$ も共に磁場と呼ぶことにしよう。

ベクトルとしての電流 $\boldsymbol{I}$ と磁場 $\boldsymbol{H}$ の向きについては，図 4（i），（ii），（iii）にそれぞれ右ネジを回して進む向きの形式で示しておいた。ここで，図 4（i）に示す高校物理の“**アンペールの法則**”（①式）が，磁場 $\boldsymbol{H}$ の

（より洗練された形の“アンペールの法則”は後で示す。）

典型的な 2 つの性質を如実に表しているんだよ。すなわち，

（Ⅰ）N 極だけや S 極だけといった単磁荷は存在しないので，磁場 $\boldsymbol{H}$ は湧き出しも吸い込みもなく，閉曲線（ループ）を描くことと，

（各点の磁場 $\boldsymbol{H}$ が接線となるように描かれた曲線のことを“**磁力線**（じりょくせん）”といい，ループを描くのは，この磁力線だ。この磁力線の密度の大・小が磁場の強さの大・小を表す。静電場における電気力線と同様のものだね。）

（Ⅱ）磁場 $\boldsymbol{H}$ が描く閉曲線（ループ）の内部を，その磁場を生み出す定常電流が貫いていることの 2 つだ。

（正確には，これを“**伝導電流**”（自由電荷の流れによる電流のこと）という。）

そして，この 2 つの $\boldsymbol{H}$ の性質から，2 つのマクスウェルの方程式：

$\mathrm{div}\,\boldsymbol{H} = 0$ と $\mathrm{rot}\,\boldsymbol{H} = \boldsymbol{i}$ が導かれるんだよ。後で詳しく解説しよう。

（これは，まだ不完全な形だけどね。）

では次，図 4（iii）のソレノイド・コイルに電流 I を流すと，電磁石になること，さらに，このコイルの中に鉄の棒などを入れると磁力がすごく強くなることは既に御存知だと思う。すると，磁場の大きさ（強さ）H に混乱が生まれることになるね。同じ電流 I を流しても，鉄の棒などの有無によって，磁場の強さが大きく変化するからだ。従って，ここでは，静電場のときの電場 $\boldsymbol{E}$ と電束密度 $\boldsymbol{D}$ と同様に，静磁場においても磁場 $\boldsymbol{H}$ 以外に“**磁束密度**（じそくみつど）”(*magnetic flux density*) $\boldsymbol{B}$ という（ベクトル）量を導入することにしよう。そして，真空中では $\boldsymbol{B}$ と $\boldsymbol{H}$ の間に

$\boldsymbol{B} = \mu_0 \boldsymbol{H}$ ……④ （大きさで表すと，$B = \mu_0 H$ ……④′）

の関係を定義する。ここで，μ_0 は**真空の“透磁率”**(*permeability*) と呼ばれる定数で，単位も含めて，

$$\boldsymbol{B} = \mu_0 \boldsymbol{H} \quad \cdots\cdots④$$
$$B = \mu_0 H \quad \cdots\cdots④'$$

$\mu_0 = 4\pi \times 10^{-7}\ (\mathrm{N/A^2})$ と表せる。

これは，“酔っぱ (4π) らってん (10) なー (−7)” と覚えると忘れないかもね。

そして，鉄の棒などの物質をコイルに入れる場合には，新たにその物質の**“透磁率”** μ を使って，

$\boldsymbol{B} = \mu \boldsymbol{H}$ …⑤ (大きさで表すと，$B = \mu H$ …⑤′)

と表すことにすればいいんだね。ちなみに鉄の透磁率 μ は真空の透磁率 μ_0 に比べて **5000 ～ 10000** 倍も大きな値になることを覚えておこう。

次に，**“磁束”** (または **“磁極”** または **“磁荷”**) の単位は **[Wb]** なので，

“ウェーバー” と読む。

磁束密度 $\boldsymbol{B}$ の単位は **[Wb/m²]** または **[T]** となる。そして，さらに単位 **[G]**

“テスラ” と読む。　“ガウス” と読む。

を，$10^{-4}\ (\mathrm{Wb/m^2}) = 10^{-4}\ (\mathrm{T}) = 1\ (\mathrm{G})$ で定義する。

ここで，④式から，単位 **[Wb/m²]** を **MKSA** 単位系で表すと，

$$[\mathrm{Wb/m^2}] = \left[\frac{\mathrm{N}}{\mathrm{A^2}} \cdot \frac{\mathrm{A}}{\mathrm{m}}\right] = \left[\frac{\mathrm{kgms^{-2}}}{\mathrm{A^2}} \cdot \frac{\mathrm{A}}{\mathrm{m}}\right] = [\mathrm{kg/s^2A}]$$
$$[\quad B \quad = \quad \mu_0 \quad \cdot \quad H \quad \cdots④'\ ]$$

となって，**P17** の結果と一致する。また，磁束 (または磁極) の単位 **[Wb]** が，**[Wb]** = **[kgm²/s²A]** となるのも大丈夫だね。

もちろん，**[Wb/m²]** = **[N/Am]**，**[Wb]** = **[Nm/A]** とも表せる。

● 2つのマクスウェルの方程式を導いてみよう！

マクスウェルの方程式

(Ⅰ) $\mathrm{div}\,\boldsymbol{D} = \rho$ ……………(＊1)

(Ⅱ) $\mathrm{div}\,\boldsymbol{B} = 0$ ……………(＊2)

(Ⅲ) $\mathrm{rot}\,\boldsymbol{H} = \boldsymbol{i} + \dfrac{\partial \boldsymbol{D}}{\partial t}$ …(＊3)

(Ⅳ) $\mathrm{rot}\,\boldsymbol{E} = -\dfrac{\partial \boldsymbol{B}}{\partial t}$ ……(＊4)

(＊1) のマクスウェルの方程式については，**P62** と **P126** で導いた。ここでは，磁場 $\boldsymbol{H}$ (または $\boldsymbol{B}$) の **2** つの性質を基に **(＊2)** と **(＊3)** の **2** つのマクスウェルの方程式を

ただし，変位電流 $\dfrac{\partial \boldsymbol{D}}{\partial t}$ は除く。

導いてみることにしよう。

$\boldsymbol{B} = \mu_0 \boldsymbol{H}$，または $\boldsymbol{B} = \mu \boldsymbol{H}$ の関係があるので，磁力線 $\boldsymbol{H}$ の代わりに

図 5　div $\boldsymbol{B} = 0$

(ⅰ) 磁束線

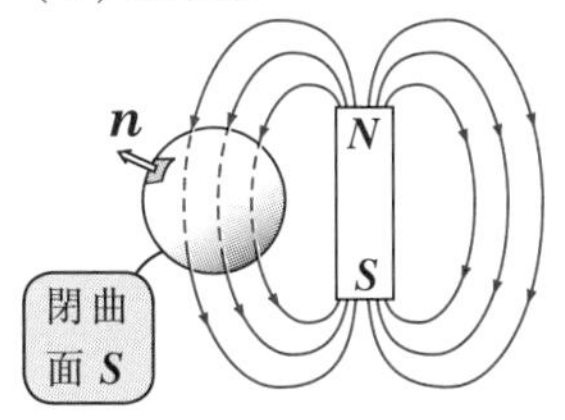

(ⅱ) 磁石の中の磁束線も含めた図

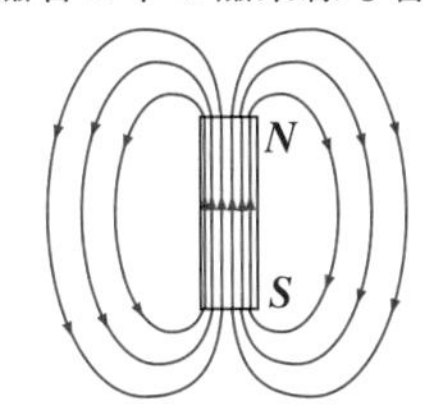

磁束線 $\boldsymbol{B}$ を用いても同様だね。

(Ⅰ) まず，図 5(ⅰ) に示すように，磁石に単磁荷は存在しない。よって，そのまわりの任意の場所に閉曲面 S をとると，磁束密度 $\boldsymbol{B}$(または磁場 $\boldsymbol{H}$) には湧き出しも吸い込みもなく，閉曲線を描くだけなので，この閉曲面 S を通って流入および流出する正味の磁束密度 $\boldsymbol{B}$ の総計は当然 0 になる。

$$\therefore \iint_S \boldsymbol{B} \cdot \boldsymbol{n}\, dS = 0 \quad \cdots\cdots \text{(a)}$$

($\boldsymbol{n}$：単位法線ベクトル)

ここで，ガウスの発散定理より，

$$\iint_S \boldsymbol{B} \cdot \boldsymbol{n}\, dS = \iiint_V \mathrm{div}\, \boldsymbol{B}\, dV \quad \cdots\cdots \text{(b)}$$

だね。この(b)を(a)に代入すると，

$$\iiint_V \mathrm{div}\, \boldsymbol{B}\, dV = 0 \quad \cdots\cdots \text{(c)}$$

(c)の中の微小体積 ΔV に着目すると，$\mathrm{div}\, \boldsymbol{B} \Delta V = 0$ となる。よって，この両辺を ΔV (>0) で割ると，

(Ⅱ) マクスウェルの方程式 $\mathrm{div}\, \boldsymbol{B} = 0$ ……(＊2) が導かれる。

真空中では，$\boldsymbol{B} = \mu_0 \boldsymbol{H}$ より，$\mu_0 \mathrm{div}\, \boldsymbol{H} = 0$
（μ_0：定数）

$$\therefore \mathrm{div}\, \boldsymbol{H} = 0 \quad \cdots\cdots (*2)'$$

と変形することもできる。

エッ，図 5 (ⅰ) では，磁束線 (磁力線) が N 極から湧き出して，S 極で吸い込まれているように見えるって !?　図 5 (ⅱ) を見てくれ。磁石内の磁束線 (磁力線) まで描くと，$\boldsymbol{B}$ (または $\boldsymbol{H}$) はすべてループを描いていることが分かるはずだ。納得いった？

(Ⅱ) 次，高校物理のアンペールの法則

$$H = \frac{I}{2\pi a} \quad \cdots ①$$

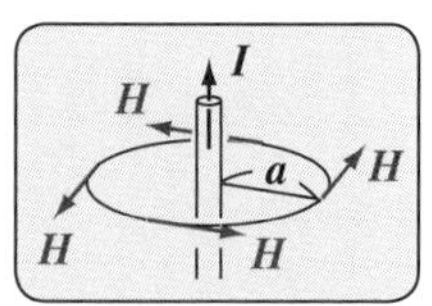

を基に，一般的なアンペールの法則を導いてみよう。

そしてさらに，“**変位電流**（へんいでんりゅう）”の項 $\frac{\partial D}{\partial t}$ は除くけれど，**(∗3)** のマクスウェルの方程式まで導いてみることにしよう。

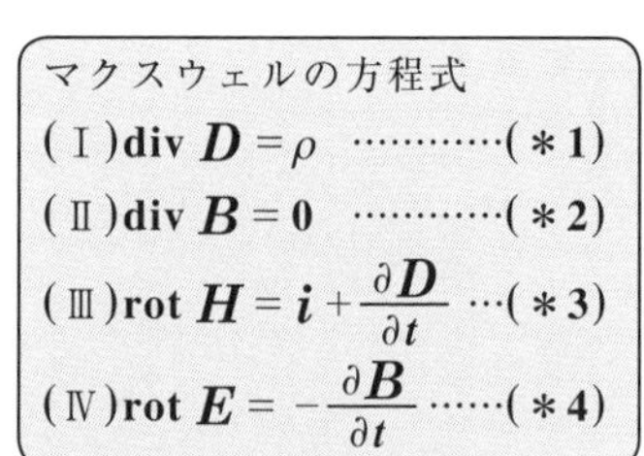

マクスウェルの方程式

(Ⅰ) $\mathrm{div}\,\boldsymbol{D} = \rho$ …………(∗1)

(Ⅱ) $\mathrm{div}\,\boldsymbol{B} = 0$ …………(∗2)

(Ⅲ) $\mathrm{rot}\,\boldsymbol{H} = \boldsymbol{i} + \frac{\partial \boldsymbol{D}}{\partial t}$ …(∗3)

(Ⅳ) $\mathrm{rot}\,\boldsymbol{E} = -\frac{\partial \boldsymbol{B}}{\partial t}$ ……(∗4)

まず，①を変形して

$$2\pi a \cdot H = I \quad \cdots\cdots ①'$$

（$2\pi a$：閉曲線の周長）（H：$\boldsymbol{H}$ の閉曲線に対する接線方向成分 H_t）

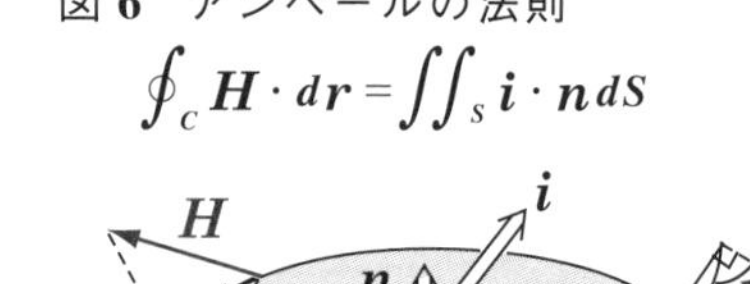

図 6　アンペールの法則

$$\oint_C \boldsymbol{H} \cdot d\boldsymbol{r} = \iint_S \boldsymbol{i} \cdot \boldsymbol{n}\, dS$$

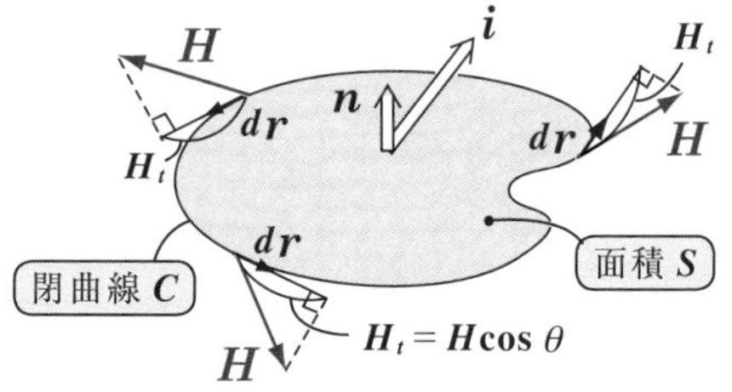

とすると，①′の左辺は，円周 $2\pi a$ と磁場の大きさ H との積になっている。

図 **6** に示すように，一般のアンペールの法則では，閉曲線は円である必要はない。そして，閉曲線上の点の磁場 $\boldsymbol{H}$ も任意の向きを向いていてもかまわない。ここで，$\boldsymbol{H}$ と閉曲線の微小変位ベクトル $d\boldsymbol{r}$ とのなす角を θ とおくと，$\boldsymbol{H}$ の $d\boldsymbol{r}$ 方向の成分 H_t は $H_t = H\cos\theta$ となる。この H_t を閉曲線 C に沿って **1** 周接線線積分したものを①′の左辺に代入することができる。よって，

$$\oint_C H_t dr = I$$ となり，一般的な形の

（$H_t dr$：$H \cdot dr \cdot \cos\theta = \boldsymbol{H} \cdot d\boldsymbol{r}$）

アンペールの法則： $\oint_C \boldsymbol{H} \cdot d\boldsymbol{r} = I$ ……(∗s) が導ける。

このアンペールの法則は「閉曲線 C に沿って磁場 $\boldsymbol{H}$ を **1** 周接線線積分したものは，この閉曲線 C で囲まれる面積 S の断面を通過する総 (定常) 電流 I に等しい」と言っているんだね。

ここで，$(*s)$ の右辺の I を電流密度 $\boldsymbol{i}$ で表して，

$$\underbrace{\oint_C \boldsymbol{H}\cdot d\boldsymbol{r}}_{\iint_S \mathrm{rot}\,\boldsymbol{H}\cdot\boldsymbol{n}dS} = \iint_S \boldsymbol{i}\cdot\boldsymbol{n}dS \quad \cdots\cdots(*s)'$$

と変形することもできる。

（ストークスの定理 (P45)）

それでは，$(*s)'$ をさらに変形してみよう。$(*s)'$ の左辺にストークスの定理を用いると，

$\iint_S \mathrm{rot}\,\boldsymbol{H}\cdot\boldsymbol{n}dS = \iint_S \boldsymbol{i}\cdot\boldsymbol{n}dS$ となるのはいいね。よって，

$\iint_S \underbrace{(\mathrm{rot}\,\boldsymbol{H}-\boldsymbol{i})}_{0}\cdot\boldsymbol{n}dS = 0$ が恒等的に成り立つためには，

$\mathrm{rot}\,\boldsymbol{H}-\boldsymbol{i}=\boldsymbol{0}$ でなければならない。これから，変位電流 $\dfrac{\partial \boldsymbol{D}}{\partial t}$ の項はまだ考慮に入れてはいないけれど，定常電流による磁場について，

（変位電流の項については，後の講義で詳しく解説する。もう少し待ってくれ！）

(Ⅲ) マクスウェルの方程式：$\mathrm{rot}\,\boldsymbol{H}=\boldsymbol{i}$ $\cdots(*3)'$ が導かれるんだね。

納得いった？

● ε_0 と μ_0 の関係も押さえよう！

磁場において単磁荷というものは存在しないことは既に話したね。棒磁石をどんなに切断しても，より小さな N 極と S 極をもった棒磁石ができるだけだからだ。その理由は，磁場の本質が運動する電荷，つまり電流の作用によるものだからなんだ。したがって，棒磁石を小さく小さく切断しても最期に残るものは，**磁気双極子**という，1 種の回転電流と考えていいんだよ。

しかしここで，N 極のみ，S 極のみの“**単磁荷**”または“**単磁極**”というものを想定してみよう。すると，異種の単磁極同士は引き合い，同種の単磁極同士は反発し合うことが，2 つの棒磁石を使って確認することができる。ここで，N 極や S 極の単磁極の単位として [Wb] を用いると，上述した引力や斥力 f は，これらの単磁極の積に比例し，距離の 2 乗に反比例して，静磁場 (時間的に変化しない磁場) においても，静電場における

クーロンの法則とまったく同様の法則が成り立つことが分かる。真空中におけるこれら2つのクーロンの法則を対比して，下に示そう。

●静磁場におけるクーロンの法則

$$f = k_m \frac{m_1 m_2}{r^2} \quad \cdots \text{(a)}$$

$\left(\begin{array}{l} f：\text{クーロン力}\ (\mathrm{N}) \\ m_1,\ m_2：\text{単磁極}\ (\mathrm{Wb}) \\ r：\text{距離}\ (\mathrm{m}) \end{array} \right)$

ここで，比例定数 k_m は，

$$k_m = \frac{1}{4\pi\mu_0} \quad (\mathrm{A^2/N})$$

$\left(\begin{array}{l} \mu_0：\text{真空の透磁率} \\ \mu_0 = 4\pi \times 10^{-7}\ (\mathrm{N/A^2}) \end{array} \right)$

●静電場におけるクーロンの法則

$$f = k \frac{q_1 q_2}{r^2} \quad \cdots \text{(a)}'$$ ← P52

$\left(\begin{array}{l} f：\text{クーロン力}\ (\mathrm{N}) \\ q_1,\ q_2：\text{電荷}\ (\mathrm{C}) \\ r：\text{距離}\ (\mathrm{m}) \end{array} \right)$

ここで，比例定数 k は，

$$k = \frac{1}{4\pi\varepsilon_0} \quad (\mathrm{Nm^2/C^2})$$

$\left(\begin{array}{l} \varepsilon_0：\text{真空の誘電率} \\ \varepsilon_0 = \dfrac{1}{4\pi \times 10^{-7} \times c^2}\ (\mathrm{C^2/Nm^2}) \end{array} \right)$

単磁極 $m_1,\ m_2$ は，N ならば正，S ならば負と決めておけばいいだろうね。
また，(a)の右辺の単位を計算して，左辺の単位[N]と一致することを確かめておこう。
(a)の右辺より，

$$\left[\frac{\mathrm{A^2}}{\mathrm{N}} \cdot \frac{\mathrm{Wb^2}}{\mathrm{m^2}}\right] = \left[\frac{\mathrm{A^2}}{\mathrm{N}} \cdot \frac{\mathrm{N^2 \cdot m^2/A^2}}{\mathrm{m^2}}\right] = \left[\frac{\mathrm{A^2 \cdot N^2}}{\mathrm{A^2 \cdot N}}\right] = [\mathrm{N}]$$

$\because [\mathrm{Wb}] = [\mathrm{kgm^2/s^2A}] = [\mathrm{Nm/A}]$

となって，OK だね。

さらに，真空の誘電率 $\varepsilon_0 = \dfrac{1}{4\pi \times 10^{-7} \times c^2}\ (\mathrm{C^2/Nm^2})$ と真空の透磁率

$\mu_0 = 4\pi \times 10^{-7}\ (\mathrm{N/A^2})$ の積を求めてみると，

$$\varepsilon_0 \mu_0 = \frac{4\pi \times 10^{-7}}{4\pi \times 10^{-7} \times c^2} = \frac{1}{c^2}\ (\mathrm{s^2/m^2})$$

速度の単位の逆数の2乗

単位
$$\left[\frac{\mathrm{C^2}}{\mathrm{Nm^2}} \cdot \frac{\mathrm{N}}{\mathrm{A^2}}\right] = \left[\frac{\mathrm{A^2 s^2}}{\mathrm{m^2 A^2}}\right] = \left[\frac{\mathrm{s^2}}{\mathrm{m^2}}\right]$$

となる。ここで，c は光の速度で，$c = 2.998 \times 10^8\ (\mathrm{m/s})$ のことだ。

約 30 万 km/秒だ。

$\varepsilon_0\mu_0 = \frac{1}{c^2}$ …$(*t)$ の関係式は，実は **19** 世紀に既に実験的に確認されていたんだよ。そして，マクスウェルが後に，これを理論的にも確認することになる。

この $(*t)$ の関係式から逆に真空の透磁率 μ_0 を，$\mu_0 = 4\pi\times10^{-7}$ (N/A^2) に定めると，真空の誘電率 ε_0 は自動的に，$\varepsilon_0 = \frac{1}{4\pi\times10^{-7}\times c^2}$ (C^2/Nm^2) と定まり，さらにこれを比例定数 $k = \frac{1}{4\pi\varepsilon_0}$ に代入すると，

$k = \frac{1}{4\pi}\times4\pi\times10^{-7}\times c^2 = c^2\times10^{-7} \fallingdotseq 9\times10^9$ (Nm^2/C^2) と求まる。

また，磁場におけるクーロンの法則の比例定数 $k_m = \frac{1}{4\pi\mu_0}$ も，

$k_m = \frac{1}{4\pi}\cdot\frac{1}{4\pi\times10^{-7}} = \left(\frac{1}{4\pi}\right)^2\cdot10^7 \fallingdotseq 6.33\times10^4$ (A^2/N) となるんだね。

大丈夫？

次，静電場の電荷の単位 **[C]** と同様に，静磁場の磁荷 (磁極) の単位として **[Wb]** を用いると，静磁場と静電場の単位は，次のようにキレイな対応関係があって覚えやすくなる。

●静磁場	●静電場
磁荷 m (Wb)	電荷 q (C)
磁場 H (N/Wb)	電場 E (N/C)
磁束密度 B (Wb/m^2)	電束密度 D (C/m^2)

ここで，磁場 H の単位は，

$\left[\frac{\text{N}}{\text{Wb}}\right] = \left[\frac{\cancel{\text{N}}}{\cancel{\text{N}}\text{m/A}}\right] = \left[\frac{\text{A}}{\text{m}}\right] = $ **[A/m]** となって，間違いないね。

また，電束密度 $D\ (=\varepsilon_0 E)$ の単位も，

$\left[\underbrace{\frac{\text{C}^{\cancel{2}}}{\cancel{\text{N}}\text{m}^2}}_{\varepsilon_0}\cdot\underbrace{\frac{\cancel{\text{N}}}{\cancel{\text{C}}}}_{E}\right] = \left[\frac{\text{C}}{\text{m}^2}\right] = $ **[C/m^2]** となって，**OK** だね。大丈夫？

§2. ビオ - サバールの法則とベクトル・ポテンシャル

定常電流が作る磁場は“**アンペールの法則**”と“**ビオ - サバールの法則**”により求められる。前回は，アンペールの法則について解説したので，今回はビオ - サバールの法則について，具体的な例題も沢山解きながら詳しく解説しよう。これで，ビオ - サバールの法則もマスターできるはずだ。

さらに，かなり数学的な記述が多くて大変かもしれないけど，磁場の“**ベクトル・ポテンシャル**”についても丁寧に教えるつもりだ。

● ビオ - サバールの法則をマスターしよう！

前述したように，エルステッドの発見の後で，ビオとサバールは緻密な実験を繰り返し，電流素片 $I d\boldsymbol{l}$ が空間内の任意の点に作る微小な磁場 $d\boldsymbol{H}$ が，次の公式で求められることを示した。

$$d\boldsymbol{H} = \frac{1}{4\pi} \cdot \frac{I d\boldsymbol{l} \times \boldsymbol{r}}{r^3} \quad \cdots (*u)$$

$d\boldsymbol{B} = \frac{\mu_0}{4\pi} \cdot \frac{I d\boldsymbol{l} \times \boldsymbol{r}}{r^3}$ より，$\frac{\mu_0}{4\pi}$ は 10^{-7}（$\because \mu_0 = 4\pi \times 10^{-7}$）

微小な磁束密度 $d\boldsymbol{B}$ は，

$d\boldsymbol{B} = 10^{-7} \cdot \frac{I d\boldsymbol{l} \times \boldsymbol{r}}{r^3}$

と表せる。

これを“**ビオ - サバールの法則**”というんだよ。エッ，微小ベクトルの外積計算まで入っていて，とても難しそうだって!? そうだね。初めてこの“ビオ - サバールの公式”を見た方は，誰でも同じ気持ちになると思う。でも，これは“アンペールの法則”よりもさらに融通性のある優れた公式だから，是非ともマスターしておく必要があるんだね。これから詳しく説明しよう。

図 **1** に示すように，電流 I が流れる導線の長さ dl の微小な部分を考えて，これをベクトル表示した $I d\boldsymbol{l}$（これは微小だけれど，向きをもったベクトルだ。）を“**電流素片**（でんりゅうそへん）”と呼ぶことにしよう。
$(dl = \|d\boldsymbol{l}\|)$

図 **1** ビオ - サバールの法則

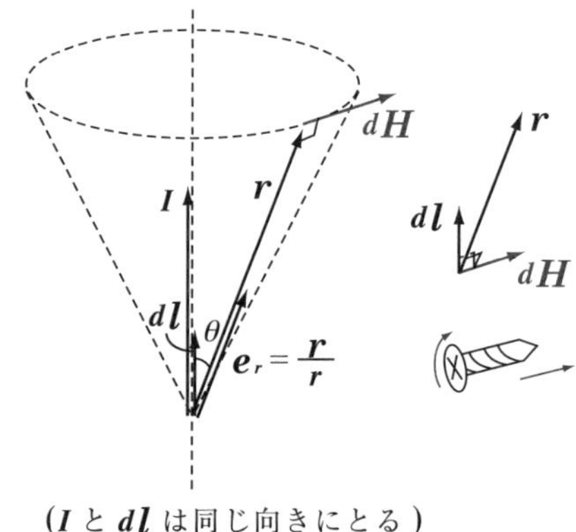

（I と $d\boldsymbol{l}$ は同じ向きにとる）

ここで，この$I d\boldsymbol{l}$を始点として，位置ベクトル$\boldsymbol{r}$（大きさ$r = \|\boldsymbol{r}\|$）の終

（本当は点ではないんだけれど，微小だから点とみなせる！）

点において，この電流素片$I d\boldsymbol{l}$により作られる微小な磁場ベクトル$d\boldsymbol{H}$が，その向きも含めて，$(*u)$のビオ - サバールの法則で求められると言っているんだね。$(*u)$において，$\dfrac{I}{4\pi r^3}$はスカラー量なので，図**1**に示すように，$d\boldsymbol{H}$の向きは，外積$d\boldsymbol{l} \times \boldsymbol{r}$，すなわち$d\boldsymbol{l}$から$\boldsymbol{r}$に右ネジをまわしたときに進む向きになるんだね。

ここで，$\boldsymbol{r}$と同じ向きの単位ベクトルを$\boldsymbol{e}_r \left(= \dfrac{\boldsymbol{r}}{r}\right)$とおくと，$(*u)$は

$$d\boldsymbol{H} = \frac{1}{4\pi} \cdot \frac{I}{r^2} \cdot d\boldsymbol{l} \times \underbrace{\frac{\boldsymbol{r}}{r}}_{\boldsymbol{e}_r}$$ より，

$$d\boldsymbol{H} = \frac{1}{4\pi} \cdot \frac{I d\boldsymbol{l} \times \boldsymbol{e}_r}{r^2} \quad \cdots (*u)'$$ と表せる。

さらに，$d\boldsymbol{l}$と$\boldsymbol{e}_r$（または$\boldsymbol{r}$）のなす角をθとおき，この$(*u)'$の両辺の大きさをとると，

$$dH = \left\| \underbrace{\frac{1}{4\pi} \cdot \frac{I}{r^2}}_{\oplus\text{のスカラー（実数定数）}} \cdot d\boldsymbol{l} \times \boldsymbol{e}_r \right\| = \frac{I}{4\pi r^2} \underbrace{\|d\boldsymbol{l} \times \boldsymbol{e}_r\|}_{\underbrace{\|d\boldsymbol{l}\|}_{dl} \cdot \underbrace{\|\boldsymbol{e}_r\|}_{1} \cdot \sin\theta = \sin\theta \cdot dl}$$ となり，よって，

$$dH = \frac{I \sin\theta}{4\pi r^2} dl \quad \cdots (*u)''$$ となる。

したがって，$d\boldsymbol{l} \perp \boldsymbol{r}$，すなわち$\theta = \dfrac{\pi}{2}$の場合，$\sin\dfrac{\pi}{2} = 1$より，$(*u)''$は

$$dH = \frac{I}{4\pi r^2} dl \quad \cdots (*u)'''$$ と，さらに簡単になるんだね。

したがって，$(*u)''$や$(*u)'''$は微分形の式なので，この両辺を導線の経路に従って積分すれば，磁場の大きさ（強さ）Hを求めることができるんだね。ベクトル$\boldsymbol{H}$の向きは，$d\boldsymbol{H}$が$d\boldsymbol{l}$と$\boldsymbol{r}$の両方に直交して右ネジの進む向きから割り出せばいい。

以上で“ビオ - サバールの法則”についての解説は終了だ。それでは，例題を沢山解いて，この公式を使いこなしていくことにしよう。

例題 **26**　半径 a の円形状の導線に定常電流 I が流れているとき，円の中心にできる磁場の大きさ H が $H=\dfrac{I}{2a}$ となることを，ビオ - サバールの法則を使って導いてみよう。

右図に示すように，長さ dl の電流素片 $Id\boldsymbol{l}$ が円の中心に作る微小磁場（の大きさ）dH は，$d\boldsymbol{l}\perp\boldsymbol{r}$　で，かつ　$\|\boldsymbol{r}\|=a$ より，

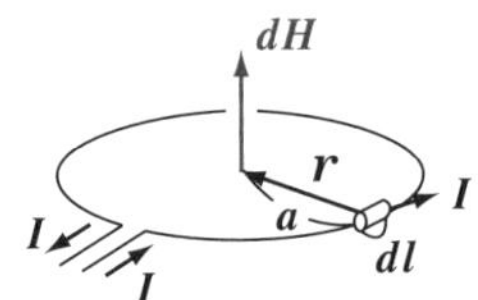

$$dH=\frac{I}{4\pi a^2}dl$$

$dH=\dfrac{I\sin\theta}{4\pi a^2}dl$ の $\theta=\dfrac{\pi}{2}$ だからね。

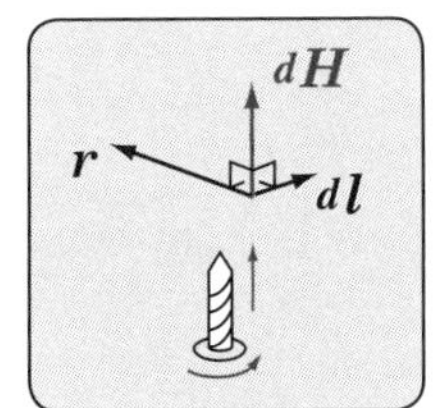

よって，この右辺を半径 a の円周に沿って積分すると，求める磁場 H は，

$$H=\oint\frac{I}{4\pi a^2}dl=\frac{I}{4\pi a^2}\oint dl$$

（$\dfrac{I}{4\pi a^2}$：定数，$\oint dl=2\pi a$（周長））

$$=\frac{I}{4\pi a^2}\times 2\pi a=\frac{I}{2a}$$ となって，P136 の公式が導けたんだね。

例題 **27**　上下に無限に伸びた直線状の導線に定常電流 I が流れているとき，この導線から a だけ離れたところにできる磁場の大きさ H が $H=\dfrac{I}{2\pi a}$（アンペールの法則）となることを，ビオ - サバールの法則を使って導いてみよう。

次ページの図に示すように，直線電流に沿って x 軸と原点 O を設ける。ここで，x の位置にある電流素片 $Id\boldsymbol{l}$ が，O から x 軸に垂直な方向に a の距離にある点 P に作る微小な磁場の大きさ dH は，ビオ - サバールの法則より，

$$dH=\frac{1}{4\pi}\cdot\frac{I\sin\theta}{r^2}\cdot dx\ \cdots\cdots①$$

（$r^2=a^2+x^2$,　θ：$d\boldsymbol{l}$ と $\boldsymbol{r}$ のなす角）

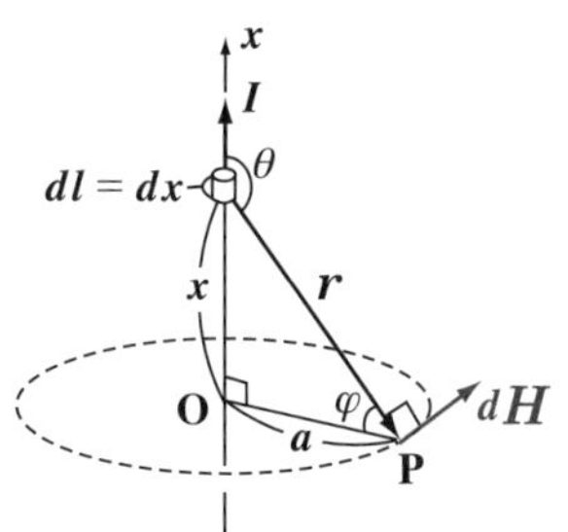

となる。ここで，上下の対称性から，x について積分区間 $[0, \infty)$ で積分して，2 倍したものが求める H となる。よって，

定数

$$H = 2 \cdot \frac{I}{4\pi}\int_0^{\infty} \frac{\sin\theta}{a^2 + x^2}dx \quad \cdots\cdots ①'$$

ここで，変数は θ と x だけれど，右図に示すような新たな角 φ を変数として置換積分した方が，計算が楽になる。

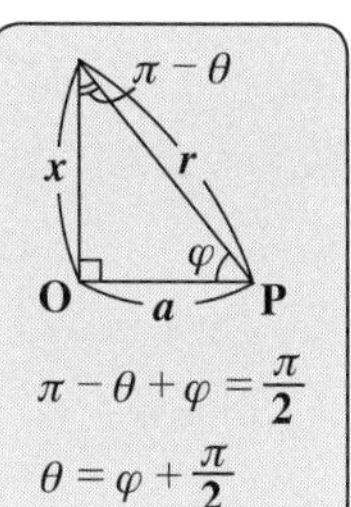

$\pi - \theta + \varphi = \dfrac{\pi}{2}$ より，$\theta = \varphi + \dfrac{\pi}{2}$

$$\therefore \sin\theta = \sin\left(\varphi + \frac{\pi}{2}\right) = \cos\varphi$$

また，$\tan\varphi = \dfrac{x}{a}$ より，$x = a\tan\varphi$

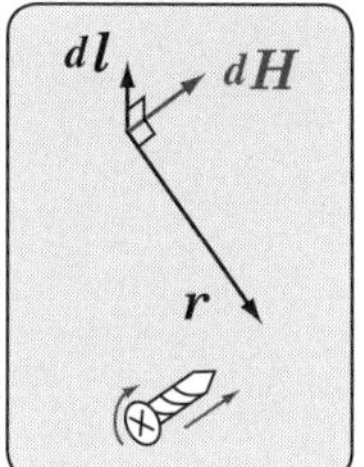

$$\therefore \underline{1 \cdot dx} = \underline{a \cdot \frac{1}{\cos^2\varphi}d\varphi}$$

x で微分して dx をかけたもの

φ で微分して $d\varphi$ をかけたもの

また，$x : 0 \to \infty$ のとき，$\varphi : 0 \to \dfrac{\pi}{2}$

以上より，①′ は，

$$H = \frac{I}{2\pi}\int_0^{\frac{\pi}{2}} \frac{\cos\varphi}{a^2 + a^2\tan^2\varphi} \cdot \frac{a}{\cos^2\varphi}d\varphi = \frac{I}{2\pi}\int_0^{\frac{\pi}{2}} \frac{\cos\varphi}{\frac{a^2}{\cos^2\varphi}} \cdot \frac{a}{\cos^2\varphi}d\varphi$$

($\cos\varphi$ は $\sin\theta$，$\dfrac{a}{\cos^2\varphi}d\varphi$ は dx)

$a^2(1 + \tan^2\varphi) = \dfrac{a^2}{\cos^2\varphi}$ ← 公式：$1 + \tan^2\varphi = \dfrac{1}{\cos^2\varphi}$

$$= \frac{I}{2\pi a}\int_0^{\frac{\pi}{2}} \cos\varphi\, d\varphi = \frac{I}{2\pi a}[\sin\varphi]_0^{\frac{\pi}{2}} = \frac{I}{2\pi a}\sin\frac{\pi}{2} = \frac{I}{2\pi a}$$

となって，P136 のアンペールの法則も導けたんだね。大丈夫だった？

例題 **28**　半径 a の円形状の導線に定常電流 I が流れている。右図のように，円の中心 **O** を原点として x 軸を設定したとき，**O** から x だけ離れた x 軸上の点 **P** にできる磁場の大きさ H を，ビオ - サバールの法則を使って求めてみよう。

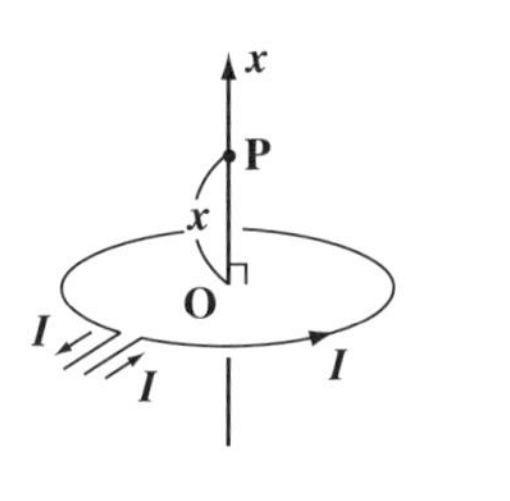

これは，例題 **26** (**P146**) の応用であり，かつ，この後のソレノイド・コイルの磁場を求めるための基礎となる問題なんだ。

右図から明らかに，

$dl \perp r$（垂直）より，点 **P** にできる磁場の大きさ dH は，

$$dH = \frac{I}{4\pi r^2}dl \quad \cdots\cdots ①$$

$\sin\theta = \sin\frac{\pi}{2} = 1$ だからね。

$(r^2 = a^2 + x^2)$ となる。

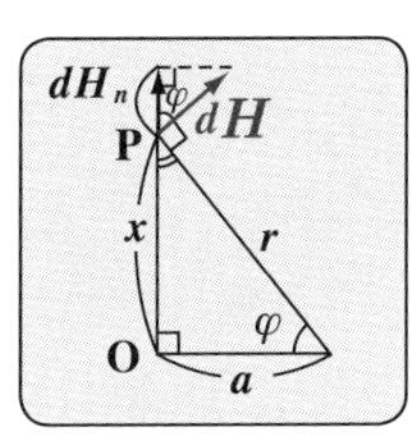

ここで，磁場ベクトル $d\boldsymbol{H}$ の鉛直成分と水平成分をそれぞれ dH_n，dH_t とおくと，①を l で **1** 周接線線積分すると，対称性から dH_t の積分は **0** になるはずなので，考えなくていいね。

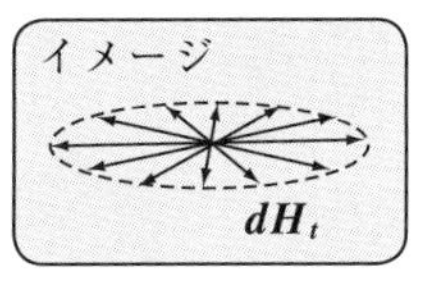

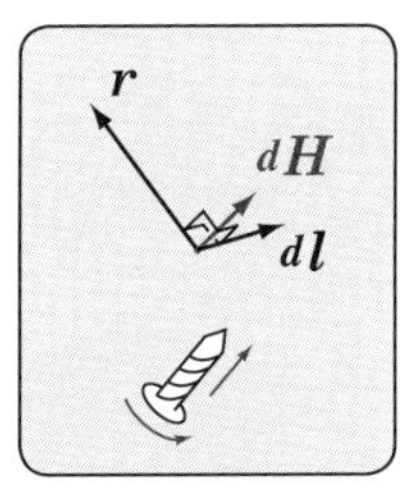

よって，右上図に示すように角 φ をとると，dH_n は，$dH_n = dH \cdot \cos\varphi$ より，①を用いて，

$$dH_n = \frac{I}{4\pi r^2}\cos\varphi\, dl \quad \cdots\cdots ②$$

$$\left(\cos\varphi = \frac{a}{r} = \frac{a}{\sqrt{a^2 + x^2}}\right)$$

となる。

これを l で1周接線線積分したものが，点Pにおける磁場の大きさ H となるので，

$$H = \oint \underbrace{\frac{I\cos\varphi}{4\pi r^2}}_{\text{定数}} dl = \frac{I}{4\pi \underbrace{r^2}_{(a^2+x^2)}} \cdot \underbrace{\cos\varphi}_{\frac{a}{\sqrt{a^2+x^2}}} \underbrace{\oint dl}_{2\pi a} = \frac{2\pi a^2 I}{4\pi(a^2+x^2)^{\frac{3}{2}}}$$

$$\therefore H = \frac{Ia^2}{2(a^2+x^2)^{\frac{3}{2}}}$$ となる。(向きは当然 x 軸の正の向きだ。)

$x=0$ のとき，$H = \frac{Ia^2}{2(a^2)^{\frac{3}{2}}} = \frac{Ia^2}{2a^3} = \frac{I}{2a}$ となって，当然，例題26と同じ結果になるんだね。

それでは，この結果を基に，ソレノイド・コイルの磁場にもチャレンジしてみよう。

例題29　単位長さ当りの巻き数 n の無限に長いソレノイド・コイルに定常電流 I が流れているとき，コイルの内部に生じる磁場の大きさ H が，$H = nI$ となることを，例題28の結果を用いて導いてみよう。

右図に示すように，半径 a の左右無限に伸びるソレノイド・コイルの中心軸に x 軸と原点Oを設けることにしよう。

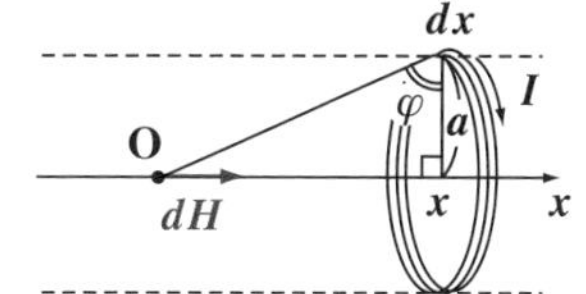

ここでまず，x の位置にある1巻きのコイルを流れる電流(円形電流) I がOに作る磁場を h とおくと，例題28の結果より，

$$h = \frac{Ia^2}{2(a^2+x^2)^{\frac{3}{2}}} \quad \cdots\cdots(a)$$ となる。

ここで，微小コイルの幅 dx をとると，区間 $[x,\ x+dx]$ の間のコイルの巻き数は当然 ndx となる。よって，これを (a) にかけたものが，この微小な幅のコイルがOに作る微小な磁場 dH になるんだね。これから，

$$dH = h \cdot ndx = \frac{Ia^2}{2(a^2+x^2)^{\frac{3}{2}}} ndx \quad \cdots\cdots(b)$$ となる。

後は，**O** の前後の対称性から，

$$dH = \frac{Ina^2}{2(a^2+x^2)^{\frac{3}{2}}}dx \quad \cdots(b)$$

を x について積分区間 $[0,\ \infty)$ で積分して **2** 倍したものが，このソレノイド・コイルの中心部に生じる磁場 H になる。よって，

$$H = 2\int_0^{\infty}\frac{Ina^2}{2(a^2+x^2)^{\frac{3}{2}}}dx = Ina^2\int_0^{\infty}\frac{1}{(a^2+x^2)^{\frac{3}{2}}}dx \quad \cdots\cdots(c)$$

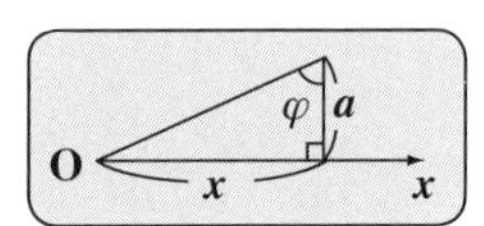

ここで，右図のように角度 φ をとって，
(c) を φ での積分に置換してみよう。

$\tan\varphi = \frac{x}{a}$ より，　$x = a\tan\varphi$　　$\therefore\ 1\cdot dx = \frac{a}{\cos^2\varphi}d\varphi$

（$1\cdot dx$：x で微分して dx をかけたもの，$\frac{a}{\cos^2\varphi}d\varphi$：$\varphi$ で微分して $d\varphi$ をかけたもの）

また，$x：0\to\infty$ のとき，$\varphi：0\to\frac{\pi}{2}$ より，(c) の積分は，

$$H = Ina^2\int_0^{\frac{\pi}{2}}\frac{1}{(a^2+a^2\tan^2\varphi)^{\frac{3}{2}}}\cdot\underbrace{\frac{a}{\cos^2\varphi}d\varphi}_{dx}$$

$$(a^2+a^2\tan^2\varphi)^{\frac{3}{2}} = \{a^2(1+\tan^2\varphi)\}^{\frac{3}{2}} = a^3\left(\frac{1}{\cos^2\varphi}\right)^{\frac{3}{2}} = \frac{a^3}{\cos^3\varphi}$$

$$= Ina^2\int_0^{\frac{\pi}{2}}\frac{1}{\frac{a^3}{\cos^3\varphi}}\cdot\frac{a}{\cos^2\varphi}d\varphi = In\int_0^{\frac{\pi}{2}}\cos\varphi\, d\varphi$$

$$= In[\sin\varphi]_0^{\frac{\pi}{2}} = In\cdot\underbrace{\sin\frac{\pi}{2}}_{1} = In$$ となって，答えだね。

以上で，**P136** の高校物理の **3** つの公式 (i) $H = \frac{I}{2\pi a}$，(ii) $H = \frac{I}{2a}$，(iii) $H = nI$ が，すべてビオ - サバールの法則から導くことができることが分かったと思う。

ここで，無限に長いソレノイド・コイルの場合，中心軸だけでなくコイル内部の磁場はすべて同一の向きで $H = In$ となり，またコイル外部の磁場は **0** となる。このことは，アンペールの法則から簡単に導ける。

また，無限に長いソレノイドではなく，十分な長さのソレノイドの場合，両端の中心軸付近の磁場 H' は中央内部の磁場 H ($\fallingdotseq nI$) の約半分になる。これは，中央内部の磁場 H には，左右両側のコイルから同じ大きさの寄与があるのに対して，両端の H' では片側のコイルからの寄与しかないからなんだね。納得いった？

● ビオ - サバールの法則とガウスの法則はソックリ!?

では次，ビオ - サバールの法則：

$d\boldsymbol{H} = \frac{1}{4\pi} \cdot \frac{I d\boldsymbol{l} \times \boldsymbol{r}}{r^3}$ ……$(*u)$ の中の $Id\boldsymbol{l}$ を変形してみよう。すると，

$$Id\boldsymbol{l} = \boldsymbol{I}\,dl = \boldsymbol{i}\,Sdl = \rho\boldsymbol{v}\,dV = \rho dV\boldsymbol{v} = dQ\boldsymbol{v} \quad \cdots\cdots ①$$

（$\boldsymbol{I}$：$d\boldsymbol{l}$ の代わりに I をベクトルにした。$\boldsymbol{I} = \boldsymbol{i}S$（$\boldsymbol{i}$：電流密度，$S$：断面積）。$\boldsymbol{i} = \rho\boldsymbol{v}$。$Sdl = dV$：微小体積。$\rho dV = dQ$：微小電荷。$dQ$ は導線の微小体積 dV に含まれる微小電荷を表す）

となる。よって，①を $(*u)$ に代入すると，

$$d\boldsymbol{H} = \frac{1}{4\pi} \cdot \frac{dQ\boldsymbol{v} \times \boldsymbol{r}}{r^3} \quad \cdots\cdots ②$$ となる。

ここで，$d\boldsymbol{l} \perp \boldsymbol{r}$，すなわち，$\boldsymbol{v} \perp \boldsymbol{r}$ として，②の両辺の大きさをとると，

$$dH = \left\| \frac{dQ}{4\pi r^3} \boldsymbol{v} \times \boldsymbol{r} \right\| = \frac{dQ}{4\pi r^3} \|\boldsymbol{v} \times \boldsymbol{r}\| = \frac{dQvr}{4\pi r^3}$$

（$\frac{dQ}{4\pi r^3}$：正の定数。$\|\boldsymbol{v} \times \boldsymbol{r}\| = \|\boldsymbol{v}\|\|\boldsymbol{r}\|\sin\frac{\pi}{2} = vr$）

$$\therefore dH = \frac{dQ \cdot v}{4\pi r^2} \quad \cdots\cdots ③$$ となるんだね。

この③を見て何か思い出さない？… そうだね。真空中の静電場における

ガウスの法則：$E = \frac{1}{4\pi r^2} \cdot \frac{Q}{\varepsilon_0}$ (P58) とよく似てる。

この両辺に ε_0 をかけて，$D = \varepsilon_0 E$ とおくと，

$D = \frac{Q}{4\pi r^2}$　　ここで，Q と D をそれぞれ微小量 dQ と dD に置き換えると

$dD = \frac{dQ}{4\pi r^2}$ ……④となって，v を除いて③とソックリな形になった。

以上をまとめると，

(Ⅰ) ビオ - サバールの法則：$dH = \dfrac{dQ \cdot v}{4\pi r^2}$ …③から，微小電荷 dQ が速さ v で運動すれば，図 2 (ⅰ) に示すように，その周りの円周上に，回転する微小な磁場 dH が発生する。

(Ⅱ) ガウスの法則：$dD = \dfrac{dQ}{4\pi r^2}$ …④から，微小電荷 dQ が静止していれば，図 2 (ⅱ) に示すように，その周りの球面上に，発散する微小な電束密度 dD (または微小な電場 dE) が生まれるんだね。

これらは，対比して覚えておくと忘れないはずだ。

図 2　(ⅰ) ビオ - サバールの法則　　(ⅱ) ガウスの法則

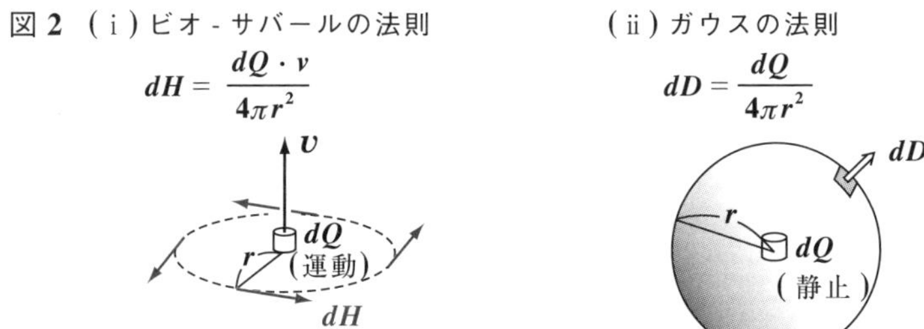

● 磁場のベクトル・ポテンシャルも押さえておこう！

物理学では一般に，ある現象について，その背後にある現象を解明しようとする。電場 $\boldsymbol{E}$ に対してもその背後に電位 ϕ があり，電場 $\boldsymbol{E}$ は ϕ の勾配ベクトルから求められる。すなわち，$\boldsymbol{E} = -\mathbf{grad}\,\phi = -\left[\dfrac{\partial\phi}{\partial x}, \dfrac{\partial\phi}{\partial y}, \dfrac{\partial\phi}{\partial z}\right]$ で表されることを調べたのも，この典型例と言えるんだね。

これは，数学的には次のように考えることができる。まず，P39 の公式

(Ⅱ) $\mathbf{rot}\,(\mathbf{grad}\,f) = \mathbf{0}$ ……$(*f)'$ を思い出してみよう。

（これは，任意のスカラー値関数 f に対して恒等的に右辺が $\mathbf{0}$ になる公式だ。）

すると，静電場において，$\mathbf{rot}\,\boldsymbol{E} = \mathbf{0}$ ……①が成り立つから，

（変動する電磁場においては，マクスウェルの方程式 $\mathbf{rot}\,\boldsymbol{E} = -\dfrac{\partial \boldsymbol{B}}{\partial t}$ が成り立つ。これについては，後で P186 で詳しく解説することにしよう。）

$\boldsymbol{E} = -\mathbf{grad}\,\phi$ ……②と表せると考えることができる。

何故なら，②を①に代入すると，$(*f)'$ より，

$\mathbf{rot}\,(-\mathbf{grad}\,\phi) = -\mathbf{rot}\,(\mathbf{grad}\,\phi) = \mathbf{0}$ が恒等的に成り立つからだ。

よって，この電位 ϕ は静電場 $\boldsymbol{E}$ の背後にあるスカラー値関数なので，“**スカラー・ポテンシャル**”と呼んでもいいよ。

それでは，定常電流による静磁場の場合，

P39 の公式：
(Ⅰ) $\mathbf{div}\,(\mathbf{rot}\,\boldsymbol{f}) = 0$ ……………………$(*f)$
(Ⅱ) $\mathbf{rot}\,(\mathbf{grad}\,f) = \mathbf{0}$ …………………$(*f)'$
(Ⅲ) $\mathbf{rot}\,(\mathbf{rot}\,\boldsymbol{f}) = \nabla(\nabla\cdot\boldsymbol{f}) - \Delta\boldsymbol{f}$ …$(*f)''$

$\mathbf{div}\,\boldsymbol{B} = 0$ ……③，または

$\mathbf{div}\,\boldsymbol{H} = 0$ ……③′

が成り立つので，P39 の公式 (Ⅰ) $\mathbf{div}\,(\mathbf{rot}\,\boldsymbol{f}) = 0$ ……$(*f)$ より，

（これは任意のベクトル値関数 $\boldsymbol{f}$ に対して恒等的に右辺が 0 になる公式だ。）

磁場 $\boldsymbol{H}$ の背後に何かあるベクトル値関数 $\boldsymbol{A}$ があり，$\boldsymbol{H}$ は

$\boldsymbol{H} = \mathbf{rot}\,\boldsymbol{A}$ …④ と表されるはずだね。何故なら，④を③′に代入すると，$(*f)$ により，

（ここでは，磁場 $\boldsymbol{H}$ について考えていくことにしよう。これを磁束密度 $\boldsymbol{B}$ の式に置き換えたければ，真空中においては $\boldsymbol{B} = \mu_0\boldsymbol{H}$ とすればいいだけだからね。）

$\mathbf{div}\,(\mathbf{rot}\,A) = 0$ が恒等的に成り立つからだ。

このベクトル値関数 $\boldsymbol{A}$ のことを，静磁場 $\boldsymbol{H}$ に対する“**ベクトル・ポテンシャル**”(***vector potential***) と呼ぶ。

そして，スカラー・ポテンシャル (電位)ϕ や，ベクトル・ポテンシャル $\boldsymbol{A}$ は共に一意 (1 通り) には決まらない。たとえば，電位 ϕ が

$\boldsymbol{E} = -\mathbf{grad}\,\phi$ をみたしたとすると，これに任意の定数 C をたしたものを $\phi_1 = \phi + C$ とおくと，この ϕ_1 も

$$-\mathbf{grad}\,\phi_1 = -\mathbf{grad}\,(\phi + C) = -\mathbf{grad}\,\phi - \underbrace{\mathbf{grad}\,C}_{0} = -\mathbf{grad}\,\phi = \boldsymbol{E}$$

となって，$\boldsymbol{E} = -\mathbf{grad}\,\phi_1$ をみたすからね。

同様に，ベクトル・ポテンシャル $\boldsymbol{A}$ が $\boldsymbol{H} = \mathbf{rot}\,\boldsymbol{A}$ をみたすとすると，これに任意のスカラー値関数 f の勾配ベクトル $\nabla f = \mathbf{grad}\,f$ をたしたものを $\boldsymbol{A}_1 = \boldsymbol{A} + \mathbf{grad}\,f$ とおけば，この $\boldsymbol{A}_1$ も

$$\mathbf{rot}\,\boldsymbol{A}_1 = \mathbf{rot}\,(\boldsymbol{A} + \mathbf{grad}\,f) = \mathbf{rot}\,\boldsymbol{A} + \underbrace{\mathbf{rot}\,(\mathbf{grad}\,f)}_{0\ ((*f)'\text{より})} = \mathbf{rot}\,\boldsymbol{A} = \boldsymbol{H}$$

となって，$\boldsymbol{H} = \mathbf{rot}\,\boldsymbol{A}_1$ をみたすのも分かるね。

このように，ϕ や $\boldsymbol{A}$ は一意には決まらず，ある程度の任意性がある。

以上を対比して，まとめて示そう。

● 静磁場	● 静電場
$\mathrm{div}\,\boldsymbol{H}=0$ より，$\boldsymbol{H}=\mathrm{rot}\,\boldsymbol{A}$ をみたす $\boldsymbol{A}$ が存在する。($\boldsymbol{A}$：ベクトル・ポテンシャル) $\boldsymbol{A}$ には ∇f をたしても成り立つ任意性がある。	$\mathrm{rot}\,\boldsymbol{E}=\boldsymbol{0}$ より，$\boldsymbol{E}=-\mathrm{grad}\,\phi$ をみたす ϕ が存在する。(ϕ：スカラー・ポテンシャル(電位)) ϕ には定数 C をたしても成り立つ任意性がある。

ここで，マクスウェルの方程式(Ⅰ) $\mathrm{div}\,\underline{\boldsymbol{D}(\boldsymbol{r})}=\rho(\boldsymbol{r})$，すなわち
（$\boldsymbol{D}(\boldsymbol{r})=\varepsilon_0\boldsymbol{E}(\boldsymbol{r})$）

$\mathrm{div}\,\underline{\boldsymbol{E}(\boldsymbol{r})}=\dfrac{\rho(\boldsymbol{r})}{\varepsilon_0}$ に $\boldsymbol{E}(\boldsymbol{r})=-\mathrm{grad}\,\phi(\boldsymbol{r})$ を代入すると，
（$\boldsymbol{E}(\boldsymbol{r})=-\mathrm{grad}\,\phi$）

$$-\mathrm{div}\,(\mathrm{grad}\,\phi(\boldsymbol{r}))=\frac{\rho(\boldsymbol{r})}{\varepsilon_0},\qquad \underline{\mathrm{div}\,(\mathrm{grad}\,\phi(\boldsymbol{r}))}=-\frac{\rho(\boldsymbol{r})}{\varepsilon_0}\qquad \text{よって，}$$
（$\nabla\cdot(\nabla\phi)=\nabla^2\phi=\phi_{xx}+\phi_{yy}+\phi_{zz}$）

ポアソンの方程式：$\dfrac{\partial^2\phi(\boldsymbol{r})}{\partial x^2}+\dfrac{\partial^2\phi(\boldsymbol{r})}{\partial y^2}+\dfrac{\partial^2\phi(\boldsymbol{r})}{\partial z^2}=-\dfrac{\rho(\boldsymbol{r})}{\varepsilon_0}$ ……① が成り立つ。

ここで，電荷の周りの**電荷のない空間上の点** $\boldsymbol{r}$ においては，当然 $\rho(\boldsymbol{r})=0$ より，

ラプラスの方程式：$\dfrac{\partial^2\phi(\boldsymbol{r})}{\partial x^2}+\dfrac{\partial^2\phi(\boldsymbol{r})}{\partial y^2}+\dfrac{\partial^2\phi(\boldsymbol{r})}{\partial z^2}=0$ ……② が成り立つ。

ここで，図3に示すように，領域 V' に電荷が連続的に分布しているとき，V' を微小な領域 dV' に分割することによって，V' の周りの電荷のない点 $\boldsymbol{r}$ における電位 $\phi(\boldsymbol{r})$ は積分形で，

図3 電位 $\phi(\boldsymbol{r})$ の積分形

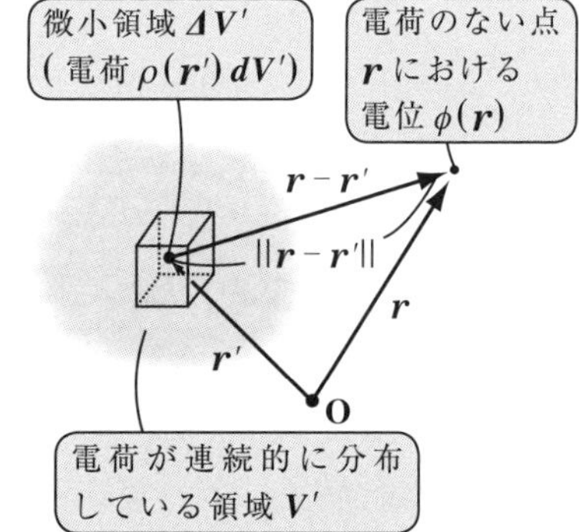

（V' 中の微小領域 dV' における電荷）

$$\phi(\boldsymbol{r})=\frac{1}{4\pi\varepsilon_0}\iiint_{V'}\frac{\rho(\boldsymbol{r}')}{\|\boldsymbol{r}-\boldsymbol{r}'\|}dV' \cdots ③$$

（電位の重ね合せの原理(P75)より）

と表せる。ただし，$\rho(\boldsymbol{r}')$ は，V' 中の点 $\boldsymbol{r}'$ における電荷密度とする。

この③は，領域 V' の周りの電荷のない空間における電位なので，当然②のラプラスの方程式をみたすはずだ。確認しておこう。電荷の存在する領域 V' の内部の点を $\boldsymbol{r}'=[x',\ y',\ z']$ とし，V' の周りの電荷のない空間上の点を $\boldsymbol{r}=[x,\ y,\ z]$ とおくと，$\phi(\boldsymbol{r})$ を x で 2 階偏微分して，

$$\frac{\partial^2\phi(\boldsymbol{r})}{\partial x^2}=\frac{1}{4\pi\varepsilon_0}\frac{\partial^2}{\partial x^2}\iiint_{V'}\frac{\rho(\boldsymbol{r}')}{\|\boldsymbol{r}-\boldsymbol{r}'\|}dV'$$

$\|\boldsymbol{r}-\boldsymbol{r}'\| = \sqrt{(x-x')^2+(y-y')^2+(z-z')^2}$

$$=\frac{1}{4\pi\varepsilon_0}\cdot\iiint_{V'}\rho(\boldsymbol{r}')\cdot\frac{\partial^2}{\partial x^2}\{(x-x')^2+(y-y')^2+(z-z')^2\}^{-\frac{1}{2}}dV' \cdots ④$$

ここで，

$$\frac{\partial}{\partial x}\{(x-x')^2+(y-y')^2+(z-z')^2\}^{-\frac{1}{2}}$$

合成関数の偏微分

$$=-\frac{1}{2}\{(x-x')^2+(y-y')^2+(z-z')^2\}^{-\frac{3}{2}}\cdot 2(x-x')$$

$2(x-x') = \frac{\partial}{\partial x}(x-x')^2$

$$=-(x-x')\{(x-x')^2+(y-y')^2+(z-z')^2\}^{-\frac{3}{2}}$$

これより，
$$\frac{\partial}{\partial x}\frac{1}{\|\boldsymbol{r}-\boldsymbol{r}'\|}=-\frac{x-x'}{\|\boldsymbol{r}-\boldsymbol{r}'\|^3}$$
が成り立つ。

この両辺を再び x で偏微分して，

$$\frac{\partial^2}{\partial x^2}\{(x-x')^2+(y-y')^2+(z-z')^2\}^{-\frac{1}{2}}$$

$$=-\frac{\partial}{\partial x}(x-x')\{(x-x')^2+(y-y')^2+(z-z')^2\}^{-\frac{3}{2}}$$

$(f\cdot g)'=f'g+fg'$ より

$$=-\Big[1\cdot\{(x-x')^2+(y-y')^2+(z-z')^2\}^{-\frac{3}{2}}$$

$$+(x-x')\left(-\frac{3}{2}\right)\{(x-x')^2+(y-y')^2+(z-z')^2\}^{-\frac{5}{2}}\cdot 2(x-x')\Big]$$

$$=-\{(x-x')^2+(y-y')^2+(z-z')^2\}^{-\frac{3}{2}}+3(x-x')^2\{(x-x')^2+(y-y')^2+(z-z')^2\}^{-\frac{5}{2}}$$

$\{(x-x')^2+(y-y')^2+(z-z')^2\}^{-\frac{3}{2}} = \|\boldsymbol{r}-\boldsymbol{r}'\|^{-3}$，$\{(x-x')^2+(y-y')^2+(z-z')^2\}^{-\frac{5}{2}} = \|\boldsymbol{r}-\boldsymbol{r}'\|^{-5}$

$$=\|\boldsymbol{r}-\boldsymbol{r}'\|^{-5}\cdot\{3(x-x')^2-\|\boldsymbol{r}-\boldsymbol{r}'\|^2\} \cdots\cdots ⑤$$

⑤を④に代入して，

$$\frac{\partial^2\phi(\boldsymbol{r})}{\partial x^2}=\frac{1}{4\pi\varepsilon_0}\iiint_{V'}\rho(\boldsymbol{r}')\frac{3(x-x')^2-\|\boldsymbol{r}-\boldsymbol{r}'\|^2}{\|\boldsymbol{r}-\boldsymbol{r}'\|^5}dV' \cdots\cdots ⑥$$

同様に，$\frac{\partial^2\phi(\boldsymbol{r})}{\partial x^2}=\frac{1}{4\pi\varepsilon_0}\iiint_V \rho(\boldsymbol{r}')\ \frac{3(x-x')^2-\|\boldsymbol{r}-\boldsymbol{r}'\|^2}{\|\boldsymbol{r}-\boldsymbol{r}'\|^5}\,dV'$ … ⑥

$$\frac{\partial^2\phi(\boldsymbol{r})}{\partial y^2}=\frac{1}{4\pi\varepsilon_0}\iiint_{V'} \rho(\boldsymbol{r}')\ \frac{3(y-y')^2-\|\boldsymbol{r}-\boldsymbol{r}'\|^2}{\|\boldsymbol{r}-\boldsymbol{r}'\|^5}\,dV' \quad \cdots\cdots ⑦$$

$$\frac{\partial^2\phi(\boldsymbol{r})}{\partial z^2}=\frac{1}{4\pi\varepsilon_0}\iiint_{V'} \rho(\boldsymbol{r}')\ \frac{3(z-z')^2-\|\boldsymbol{r}-\boldsymbol{r}'\|^2}{\|\boldsymbol{r}-\boldsymbol{r}'\|^5}\,dV' \quad \cdots\cdots ⑧$$

⑥＋⑦＋⑧より，

$$\frac{\partial^2\phi(\boldsymbol{r})}{\partial x^2}+\frac{\partial^2\phi(\boldsymbol{r})}{\partial y^2}+\frac{\partial^2\phi(\boldsymbol{r})}{\partial z^2}$$

$$=\frac{1}{4\pi\varepsilon_0}\iiint_{V'} \rho(\boldsymbol{r}')\ \underbrace{\frac{\overbrace{3\{(x-x')^2+(y-y')^2+(z-z')^2\}}^{3\|\boldsymbol{r}-\boldsymbol{r}'\|^2}-3\|\boldsymbol{r}-\boldsymbol{r}'\|^2}{\|\boldsymbol{r}-\boldsymbol{r}'\|^5}}_{0}\,dV'=0$$

となって，$\phi(\boldsymbol{r})=\frac{1}{4\pi\varepsilon_0}\iiint_{V'}\frac{\rho(\boldsymbol{r}')}{\|\boldsymbol{r}-\boldsymbol{r}'\|}dV'$ … ③は，②のラプラス方程式をみたす。すなわち，②の解の**1**つであることが分かったんだね。

では次，ベクトル・ポテンシャル $\boldsymbol{A}(\boldsymbol{r})$についても，$\boldsymbol{H}(\boldsymbol{r})=\mathrm{rot}\boldsymbol{A}(\boldsymbol{r})$であり，これをアンペールの法則（マクスウェルの方程式）

$\mathrm{rot}\boldsymbol{H}(\boldsymbol{r})=\boldsymbol{i}(\boldsymbol{r})$に代入すると，

$$\underbrace{\mathrm{rot}(\mathrm{rot}\boldsymbol{A}(\boldsymbol{r}))}_{\nabla(\nabla\cdot\boldsymbol{A})-\nabla^2\boldsymbol{A}=\mathrm{grad}(\mathrm{div}\boldsymbol{A})-\Delta\boldsymbol{A}}=\boldsymbol{i}(\boldsymbol{r})$$

P39の公式：
$\mathrm{rot}(\mathrm{rot}\,\boldsymbol{f})=\nabla(\nabla\cdot\boldsymbol{f})-\Delta\boldsymbol{f}$ … $(*f)''$
を使った。

$$\mathrm{grad}(\mathrm{div}\boldsymbol{A})-\Delta\boldsymbol{A}=\boldsymbol{i}(\boldsymbol{r}) \quad \cdots\cdots ⑨$$

ここで，$\mathrm{div}\boldsymbol{A}(\boldsymbol{r})=0$となるベクトル・ポテンシャル $\boldsymbol{A}(\boldsymbol{r})$を採用することにすると，⑨より，

$$\mathrm{grad}(\underbrace{\mathrm{div}\boldsymbol{A}}_{0})-\Delta\boldsymbol{A}=\boldsymbol{i}(\boldsymbol{r}) \qquad \therefore\ \underbrace{\Delta\boldsymbol{A}(\boldsymbol{r})}_{\left(\frac{\partial^2}{\partial x^2}+\frac{\partial^2}{\partial y^2}+\frac{\partial^2}{\partial z^2}\right)[A_1,\ A_2,\ A_3]}=-\boldsymbol{i}(\boldsymbol{r}) \quad \cdots\cdots ⑩$$

ここで，$\boldsymbol{A}(\boldsymbol{r})=[A_1(\boldsymbol{r}),\ A_2(\boldsymbol{r}),\ A_3(\boldsymbol{r})]$，$\boldsymbol{i}(\boldsymbol{r})=[i_1(\boldsymbol{r}),\ i_2(\boldsymbol{r}),\ i_3(\boldsymbol{r})]$とおくと，⑩式は次の**3**つの方程式を表すことになる。

$$\frac{\partial^2 A_1}{\partial x^2}+\frac{\partial^2 A_1}{\partial y^2}+\frac{\partial^2 A_1}{\partial z^2}=-i_1 \ \cdots ⑪ \qquad \frac{\partial^2 A_2}{\partial x^2}+\frac{\partial^2 A_2}{\partial y^2}+\frac{\partial^2 A_2}{\partial z^2}=-i_2 \ \cdots ⑪'$$

$$\frac{\partial^2 A_3}{\partial x^2}+\frac{\partial^2 A_3}{\partial y^2}+\frac{\partial^2 A_3}{\partial z^2}=-i_3 \ \cdots ⑪''$$

ヒェ〜！大変そうだって!? そんなことないよ。ベクトル・ポテンシャルだから **3** つの成分に分けて偏微分方程式を示したんだけれど，これらはみんな ϕ の方程式：$\frac{\partial^2\phi}{\partial x^2}+\frac{\partial^2\phi}{\partial y^2}+\frac{\partial^2\phi}{\partial z^2}=-\frac{\rho}{\varepsilon_0}$ … ①とまったく同じ形をしている。よって，電荷が連続的に分布している領域 V' の周りの電荷のない空間上の点 $\boldsymbol{r}$ における電位 $\phi(\boldsymbol{r})$ が，

$\phi(\boldsymbol{r})=\frac{1}{4\pi\varepsilon_0}\iiint_{V'}\frac{\rho(\boldsymbol{r}')}{\|\boldsymbol{r}-\boldsymbol{r}'\|}dV'$ … ③ であり，これがラプラスの方程式：

$\frac{\partial^2\phi}{\partial x^2}+\frac{\partial^2\phi}{\partial y^2}+\frac{\partial^2\phi}{\partial z^2}=0$ … ② をみたしたように，定常電流の周りの電流のない空間上の点 $\boldsymbol{r}$ におけるベクトル・ポテンシャル $\boldsymbol{A}(\boldsymbol{r})$ の x 成分 $A_1(\boldsymbol{r})$ は

$$A_1(\boldsymbol{r})=\frac{1}{4\pi}\iiint_{V'}\frac{i_1(\boldsymbol{r}')}{\|\boldsymbol{r}-\boldsymbol{r}'\|}dV' \quad \cdots ⑫$$

後に示すように，静磁場 $\boldsymbol{H}(\boldsymbol{r})$ の積分形は，

$\boldsymbol{H}(\boldsymbol{r})=\frac{1}{4\pi}\iiint_{V'}\frac{\boldsymbol{i}(\boldsymbol{r}')\times(\boldsymbol{r}-\boldsymbol{r}')}{\|\boldsymbol{r}-\boldsymbol{r}'\|}dV'$

となるので，$\boldsymbol{H}(\boldsymbol{r})=\mathrm{rot}\boldsymbol{A}(\boldsymbol{r})$ の関係から，$\boldsymbol{A}(\boldsymbol{r})$ に，$\frac{1}{4\pi}$ の係数と，$\boldsymbol{i}(\boldsymbol{r}')=[i_1,\ i_2,\ i_3]$ を含める必要があるんだね。

と表すことができる。(ただし，V' は電流が流れている領域を表し，$\boldsymbol{r}'$ は V' 上の点の位置ベクトルを，$i_1(\boldsymbol{r}')$ は点 $\boldsymbol{r}'$ における電流密度 $\boldsymbol{i}(\boldsymbol{r}')$ の x 成分を表す。(図 **4**))

そして，⑫はラプラスの方程式：

$\frac{\partial^2 A_1}{\partial x^2}+\frac{\partial^2 A_1}{\partial y^2}+\frac{\partial^2 A_1}{\partial z^2}=0$ をみたすことになる。同様に，

$$A_2(\boldsymbol{r})=\frac{1}{4\pi}\iiint_{V'}\frac{i_2(\boldsymbol{r}')}{\|\boldsymbol{r}-\boldsymbol{r}'\|}dV'$$

$$A_3(\boldsymbol{r})=\frac{1}{4\pi}\iiint_{V'}\frac{i_3(\boldsymbol{r}')}{\|\boldsymbol{r}-\boldsymbol{r}'\|}dV'$$

であり，これらもそれぞれのラプラス方程式をみたす。

よって，$\boldsymbol{H}(\boldsymbol{r})$ のベクトル・ポテンシャルは，

$$\boldsymbol{A}(\boldsymbol{r})=\frac{1}{4\pi}\iiint_{V'}\frac{\boldsymbol{i}(\boldsymbol{r}')}{\|\boldsymbol{r}-\boldsymbol{r}'\|}dV' \quad \cdots ⑬$$

（$\boldsymbol{i}(\boldsymbol{r}')=[i_1,\ i_2,\ i_3]$）

となる。

図 **4**　ベクトル・ポテンシャル $\boldsymbol{A}(\boldsymbol{r})$

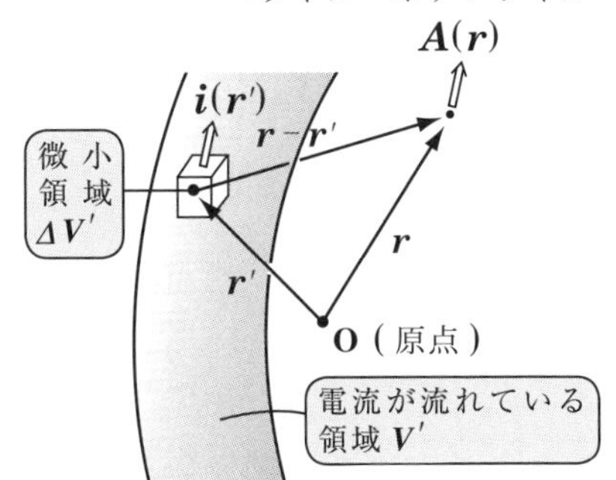

ここで，$\boldsymbol{A}(\boldsymbol{r})=\dfrac{1}{4\pi}\iiint_{V'}\dfrac{\boldsymbol{i}(\boldsymbol{r}')}{\|\boldsymbol{r}-\boldsymbol{r}'\|}dV'$ … ⑬ は，$\mathrm{div}\boldsymbol{A}(\boldsymbol{r})=0$をみたすものとして導かれた。よって，次に，⑬の$\boldsymbol{A}(\boldsymbol{r})$に対して，$\mathrm{div}\boldsymbol{A}(\boldsymbol{r})=0$，すなわち

$\nabla\cdot\boldsymbol{A}=\left[\dfrac{\partial}{\partial x},\ \dfrac{\partial}{\partial y},\ \dfrac{\partial}{\partial z}\right]\cdot[A_1,\ A_2,\ A_3]$

$$\frac{\partial A_1}{\partial x}+\frac{\partial A_2}{\partial y}+\frac{\partial A_3}{\partial z}=0 \quad \cdots\cdots ⑭$$

となることを示そう。$A_1(\boldsymbol{r})=\dfrac{1}{4\pi}\iiint_{V'}\dfrac{i_1(\boldsymbol{r}')}{\|\boldsymbol{r}-\boldsymbol{r}'\|}dV'$ … ⑫をxで偏微分すると，

$$\frac{\partial A_1(\boldsymbol{r})}{\partial x}=\frac{\partial}{\partial x}\frac{1}{4\pi}\iiint_{V'}\frac{i_1(\boldsymbol{r}')}{\|\boldsymbol{r}-\boldsymbol{r}'\|}dV'$$
$$=\frac{1}{4\pi}\iiint_{V'}i_1(\boldsymbol{r}')\cdot\frac{\partial}{\partial x}\frac{1}{\|\boldsymbol{r}-\boldsymbol{r}'\|}dV' \quad \cdots\cdots ⑮$$

$\boldsymbol{r}=[x,\ y,\ z]$，$\boldsymbol{r}'=[x',\ y',\ z']$とおくと，

$$\frac{\partial}{\partial x}\frac{1}{\|\boldsymbol{r}-\boldsymbol{r}'\|}=\frac{\partial}{\partial x}\{(x-x')^2+(y-y')^2+(z-z')^2\}^{-\frac{1}{2}}$$
$$=-\frac{1}{2}\{(x-x')^2+(y-y')^2+(z-z')^2\}^{-\frac{3}{2}}\cdot 2(x-x')$$
$$=-\frac{x-x'}{\|\boldsymbol{r}-\boldsymbol{r}'\|^3} \quad \cdots\cdots ⑯$$

ここで，$\dfrac{1}{\|\boldsymbol{r}-\boldsymbol{r}'\|}$ を x'で偏微分すると，

$$\frac{\partial}{\partial x'}\frac{1}{\|\boldsymbol{r}-\boldsymbol{r}'\|}=\frac{\partial}{\partial x'}\{(x-x')^2+(y-y')^2+(z-z')^2\}^{-\frac{1}{2}}$$
$$=-\frac{1}{2}\{(x-x')^2+(y-y')^2+(z-z')^2\}^{-\frac{3}{2}}\cdot\{-2(x-x')\}$$
$$=\frac{x-x'}{\|\boldsymbol{r}-\boldsymbol{r}'\|^3} \quad \cdots\cdots ⑰$$

よって，⑯と⑰を比較すると，

$$\frac{\partial}{\partial x}\frac{1}{\|\boldsymbol{r}-\boldsymbol{r}'\|}=-\frac{\partial}{\partial x'}\frac{1}{\|\boldsymbol{r}-\boldsymbol{r}'\|}$$

この両辺に$i_1(\boldsymbol{r}')$をかけて，

$$i_1(\boldsymbol{r}')\cdot\frac{\partial}{\partial x}\frac{1}{\|\boldsymbol{r}-\boldsymbol{r}'\|}=-i_1(\boldsymbol{r}')\cdot\frac{\partial}{\partial x'}\frac{1}{\|\boldsymbol{r}-\boldsymbol{r}'\|} \quad \cdots ⑱$$

となる。

ここで，部分積分法より，　$(f\cdot g)=f'g+fg'$ より

$$\frac{\partial}{\partial x'}\frac{i_1(\boldsymbol{r}')}{\|\boldsymbol{r}-\boldsymbol{r}'\|}=\frac{\partial i_1(\boldsymbol{r}')}{\partial x'}\cdot\frac{1}{\|\boldsymbol{r}-\boldsymbol{r}'\|}+i_1(\boldsymbol{r}')\cdot\frac{\partial}{\partial x'}\frac{1}{\|\boldsymbol{r}-\boldsymbol{r}'\|}$$

$$\therefore -i_1(\boldsymbol{r}')\cdot\frac{\partial}{\partial x'}\frac{1}{\|\boldsymbol{r}-\boldsymbol{r}'\|}=\frac{\partial i_1(\boldsymbol{r}')}{\partial x'}\frac{1}{\|\boldsymbol{r}-\boldsymbol{r}'\|}-\frac{\partial}{\partial x'}\frac{i_1(\boldsymbol{r}')}{\|\boldsymbol{r}-\boldsymbol{r}'\|}\quad\cdots\cdots ⑲$$

⑲を⑱の右辺に代入して，

$$i_1(\boldsymbol{r}')\cdot\frac{\partial}{\partial x}\frac{1}{\|\boldsymbol{r}-\boldsymbol{r}'\|}=\frac{\partial i_1(\boldsymbol{r}')}{\partial x'}\frac{1}{\|\boldsymbol{r}-\boldsymbol{r}'\|}-\frac{\partial}{\partial x'}\frac{i_1(\boldsymbol{r}')}{\|\boldsymbol{r}-\boldsymbol{r}'\|}\quad\cdots ⑳$$

となる。

⑳を⑮に代入して，

$$\frac{\partial A_1(\boldsymbol{r})}{\partial x}=\frac{1}{4\pi}\iiint_{V'}\left\{\frac{\partial i_1(\boldsymbol{r}')}{\partial x'}\cdot\frac{1}{\|\boldsymbol{r}-\boldsymbol{r}'\|}-\frac{\partial}{\partial x'}\frac{i_1(\boldsymbol{r}')}{\|\boldsymbol{r}-\boldsymbol{r}'\|}\right\}dV'\quad\cdots ㉑$$

となる。

$$\begin{cases} A_2(\boldsymbol{r})=\dfrac{1}{4\pi}\displaystyle\iiint_{V'}\frac{i_2(\boldsymbol{r}')}{\|\boldsymbol{r}-\boldsymbol{r}'\|}dV' \\ A_3(\boldsymbol{r})=\dfrac{1}{4\pi}\displaystyle\iiint_{V'}\frac{i_3(\boldsymbol{r}')}{\|\boldsymbol{r}-\boldsymbol{r}'\|}dV' \end{cases}$$

より，同様に，

$$\frac{\partial A_2(\boldsymbol{r})}{\partial y}=\frac{1}{4\pi}\iiint_{V'}\left\{\frac{\partial i_2(\boldsymbol{r}')}{\partial y'}\cdot\frac{1}{\|\boldsymbol{r}-\boldsymbol{r}'\|}-\frac{\partial}{\partial y'}\frac{i_2(\boldsymbol{r}')}{\|\boldsymbol{r}-\boldsymbol{r}'\|}\right\}dV'\quad\cdots\cdots ㉒$$

$$\frac{\partial A_3(\boldsymbol{r})}{\partial z}=\frac{1}{4\pi}\iiint_{V'}\left\{\frac{\partial i_3(\boldsymbol{r}')}{\partial z'}\cdot\frac{1}{\|\boldsymbol{r}-\boldsymbol{r}'\|}-\frac{\partial}{\partial z'}\frac{i_3(\boldsymbol{r}')}{\|\boldsymbol{r}-\boldsymbol{r}'\|}\right\}dV'\quad\cdots\cdots ㉓$$

よって，㉑＋㉒＋㉓より，

$$\mathrm{div}\boldsymbol{A}(\boldsymbol{r})=\frac{\partial A_1(\boldsymbol{r})}{\partial x}+\frac{\partial A_2(\boldsymbol{r})}{\partial y}+\frac{\partial A_3(\boldsymbol{r})}{\partial z}$$

$$=\frac{1}{4\pi}\iiint_{V'}\left\{\frac{\partial i_1(\boldsymbol{r}')}{\partial x'}+\frac{\partial i_2(\boldsymbol{r}')}{\partial y'}+\frac{\partial i_3(\boldsymbol{r}')}{\partial z'}\right\}\frac{1}{\|\boldsymbol{r}-\boldsymbol{r}'\|}dV'$$

$\left[\dfrac{\partial}{\partial x'},\ \dfrac{\partial}{\partial y'},\ \dfrac{\partial}{\partial z'}\right]\cdot[i_1,\ i_2,\ i_3]=\nabla\cdot\boldsymbol{i}(\boldsymbol{r}')=\mathrm{div}\,\boldsymbol{i}(\boldsymbol{r}')$

$$-\frac{1}{4\pi}\iiint_{V'}\left\{\frac{\partial}{\partial x'}\frac{i_1(\boldsymbol{r}')}{\|\boldsymbol{r}-\boldsymbol{r}'\|}+\frac{\partial}{\partial y'}\frac{i_2(\boldsymbol{r}')}{\|\boldsymbol{r}-\boldsymbol{r}'\|}+\frac{\partial}{\partial z'}\frac{i_3(\boldsymbol{r}')}{\|\boldsymbol{r}-\boldsymbol{r}'\|}\right\}dV'$$

同様に，$\nabla\cdot\dfrac{\boldsymbol{i}(\boldsymbol{r}')}{\|\boldsymbol{r}-\boldsymbol{r}'\|}=\mathrm{div}\dfrac{\boldsymbol{i}(\boldsymbol{r}')}{\|\boldsymbol{r}-\boldsymbol{r}'\|}$

$$\therefore \ \mathrm{div}\boldsymbol{A}(\boldsymbol{r}) = \frac{1}{4\pi}\iiint_{V'} \frac{\boxed{\mathrm{div}\,\boldsymbol{i}(\boldsymbol{r}')}}{\|\boldsymbol{r}-\boldsymbol{r}'\|}dV' - \frac{1}{4\pi}\iiint_{V'} \mathrm{div}\frac{\boldsymbol{i}(\boldsymbol{r}')}{\|\boldsymbol{r}-\boldsymbol{r}'\|}dV' \cdots ㉔$$となる。

（電荷の保存則 → $-\frac{d\rho}{dt} = 0$ (∵定常電流より $\rho =$ (一定)))

（第1項 $= 0$）

（ガウスの発散定理より → 第2項の積分 $= \iint_{S'} \frac{\boldsymbol{i}(\boldsymbol{r}')}{\|\boldsymbol{r}-\boldsymbol{r}'\|}\cdot \boldsymbol{n}(\boldsymbol{r}')dS'$）

ここで，領域 V'に流れる電流は定常電流より，V'内の任意の点 $\boldsymbol{r}'$の電荷密度$\rho(\boldsymbol{r}') =$ (一定)となる。よって，$\rho(\boldsymbol{r}')$の時間微分は $\mathbf{0}$ より，$\frac{\partial \rho(\boldsymbol{r}')}{\partial t} = 0$

$$\therefore \ \mathrm{div}\,\boldsymbol{i}(\boldsymbol{r}') = -\frac{\partial \rho(\boldsymbol{r}')}{\partial t} = 0$$

（電荷の保存則 (P134)　$\mathrm{div}\,\boldsymbol{i} = -\frac{\partial \rho}{\partial t}$ より）

よって，㉔の右辺第 **1** 項は **0** である。㉔の右辺第 **2** 項の体積分は，

ガウスの発散定理：

$$\iiint_{V'} \mathrm{div}\frac{\boldsymbol{i}(\boldsymbol{r}')}{\|\boldsymbol{r}-\boldsymbol{r}'\|}dV' = \iint_{S'} \frac{\boldsymbol{i}(\boldsymbol{r}')}{\|\boldsymbol{r}-\boldsymbol{r}'\|}\cdot \boldsymbol{n}(\boldsymbol{r}')dS'$$

（ガウスの発散定理 (P40)　$\iiint_V \mathrm{div}\,\boldsymbol{f}dV = \iint_S \boldsymbol{f}\cdot\boldsymbol{n}\,dS$）

より，右辺の面積分で計算できる。この左辺の体積分を，電流が分布している領域 V' の外側に拡げて行うとき，こうしたとしても，V' の外側に電流は分布していないので，元の積分と値は変わらないんだね。このとき，右辺の面積分は，この拡大された領域の表面 S'での積分となるが，S'上に電流は存在しないので，右辺 $= \mathbf{0}$ となる。

よって，㉔の第 **2** 項も **0** である。

以上より，㉔から，$\mathrm{div}\boldsymbol{A}(\boldsymbol{r}) = 0$ が導かれるんだね。

ここで，図 **5** に示すように，電流 I が流れる導線の長さ dl の微小な部分について，これをベクトル表示した $I d\boldsymbol{l}$ を電流素片と呼んだんだね。**(P144)**

$(dl = \|d\boldsymbol{l}\|)$

そして，この電流素片 $I d\boldsymbol{l}$ により，点 $\boldsymbol{r}$ に作られる磁場 $d\boldsymbol{H}$ は，ビオ-サバールの法則：

図 **5**　ビオ - サバールの法則

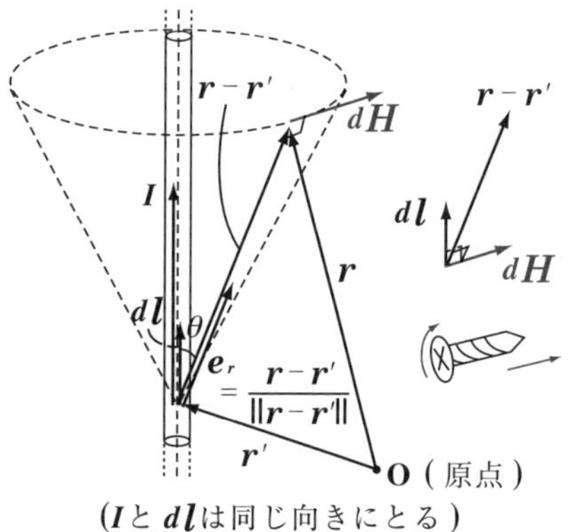

(*I* と *d***l** は同じ向きにとる)

$$d\boldsymbol{H} = \frac{1}{4\pi} \cdot \frac{Id\boldsymbol{l} \times (\boldsymbol{r}-\boldsymbol{r}')}{\|\boldsymbol{r}-\boldsymbol{r}'\|^3} \cdots ㉕$$

P144の $d\boldsymbol{H} = \frac{1}{4\pi} \cdot \frac{Id\boldsymbol{l} \times \boldsymbol{r}}{r^3} \cdots (*u)$ 式の $\boldsymbol{r}$, r がそれぞれ $\boldsymbol{r}-\boldsymbol{r}'$, $\|\boldsymbol{r}-\boldsymbol{r}'\|$ になっている。

で求められるんだった。

導線の電流 I の方向に垂直な面積要素を dS' とおくと，dS' を通る電流 I は，電流密度 $\boldsymbol{i}(\boldsymbol{r}')$ の大きさ $i(\boldsymbol{r}')$ を用いて，

$I = i(\boldsymbol{r}')dS'$ となる。

よって，電流素片 $Id\boldsymbol{l}$ は，

$$Id\boldsymbol{l} = i(\boldsymbol{r}')dS' \cdot d\boldsymbol{l} = \boldsymbol{i}(\boldsymbol{r}') \cdot \boxed{dS' \cdot dl} = \boldsymbol{i}(\boldsymbol{r}') \cdot dV'$$

（$dS' \cdot dl$ は dV'（体積要素））

$i(\boldsymbol{r}')d\boldsymbol{l} = \boldsymbol{i}(\boldsymbol{r}')dl$ だからね。

$\therefore Id\boldsymbol{l} = \boldsymbol{i}(\boldsymbol{r}') \cdot dV' \cdots ㉖$ となる。

ただし，$dV' = dS' \cdot dl$ は，導線に沿って取った体積要素である。

㉖を㉕に代入して，

$$d\boldsymbol{H} = \frac{1}{4\pi} \cdot \frac{\boldsymbol{i}(\boldsymbol{r}') \times (\boldsymbol{r}-\boldsymbol{r}')}{\|\boldsymbol{r}-\boldsymbol{r}'\|^3} dV' \cdots ㉗$$ を得る。

ここで，図6に示すように，定常電流が広がりをもって流れているとき，この電流が流れている領域 V' を，図5に示すような導線が交わることなく多数寄せ集まったものとして考えよう。すると，㉗の磁場 $d\boldsymbol{H}$ をこの領域 V' 全体に渡って積分したものが，V' を流れる定常電流が点 $\boldsymbol{r}$ に作る磁場 $\boldsymbol{H}(\boldsymbol{r})$ になる。

図6　広がりをもって電流が流れる領域 V'

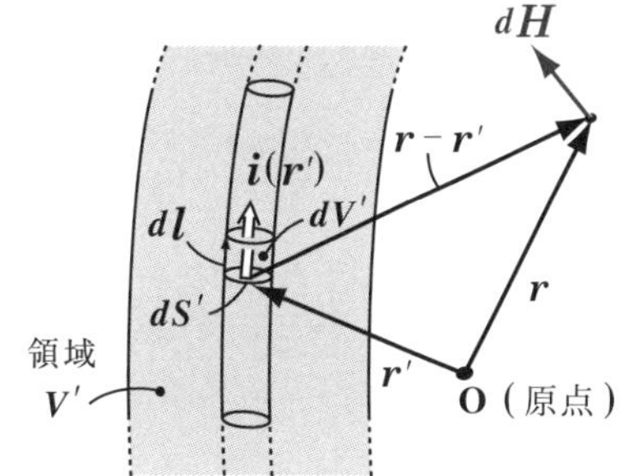

$$\therefore \boldsymbol{H}(\boldsymbol{r}) = \frac{1}{4\pi} \iiint_{V'} \frac{\boldsymbol{i}(\boldsymbol{r}') \times (\boldsymbol{r}-\boldsymbol{r}')}{\|\boldsymbol{r}-\boldsymbol{r}'\|^3} dV' \cdots ㉘$$ が導かれる。

これは，電流が広がりをもって流れる場合の，積分形によるビオ-サバールの法則と言えるんだね。

それでは，$\boldsymbol{H}(\boldsymbol{r})$のベクトル・ポテンシャル

$$\boldsymbol{A}(\boldsymbol{r})=\frac{1}{4\pi}\iiint_{V'}\frac{\boldsymbol{i}(\boldsymbol{r}')}{\|\boldsymbol{r}-\boldsymbol{r}'\|}dV' \cdots ⑬$$

これは，$\boldsymbol{H}$のベクトル・ポテンシャルであり，$\boldsymbol{B}$のベクトル・ポテンシャルを$\boldsymbol{A}$とおくと，当然

$$\boldsymbol{A}(\boldsymbol{r})=\frac{\mu_0}{4\pi}\iiint_{V'}\frac{\boldsymbol{i}(\boldsymbol{r}')}{\|\boldsymbol{r}-\boldsymbol{r}'\|}dV'$$

となる。

から，電流が広がりを持って流れる場合の積分形によるビオ-サバールの法則：

$$\boldsymbol{H}(\boldsymbol{r})=\frac{1}{4\pi}\iiint_{V'}\frac{\boldsymbol{i}(\boldsymbol{r}')\times(\boldsymbol{r}-\boldsymbol{r}')}{\|\boldsymbol{r}-\boldsymbol{r}'\|^3}dV' \cdots\cdots ㉘$$

を，$\boldsymbol{H}(\boldsymbol{r})=\mathbf{rot}\boldsymbol{A}(\boldsymbol{r})$を用いて導いてみよう。

$\boldsymbol{i}(\boldsymbol{r}')=[\boldsymbol{i}_1(\boldsymbol{r}'),\ \boldsymbol{i}_2(\boldsymbol{r}'),\ \boldsymbol{i}_3(\boldsymbol{r}')]$

$\boldsymbol{A}(\boldsymbol{r})=[A_1(\boldsymbol{r}),\ A_2(\boldsymbol{r}),\ A_3(\boldsymbol{r})]$

とおくと，⑬より，

$$\begin{cases} A_1(\boldsymbol{r})=\dfrac{1}{4\pi}\displaystyle\iiint_{V'}\frac{i_1(\boldsymbol{r}')}{\|\boldsymbol{r}-\boldsymbol{r}'\|}dV' \\ A_2(\boldsymbol{r})=\dfrac{1}{4\pi}\displaystyle\iiint_{V'}\frac{i_2(\boldsymbol{r}')}{\|\boldsymbol{r}-\boldsymbol{r}'\|}dV' \\ A_3(\boldsymbol{r})=\dfrac{1}{4\pi}\displaystyle\iiint_{V'}\frac{i_3(\boldsymbol{r}')}{\|\boldsymbol{r}-\boldsymbol{r}'\|}dV' \end{cases}$$

外積 $\mathbf{rot}\boldsymbol{A}(\boldsymbol{r})$の計算：

$\frac{\partial}{\partial x}$ $\frac{\partial}{\partial y}$ $\frac{\partial}{\partial z}$ $\frac{\partial}{\partial x}$

A_1 A_2 A_3 A_1

$$\left[\frac{\partial A_3}{\partial y}-\frac{\partial A_2}{\partial z},\ \frac{\partial A_1}{\partial z}-\frac{\partial A_3}{\partial x},\ \frac{\partial A_2}{\partial x}-\frac{\partial A_1}{\partial y}\right]$$

よって，$\boldsymbol{H}(\boldsymbol{r})=[H_1(\boldsymbol{r}),\ H_2(\boldsymbol{r}),\ H_3(\boldsymbol{r})]$

とおくと，$\boldsymbol{H}(\boldsymbol{r})=\mathbf{rot}\boldsymbol{A}(\boldsymbol{r})$の x成分 $H_1(\boldsymbol{r})$は，

$$H_1(\boldsymbol{r})=\frac{\partial A_3}{\partial y}-\frac{\partial A_2}{\partial z}=\frac{1}{4\pi}\left(\frac{\partial}{\partial y}\iiint_{V'}\frac{i_3(\boldsymbol{r}')}{\|\boldsymbol{r}-\boldsymbol{r}'\|}dV'-\frac{\partial}{\partial z}\iiint_{V'}\frac{i_2(\boldsymbol{r}')}{\|\boldsymbol{r}-\boldsymbol{r}'\|}dV'\right)$$

$$=\frac{1}{4\pi}\left(\iiint_{V'}i_3(\boldsymbol{r}')\cdot\underbrace{\frac{\partial}{\partial y}\frac{1}{\|\boldsymbol{r}-\boldsymbol{r}'\|}}_{-\frac{y-y'}{\|\boldsymbol{r}-\boldsymbol{r}'\|^3}}dV'-\iiint_{V'}i_2(\boldsymbol{r}')\cdot\underbrace{\frac{\partial}{\partial z}\frac{1}{\|\boldsymbol{r}-\boldsymbol{r}'\|}}_{-\frac{z-z'}{\|\boldsymbol{r}-\boldsymbol{r}'\|^3}}dV'\right)$$

（P155より）

$$=\frac{1}{4\pi}\left\{\iiint_{V'}i_3(\boldsymbol{r}')\cdot\left(-\frac{y-y'}{\|\boldsymbol{r}-\boldsymbol{r}'\|^3}\right)dV'-\iiint_{V'}i_2(\boldsymbol{r}')\cdot\left(-\frac{z-z'}{\|\boldsymbol{r}-\boldsymbol{r}'\|^3}\right)dV'\right\}$$

$$\therefore \boldsymbol{H}_1(\boldsymbol{r}) = \frac{1}{4\pi}\iiint_{V'} \frac{\overbrace{i_2(\boldsymbol{r}')(z-z') - i_3(\boldsymbol{r}')(y-y')}^{\boldsymbol{i}(\boldsymbol{r}')\times(\boldsymbol{r}-\boldsymbol{r}')\text{の } x\text{成分}}}{\|\boldsymbol{r}-\boldsymbol{r}'\|^3}dV' \cdots ㉙$$

同様に，$\boldsymbol{H}(\boldsymbol{r}) = \mathrm{rot}\boldsymbol{A}(\boldsymbol{r})$の y成分 $H_2(\boldsymbol{r})$，z成分 $H_3(\boldsymbol{r})$はそれぞれ，

$$H_2(\boldsymbol{r}) = \frac{\partial A_1}{\partial z} - \frac{\partial A_3}{\partial x} = \frac{1}{4\pi}\iiint_{V'} \frac{\overbrace{i_3(\boldsymbol{r}')(x-x') - i_1(\boldsymbol{r}')(z-z')}^{\boldsymbol{i}(\boldsymbol{r}')\times(\boldsymbol{r}-\boldsymbol{r}')\text{の } y\text{成分}}}{\|\boldsymbol{r}-\boldsymbol{r}'\|^3}dV' \cdots ㉚$$

$$H_3(\boldsymbol{r}) = \frac{\partial A_2}{\partial x} - \frac{\partial A_1}{\partial y} = \frac{1}{4\pi}\iiint_{V'} \frac{\overbrace{i_1(\boldsymbol{r}')(y-y') - i_2(\boldsymbol{r}')(x-x')}^{\boldsymbol{i}(\boldsymbol{r}')\times(\boldsymbol{r}-\boldsymbol{r}')\text{の } z\text{成分}}}{\|\boldsymbol{r}-\boldsymbol{r}'\|^3}dV' \cdots ㉛$$

また，$\boldsymbol{i}(\boldsymbol{r}')\times(\boldsymbol{r}-\boldsymbol{r}')$の外積の x成分，y成分，z成分はそれぞれ，

$$\begin{cases} i_2(z-z') - i_3(y-y'), \\ i_3(x-x') - i_1(z-z'), \\ i_1(y-y') - i_2(x-x') \end{cases}$$

外積 $\boldsymbol{i}(\boldsymbol{r}')\times(\boldsymbol{r}-\boldsymbol{r}')$の計算：

i_1 i_2 i_3 i_1

$x-x'$ $y-y'$ $z-z'$ $x-x'$

$[i_2(z-z')-i_3(y-y'),\ i_3(x-x')-i_1(z-z'),\ i_1(y-y')-i_2(x-x')]$

だから，㉙，㉚，㉛の被積分関数の分子は

$\boldsymbol{i}(\boldsymbol{r}')\times(\boldsymbol{r}-\boldsymbol{r}')$の x，y，z成分になっている。

$$\therefore \boldsymbol{H}(\boldsymbol{r}) = [H_1(\boldsymbol{r}),\ H_2(\boldsymbol{r}),\ H_3(\boldsymbol{r})]$$

$$= \frac{1}{4\pi}\iiint_{V'} \frac{\boldsymbol{i}(\boldsymbol{r}')\times(\boldsymbol{r}-\boldsymbol{r}')}{\|\boldsymbol{r}-\boldsymbol{r}'\|^3}dV' \cdots ㉘$$ が導かれる。

§3. アンペールの力とローレンツ力

前回までの講義で，定常電流が作る磁場を"アンペールの法則"や"ビオ - サバールの法則"で求められることを解説した。そして，今回の講義では，この磁場の中を流れる電流や運動する電荷が受ける力について勉強しよう。

ここで，磁場の中を流れる電流が受ける力を"**アンペールの力**"といい，運動する電荷が受ける力を"**ローレンツ力**"という。この**2**つの力について様々な例題を解きながら，詳しく解説しよう。また，これら**2**つの力が本質的に同じものであることも，この講義で明らかにしよう。

● アンペールの力は外積で表される！

一様な磁束密度 $\boldsymbol{B}$ $(=\mu_0\boldsymbol{H})$ の中を流れる(導線の)長さ l の定常電流 $\boldsymbol{I}$ に働く力 $\boldsymbol{f}$ は，

$$\boldsymbol{f}=l\boldsymbol{I}\times\boldsymbol{B} \quad \cdots\cdots(*v)$$

"*Let it be.*"と覚えよう！

で求められる。この力は，発見者アンペールにちなんで，"**アンペールの力**"と呼ばれる。

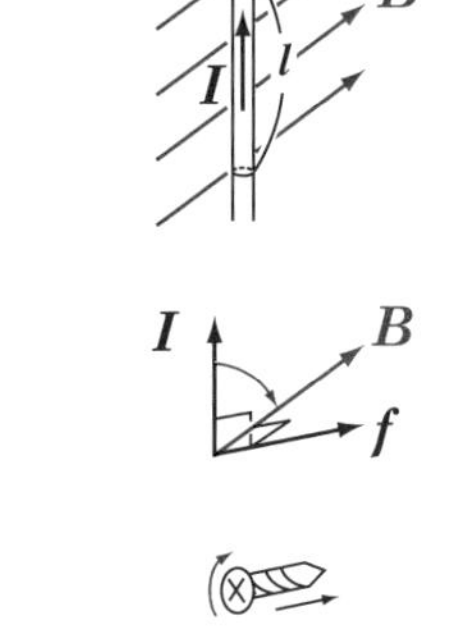

図 **1** アンペールの力

$(*v)$ の式の外積の意味から，図 **1** に示すように，ベクトル $\boldsymbol{I}$ からベクトル $\boldsymbol{B}$ に回転したとき，右ネジの進む向きがアンペールの力 $\boldsymbol{f}$ の向きになるんだね。

また，$(*v)$ の両辺の大きさをとって，$f=\|\boldsymbol{f}\|$ とおくと，

$$f=\|l\boldsymbol{I}\times\boldsymbol{B}\|=l\|\boldsymbol{I}\times\boldsymbol{B}\|=lIB\sin\theta \quad \cdots\cdots(*v)'$$

正の定数 (l)　　$\|\boldsymbol{I}\|\|\boldsymbol{B}\|\sin\theta=IB\sin\theta$

(ただし，$I=\|\boldsymbol{I}\|$，$B=\|\boldsymbol{B}\|$，θ：$\boldsymbol{I}$ と $\boldsymbol{B}$ のなす角)となるのも大丈夫だね。

よって，$\boldsymbol{I}\perp\boldsymbol{B}$，すなわち $\theta=\dfrac{\pi}{2}$ のときは，

$f = lIB$ ……$(*v)''$ となる。 ← これも "Let it be." だ！

さらに，$(*v)$の右辺の$l\boldsymbol{I}$の代わりに電流素片$dl \cdot \boldsymbol{I}$ $(= I \cdot d\boldsymbol{l})$をとると，左辺も微小な力$d\boldsymbol{f}$となって，

$d\boldsymbol{f} = dl\boldsymbol{I} \times \boldsymbol{B}$ ……① となる。

さらに，この①の両辺の大きさをとると，$(*v)'$と同様に，

$df = dl \cdot IB\sin\theta$ ……①′ となる。

この①や①′により，導線が曲線を描く場合でも，①や①′の右辺をこの導線(曲線)に沿ってlで積分すると，アンペールの力$\boldsymbol{f}$やfを求めることができるんだね。これは，"ビオ-サバールの法則" のときと同様だから分かるね。

それでは次，間隔aをおいて，2本の無限に長い，互いに平行な導線1と導線2にそれぞれ定常電流I_1とI_2が流れている場合を考えよう。

(i) I_1とI_2が同じ向きのとき，図2(i)に示すように，I_1がI_2の位置に作る磁場(磁束密度)B_1はアンペールの法則より，$B_1 = \mu_0 H_1 = \frac{\mu_0 I_1}{2\pi a}$ だね。また，B_1とI_2は互いに直角より，導線2の長さlの部分には，$(*v)''$より，アンペールの力$f = lI_2B_1 = lI_2\frac{\mu_0 I_1}{2\pi a} = \frac{\mu_0 lI_1I_2}{2\pi a}$が導線1に向かう引力として働く。また，作用・反作用の法則により，当然，導線1にも導線2に向かう同じ引力が作用することになるんだね。

(ii) I_1とI_2が逆向きのとき，(i)と同様に考えると，図2(ii)に示すように，同じ大きさのアンペールの力fが今度は互いに斥力として働くことになるんだね。

図2 2本の平行導線に働くアンペールの力

(i) I_1とI_2が同じ向きのとき

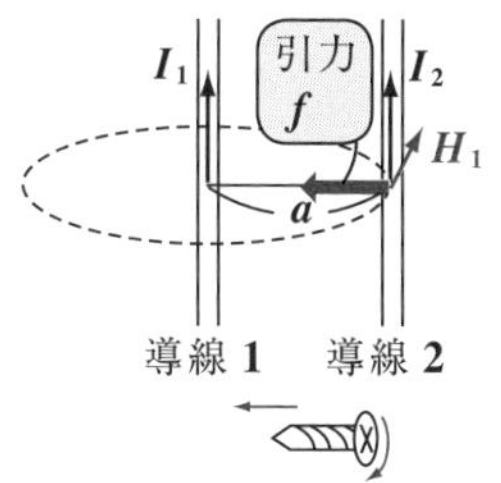

(ii) I_1とI_2が逆向きのとき

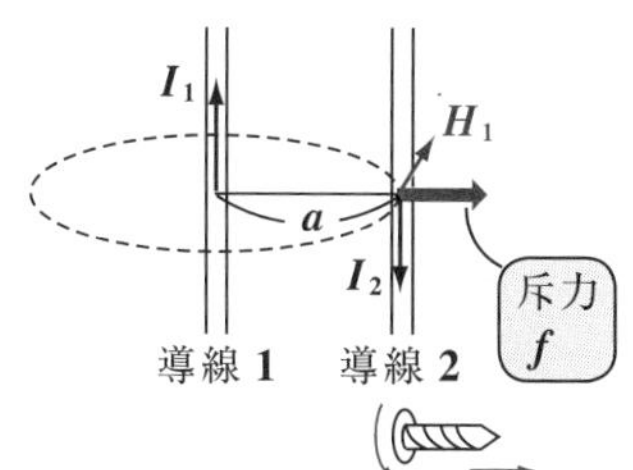

ここで，2 本の導線のアンペールの力 $f=\dfrac{\mu_0 l I_1 I_2}{2\pi a}$ について，

$a=1$ (m)，$l=1$ (m)，そして，$I_1=I_2=I$ とおくと，

$$f=\frac{\overset{4\pi\times10^{-7}}{\mu_0} I^2}{2\pi}=\frac{4\pi\times10^{-7}I^2}{2\pi}=2\times10^{-7}\times I^2 \quad \cdots\cdots②$$

となる。

これから，$I=1$(A) のとき，1m 離れた 2 本の導線が互いに作用しあう引力(または斥力)は，1 (m) 当り丁度 2×10^{-7} (N) となるんだね。でも，実は，②は逆に 1 (A) を定義する式なんだ。つまり，

「1 (m) 離れた 2 本の導線が互いに 1 (m) 当り 2×10^{-7} (N) の力を及ぼし合うとき，それらの導線に流れている電流 I を 1 (A) と定義する。」ということなんだ。納得いった？

　それでは，次の例題でアンペールの力を実際に計算してみよう。

例題 30　右図に示すように，xyz 座標空間内に z 軸に平行な 3 本の導線にそれぞれ $I_0=5$ (A)，$I_1=6$ (A)，$I_2=4$ (A) の定常電流が流れているものとする。(電流の向きは紙面に垂直に，⊙ は裏から表へ，⊗ は表から裏への向きを表す。) このとき，I_1 と I_2 により，I_0 の流れる導線 1m 当りに及ぼされる力の合力の大きさを求めてみよう。

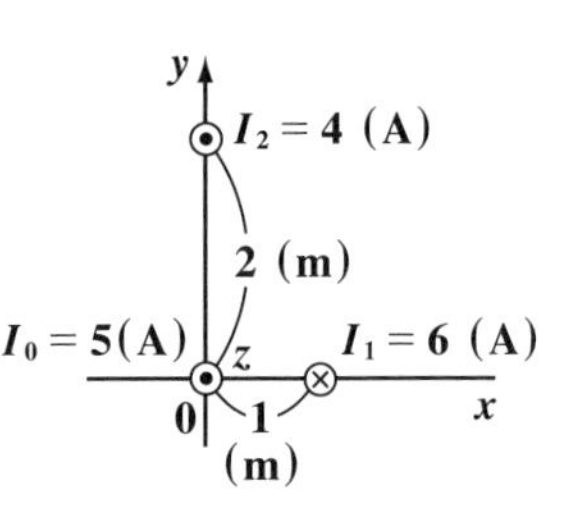

電流等の向きの記号も，ネジの進む向きと考えると分かりやすい。つまり，

⊙：紙面に垂直に裏から表へ進む向き
⊗：紙面に垂直に表から裏へ進む向き

ということだ。

それでは，I_1 が I_0 に及ぼす斥力を $f_{1,0}$，

I_2 が I_0 に及ぼす引力を $f_{2,0}$ とおいて，それぞれの力を

計算してみよう。

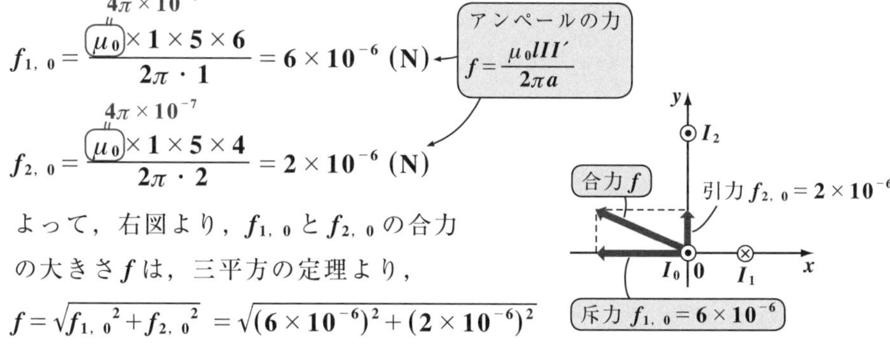

$$f_{1,0}=\frac{\overset{4\pi\times10^{-7}}{\mu_0}\times1\times5\times6}{2\pi\cdot1}=6\times10^{-6}\ (\mathrm{N})$$

$$f_{2,0}=\frac{\overset{4\pi\times10^{-7}}{\mu_0}\times1\times5\times4}{2\pi\cdot2}=2\times10^{-6}\ (\mathrm{N})$$

よって，右図より，$f_{1,0}$ と $f_{2,0}$ の合力の大きさ f は，三平方の定理より，

$$f=\sqrt{f_{1,0}{}^2+f_{2,0}{}^2}=\sqrt{(6\times10^{-6})^2+(2\times10^{-6})^2}$$

$$=\sqrt{40\times10^{-12}}=2\sqrt{10}\times10^{-6}\ (\mathrm{N})$$ となる。

● ローレンツ力もマスターしよう！

図3 ローレンツ力(Ⅰ)

図3に示すように，$+q$ (C) の荷電粒子が一様な磁束密度 $\boldsymbol{B}$ $(=\mu_0\boldsymbol{H})$ の中を速度 $\boldsymbol{v}$ で運動するとき，この荷電粒子には次の力 $\boldsymbol{f}_1$ が働く。

$$\boldsymbol{f}_1=q\boldsymbol{v}\times\boldsymbol{B}\ \cdots\cdots(a)$$

"*Queens are very beautiful.*" と覚えよう！

これを"**ローレンツ力**" (*Lorentz's force*) と呼び，このローレンツ力 $\boldsymbol{f}_1$ の向きは，$\boldsymbol{v}$ から $\boldsymbol{B}$ に回転させたとき，右ネジの進む向きになるんだね。

図4 ローレンツ力(Ⅱ)

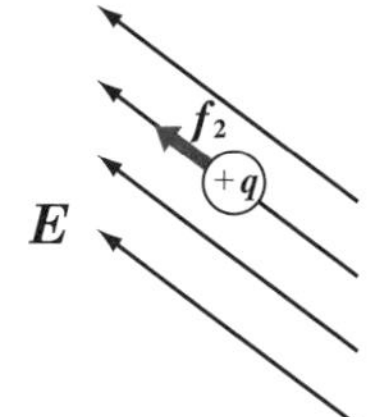

また，$+q$ (C) の荷電粒子が一様な電場 $\boldsymbol{E}$ の中にあるとき，それが運動する，しないに関わらず，

$$\boldsymbol{f}_2=q\boldsymbol{E}\ \cdots\cdots(b)$$

のクーロン力を受けることは既に教えた。

(a) の $\boldsymbol{f}_1$ と，(b) の $\boldsymbol{f}_2$ をたし合わせたものを

$\boldsymbol{f}$ とおくと，

$\boldsymbol{f}=q(\boldsymbol{E}+\boldsymbol{v}\times\boldsymbol{B})$ ……$(*w)$

となる。この $(*w)$ を (a) と同様に，“**ローレンツ力**”と呼ぶので覚えておこう。

> マクスウェルの方程式
> (Ⅰ) $\mathrm{div}\,\boldsymbol{D}=\rho$ …………$(*1)$
> (Ⅱ) $\mathrm{div}\,\boldsymbol{B}=0$ …………$(*2)$
> (Ⅲ) $\mathrm{rot}\,\boldsymbol{H}=\boldsymbol{i}+\dfrac{\partial\boldsymbol{D}}{\partial t}$ …$(*3)$
> (Ⅳ) $\mathrm{rot}\,\boldsymbol{E}=-\dfrac{\partial\boldsymbol{B}}{\partial t}$ ……$(*4)$

様々な電磁気学の現象を記述するのに，実はマクスウェルの **4** つの方程式だけでは不足で，この $(*w)$ のローレンツ力の公式を加えることにより，初めて完璧に記述することができるようになるんだよ。重要公式だから，しっかり頭に入れておこう。

ここで，(a) のローレンツ力 $\boldsymbol{f}=q\boldsymbol{v}\times\boldsymbol{B}$ とアンペールの力 $\boldsymbol{f}=l\boldsymbol{I}\times\boldsymbol{B}$ が本質的に同じものであることを，これから示そう。

アンペールの力の公式を電流密度 $\boldsymbol{i}$ $(=\rho\boldsymbol{v})$ を使って変形すると，

$$\boldsymbol{f}=l\underbrace{\boldsymbol{I}}_{\boldsymbol{i}S=\rho\boldsymbol{v}S}\times\boldsymbol{B}=\rho lS\boldsymbol{v}\times\boldsymbol{B}=q\boldsymbol{v}\times\boldsymbol{B}$$ となる。

（ρlS：これは，体積 lS に含まれる電荷のことで，q とおける。）

よって，これは長さ l や（導線の）断面積 S が小さな量であるとすると，$+q$ (C) の小さな体積をもった荷電粒子に働く (a) の形のローレンツ力そのものを表す式になるんだね。このように，アンペールの力と (a) のローレンツ力はソックリな力であることが分かっただろう。

また，(a) のローレンツ力の大きさを f とすると，

$$f=\|q\boldsymbol{v}\times\boldsymbol{B}\|=q\|\boldsymbol{v}\times\boldsymbol{B}\|=qvB\sin\theta \quad\cdots\cdots(a)'$$

（q：正の定数，$\|\boldsymbol{v}\times\boldsymbol{B}\|=\|\boldsymbol{v}\|\|\boldsymbol{B}\|\sin\theta=vB\sin\theta$）

（ただし，$v=\|\boldsymbol{v}\|$，$B=\|\boldsymbol{B}\|$，θ：$\boldsymbol{v}$ と $\boldsymbol{B}$ のなす角）となる。

さらに，$\boldsymbol{v}\perp\boldsymbol{B}$，すなわち，$\theta=\dfrac{\pi}{2}$ のときは，

$f=qvB$ ……$(a)''$ となる。 ← これも，“*Queens are very beautiful.*”だね。

以上で，ローレンツ力の基本の説明が終わったので，これからいくつか例題を解いていくことにしよう。

$(ex1)$ 右図のように，一様な電場 $\boldsymbol{E}$ と磁束密度 $\boldsymbol{B}$ が存在する真空中を，$+q$ (C) の荷電粒子が，$\boldsymbol{v} \perp \boldsymbol{E}$ かつ $\boldsymbol{v} \perp \boldsymbol{B}$ となるような速度 $\boldsymbol{v}$ で運動している。この荷電粒子が等速直線運動を続けているとき，速さ $v\ (=\|\boldsymbol{v}\|)$ を，$E\ (=\|\boldsymbol{E}\|)$ と $B\ (=\|\boldsymbol{B}\|)$ で表してみよう。ただし，この荷電粒子に働く重力は無視できるものとする。

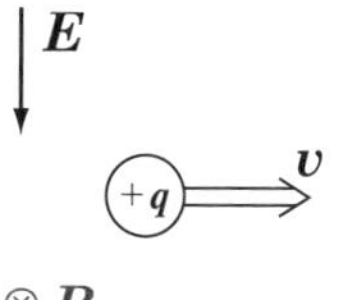

(解答) 右図に示すように，$+q$ (C) の荷電粒子に働く力は，上向きに $f_1 = qvB$ と下向きに $f_2 = qE$ の 2 つだけだね。よって，この 2 つが等しいとき，この荷電粒子に働く合力は 0 となって等速直線運動を続けることができる。よって，

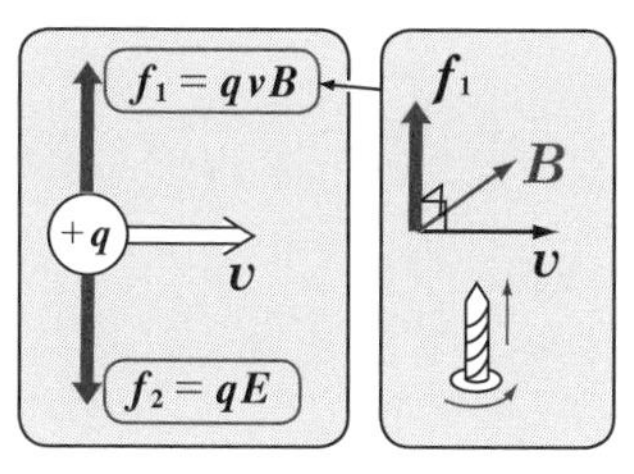

$\not{q}vB = \not{q}E$

$\therefore\ v = \dfrac{E}{B}$ となる。

E (N/C)，B (N/Am) より，$v = \dfrac{E}{B}$ の単位は $\left[\dfrac{\text{N/C}}{\text{N/Am}}\right] = \left[\dfrac{\text{Am}}{\text{C}}\right] = [\text{m/s}]$ となって OK だ！（A = C/s）

では，$(ex1)$ と関連した，より本格的な次の例題を解いてみよう。

例題 31

一様な電場 $\boldsymbol{E} = \begin{bmatrix} 2 \\ -19 \\ -10 \end{bmatrix}$ (N/C) と一様な磁束密度 $\boldsymbol{B} = \begin{bmatrix} x \\ y \\ z \end{bmatrix}$ (wb/m^2)

が存在する真空中を，$+q$ (C) の荷電粒子が，速度 $\boldsymbol{v} = \begin{bmatrix} 1 \\ -2 \\ 4 \end{bmatrix}$ (m/s)

で等速直線運動しているものとする。この荷電粒子に働く重力は無視できるものとし，また，x と y は正の整数とする。これらの条件をみたす磁束密度 $\boldsymbol{B}$ をすべて求めよう。

今回の問題では，$\boldsymbol{v}\cdot\boldsymbol{E} = 1 \times 2 + (-2) \times (-19) + 4 \times (-10) = 2 + 38 - 40 = 0$ より，$\boldsymbol{v} \perp \boldsymbol{E}$ だけれど，特に $\boldsymbol{v} \perp \boldsymbol{B}$ の条件は設けていない。この荷電粒子は，等速度運動をするので，これに働く力は $\mathbf{0}$(N) となるんだね。そして，

今回重力は無視できるので，この粒子に働くローレンツ力 $\boldsymbol{f}$ が $\mathbf{0}$(N) になればいい。よって，

$\boldsymbol{f}=q(\boldsymbol{E}+\boldsymbol{v}\times\boldsymbol{B})=\mathbf{0}$ より，$\boldsymbol{E}+\boldsymbol{v}\times\boldsymbol{B}=\mathbf{0}$

（q：⊕の定数）

$\therefore\ \boldsymbol{v}\times\boldsymbol{B}=-\boldsymbol{E}$ ……① が成り立つことになる。

ここで，$\boldsymbol{v}=\begin{bmatrix}1\\-2\\4\end{bmatrix}$(m/s)，$\boldsymbol{B}=\begin{bmatrix}x\\y\\z\end{bmatrix}$(wb/m^2)（ただし x と y は正の整数），

$\boldsymbol{E}=\begin{bmatrix}2\\-19\\-10\end{bmatrix}$(N/C) ……② より，

外積 $\boldsymbol{v}\times\boldsymbol{B}$ を求めると，

$\boldsymbol{v}\times\boldsymbol{B}=\begin{bmatrix}-4y-2z\\4x-z\\y+2x\end{bmatrix}$ ……③ となる。

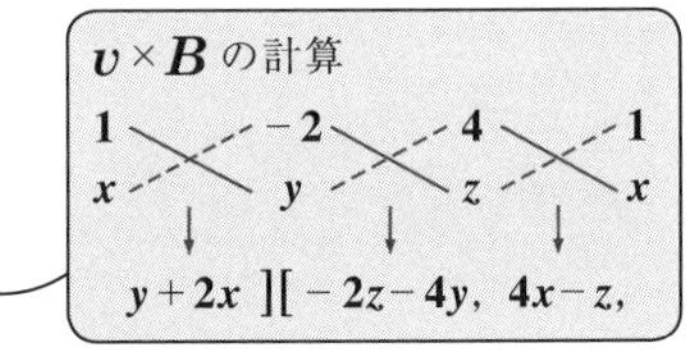

よって，②，③を①に代入すると，$\begin{bmatrix}-4y-2z\\4x-z\\y+2x\end{bmatrix}=-\begin{bmatrix}2\\-19\\-10\end{bmatrix}$ より，

これから，未知数 x，y，z の次の 3 元 1 次連立方程式：

$$\begin{cases}2y+z=1 & \cdots\cdots④\\4x-z=19 & \cdots\cdots⑤\\y+2x=10 & \cdots\cdots⑥\end{cases}$$ が導かれる。

（④：$-4y-2z=-2$ の両辺を -2 で割ったもの）

しかし，④＋⑤より，$2y+4x=20$，すなわち $y+2x=10$ となって，これは⑥と一致するので，この解は一意には定まらない。すなわち，解が無数に存在する不定解となる。ここで，x と y は共に正の整数であるので，

$2x+y=10$ ……⑥ をみたす正の整数の組 $(x,\ y)$ を調べると全部で，

$(x,\ y)=(1,\ 8)$，$(2,\ 6)$，$(3,\ 4)$，$(4,\ 2)$ の 4 通りのみである。よって，

(i) $(x,\ y)=(1,\ 8)$ のとき，④より，$z=1-2y=1-16=-15$

(ii) $(x,\ y)=(2,\ 6)$ のとき，④より，$z=1-2y=1-12=-11$

(iii) $(x,\ y)=(3,\ 4)$ のとき，④より，$z=1-2y=1-8=-7$

(iv) $(x,\ y)=(4,\ 2)$ のとき，④より，$z=1-2y=1-4=-3$　となる。

以上より，求める磁束密度 $\boldsymbol{B}(\mathrm{wb/m^2})$ は，全部で次の **4** 通りとなるんだね。

$$(\mathrm{i})\ \boldsymbol{B}=\begin{bmatrix}1\\8\\-15\end{bmatrix},\ (\mathrm{ii})\ \boldsymbol{B}=\begin{bmatrix}2\\6\\-11\end{bmatrix},\ (\mathrm{iii})\ \boldsymbol{B}=\begin{bmatrix}3\\4\\-7\end{bmatrix},\ (\mathrm{iv})\ \boldsymbol{B}=\begin{bmatrix}4\\2\\-3\end{bmatrix}$$

参考

今回の問題では，$\boldsymbol{v}\perp\boldsymbol{B}$ の条件は満たしていないが，各 **4** 通りの $\boldsymbol{B}$ に対して，内積 $\boldsymbol{B}\cdot\boldsymbol{E}$ を求めてみると，たとえば (i) の場合，

$$(\mathrm{i})\ \boldsymbol{B}\cdot\boldsymbol{E}=\begin{bmatrix}1\\8\\-15\end{bmatrix}\cdot\begin{bmatrix}2\\-19\\-10\end{bmatrix}=1\times2+8\times(-19)+(-15)\times(-10)$$

$$=2-152+150=0$$ となる。

(ii), (iii), (iv) の $\boldsymbol{B}$ についても，$\boldsymbol{B}\cdot\boldsymbol{E}=0$ となる。従って，$\boldsymbol{B}\perp\boldsymbol{E}$ であることが分かる。この結果は，

$\boldsymbol{v}\times\boldsymbol{B}=-\boldsymbol{E}$ ……① を図示した右図より，

明らかに，$\boldsymbol{B}\perp\boldsymbol{E}$ (および $\boldsymbol{v}\perp\boldsymbol{E}$) が成り立つからなんだね。納得いった？

(ex2) 右図に示すように，一様な磁束密度 $\boldsymbol{B}$ が存在する真空中に，質量 m，電荷 $+q$ をもつ荷電粒子に $\boldsymbol{B}$ と垂直となるように初速度 $\boldsymbol{v}$ を与えた。このとき，この荷電粒子がどのような運動をするか？調べてみよう。ただし，電場は存在せず，荷電粒子に働く重力も無視できるものとする。

(解答) 右図に示すように，この荷電粒子は磁束密度 $\boldsymbol{B}$ と速度 $\boldsymbol{v}$ のいずれにも垂直となる向きにローレンツ力 $\boldsymbol{f}$ を受ける。この場合，速度 $\boldsymbol{v}\perp\boldsymbol{f}$ より

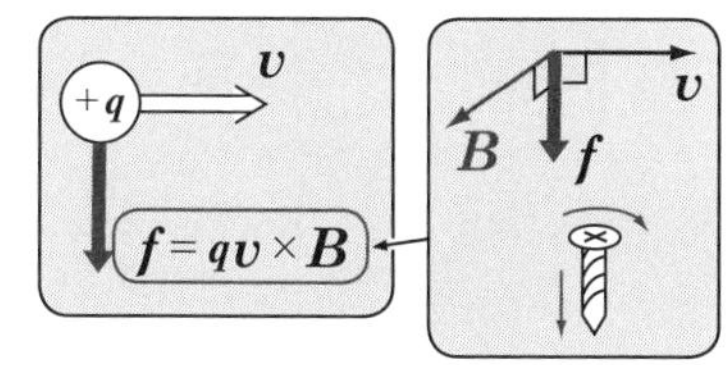

速度 $\boldsymbol{v}$ は大きさを変えることなく向きのみを変化させることになるので，ローレンツ力 $\boldsymbol{f}$ の大きさも変化せず，常に速度 $\boldsymbol{v}$ の向きと直交することになる。従って，このローレンツ力は円運動の向心力に

なるんだね。よって，この円運動の半径を r とおくと，この円運動の運動方程式は，

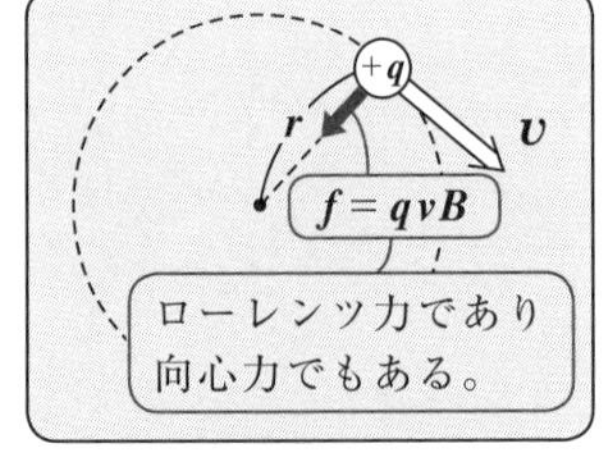

$$m \cdot \frac{v^2}{r} = qvB \quad \cdots\cdots①$$

$$\therefore \ r = \frac{mv^2}{qvB} = \frac{mv}{qB}$$ より，この荷電粒子は

半径 $r = \frac{mv}{qB}$ の等速円運動を続けることになる。

角速度を ω とおくと，$r\omega = v$ より，$\omega = \frac{v}{r} = v \cdot \frac{qB}{mv} = \frac{qB}{m}$ となる。よって，この円運動の周期を T とおくと，$T = \frac{2\pi}{\omega} = \frac{2\pi m}{qB}$ となるんだね。

それでは，(ex2) と本質的に同じ問題なんだけれど，次の例題ではローレンツ力を基に，運動方程式から微分方程式をキチンと解いて，円運動を導き出してみることにしよう。

例題 32　右図に示すように xyz 座標空間内に，z 軸の負の向きに一様な磁束密度 $\boldsymbol{B} = [0,\ 0,\ -B]$ が存在する。このとき，点 $(a,\ 0,\ 0)$ に質量 m，電荷 $+q\ (>0)$ をもつ荷電粒子 P をおき，時刻 $t = 0$ において初速度 $\boldsymbol{v}_0 = \left[0,\ \frac{aqB}{m},\ 0\right]$ を与えた。このとき，荷電粒子 P の運動を時刻 $t\ (\geqq 0)$ で表してみよう。(ただし，電場は存在せず，P に働く重力も無視できるものとする。)

y
$\otimes\ \boldsymbol{B} = [0,\ 0,\ -B]$
$\boldsymbol{v}_0$
P
$0\ z$　$(a,\ 0,\ 0)\ x$

時刻 $t\ (t \geqq 0)$ に，荷電粒子 P が速度 $\boldsymbol{v} = [v_1,\ v_2,\ 0]$ で運動しているものとすると，この P に働く力は，ローレンツ力 $q\boldsymbol{v} \times \boldsymbol{B}$ だけなので，粒子 P の運動方程式は，$m\ddot{\boldsymbol{r}} = q\boldsymbol{v} \times \boldsymbol{B}$ より，

$\ddot{\boldsymbol{r}} = \dot{\boldsymbol{v}}$ ←「"・" は，時刻 t による微分を表す。」

$m\dot{\boldsymbol{v}} = q\boldsymbol{v} \times \boldsymbol{B}$ ……① だね。

$\boldsymbol{v} = [v_1,\ v_2,\ 0]$ と
$\boldsymbol{B} = [0,\ 0,\ -B]$ の外積計算
$v_1 \quad v_2 \quad 0 \quad v_1$
$0 \quad 0 \quad -B \quad 0$
$,\ 0\ ][-Bv_2,\ \ Bv_1$

ここで，$\dot{\boldsymbol{v}} = \begin{bmatrix} \dot{v}_1 \\ \dot{v}_2 \\ 0 \end{bmatrix}$，$\boldsymbol{v} \times \boldsymbol{B} = \begin{bmatrix} -Bv_2 \\ Bv_1 \\ 0 \end{bmatrix}$

を①に代入すると，

$m\begin{bmatrix} \dot{v}_1 \\ \dot{v}_2 \\ 0 \end{bmatrix} = q\begin{bmatrix} -Bv_2 \\ Bv_1 \\ 0 \end{bmatrix}$ よって v_1 と v_2 の連立方程式

$\begin{cases} m\dot{v}_1 = -qBv_2 & \cdots\cdots② \\ m\dot{v}_2 = qBv_1 & \cdots\cdots③ \end{cases}$ が導ける。

v_1 と v_2 の連立の微分方程式だけど，②の両辺を t で微分して，v_1 だけの微分方程式を作ることにしよう。

②の両辺を t で微分して，

$m\ddot{v}_1 = -qB\dot{v}_2$ ……②′ となる。

③より，$\dot{v}_2 = \dfrac{qB}{m}v_1$ ……③′　　③′ を②′ に代入してまとめると，

$\ddot{v}_1 = -\underbrace{\dfrac{q^2B^2}{m^2}}_{\omega^2}v_1$

一般に 2 階線形微分方程式：
$\ddot{x} = -\omega^2 x$ の解は，
$x = A_1\cos\omega t + A_2\sin\omega t$
となる。

単振動の微分方程式とその一般解
「力学キャンパス・ゼミ」，
「常微分方程式キャンパス・ゼミ」を参照。

ここで，$\omega = \dfrac{qB}{m}$ (>0) とおくと，

$\ddot{v}_1 = -\omega^2 v_1$ ……④

④を解くと一般解は，

$v_1(t) = A_1\cos\omega t + A_2\sin\omega t$ （A_1，A_2：任意定数）となる。

初速度 $\boldsymbol{v}_0 = \left[\underset{v_1(0)}{0},\ \underset{v_2(0)=a\omega}{\dfrac{aqB}{m}},\ 0\right]$ より，$t=0$ のとき，

$v_1(0) = A_1\underbrace{\cos 0}_{1} + A_2\underbrace{\sin 0}_{0} = A_1 = 0$ より，$A_1 = 0$

$\therefore\ v_1(t) = A_2\sin\omega t$ ……⑤となる。これを t で微分して，

$\dot{v}_1 = A_2\omega\cos\omega t$ ……⑤′

⑤′ を②に代入すると，

$v_2(t) = -\dfrac{m}{qB}\dot{v}_1 = -\dfrac{m}{qB}\cdot A_2\underbrace{\omega}_{\frac{qB}{m}}\cos\omega t$

$\therefore\ v_2(t) = -A_2\cos\omega t$ ……⑥

$t=0$ のとき⑥は，

$v_2(0) = -A_2\underbrace{\cos 0}_{1} = -A_2 = a\omega$

$\therefore\ A_2 = -a\omega$

これを⑤，⑥に代入して

$$\begin{cases} v_1(t) = -a\omega\sin\omega t \ \cdots⑤'' \\ v_2(t) = a\omega\cos\omega t \ \cdots\cdots⑥' \end{cases}$$ となる。

・初速度 $\boldsymbol{v}_0 = \left[\underset{v_1(0)}{0},\ \underset{v_2(0)}{\frac{a\overset{\omega}{qB}}{m}},\ 0\right]$
・$v_1(t) = A_2\sin\omega t$ ……⑤
・$t=0$ のときの P の位置 $(\underset{x(0)}{a},\ \underset{y(0)}{0},\ 0)$

⑤″，⑥′を t で積分すると，それぞれ粒子 $P(x,\ y,\ 0)$ の $x(t)$ と $y(t)$ が求まるんだね。よって，

$$x(t) = \int v_1(t)dt = -a\omega\int\sin\omega t dt = a\cos\omega t + C_1$$

$$y(t) = \int v_2(t)dt = a\omega\int\cos\omega t dt = a\sin\omega t + C_2 \quad (C_1,\ C_2：任意定数)$$

$t=0$ のとき，$x(0) = a\cos 0 + C_1 = a + C_1 = a \qquad \therefore\ C_1 = 0$

$y(0) = a\sin 0 + C_2 = C_2 = 0 \qquad \therefore\ C_2 = 0$

以上より，粒子 P の座標 $(x,\ y,\ 0)$ は時刻 t により，

$$\begin{cases} x(t) = a\cos\omega t \\ y(t) = a\sin\omega t \\ z(t) = 0 \end{cases}$$ と表される。

これは，xy 平面上で，粒子 P が角速度 ω で，半径 a の円運動をすることを表しているんだね。

では，次の問題を解くための下準備として，"**サイクロイド曲線**"について解説しよう。サイクロイド曲線とは，円が x 軸上をスリップせずに回転するとき，円周上の1点が描く曲線（軌跡）のことなんだ。

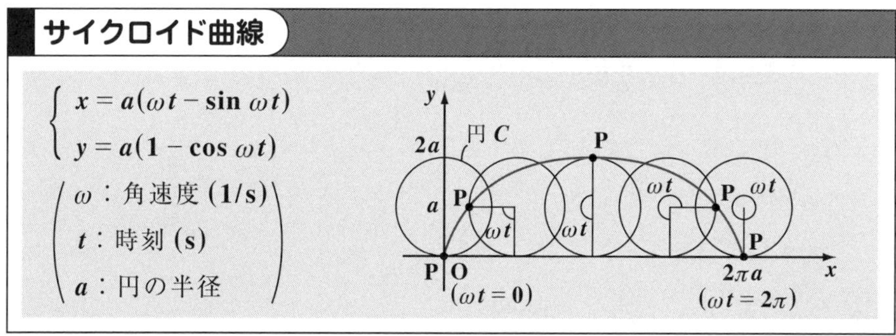

図 5 (ⅰ) に示すように，初め半径 a の円 C が原点 O に接しているものとし，O と接する円 C 上の点を P とおく。そして，円 C がズズーとスリップすることなく角速度 ω で回転するとき，t 秒後の点 P の座標 $(x,\ y)$ を求める。円 C はスリップしないので，t 秒後の円 C と x 軸との接点を Q とおくと，線分 OQ の長さと，円弧 PQ の長さ $a\omega t$ とは等しい。←(これがミソ)

図 5 サイクロイド曲線

(ⅰ)

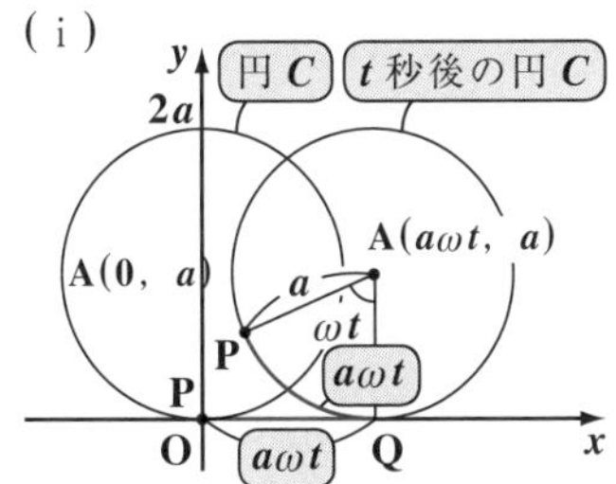

(ⅱ)

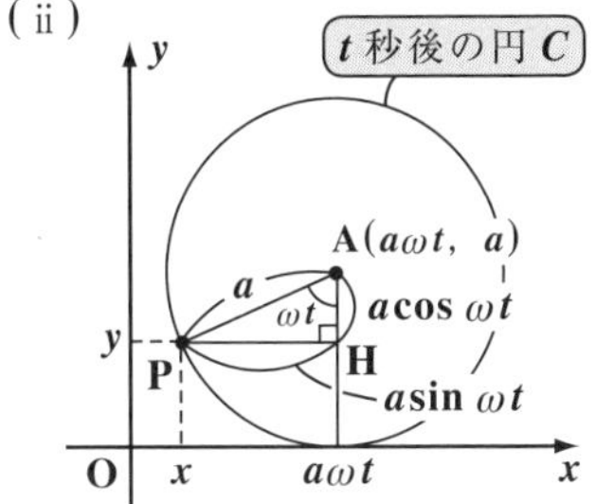

よって，図 5 (ⅱ) に示すように，t 秒後の円 C の中心 A の座標は $(a\omega t,\ a)$ となる。これから，点 $\mathrm{P}(x,\ y)$ のそれぞれの座標は，図 5 (ⅱ) より，

$$\begin{cases} x = a\omega t - a\sin\omega t = a(\omega t - \sin\omega t) \\ y = a - a\cos\omega t = a(1 - \cos\omega t) \end{cases}$$

となって，サイクロイド曲線 (カマボコ形の曲線) の公式が導けるんだね。準備も整ったので，次の例題を解いてみよう。

例題 33　右図に示すように，xyz 座標空間に一様な磁束密度 $\boldsymbol{B} = [0,\ 0,\ -B]$ と，一様な電場 $\boldsymbol{E} = [0,\ -E,\ 0]$ が存在する。時刻 $t = 0$ のときに，質量 m，電荷 $-q\ (<0)$ をもつ荷電粒子 P を原点 $(0,\ 0,\ 0)$ に静かに置いた。このとき，荷電粒子 P の運動を時刻 $t\ (\geqq 0)$ で表してみよう。(ただし，P に働く重力は無視できるものとする。)

y
⊗ $\boldsymbol{B} = [0,\ 0,\ -B]$
⇩ $\boldsymbol{E} = [0,\ -E,\ 0]$
$P(-q(\mathrm{C}))$
0　z　x

今回の負の電荷をもつ荷電粒子 P の初速度 $\boldsymbol{v}_0$ は $\boldsymbol{0}$ であるけれど，電場 $\boldsymbol{E}$ があるため，P は $\boldsymbol{E}$ の向きと逆向きに運動を始める。そして荷電粒子 P

が運動を始めると，$\boldsymbol{B}$ による力 $-q\boldsymbol{v}\times\boldsymbol{B}$ も P に働くことになるんだね。時刻 $t\ (\geqq 0)$ のとき，荷電粒子 P が速度 $\boldsymbol{v}=[v_1,\ v_2,\ \underline{0}]$ で運動しているも

問題より明らかに，P に z 方向の力は加わらないので，P の速度 $\boldsymbol{v}$ と位置 $\boldsymbol{r}$ の z 成分は当然 0 のままだね。

のとすると，この $-q$ (C) の電荷をもつ粒子 P に働く力はローレンツ力 $-q(\boldsymbol{E}+\boldsymbol{v}\times\boldsymbol{B})$ となるので，粒子 P の運動方程式は，

$m\dot{\boldsymbol{v}}=-q(\boldsymbol{E}+\boldsymbol{v}\times\boldsymbol{B})$ …①

となるのはいいね。ここで，

$\boldsymbol{v}=[v_1,\ v_2,\ 0]$ と $\boldsymbol{B}=[0,\ 0,\ -B]$ の外積計算

$$\begin{array}{cccc} v_1 & v_2 & 0 & v_1 \\ 0 & 0 & -B & 0 \end{array}$$
$[-Bv_2,\ Bv_1,\ 0]$

$$\dot{\boldsymbol{v}}=\begin{bmatrix}\dot{v}_1\\ \dot{v}_2\\ 0\end{bmatrix},\quad \boldsymbol{E}=\begin{bmatrix}0\\ -E\\ 0\end{bmatrix},\quad \boldsymbol{v}\times\boldsymbol{B}=\begin{bmatrix}-Bv_2\\ Bv_1\\ 0\end{bmatrix}$$

を①に代入すると，

$$m\begin{bmatrix}\dot{v}_1\\ \dot{v}_2\\ 0\end{bmatrix}=-q\left(\begin{bmatrix}0\\ -E\\ 0\end{bmatrix}+\begin{bmatrix}-Bv_2\\ Bv_1\\ 0\end{bmatrix}\right)=\begin{bmatrix}qBv_2\\ qE-qBv_1\\ 0\end{bmatrix}$$

よって，

$$\begin{cases} m\dot{v}_1=qBv_2 & \cdots\cdots\text{②}\\ m\dot{v}_2=\underbrace{qE}_{}-\underbrace{qB}_{\text{定数}}v_1 & \cdots\text{③}\end{cases}$$

となる。

③の両辺を t で微分して，

$m\ddot{v}_2=-qB\dot{v}_1$ ……③′

②より，$\dot{v}_1=\dfrac{qB}{m}v_2$ ……②′　②′を③′に代入してまとめると，

$\ddot{v}_2=-\dfrac{q^2B^2}{m^2}v_2$ となる。ここで，$\omega=\dfrac{qB}{m}$ とおくと，（$\dfrac{q^2B^2}{m^2}=\omega^2$）

$\ddot{v}_2=-\omega^2v_2$ より，

$v_2(t)=A_1\cos\omega t+A_2\sin\omega t$

$(A_1,\ A_2$：任意定数$)$

単振動の微分方程式：
$\ddot{x}=-\omega^2x$ の一般解は，
$x=A_1\cos\omega t+A_2\sin\omega t$

ここで，$t=0$ のとき，$v_2(0)=A_1=0$ より，$A_1=0$ ← 初速度 $\boldsymbol{v}_0=\boldsymbol{0}$（初期条件）

$\therefore\ v_2(t)=A_2\sin\omega t$ ……④　となる。

④の両辺を t で微分して,

$\dot{v}_2 = A_2\omega\cos\omega t$ ……④′　　④′を③に代入して $v_1(t)$ を求めると,

$mA_2\omega\cos\omega t = qE - qBv_1(t)$

$$v_1(t) = \frac{E}{B} - \omega\frac{m}{qB}A_2\cos\omega t = \frac{E}{B} - A_2\cos\omega t \text{ ……⑤}$$

$\left(\frac{m}{qB} = \frac{1}{\omega}\right)$

初期条件 ― 初速度 $v_0 = 0$ だからね。

ここで, $t = 0$ のとき, $v_1(0) = \frac{E}{B} - A_2 = 0$ より, $A_2 = \frac{E}{B}$

これを④, ⑤に代入して,

$$v_1(t) = \frac{E}{B}(1 - \cos\omega t) \text{ ……⑤′}, \qquad v_2(t) = \frac{E}{B}\sin\omega t \text{ ……④″}$$

よって, 粒子 P の座標 $P(x, y)$ をそれぞれ求めると,

$$x(t) = \int v_1(t)dt = \frac{E}{B}\int(1 - \cos\omega t)dt = \frac{E}{B}\left(t - \frac{1}{\omega}\sin\omega t\right) + C_1 \text{ ……⑥}$$

$$y(t) = \int v_2(t)dt = \frac{E}{B}\int\sin\omega t dt = -\frac{E}{B}\cdot\frac{1}{\omega}\cos\omega t + C_2 \text{ ……………⑦}$$

ここで, $t = 0$ のとき, $x(0) = 0$ かつ $y(0) = 0$ より,

$t = 0$ のとき, 粒子 P は原点にあった。― 初期条件

$x(0) = C_1 = 0$　　$\therefore C_1 = 0$

$y(0) = -\frac{E}{B\omega} + C_2 = 0$　　$\therefore C_2 = \frac{E}{B\omega}$

以上を⑥, ⑦に代入して,

$$\begin{cases} x(t) = \dfrac{E}{B\omega}(\omega t - \sin\omega t) \\ y(t) = \dfrac{E}{B\omega}(1 - \cos\omega t) \end{cases}$$

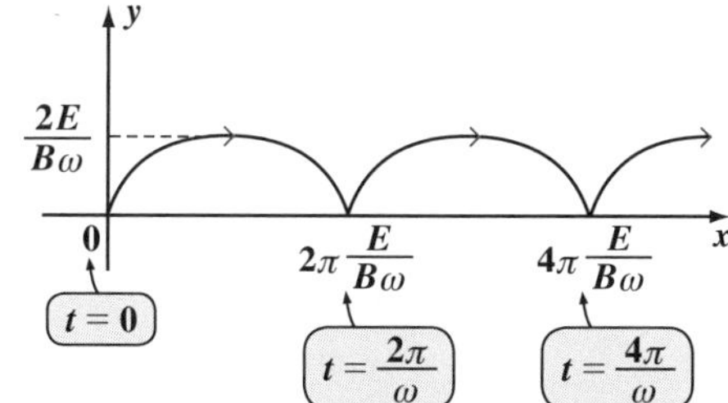

となる。これは, 半径 $a = \frac{E}{B\omega}$ のサイクロイド曲線 (P174) なので, 荷電粒子 P は, xy 平面上で, 上図のような曲線を描きながらピョンピョン跳ねるように運動することが分かった。面白かった？

講義3 ● 定常電流と磁場　公式エッセンス

1. 電流 I の 3 つの表現

(1) $I = \dfrac{dQ}{dt}$　　(2) $I = vS\eta e$　　(3) $I = \displaystyle\iint_S \boldsymbol{i}\cdot\boldsymbol{n}\,dS$

2. 電荷の保存則

$\mathrm{div}\,\boldsymbol{i} = -\dfrac{\partial\rho}{\partial t}$　（$\boldsymbol{i}$：電流密度，ρ：電荷の体積密度）

3. マクスウェルの方程式 (＊2)

$\mathrm{div}\,\boldsymbol{B} = 0$ ……(＊2)　[$\mathrm{div}\,\boldsymbol{H} = 0$ ……(＊2)′]

4. 一般化されたアンペールの法則

$$\oint_C \boldsymbol{H}\cdot d\boldsymbol{r} = I$$

5. 定常電流による磁場に関するマクスウェルの方程式 (＊3)′

$\mathrm{rot}\,\boldsymbol{H} = \boldsymbol{i}$ ……(＊3)′

6. 静磁場のクーロンの法則

$f = k_m \dfrac{m_1 m_2}{r^2}$　$\left(k_m = \dfrac{1}{4\pi\mu_0}\,(\mathrm{A^2/N})\ （真空の透磁率\ \mu_0 = 4\pi\times10^{-7}\,(\mathrm{N/A^2})）\right)$

7. ビオ - サバールの法則

$d\boldsymbol{H} = \dfrac{1}{4\pi}\cdot\dfrac{Id\boldsymbol{l}\times\boldsymbol{r}}{r^3} = \dfrac{1}{4\pi}\cdot\dfrac{Id\boldsymbol{l}\times\boldsymbol{e}_r}{r^2}$　$\left(\boldsymbol{e}_r = \dfrac{\boldsymbol{r}}{r}\right)$

8. 積分形によるビオ - サバールの法則

$$\boldsymbol{H}(\boldsymbol{r}) = \frac{1}{4\pi}\iiint_{V'} \frac{\boldsymbol{i}(\boldsymbol{r}')\times(\boldsymbol{r}-\boldsymbol{r}')}{\|\boldsymbol{r}-\boldsymbol{r}'\|^3}\,dV'$$

9. 磁場 $\boldsymbol{H}(\boldsymbol{r})$ のベクトル・ポテンシャル $\boldsymbol{A}(\boldsymbol{r})$

$$\boldsymbol{A}(\boldsymbol{r}) = \frac{1}{4\pi}\iiint_{V'} \frac{\boldsymbol{i}(\boldsymbol{r}')}{\|\boldsymbol{r}-\boldsymbol{r}'\|}\,dV'$$

10. アンペールの力

$\boldsymbol{f} = l\boldsymbol{I}\times\boldsymbol{B}$ ←― "Let it be."

11. ローレンツ力

$\boldsymbol{f} = q\boldsymbol{v}\times\boldsymbol{B}$ ←― "Queens are very beautiful."

時間変化する電磁場

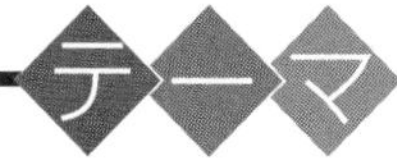

▶ アンペール - マクスウェルの法則

$\left(\mathrm{rot}\,\boldsymbol{H} = \boldsymbol{i} + \dfrac{\partial \boldsymbol{D}}{\partial t}\right)$

▶ 電磁誘導の法則

$\left(V = -\dfrac{\partial \Phi}{\partial t},\ \ \mathrm{rot}\,\boldsymbol{E} = -\dfrac{\partial \boldsymbol{B}}{\partial t}\right)$

▶ さまざまな回路

(RC 回路, RL 回路, LC 回路, RLC 回路)

§1. アンペール - マクスウェルの法則

これまで，静電場や定常電流による静磁場について，様々な問題を解いてきた。しかし，これらはすべて，時間的に変化することのない静的な電磁場の問題で，たとえて言うなら，静止画像のような世界について考察してきたことになる。

これに対して，今回の講義から，いよいよ“**時間変化する電磁場**”の解説に入ることにしよう。つまり，これから動画のようなダイナミックに動く電磁場の世界に足を踏み入れることになるんだね。

これまでにも，**4** つのマクスウェルの方程式について解説してきた。しかし，これらはすべて静電場や静磁場の世界のものなので，これらを時間変化する電磁場におけるマクスウェルの方程式に修正する必要がある。ここではまず，その **1** つとして，“**アンペール - マクスウェルの法則**”と“**変位電流**”について詳しく解説することにしよう。

● マクスウェルの方程式を対比してみよう！

まず初めに，静電場や静磁場における特殊なマクスウェルの方程式と，時間的に変化する電磁場における一般的なマクスウェルの方程式とを対比して下に示そう。

● 静電場，静磁場におけるマクスウェルの方程式	● 時間変化する電磁場におけるマクスウェルの方程式
(i) $\mathrm{div}\,\boldsymbol{D}=\rho$ ……$(*1)$	(i) $\mathrm{div}\,\boldsymbol{D}=\rho$ ……$(*1)$
(ii) $\mathrm{div}\,\boldsymbol{B}=0$ ……$(*2)$	(ii) $\mathrm{div}\,\boldsymbol{B}=0$ ……$(*2)$
(iii) $\mathrm{rot}\,\boldsymbol{H}=\boldsymbol{i}$ ……$(*3)'$	(iii) $\mathrm{rot}\,\boldsymbol{H}=\boldsymbol{i}+\dfrac{\partial\boldsymbol{D}}{\partial t}$ ……$(*3)$
(iv) $\mathrm{rot}\,\boldsymbol{E}=\boldsymbol{0}$ ……$(*4)'$	(iv) $\mathrm{rot}\,\boldsymbol{E}=-\dfrac{\partial\boldsymbol{B}}{\partial t}$ ……$(*4)$

クーロンの法則から導いた方程式(i) $\mathrm{div}\,\boldsymbol{D}=\rho$ と，単磁荷が存在しないことから導いた方程式(ii) $\mathrm{div}\,\boldsymbol{B}=0$ の2つは，静電場，静磁場においても，時間変化する電磁場においても同じで，修正を加える必要はない。

これに対して，静磁場において，アンペールの法則 $\left(\oint_C \boldsymbol{H}\cdot d\boldsymbol{r}=I\right)$ から導いた方程式(iii) $\mathrm{rot}\,\boldsymbol{H}=\boldsymbol{i}$ だけでは，時間変化する電磁場の問題に対応できないので，マクスウェルはこの式の右辺に新たに"**変位電流**(へんいでんりゅう)"(***displacement current***)の項 $\dfrac{\partial \boldsymbol{D}}{\partial t}$ を加えて一般化した。これに因んで，この修正を加えた方程式(iii) $\mathrm{rot}\,\boldsymbol{H}=\boldsymbol{i}+\dfrac{\partial \boldsymbol{D}}{\partial t}$ のことを"**アンペール-マクスウェルの法則**"(***Ampère-Maxwell's law***)と呼ぶ。この講義では，この変位電流とアンペール-マクスウェルの法則について，これから詳しく解説するつもりだ。

さらに，静電場における方程式(iv) $\mathrm{rot}\,\boldsymbol{E}=\boldsymbol{0}$ は，静電場 $\boldsymbol{E}$ がスカラー・ポテンシャル(電位) ϕ をもち，$\boldsymbol{E}=-\mathrm{grad}\,\phi=-\nabla\phi$ と表せるための必要十分条件だったんだね。これに対して，時間変化する電磁場における方程式(iv) $\mathrm{rot}\,\boldsymbol{E}=-\dfrac{\partial \boldsymbol{B}}{\partial t}$ は，ファラデーの"**電磁誘導の法則**"(***law of electromagnetic induction***)から導くことができる。これについては，次の講義で詳しく教えよう。

いずれにせよ，時間変化する電磁場におけるマクスウェルの方程式が一般的な方程式と呼ばれる理由は，これが静電場，静磁場においても成り立つからだ。電磁場が時間変化しないとき，$\boldsymbol{D}$(電束密度)も $\boldsymbol{B}$(磁束密度)も一定となる。よって，当然，$\dfrac{\partial \boldsymbol{D}}{\partial t}=\boldsymbol{0}$，$\dfrac{\partial \boldsymbol{B}}{\partial t}=\boldsymbol{0}$ となり，時間変化する電磁場でのマクスウェルの方程式(iii)，(iv)は共に，

$$(\text{iii})\ \mathrm{rot}\,\boldsymbol{H}=\boldsymbol{i}+\overbrace{\frac{\partial \boldsymbol{D}}{\partial t}}^{\boldsymbol{0}}=\boldsymbol{i}\,,\qquad (\text{iv})\ \mathrm{rot}\,\boldsymbol{E}=-\overbrace{\frac{\partial \boldsymbol{B}}{\partial t}}^{\boldsymbol{0}}=\boldsymbol{0}$$

となり，静電場，静磁場におけるマクスウェルの方程式と一致するからだ。

● アンペール - マクスウェルの法則をマスターしよう！

それでは，静電場におけるアンペールの法則：$\mathbf{rot}\,\boldsymbol{H}=\boldsymbol{i}$ ……$(*3)'$ を拡張して，アンペール - マクスウェルの法則：$\mathbf{rot}\,\boldsymbol{H}=\boldsymbol{i}+\dfrac{\partial \boldsymbol{D}}{\partial t}$ ……$(*3)$ を導いてみよう。

図1に示すように，コンデンサーを含む閉回路に直流電源(電池)を接続する場合を考えてみよう。初め，コンデンサーは何も帯電していなかったものとすると，コンデンサーが十分に電荷を蓄えるまでの間，この回路の導線に電流は流れ続ける。その結果，アンペールの法則により，この回路の導線のまわりに回転する磁場 $\boldsymbol{H}$ が生ずることは，大丈夫だね。

図1 アンペール - マクスウェルの法則

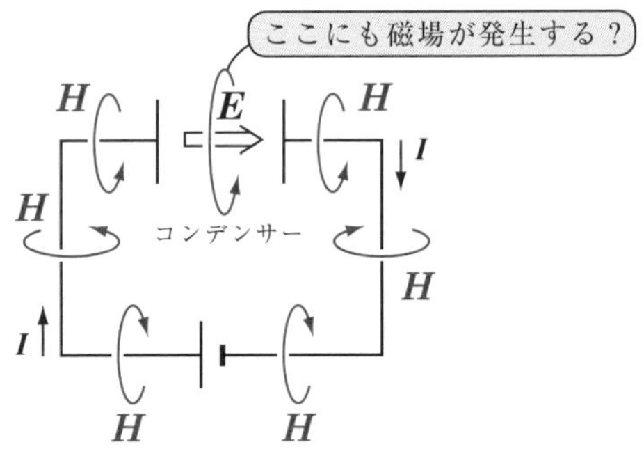

ここで，マクスウェルは導線のまわりだけでなく，コンデンサーの2枚の極板の間にも磁場が生ずるのではないかと考えた。そして，測定した結果，導線に電流が流れている間，この極板間にも磁場が発生していることが確認できた。

しかし，この結果は明らかに，アンペールの法則$(*3)'$と矛盾する。何故なら，コンデンサーの2枚の極板の間には何ら電流は流れていないからだ。「では，何が，この磁場を発生させているのだろうか？」マクスウェルはさらに考えた。

その結果，電流が極板に流れ込み，2枚の極板には正・負の電荷が蓄えられていくことになり，極板間の電場の強さが変化していることに気付いた。つまり，「電場の時間変化率，つまり，$\boldsymbol{E}$ の変化速度 $\dfrac{\partial \boldsymbol{E}}{\partial t}$ と磁場 $\boldsymbol{H}$ とが関係している」と推論したんだね。

あくまでも，$\boldsymbol{H}$ と関係するのは $\boldsymbol{E}$ の変化速度 $\frac{\partial \boldsymbol{E}}{\partial t}$ であって，$\boldsymbol{E}$ そのものではないことに気を付けよう。何故なら，図 1 の回路を閉じて十分時間が経つと，コンデンサーにも十分電荷が蓄えられるので，電流はもはや流れなくなり，当然そのまわりに磁場は発生しない。しかし，コンデンサーの極板間には電場 $\boldsymbol{E}$ が存在するにも関わらず，やはりこの極板間にも磁場 $\boldsymbol{H}$ は生じないからだ。ということは，電流が流れている，つまり，極板間の電場が時間的に変化しているときのみに，磁場 $\boldsymbol{H}$ が発生すると考えられるんだね。

それでは，定性的な話はこの位にして，これから数式で以上の内容を記述してみることにしよう。

電流が流れている時刻 t と $t+dt$ の間の dt 秒間に，電流 I がコンデンサーに流れ込む結果，コンデンサーが蓄える電荷 Q の微小な増分を dQ とおくと，

$dQ = Idt$ と表せる。よって，

$I = \frac{dQ}{dt}$ ……① となる。

ここで，平行平板コンデンサーの公式より，

$$Q = \underbrace{C}_{\frac{\varepsilon_0 S}{d}}\ \underbrace{V}_{Ed} = \frac{\varepsilon_0 S}{\cancel{d}} E\cancel{d} = \underbrace{\varepsilon_0 S}_{\text{定数}} E$$

平行平板コンデンサーの公式 (P103)：
(1) $Q = CV$
(2) $E = \frac{V}{d}$
(3) $C = \frac{\varepsilon_0 S}{d}$
(4) $U = \frac{1}{2}CV^2$
$\left(u_e = \frac{1}{2}\varepsilon_0 E^2\right)$

だね。よって，この両辺の微少量をとると，

$dQ = \varepsilon_0 S \cdot dE$ ……② となる。この②を①に代入すると，

(E を多変数関数とみて，偏微分で表した。)

$I = \varepsilon_0 S \frac{\partial E}{\partial t}$ となり，これをさらにベクトルで表示すると，

$\boldsymbol{I}_d = \varepsilon_0 S \frac{\partial \boldsymbol{E}}{\partial t}$ ……③ となる。ここで，左辺を $\boldsymbol{I}$ ではなく $\boldsymbol{I}_d$ とおいたのは，これは通常の伝導電流ではなく，コンデンサーの極板間に仮想的に存在すると考えられる電流だからだ。

③の両辺を S で割って，$\boldsymbol{i}_d = \frac{\boldsymbol{I}_d}{S}$ とおくと，　$\boxed{\boldsymbol{I}_d = \varepsilon_0 S \frac{\partial \boldsymbol{E}}{\partial t} \quad \cdots\cdots ③}$

$$\boldsymbol{i}_d = \frac{\partial(\overbrace{\varepsilon_0 \boldsymbol{E}}^{\boldsymbol{D}})}{\partial t} \qquad \therefore \ \boldsymbol{i}_d = \frac{\partial \boldsymbol{D}}{\partial t} \quad \cdots\cdots ④$$ が導ける。

この $\boldsymbol{i}_d\left(=\frac{\partial \boldsymbol{D}}{\partial t}\right)$ は伝導電流の電流密度 $\boldsymbol{i}$ と同じ単位 $[\mathrm{A/m^2}]$ をもち，“**変位電流**(へんいでんりゅう)”と呼ばれる。

アンペールの法則：$\mathrm{rot}\,\boldsymbol{H} = \boldsymbol{i} \quad \cdots\cdots (*3)'$ の右辺に④の変位電流の項を加えることにより，

(iii) $\mathrm{rot}\,\boldsymbol{H} = \boldsymbol{i} + \boldsymbol{i}_d = \boldsymbol{i} + \frac{\partial \boldsymbol{D}}{\partial t} \quad \cdots\cdots (*3)$ となり，

“**アンペール - マクスウェルの法則**”が導かれる。変位電流は $\varepsilon_0 \frac{\partial \boldsymbol{E}}{\partial t}$ と表してもかまわないので，「磁場 $\boldsymbol{H}$ が $\frac{\partial \boldsymbol{E}}{\partial t}$ によって発生する」と考えたマクスウェルの推論は正しかったんだね。

この $(*3)$ の公式の利用法についても話しておこう。

- ・伝導電流のみのところでは，$\mathrm{rot}\,\boldsymbol{H} = \boldsymbol{i}$ を用い，
- ・変位電流のみのところでは，$\mathrm{rot}\,\boldsymbol{H} = \frac{\partial \boldsymbol{D}}{\partial t}$ を用いればいい。

そして，この両方が存在するところでは，$(*3)$ をそのまま用いる。つまり，この公式は場合によって使い分ければいいんだね。

ここで，さらに，$(*3)$ の両辺の発散をとって変形すると，

$$\underbrace{\mathrm{div}(\mathrm{rot}\,\boldsymbol{H})}_{0} = \mathrm{div}\,\boldsymbol{i} + \mathrm{div}\left(\frac{\partial \boldsymbol{D}}{\partial t}\right)$$

（P39 の公式：$\mathrm{div}(\mathrm{rot}\,\boldsymbol{f}) = 0$ より）

$$\mathrm{div}\,\boldsymbol{i} + \frac{\partial}{\partial t}(\underbrace{\mathrm{div}\,\boldsymbol{D}}_{\rho}) = 0$$

（マクスウェルの方程式 (i) $\mathrm{div}\,\boldsymbol{D} = \rho$ より）

$\therefore \ \mathrm{div}\,\boldsymbol{i} = -\frac{\partial \rho}{\partial t} \quad \cdots\cdots (*r)$ となって，P134 の電荷の保存則も導ける。

このことからも，“**アンペール - マクスウェルの法則**”が一般に成り立つ公式であることが確認されたんだね。

ここで，変位電流が伝導電流と等価であることを確認するために，図2に示すような電気容量 C のコンデンサーに電圧 $V = V_0 \sin\omega t$ の

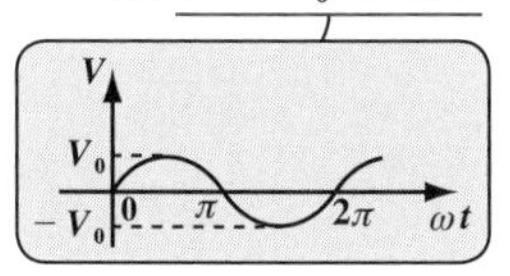

交流電源をつないだ回路を考える。

図2　変位電流

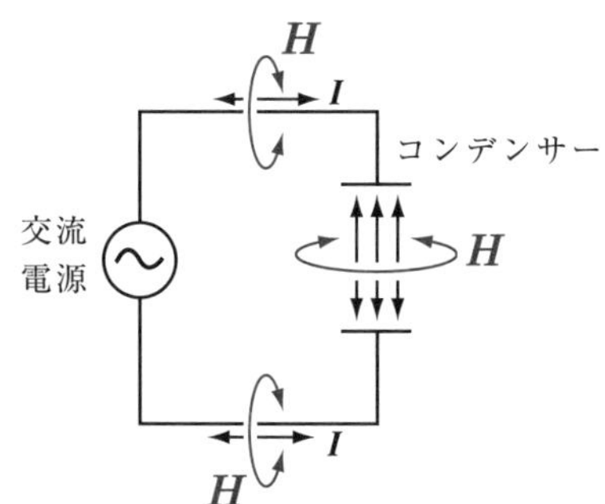

(i) まず，伝導電流について，

この回路の(起電力)＝(電圧降下)の方程式は，

$$V_0 \sin\omega t = \frac{Q}{C} \quad \cdots\cdots ⑤ \text{ となる。}$$

左辺には起電力の項

右辺には電圧降下の項をとる。

コンデンサーにより，$\frac{Q}{C}$ の電圧が降下する。

$\left(\begin{array}{l} V_0：\text{交流の最大電圧}(V) \\ \omega\ ：\text{角周波数}(1/s) \end{array} \right)$

⑤の両辺を時刻 t で微分して，伝導電流 I を求めると，

$$V_0 \omega \cos\omega t = \frac{1}{C}\underbrace{\frac{dQ}{dt}}_{I} \text{ より，}\quad I = CV_0\omega\cos\omega t \text{ となる。}$$

∴伝導電流を密度で表すと，$\frac{I}{S} = \frac{CV_0\omega\cos\omega t}{S}$ ……⑥ だね。

(ii) 次，変位電流 $\frac{\partial D}{\partial t} = \varepsilon_0 \frac{\partial E}{\partial t}$ について，

$$E = \frac{V}{d} = \frac{CV}{\varepsilon_0 S} = \frac{C}{\varepsilon_0 S} V_0 \sin\omega t \text{ より，}$$

$C = \frac{\varepsilon_0 S}{d}$ より

定数

$$\frac{\partial D}{\partial t} = \varepsilon_0 \frac{\partial E}{\partial t} = \varepsilon_0 \frac{C}{\varepsilon_0 S} V_0 \frac{d}{dt}(\sin\omega t)$$

$$= \frac{CV_0\omega\cos\omega t}{S} \quad \cdots\cdots ⑦ \text{ となる。}$$

以上⑥，⑦より，変位電流は伝導電流の電流密度と本質的に同じものであることが分かったと思う。

§2. 電磁誘導の法則

これまで電流から磁場が発生すること(アンペールの法則，ビオ - サバールの法則)，また，磁場の中を流れる電流(または，運動する電荷)には力が働くこと(アンペールの力，ローレンツ力)を学んだ。そして，今回の講義では，回路を貫く磁束の時間変化から起電力が生じて，電流が流れる現象，すなわち，ファラデーの“**電磁誘導の法則**(でんじゆうどう)”について詳しく解説しよう。さらに，この電磁誘導の法則から**4**番目のマクスウェルの方程式が導かれることも示そう。

また，コイルの“**自己インダクタンス**”と“**相互インダクタンス**”についても解説し，さらにコイルの持つエネルギーを基に，“**磁場のエネルギー密度**”についても教えるつもりだ。

今回も内容満載だけど，また分かりやすく解説しよう。

● 磁束の変化から起電力が生まれる！

・電流から磁場が生まれること ← アンペール - マクスウェルの法則：
$$\mathrm{rot}\,\boldsymbol{H} = \boldsymbol{i} + \frac{\partial \boldsymbol{D}}{\partial t}$$
(ビオ - サバールの法則)

および，

・磁場の中を流れる電流(または，運動する電荷)には力が働くこと ←
アンペールの力： $\boldsymbol{f} = l\boldsymbol{I} \times \boldsymbol{B}$
ローレンツ力： $\boldsymbol{f} = q\boldsymbol{v} \times \boldsymbol{B}$

から，では逆に，

「磁場と力の組み合わせから電流を得ることはできないだろうか?」と考えたファラデーは，様々な実験を重ねた結果，

「回路(コイル)を貫く磁束Φ**(Wb)**の時間的変化が回路(コイル)に起電力を生じさせ，電流が生まれる。」ことを発見した。これを，ファラデーの“**電磁誘導の法則**”(*law of electromagnetic induction*)という。この電磁誘導により生じるコイルの起電力を“**誘導起電力**(ゆうどうきでんりょく)”といい，その結果コイルに流れる電流を“**誘導電流**(ゆうどうでんりゅう)”と呼ぶことも覚えておこう。

ファラデーは，鉄の環に巻いた**2**つのコイルを使った実験で，この電磁誘導の法則を発見したんだけれど，ここではもっと単純なモデルで解説しておこう。

図1 電磁誘導の法則

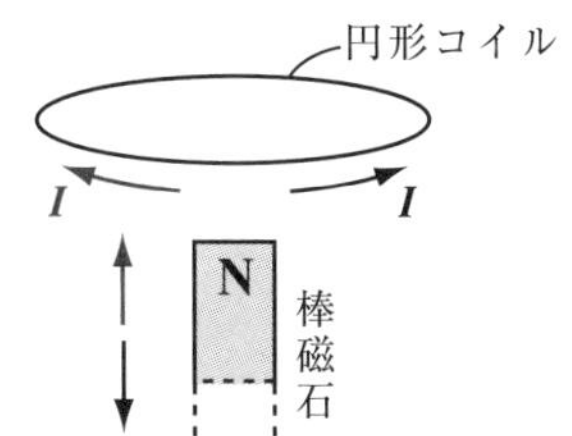

図**1**に示すように，**1**巻きの円形コイルの中心軸に沿うように，たとえば，棒磁石の**N**極を上下に動かせば，円形コイル(回路)を貫く磁束密度$\boldsymbol{B}$(**Wb/m²**)が時間的に変化することが分かるだろう。その結果，コイルを貫く磁束$\boldsymbol{\Phi}$も時間的に変化するので，コイルには誘導起電力が生じ，誘導電流$\boldsymbol{I}$が流れることになるんだね。

では，誘導起電力の向き，すなわち，コイルに流れる誘導電流$\boldsymbol{I}$の向きはどうなるのだろうか？　これには“**レンツの法則**”が明快に答えてくれる。すなわち，「誘導起電力は，これによって流れる誘導電流が作る磁場が，磁束の変化を妨げる向きに生じる。」ということだ。つまり，図**2**に示すように，初め円形コイルを貫く磁束密度(磁場)の大きさが$\boldsymbol{B}$であったとしよう。ここで，

図2 レンツの法則

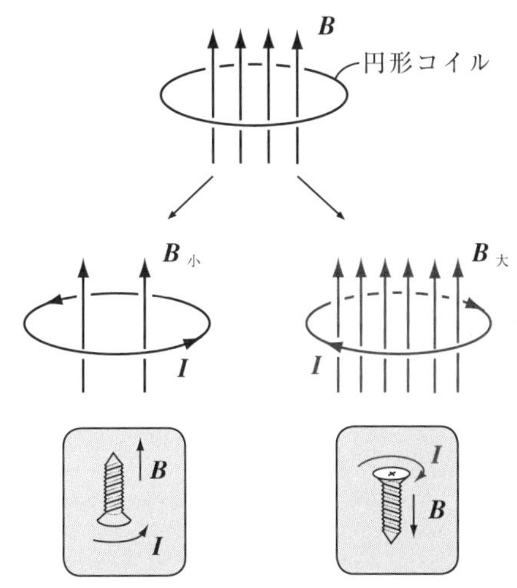

(ⅰ) $\boldsymbol{B} \to \boldsymbol{B}_{小}$，つまり，$\boldsymbol{B}$(または$\boldsymbol{\Phi}$)が小さくなるとき，これを補って$\boldsymbol{B}$が大きくなる向きに誘導電流$\boldsymbol{I}$は流れる。逆に，

(ⅱ) $\boldsymbol{B} \to \boldsymbol{B}_{大}$，つまり$\boldsymbol{B}$(または$\boldsymbol{\Phi}$)が大きくなるとき，これを押さえて$\boldsymbol{B}$が小さくなる向きに誘導電流$\boldsymbol{I}$は流れる。

いずれにせよ，磁束が変化したら，その変化を妨げる向きに誘導起電力が生じて誘導電流が流れるということなんだね。納得いった？

レンツの法則も含めて，ファラデーの電磁誘導の法則の公式は，

$$V = -\frac{\partial \Phi}{\partial t} \quad \cdots\cdots(*x)$$

$\left(\begin{array}{ll} V：誘導起電力(\mathrm{V}) & \Phi：磁束(\mathrm{Wb}) \\ t：時刻(\mathrm{s}) & \end{array} \right)$

とシンプルな形で表される。磁束の時間的変化率(変化速度)$\frac{\partial \Phi}{\partial t}$に⊖を付けたものが，そのまま，誘導起電力になるんだね。この⊖の意味はレンツの法則に由来していることも分かると思う。

「誘導起電力は磁束の変化を妨げる向きに生じる。」

ここで，$(*x)$の両辺の単位も確認しておこう。

・(左辺)$= V = \underset{(\mathrm{N/C})}{E} \cdot \underset{(\mathrm{m})}{d}$と考えると，単位$\left[\frac{\mathrm{N}}{\mathrm{C}} \cdot \mathrm{m}\right] = [\mathrm{Nm/C}]$

・(右辺)$= \frac{\Phi}{t}$と考えると，単位$\left[\frac{\mathrm{Wb}}{\mathrm{s}}\right] = \left[\frac{\mathrm{Nm}}{\mathrm{A \cdot s}}\right] = [\mathrm{Nm/C}]$　($\mathrm{Wb} = \mathrm{Nm/A}$，$\mathrm{A \cdot s} = \mathrm{C}$)

となって，一致することが分かるね。

さらに，この電磁誘導における磁束$\Phi(\mathrm{Wb})$と磁束密度$\boldsymbol{B}(\mathrm{Wb/m^2})$の関係についても解説しておこう。

図3 磁束Φと磁束密度$\boldsymbol{B}$

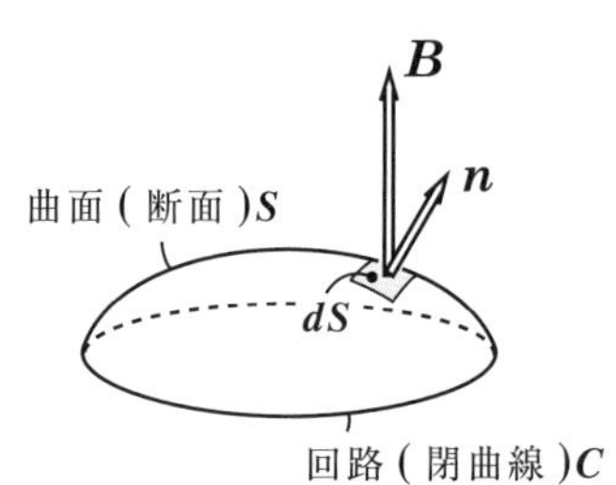

図3に示すように，閉回路を閉曲線Cとみて，Cに囲まれる任意の裏表のある曲面S

これは，平面でなくてもかまわない。どんな曲面(平面)でも，$\boldsymbol{B}$が場所によらず一定であれば，磁束Φを下の①式で計算すると，結局同じものになるからだ。

をとる。このSの微小部分dSにおける磁束密度を$\boldsymbol{B}$，また，dSの単位法線ベクトルを$\boldsymbol{n}$とおくと，磁束Φの微小な磁束$d\Phi$は，$d\Phi = \boldsymbol{B} \cdot \boldsymbol{n}dS$で与えられる。よって，これを曲面$S$全体に渡って面積分したものが，$\Phi$となるので，

$$\Phi = \iint_S \boldsymbol{B} \cdot \boldsymbol{n}dS \quad \cdots\cdots①$$

となるんだね。

もちろん，S が平面で，$\boldsymbol{B}$ が定ベクトルで，かつ，$\boldsymbol{B} /\!/ \boldsymbol{n}$ をみたすならば，①より，

$$\Phi = \iint_S \underbrace{\boldsymbol{B} \cdot \boldsymbol{n}}_{\|\boldsymbol{B}\|\|\boldsymbol{n}\|\cos 0 = B\ (\text{定数})} dS = B \iint_S dS = BS \quad \cdots\cdots ①'$$

（$\|\boldsymbol{B}\| = B$，$\|\boldsymbol{n}\| = 1$，$\cos 0 = 1$）

となるのも大丈夫だね。

よって，この①´を $(*x)$ に代入すると，誘導起電力 V は，

$$V = -\frac{\partial(BS)}{\partial t} = -B\frac{\partial S}{\partial t} \quad \cdots\cdots ②$$

で計算できる。これは $\boldsymbol{B}$ が一定で，閉回路の面積 S が変化するときの V の式なんだ。次の例題で練習しよう。

例題 34　右図に示すように，z 軸の正の向きに一様な磁束密度 $B(\mathrm{Wb/m^2})$ が存在する。xyz 座標空間内に，コの字型の導線 ABCD が，AB と CD は x 軸と平行に，BC は y 軸と平行になるように置かれている。BC の長さは $l(\mathrm{m})$ で，BC 間にのみ抵抗 $R(\Omega)$ が存在する。ここで，導体棒 PQ を，BC と平行を保ちながら，x 軸方向に一定の速さ v で移動させるものとする。

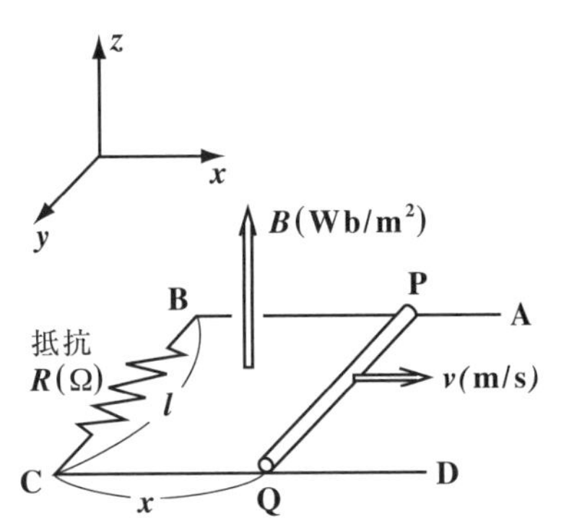

このとき，閉回路 PBCQ に生じる誘導起電力 $V(\mathrm{V})$ と誘導電流 $I(\mathrm{A})$ を求めてみよう。

高校物理でもおなじみの基本問題だ。早速解いてみよう。

回路 PBCQ の断面（平面）と一様な磁束密度 $B(\mathrm{Wb/m^2})$ は直交するので，①´や②の公式が使えるんだね。ここで，$\mathrm{CQ} = x$ とおくと，回路の断面積 S は $S = lx$ とおけるので，これを②に代入して，

誘導起電力 $V = -B\dfrac{\partial(lx)}{\partial t} = -Bl\underbrace{\dfrac{\partial x}{\partial t}}_{v} = -\underline{Blv}$ となる。

（これは "*Believe*" と覚えるといいかもね。）

PQ が v(m/s) で移動するので，回路 PBCQ を貫く磁束は，毎秒 Blv だけ増加していくことになる。よって，これを妨げて，磁束を減少させる向きに誘導起電力は発生するので，誘導電流 I も P → Q → C → B → P の向きに流れる。I の大きさは

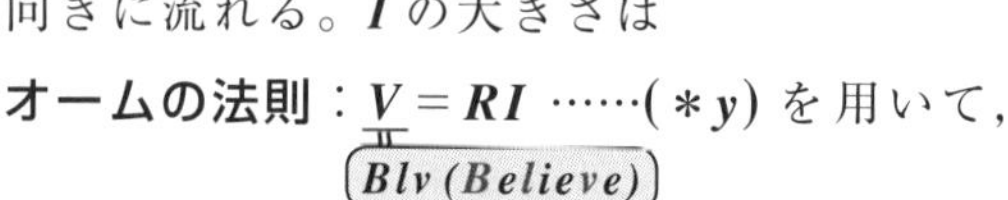

オームの法則：$V = RI$ ……(＊y) を用いて，

誘導電流 $I = \dfrac{V}{R} = \dfrac{Blv}{R}$(A) と求まるんだね。

では，何故，何もないただの導線の回路に誘導起電力や誘導電流が生じるのか？ その理由は分かる？

長さ l の導体棒 PQ に着目すると，一様な磁束密度 $\boldsymbol{B}$ の中で，これと垂直に誘導電流 $\boldsymbol{I}$ が流れるので，この導体棒 PQ には当然

アンペールの力：$\boldsymbol{f} = l\boldsymbol{I} \times \boldsymbol{B}$ ← "Let it be"

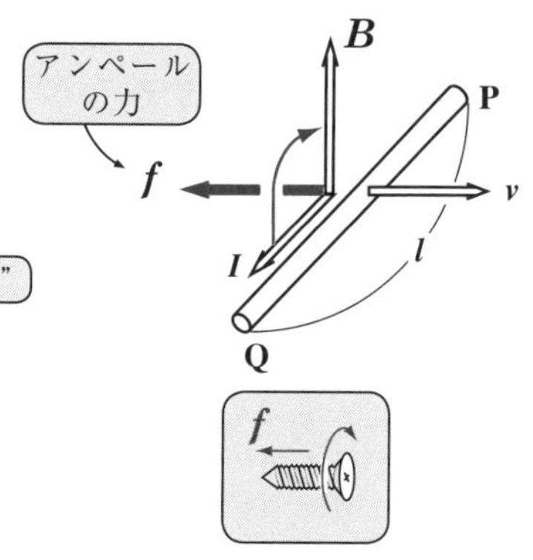

が，移動の向きとは逆向きに働く。

$\boldsymbol{I} \perp \boldsymbol{B}$ より，この大きさを f で表すと，$f = lIB$ となるのもいいね。そして，この力 f に逆らって毎秒 v(m) だけ導体棒 PQ を動かすという，仕事（正確には，仕事率）を行っていたんだね。

"無から有は生まれない！" この仕事こそ，誘導起電力と誘導電流を生じさせる原因だったんだ。納得いった？

別解

例題 **34** の誘導起電力，誘導電流は，ローレンツ力の考え方から求めることもできる。

"Queens are very beautiful." → $\boldsymbol{f} = q\boldsymbol{v} \times \boldsymbol{B}$

図(i)のように，一様な磁場 $\boldsymbol{B}$ を垂直に横切るように導体棒PQが速度 $\boldsymbol{v}$ で運動するとき，導体棒の中の $-e$ (C) の電荷を

（電気素量 1.602×10^{-19} (C)）

もつ自由電子には，Q → P に向かうローレンツ力 $\boldsymbol{f}_1$ が働くため，速やかに自由電子

（自由電子は負の電荷をもつため，$\boldsymbol{v}$ の代わりに $-\boldsymbol{v}$ の速度で移動するものと考えると，力 $\boldsymbol{f}_1$ の向きが分かる。）

図(i)

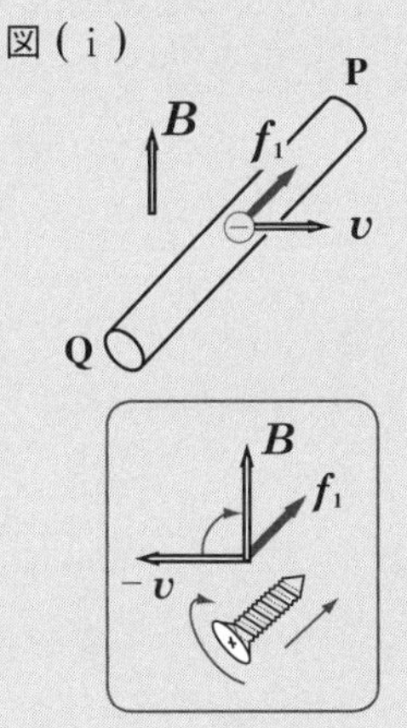

はPの方に移動する。よって，図(ii)に示すようにPには負の電荷が，そして，Qには，正の電荷が現れる。その結果，Q → P に向かう電場 E が生じるため，導体棒中の自由電子には，ローレンツ力 $f_1=evB$ とは逆向きにクーロン力 $f_2=eE$ が働く。よって，力がつり合って，もはや自由電子の移動はなくなる。以上のことは，導体棒を動かし始めた後，瞬間的に起こる現象なんだね。ここで，

図(ii)

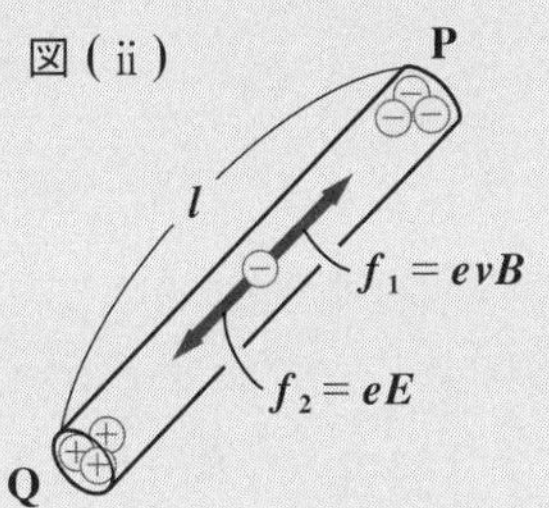

$f_1=f_2$ より，$evB=eE$ 両辺を e で割って，

電場の強さ $E=vB$

よって，導体棒PQには，誘導起電力

$V=l\cdot E=lvB=Blv$ (V) ←“Believe”

（QがPより V だけ高電位になる。）

が生じる。

図(iii)

よって，これに抵抗 R の回路QCBPをつなぐと，図(iii)に示すように，Q → C → B → P の向きに誘導電流

$I=\dfrac{V}{R}=\dfrac{Blv}{R}$ (A) が流れることになって，例題34の結果と同じ結果が導けるんだね。

ファラデーの電磁誘導の法則の発見により，機械的な仕事から(誘導)電流を取り出せるようになった。ファラデーの業績は偉大なんだね。次の例題で，交流発電機の原理を示そう。これにより，恒常的に交流電流を取り出せるようになる。

例題 **35**　右図に示すように，一様な磁束密度 $\boldsymbol{B}$(**Wb/m**^{2}) の中で，断面積 $\boldsymbol{S}$ の長方形の **1** 巻きのコイルを，その回転軸 **OO**′ が磁束密度と垂直に，角速度 ω(**1/s**) で回転させる。時刻 $t=0$ のとき，このコイルの面は磁束密度と垂直であったものとして，このコイルに発生する誘導起電力 V を t の関数として求めてみよう。

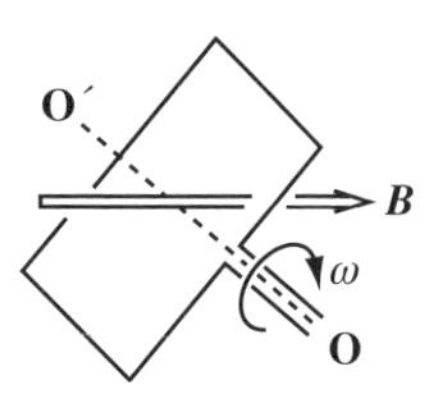

右図に示すように，t 秒後にこの長方形のコイルは断面が垂直な位置から ωt だけ回転している。

よって，このコイルを貫く磁束 Φ は，

$\Phi = \underline{\boldsymbol{B}\cdot\boldsymbol{n}}S = BS\cos\omega t$ (**Wb**) となる。

$\|\boldsymbol{B}\|\|\boldsymbol{n}\|\cos\omega t = B\cos\omega t$ （$\|\boldsymbol{B}\| = B$，$\|\boldsymbol{n}\| = 1$）

($\boldsymbol{n}$：コイルの断面に対する単位法線ベクトル)

t 秒後の状態

軸 OO′　ωt　$\boldsymbol{B}$ (Wb/m^2)　$\boldsymbol{n}$

長方形のコイル(断面積 S)

(コイルを正面から見た図)

よって，このコイルに発生する誘導起電力 V は，ファラデーの“電磁誘導の法則”より，

$$V = -\frac{\partial \Phi}{\partial t} = -\frac{\partial(BS\cos\omega t)}{\partial t}$$

$$= -\underbrace{BS}_{\text{定数}}\frac{\partial(\cos\omega t)}{\partial t} = -BS(-\omega\sin\omega t) = \underbrace{BS\omega\sin\omega t}_{\text{交流の起電力}}\ (\text{V})$$ となる。

● 電磁誘導の法則からマクスウェルの方程式を導こう！

静電場における 4 番目のマクスウェルの方程式は $\mathrm{rot}\,\boldsymbol{E} = \boldsymbol{0}$ ……(＊4)′ だったけれど，時間変化する電磁場における一般的な 4 番目のマクスウェルの方程式は，

$\mathrm{rot}\,\boldsymbol{E} = -\dfrac{\partial \boldsymbol{B}}{\partial t}$ ……(＊4) であり，

マクスウェルの方程式	
(i) $\mathrm{div}\,\boldsymbol{D}=\rho$	…(∗1)
(ii) $\mathrm{div}\,\boldsymbol{B}=0$	…(∗2)
(iii) $\mathrm{rot}\,\boldsymbol{H}=\boldsymbol{i}+\dfrac{\partial\boldsymbol{D}}{\partial t}$	…(∗3)
(iv) $\mathrm{rot}\,\boldsymbol{E}=-\dfrac{\partial\boldsymbol{B}}{\partial t}$	…(∗4)

これだけはまだ導いていなかったんだね。そして，この(∗4)のマクスウェルの方程式はファラデーの電磁誘導の法則：

$V=-\dfrac{\partial\Phi}{\partial t}$ ……(∗x) から導くことができる。早速やってみよう。

P188で解説した通り，閉回路(閉曲線C)で囲まれる曲面(または平面)Sを貫く全磁束Φが，

$\Phi=\iint_S \boldsymbol{B}\cdot\boldsymbol{n}\,dS$ ……① と表されるのはいいね。これを(∗x)の右辺に代入する。では，次，左辺の(誘導)起電力Vはどのように変形できるのか考えてみよう。

図4 起電力V

(i) 閉回路C

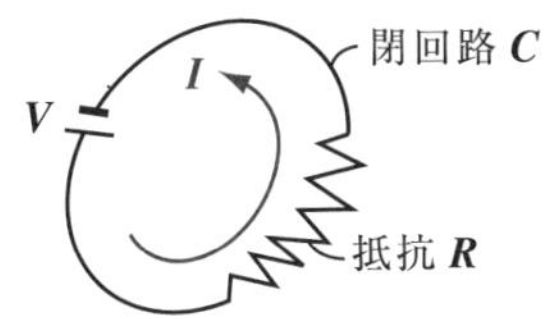

図4(i)に示すように，起電力V(V)の直流電源(電池)とR(Ω)の抵抗のみの単純な閉回路を作る。このとき，I(A)の電流が流れるものとすると，オームの法則より，

$V=RI$ ……(∗y) となる。
（V：起電力）（RI：抵抗Rによる電圧降下）

(ii) 起電力のイメージ

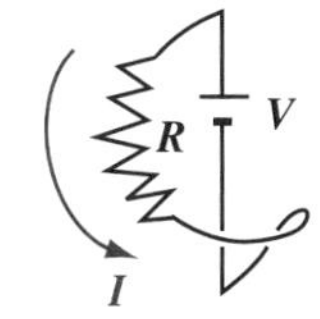

ここで，図4(ii)に示すように，電流Iを水の流れにたとえると，Iは電位(水位)の高いところから低いところに向かって流れる。この電圧の降下をもたらすのが，回路内の抵抗Rなんだね。そして，下がった電位(水位)を引き上げるポンプのような働きをするものが，起電力Vと考えたらいいんだよ。

この起電力Vは，閉回路Cの中において電流を周回させる原動力のことで，正確には単位電荷(1C)をこの回路Cに沿って1周させる仕事Wのことなんだ。よって，単位電荷に働く力を$\boldsymbol{f}$とし，閉回路Cの微小変位を$d\boldsymbol{r}$とおくと，単位電荷を微小変位$d\boldsymbol{r}$のみ動かす微小な仕事dWは，

$dW=\boldsymbol{f}\cdot d\boldsymbol{r}$ ……② で表されるんだね。

$$V = -\frac{d\Phi}{dt} \cdots\cdots\cdots(*x)$$
$$\Phi = \iint_S \boldsymbol{B}\cdot\boldsymbol{n}dS \cdots\cdots①$$
$$dW = \boldsymbol{f}\cdot d\boldsymbol{r} \cdots\cdots\cdots\cdots②$$

よって，この②を閉回路Cに沿って1周接線線積分したものが，1(C)の電荷に対して起電力Vが行なった仕事Wということになる。

$$\therefore V = W = \oint_C \underbrace{\boldsymbol{f}}_{1\cdot\boldsymbol{E}}\cdot d\boldsymbol{r} \cdots\cdots③$$

ここで，単位電荷$\left(1(\mathrm{C})\right)$に働く力$\boldsymbol{f}$は，起電力によって作られる電場$\boldsymbol{E}$による力と考えることができるので，

$\boldsymbol{f} = 1\cdot\boldsymbol{E} = \boldsymbol{E} \cdots\cdots④$ となるのもいいね。

よって，④を③に代入して，起電力Vは，

$V = \oint_C \boldsymbol{E}\cdot d\boldsymbol{r} \cdots\cdots⑤$ となる。

以上①，⑤を電磁誘導の法則$(*x)$に代入して，変形すると，

$$\underbrace{\oint_C \boldsymbol{E}\cdot d\boldsymbol{r}}_{\iint_S \mathrm{rot}\boldsymbol{E}\cdot\boldsymbol{n}dS} = \underbrace{-\frac{\partial}{\partial t}\left(\iint_S \boldsymbol{B}\cdot\boldsymbol{n}dS\right)}_{\iint_S\left(-\frac{\partial\boldsymbol{B}}{\partial t}\right)\cdot\boldsymbol{n}dS}$$

ストークスの定理(P45)

$$\iint_S \mathrm{rot}\boldsymbol{E}\cdot\boldsymbol{n}dS = \iint_S\left(-\frac{\partial\boldsymbol{B}}{\partial t}\right)\cdot\boldsymbol{n}dS$$

$$\iint_S \underbrace{\left(\mathrm{rot}\boldsymbol{E} + \frac{\partial\boldsymbol{B}}{\partial t}\right)}_{0}\cdot\boldsymbol{n}dS = 0 \cdots\cdots⑥$$

この⑥の右辺が恒等的に0となるためには，

$\mathrm{rot}\boldsymbol{E} + \dfrac{\partial\boldsymbol{B}}{\partial t} = \boldsymbol{0}$ でなければならない。これから，4番目のマクスウェルの方程式：

$\mathrm{rot}\boldsymbol{E} = -\dfrac{\partial\boldsymbol{B}}{\partial t} \cdots\cdots(*4)$ が導かれるんだね。納得いった？

ここで，3 番目のマクスウェルの方程式：$\mathbf{rot}\,\boldsymbol{H}=\boldsymbol{i}+\dfrac{\partial \boldsymbol{D}}{\partial t}$ …(＊3) で，変位電流 $\dfrac{\partial \boldsymbol{D}}{\partial t}$ のみが存在して伝導電流 $\boldsymbol{i}$ が存在しない場合，すなわち，

$\mathbf{rot}\,\boldsymbol{H}=\dfrac{\partial \boldsymbol{D}}{\partial t}$ ……(＊3)′′ と $\mathbf{rot}\,\boldsymbol{E}=-\dfrac{\partial \boldsymbol{B}}{\partial t}$ ……(＊4) を

対比して覚えておくとさらに印象に残ると思う。すなわち，

(ⅰ) (＊3)′′ より，時間変化する電束密度 $\boldsymbol{D}$ のまわりには，回転する磁場 $\boldsymbol{H}$ が発生し，
(ⅱ) (＊4) より，時間変化する磁束密度 $\boldsymbol{B}$ のまわりには，回転する電場 $\boldsymbol{E}$ が発生する，ということなんだね。

これらのイメージを図 5(ⅰ)，(ⅱ) に示す。

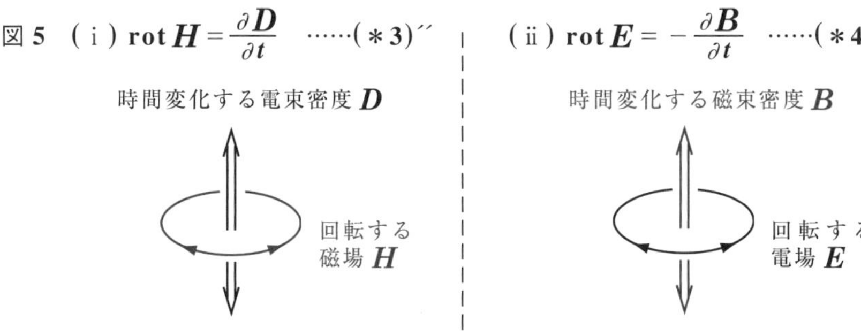

図 5 (ⅰ) $\mathbf{rot}\,\boldsymbol{H}=\dfrac{\partial \boldsymbol{D}}{\partial t}$ ……(＊3)′′ (ⅱ) $\mathbf{rot}\,\boldsymbol{E}=-\dfrac{\partial \boldsymbol{B}}{\partial t}$ ……(＊4)

このように，「時間変化する電場 $\boldsymbol{E}$(または $\boldsymbol{D}$) のまわりに時間変化 (回転) する磁場 $\boldsymbol{H}$ が生じ」かつ「時間変化する磁場 $\boldsymbol{H}$(または $\boldsymbol{B}$) のまわりに時間変化 (回転) する電場 $\boldsymbol{E}$ が生じる」ということは，“鶏と卵の関係”のように，次々と真空中に電場と磁場が連鎖的に発生していくのではないかって !? その通りだね。これが“**電磁波**”のメカニズムそのもので，その素朴なイメージを図 6 に示す。実際に，マクスウェルは，この発想を基に，マクスウェルの方程式を解いて，電磁波を導き出し，光も電磁波の 1 種であると推定したんだね。これについては後で解説する。

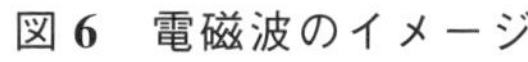
図 6 電磁波のイメージ

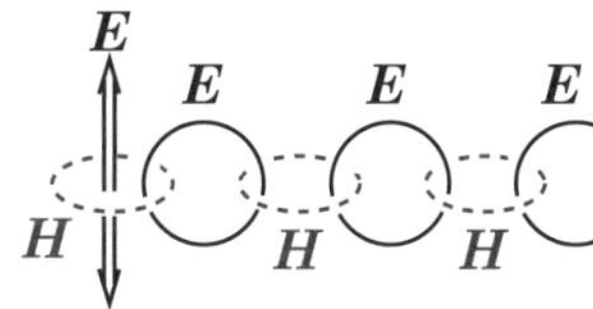

● コイルの自己誘導をマスターしよう！

これまで，**1** 巻きのコイル(閉回路)についての電磁誘導の公式が，

$V = -\dfrac{d\Phi}{dt}$ ……$(*x)$ となることを示したけれど，

これが N 巻きのコイルの場合，当然，

$V = -N\dfrac{d\Phi}{dt}$ ……$(*x)'$ になる。

したがって，巻き数の多いソレノイド・コイル(円筒状コイル)などの場合でも，時間変化のない定常電流が流れているときは，磁束が時間的に変化することもなく，$\dfrac{\partial\Phi}{\partial t} = 0$ となるので，誘導起電力が生じることはない。けれど，電流 I が時間的に変化するとき，磁束 Φ も時間的に変化し，

(ただし，I の時間変化は余り速くないものとする。)

その変化を妨げる向きに，$(*x)'$ による大きな誘導起電力がソレノイド・コイル自身の中に生じることになる。これを"**自己誘導**(じこゆうどう)"(*self-induction*)と呼ぶ。この自己誘導の起電力は，これを生み出す元の電圧の変化を妨げる向き，すなわち，逆向きに生じるので，"**逆起電力**(ぎゃくきでんりょく)"と呼ぶこともある。元の起電力 V に対して，この自己誘導による逆起電力をこれから V_- と表すことにしよう。よって，$(*x)'$ も逆起電力を表す場合には，

$V_- = -N\dfrac{d\Phi}{dt}$ ……$(*x)''$ と表すことにする。

ここで，**1** 巻きのコイルの磁束 Φ を，

$\Phi = S\cdot B$ ……① とおくと，

$\left(S\right.$：コイルの断面積 (m^2)　　B：磁束密度 $\left.(\mathrm{Wb/m^2})\right)$

((T)または(N/Am)でもいい。)

N 巻きのコイルの磁束は $N\Phi$ となり，これは流れる電流 I に比例するので，

(これは無次元(単位はない))

$N\Phi = LI$ ……② (L：比例定数)となる。

I の時間変化率がそれほど大きくなければ，I が時間的に変化しても，②式は成り立つ。よって，②の両辺を時刻 t で微分して，⊖をつけると，

$$-\frac{d(N\Phi)}{dt} = -\frac{d(LI)}{dt} \qquad \therefore -N\frac{d\Phi}{dt} = -L\frac{dI}{dt}$$

この左辺は，逆起電力 V_- のことなので，

逆起電力 $V_- = -L\dfrac{dI}{dt}$ ……$(*z)$ が導かれる。

ここで，この L をコイルの **"自己インダクタンス"** (*self-inductance*) と呼び，その単位は (H) で表す。

（"ヘンリー"と読む。）

> 例題 36　コイルの自己インダクタンス L の単位 [H] が $[\mathrm{Tm^2/A}]$ とも表されることを確認してみよう。

$(*z)$ の式から，$[\mathrm{H}] = \left[\dfrac{\mathrm{V \cdot s}}{\mathrm{A}}\right]$ と表されることは大丈夫だね。

ここで，$[\mathrm{V}] = \left[\dfrac{\mathrm{N}}{\mathrm{C}} \cdot \mathrm{m}\right]$，$[\mathrm{T}] = [\mathrm{Wb/m^2}] = [\mathrm{N/mA}]$ より，

（コンデンサーの公式 $V = E \cdot d$ より）

$$[\mathrm{H}] = \left[\frac{\frac{\mathrm{N}}{\mathrm{C}} \cdot \mathrm{m} \cdot \mathrm{s}}{\mathrm{A}}\right] = \left[\frac{\mathrm{Nm}}{\frac{\mathrm{C}}{\mathrm{s}} \cdot \mathrm{A}}\right] = \left[\frac{\mathrm{Nm}}{\mathrm{A^2}}\right] = \left[\frac{\mathrm{N}}{\mathrm{mA}} \cdot \frac{\mathrm{m^2}}{\mathrm{A}}\right]$$

（$\frac{\mathrm{C}}{\mathrm{s}}$ = A，$\frac{\mathrm{N}}{\mathrm{mA}}$ = $[\mathrm{Wb/m^2}] = [\mathrm{T}]$（テスラ））

これから，$L(\mathrm{H})$ は $L(\mathrm{Tm^2/A})$ と表しても同じことなんだね。

では，ソレノイド・コイルの自己インダクタンス L を，次の例題で求めてみよう。

> 例題 37　右図に示すように，長さ $l(\mathrm{m})$，断面積 $S(\mathrm{m^2})$，単位長さ当りの巻き数 $n(1/\mathrm{m})$ のソレノイド・コイルがある。このソレノイド・コイルの自己インダクタンスを求めてみよう。ただし，ソレノイドの内部は真空であるものとする。

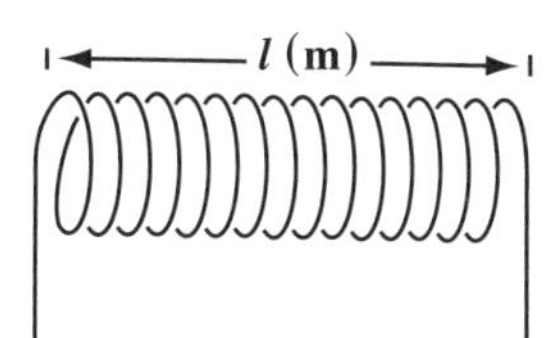

このソレノイド・コイルの自己インダクタンス L を求めるには，右図に示すように，このソレノイドに定常電流 I を流しているものとして，そのときの磁束 Φ を求め，②式を利用すればいいんだね。それでは，早速求めてみよう。

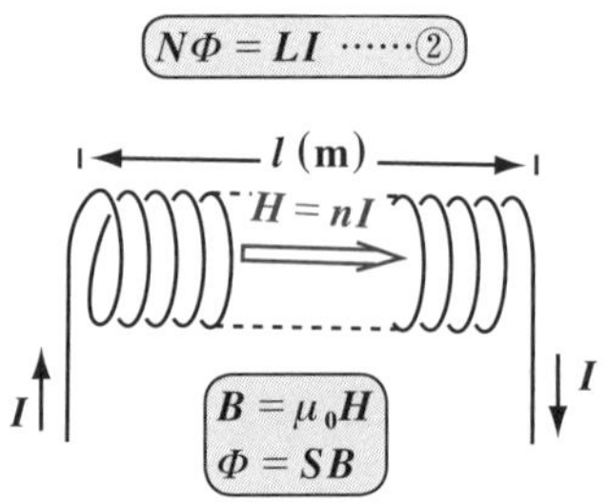

このソレノイド・コイルに定常電流 I が流れているとき，磁場の強さ H は，$H = nI$ (A/m) (P137) となる。ソレノイド内部は真空なので，これに真空の透磁率 μ_0 をかけると磁束密度 B が求まる。よって，

$B = \mu_0 H = \mu_0 nI$ (Wb/m^2) だね。

ソレノイド内部の磁束密度は一様なので，これに断面積 S をかけたものが，コイル 1 巻き当たりの磁束 Φ となる。よって，

$\Phi = S \cdot B = S\mu_0 nI$ (Wb) ……③ となる。

③を②に代入して，このソレノイドの自己インダクタンス L を求めると，

$$L = \frac{\overset{nl}{N}\ \overset{S\mu_0 nI}{\Phi}}{I} = \frac{\mu_0 n^2 lS\cancel{I}}{\cancel{I}} = \mu_0 n^2 lS \text{ (H)} \quad \cdots\cdots④$$ となる。

もちろん，このソレノイドに鉄の棒などが挿入されているときは，真空の透磁率 μ_0 の代わりに，挿入された物質の透磁率 μ を用いて，$L = \mu n^2 lS$ となるのも大丈夫だね。

> 例題 38　断面積 5(cm^2)，長さ 10(cm)，巻き数 3000 で，内部が真空のソレノイド・コイルの自己インダクタンス L を求めてみよう。

$S = 5 \times 10^{-4}$(m^2)，$l = 0.1$(m)，$N = nl = 3000$

真空の透磁率 $\mu_0 = 4\pi \times 10^{-7}$ (Wb^2/Nm^2) より，これらを④に代入して，

$$L = \mu_0 n^2 lS = \mu_0 \frac{(\overset{N}{nl})^2}{l} S = 4\pi \times 10^{-7} \times \frac{3000^2}{0.1} \times 5 \times 10^{-4}$$

$\fallingdotseq 5.65 \times 10^{-2}$ (H) となる。

● 相互誘導もマスターしよう！

図7に示すように，2つのコイル L_1 と L_2 が軸を共通に近接して置かれていたり，同一の鉄心に巻かれていたりする場合，互いに一方のコイルの変化する電流による磁束の変化が，他方のコイルに電磁誘導を引き起こすことになる。この現象を“**相互誘導**”という。

電磁誘導の変化を引き起こす電流の変化率が，自分のものではなく，他のコイルのものであるところに気を付ければ，公式そのものは自己誘導のときのものと本質的に同じなんだね。

(i) コイル L_1 に流れる電流 I_1 の時間変化率 $\frac{dI_1}{dt}$ により，コイル L_2 に生じる誘導起電力 V_{21} は，

$$V_{21} = -M_{21}\frac{dI_1}{dt} \quad \cdots(*a_0)$$

$\left(M_{21}(\mathrm{H})\right.$：**相互インダクタンス**$\left.\right)$

で求められる。

図7　相互誘導

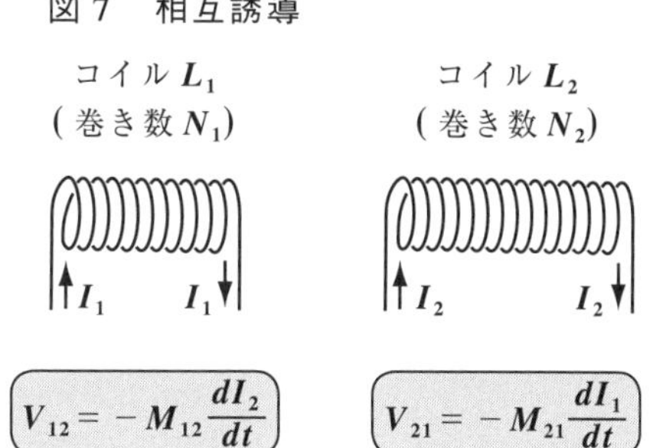

(ii) コイル L_2 に流れる電流 I_2 の時間変化率 $\frac{dI_2}{dt}$ により，コイル L_1 に生じる誘導起電力 V_{12} は，

$$V_{12} = -M_{12}\frac{dI_2}{dt} \quad \cdots\cdots(*b_0)$$

$\left(M_{12}(\mathrm{H})\right.$：**相互インダクタンス**$\left.\right)$

2つの相互インダクタンス M_{21}，M_{12} の単位は共に(H)で，この2つの間には次の関係が成り立つ。

$$M_{21} = M_{12} \quad \cdots\cdots(*c_0)$$

これを“**相互インダクタンスの相反定理**（そうはんていり）”と呼ぶことも覚えておこう。

実は，ファラデーが初めて発見した“電磁誘導の法則”は，円環状の鉄心に巻いた2つのコイルによる“相互誘導”だったんだよ。そして，この相互誘導は，工学的には変圧器として利用されている。

● 磁場のエネルギー密度を求めてみよう！

コンデンサーに蓄えられるエネルギー $U_e = \frac{1}{2}CV^2$ から静電場のエネルギー密度 u_e が，$u_e = \frac{1}{2}\varepsilon_0 E^2$ ……$(*n)$ (P107) となることは既に教えた。

これと同様に，図 8 に示すような自己インダクタンス $L(\mathrm{H})$ のコイルに定常電流 $I_0(\mathrm{A})$ の電流が流れているとき，ソレノイド・コイルが持っている**磁場のエネルギー** U_m を求めてみよう。

図 8　磁場のエネルギー

$$U_m = \frac{1}{2}LI_0^2$$

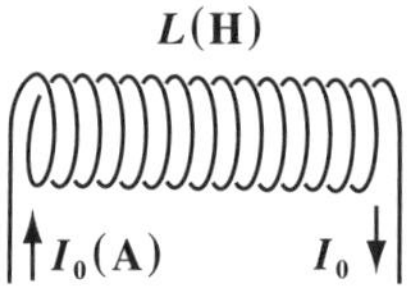

$L(\mathrm{H})$

$I_0(\mathrm{A})$　　I_0

コイルが蓄えるエネルギー U_m とは，定常電流 I_0 が流れるようになるまで外部からなされた仕事の総和と考えていい。よって，電流 $I=0$ からスタートして，$I=I_0$ になるまでの途中経過を考えよう。電流が I $(0 \leqq I \leqq I_0)$ のとき，微小時間 Δt の間に，$I\Delta t(\mathrm{C})$ の微小電荷をこのコイルに流すには，逆起電力 $V_- = -L\frac{\Delta I}{\Delta t}$ に逆らって行わなければならない。この微小な仕事を ΔW とおくと，

$$\Delta W = \underbrace{-V_-}_{-\left(-L\frac{\Delta I}{\Delta t}\right)} \cdot I\Delta t = L\frac{\Delta I}{\Delta t} \cdot I \cdot \Delta t = \underline{LI\Delta I}$$ となる。

これを単位でみると，$L(\mathrm{H}) = L\left(\frac{\mathrm{Nm}}{\mathrm{A}^2}\right)$
$I(\mathrm{A})$，ΔI (A) より，$LI\Delta I$ の単位は
$\left[\frac{\mathrm{Nm}}{\mathrm{A}^2} \cdot \mathrm{A} \cdot \mathrm{A}\right] = [\mathrm{N} \cdot \mathrm{m}] = [\mathrm{J}]$
と，仕事（エネルギー）の単位になっている！

したがって，この微小な極限をとると，

$dW = LIdI$ だね。

さらに，この両辺を積分区間 $[0,\ I_0]$ で，I について積分すると，

$$W = \int_0^{I_0} \underset{\text{定数}}{LI}dI = L\left[\frac{1}{2}I^2\right]_0^{I_0} = \frac{1}{2}LI_0{}^2$$ となり，

これが，電流 I_0(A) が流れているときにコイルに蓄えられている**磁場のエネルギー** U_m になる。ここで，定常電流 I_0 の代わりに I が流れているものとして，公式：

磁場のエネルギー $U_m = \frac{1}{2}LI^2$ ……($*d_0$) が導かれる。

ここで，例題 **37** (**P198**) で求めた長さ l，断面積 S，単位長さ当たりの巻き数 n のソレノイド・コイルの自己インダクタンス $L = \mu_0 n^2 lS$ ……④ を ($*d_0$) に代入してみよう。すると，

$$U_m = \frac{1}{2}\cdot\mu_0 n^2 lSI^2 = \frac{1}{2}\mu_0(\underbrace{nI}_{H(\text{磁場の強さ})})^2 lS = \frac{1}{2}\mu_0 H^2 lS \;\cdots\cdots⑤$$ となる。

よって，この磁場のエネルギー U_m を，ソレノイド・コイルの大きさ $l\cdot S$ で割ったものが“**磁場のエネルギー密度**” u_m となるので，

磁場のエネルギー密度 $u_m = \frac{1}{2}\mu_0 H^2$ ……($*e_0$) も導かれるんだね。

以上の結果から，磁場のエネルギー (U_m, u_m) と静電場のエネルギー (U_e, u_e) とがキレイに対応していることが分かるね。これらも，図 **9** (ⅰ)(ⅱ) に示すように，対比して覚えておくと忘れないはずだ。

図 **9** 磁場のエネルギーと静電場のエネルギー

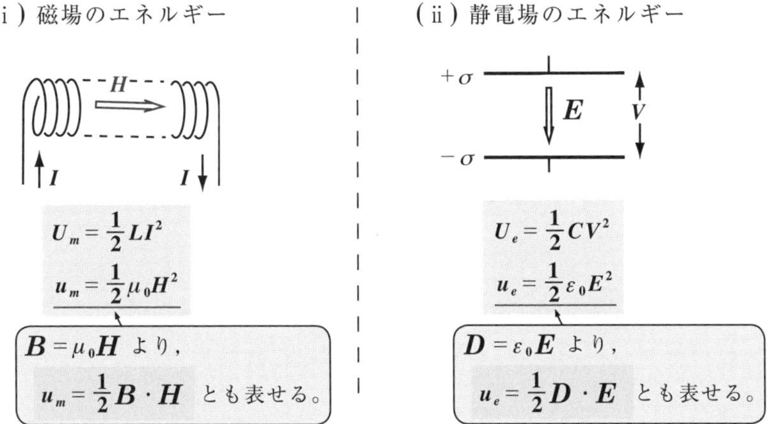

§3. さまざまな回路

さァ，これから，抵抗 R，コイル L，コンデンサー C を直流電源や交流電源につないだ回路（RC 回路，RL 回路，LC 回路，RLC 回路）について，その流れる電流 I や電荷 Q の経時変化の様子を調べてみよう。

数学的には“**変数分離形の微分方程式**”や“**定数係数 2 階線形微分方程式**”を解くことになるので，これらの微分方程式の解法についても教えよう。でも，これらの回路の内，LC 回路や RLC 回路で現れる微分方程式は，力学で学習した単振動や減衰振動などの微分方程式と本質的に同じものだから，理解しやすいはずだ。気を楽に勉強していこう！

● まず，RC 回路と RL 回路を調べよう！

RC 回路や RL 回路の問題を解く際に，“**変数分離形の微分方程式**”が出てくるので，まずこの解法のパターンを下に示そう。

変数分離形の微分方程式

$\frac{dx}{dt}=f(t)\cdot g(x)$ …① $(g(x)\neq 0)$ の形の微分方程式を“**変数分離形の微分方程式**”と呼び，その一般解は，

①を，$(x\text{ の式})dx=(t\text{ の式})dt$ の形にした後，両辺を積分して，

$\int\frac{1}{g(x)}dx=\int f(t)dt$ から求める。

（$\frac{1}{g(x)}$：x の式，$f(t)$：t の式）

ここで，例題を 1 題解いておこう。

(ex) $\frac{dx}{dt}=x\cdot\cos t\ (x>0)$ を解くと，$\frac{1}{x}dx=\cos t dt$ より，

まず，$(x\text{ の式})dx=(t\text{ の式})dt$（変数分離形）の形を作って，両辺に $\int$ を付ける，と覚えておけばいいんだよ。

$$\int \frac{1}{x}dx = \int \cos t dt \qquad \therefore \log x = \sin t + C \quad (C：任意定数)$$

微分方程式の一般解

$\log x + C_1 = \sin t + C_2$ より，$\log x = \sin t + \underline{C_2 - C_1}$

これをまとめて C とおく。

それでは準備が整ったので，これから RC 回路の問題を解いてみよう。

例題 39　右図に示すように，電気容量 C (F) のコンデンサーと，R (Ω) の抵抗を直列につないだものを起電力 V_0 (V) の直流電源 (電池) と接続し，時刻 $t = 0$ のときにスイッチを閉じた。初めコンデンサーは何も帯電していないものとする。このとき，この回路に流れる電流 I (A) と，コンデンサーに蓄えられる電荷 Q (C) を時刻 t $(t \geqq 0)$ の関数として求めてみよう。

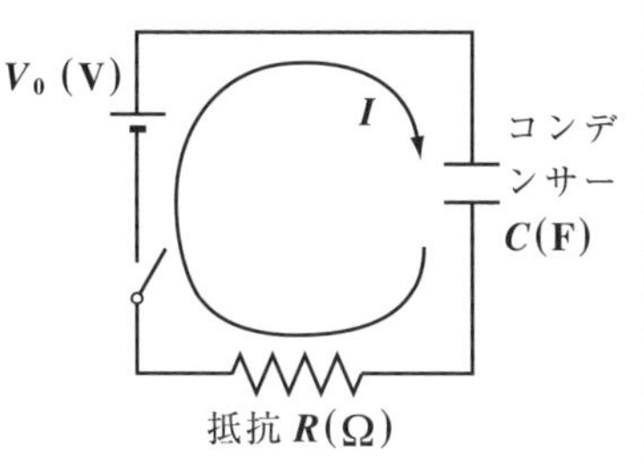

スイッチを閉じてから，コンデンサーに蓄えられる電荷 $Q(t)$ と，回路を流れる電流 $I(t)$ は，時刻の経過と共に以下のようになることは，直感的にすぐに分かると思う。

(i) $Q(t)$: $0 \longrightarrow Q_0 \ (= CV_0)$

(ii) $I(t)$: $I_0 \left(= \frac{V_0}{R}\right) \longrightarrow 0$

$Q = Q_0$ になると，もはや電流は流れない。

これを，微分方程式を解いてキチンと求めてみよう。まず，今回の閉回路について，(起電力) = (電圧降下) の方程式を立てると，

$$\underline{V_0} = \underline{RI} + \underline{\frac{Q}{C}} \quad \cdots\cdots(a)$$

起電力 (定数)　抵抗による電圧降下　コンデンサーによる電圧降下

ここで，電流の公式：$I = \frac{dQ}{dt}$ ……(b) より，(b) を (a) に代入して，

$$V_0 = R\frac{dQ}{dt} + \frac{Q}{C} \quad \cdots\cdots(c)$$

← t の関数 $Q(t)$ の変数分離形の微分方程式だ！

$V_0 = R\frac{dQ}{dt} + \frac{Q}{C}$ ……(c) を変形して，

$R\frac{dQ}{dt} = V_0 - \frac{Q}{C}$　　　$\underset{\text{定数}}{\underline{RC}}\frac{dQ}{dt} = \underset{\text{定数}}{\underline{CV_0}} - Q$

$\frac{-1}{CV_0 - Q}dQ = -\frac{1}{RC}dt$ ←（Q の式）dQ＝（t の式）dt

$\int\frac{-1}{CV_0 - Q}dQ = -\frac{1}{RC}\int dt$　　今回，これは $-\frac{1}{RC}$（定数関数）だ。

$\log|CV_0 - Q| = -\frac{1}{RC}t + A_1$ ……(d)　（A_1：任意定数）

公式：$\int\frac{f'(x)}{f(x)}dx = \log|f(x)|$ を使った。（log は自然対数を表す）

ここで，初期条件：$t = 0$ のとき $Q = 0$ より，

$\log CV_0 = A_1$ ……(e)

(e) を (d) に代入して，

$\log|CV_0 - Q| = -\frac{1}{RC}t + \log CV_0$

$t \to \infty$ のときの Q の極限が CV_0 なので，当然 $Q < CV_0$ となる。

$\log|CV_0 - Q| - \log CV_0 = -\frac{t}{RC}$

$\log\left(\frac{CV_0 - Q}{CV_0}\right) = \log\left(1 - \frac{Q}{CV_0}\right)$　（$\because Q < CV_0$）

$\log\left(1 - \frac{Q}{CV_0}\right) = -\frac{t}{RC}$

$1 - \frac{Q}{CV_0} = e^{-\frac{t}{RC}}$

$\therefore Q(t) = CV_0(1 - e^{-\frac{t}{RC}})$ ……(f)

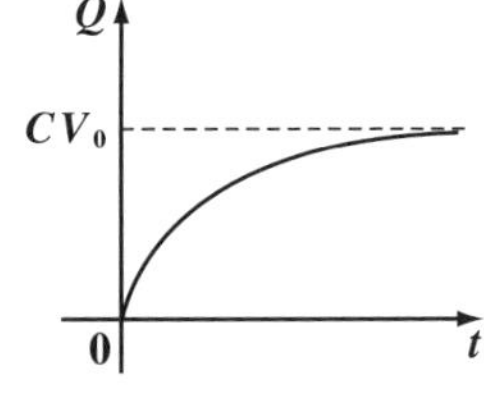

となる。よってコンデンサーに蓄えられる電荷 $Q(t)$ のグラフは，0 からスタートして時刻 t の経過と共に増加していき，限りなく CV_0（$= Q_0$）の値に近づいていくことが分かる。

そして，(f) を t で微分して電流 $I(t)$ を求めると，

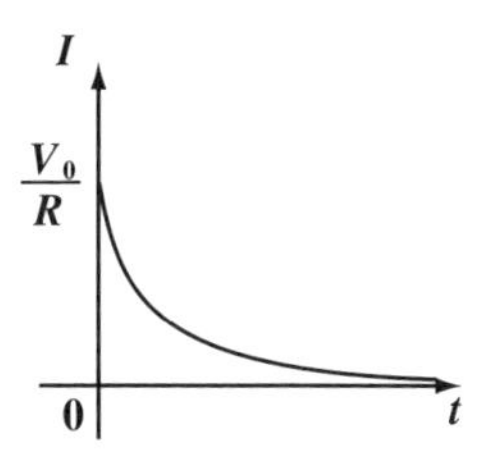

$$I(t)=\frac{dQ(t)}{dt}=-CV_0\left(-\frac{1}{RC}\right)e^{-\frac{t}{RC}}$$

$$=\frac{V_0}{R}e^{-\frac{t}{RC}}$$ となる。このグラフも右に示す。

予想通り，初め $\frac{V_0}{R}$ $(=I_0)$ の電流が流れていたのが，時刻の経過と共にコンデンサーの充電が進むと，流れる電流は 0 に近づいていくことになるんだね。納得いった？

それでは次，RL 回路の問題にもチャレンジしてみよう。

例題 40　右図に示すように，自己インダクタンス L (H) のコイルと，R (Ω) の抵抗を直列につないだものを起電力 V_0 (V) の直流電源（電池）に接続し，時刻 $t=0$ のときにスイッチを閉じた。このとき，この回路に流れる電流 I (A) を時刻 t の関数として求めてみよう。

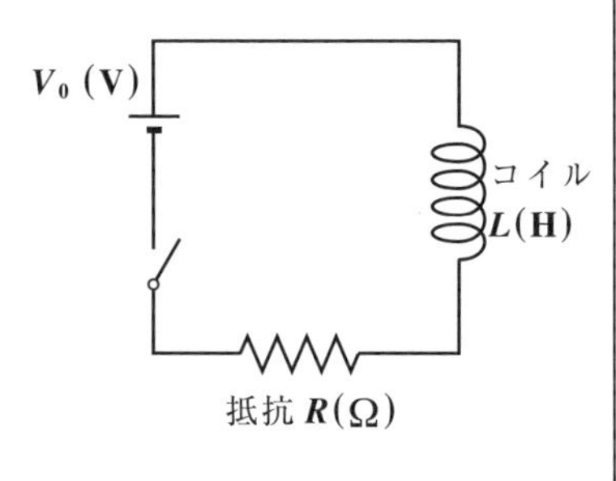

コイルによる逆起電力が生じるため，スイッチを閉じてから，電流 $I(t)$ は

$I(t)：0 \longrightarrow I_0\left(=\frac{V_0}{R}\right)$ に変化していくはずだね。

ではまず，この閉回路について，（起電力）=（電圧降下）の方程式を立てよう。ここで，注意してほしいのは，コイルの逆起電力 $V_-=-L\frac{dI}{dt}$ は文字通り逆に作用するのだけれど，（起電力）に含まれるということだ。

よって，

$$\underbrace{V_0}_{\text{電池による起電力（定数）}} + \underbrace{V_-}_{\text{コイルによる逆起電力}\ -L\frac{dI}{dt}} = \underbrace{RI}_{\text{抵抗による電圧降下}}$$

$$V_0-L\frac{dI}{dt}=RI \quad \cdots\cdots①$$ ←（t の関数 $I(t)$ の変数分離形の微分方程式だ！）

$V_0 - L\dfrac{dI}{dt} = RI$ ……①を変形して，

$L\dfrac{dI}{dt} = V_0 - RI$　　　$\dfrac{L}{R}\cdot\dfrac{dI}{dt} = \dfrac{V_0}{R} - I$

（$\dfrac{L}{R}$：定数）（$\dfrac{V_0}{R}$：I_0（定数）とおく。）

$\dfrac{-1}{I_0 - I}dI = -\dfrac{R}{L}dt$　←（I の式）dI ＝（t の式）dt　今回，これは定数関数

$\displaystyle\int\frac{-1}{I_0 - I}dI = -\frac{R}{L}\int dt$　$\left(\text{ただし，}I_0 = \dfrac{V_0}{R}\right)$

$\log(I_0 - I) = -\dfrac{R}{L}t + A_1$ ……②　（A_1：任意定数）

（$I_0 - I$：⊕（$\because I < I_0$（極限値）））

ここで，初期条件：$t = 0$ のとき $I = 0$ より，②は，

$\log I_0 = A_1$ ……③となる。③を②に代入して

$\log(I_0 - I) = -\dfrac{R}{L}t + \log I_0$

$\log(I_0 - I) - \log I_0 = -\dfrac{R}{L}t$

（$\log\dfrac{I_0 - I}{I_0} = \log\left(1 - \dfrac{I}{I_0}\right)$）

$\log\left(1 - \dfrac{I}{I_0}\right) = -\dfrac{R}{L}t$　　　$1 - \dfrac{I}{I_0} = e^{-\frac{R}{L}t}$

$\therefore I(t) = I_0(1 - e^{-\frac{R}{L}t})$

$= \dfrac{V_0}{R}(1 - e^{-\frac{R}{L}t})$

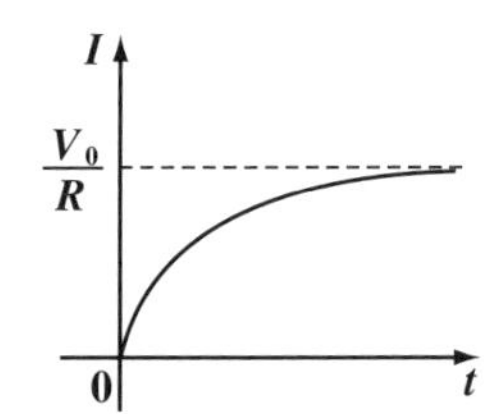

となる。$I(t)$ のグラフを右に示す。コイルの逆起電力により，初めは 0 からスタートした電流が時刻 t の経過と共に増加して，限りなく $I_0\left(= \dfrac{V_0}{R}\right)$ に近づいていく様子が分かったと思う。面白かった？

● *LC* 回路も解いてみよう！

コンデンサーCを予め充電しておいて，そのコンデンサーCとコイルLとで閉回路(LC回路)を作ると，振動電流が発生する。この電気振動回路の問題を実際に次の例題で解いてみよう。

例題 **41**　右図に示すように，電気容量C (F) のコンデンサーに予め $\pm Q_0$ (C) の電荷が与えられているものとする。これと，自己インダクタンスL (H) のコイルをつないだ回路のスイッチを，時刻 $t=0$ のときに閉じるものとする。このとき，コンデンサーがもっている電荷Q (C) と回路に流れる電流I (A) を時刻tの関数として求めてみよう。

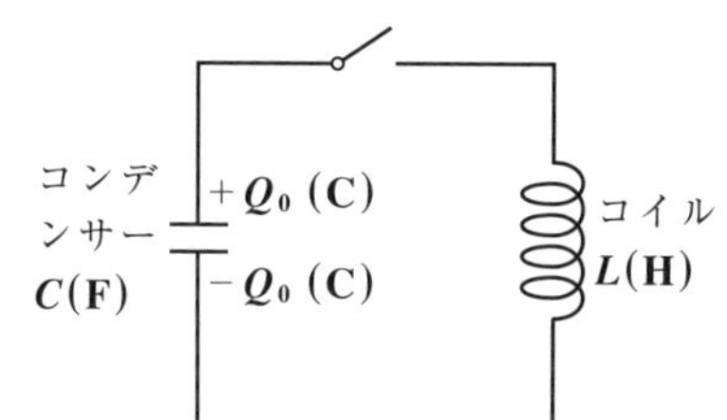

電気振動回路の方程式を立てるときポイントとなるのは，振動する電流のどっちの向きを正とするか？ なんだね。

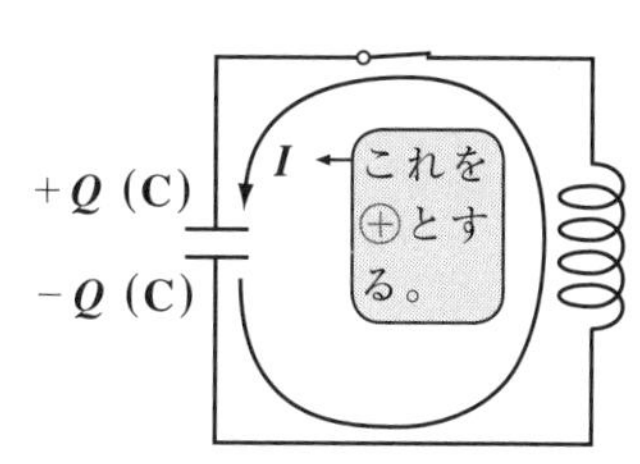

右図に示すように，コンデンサーに$+Q$ (C)と$-Q$ (C)の電荷が帯電しているとき，$-Q$ (C)の極板から回路をまわって$+Q$ (C)の極板に向かう向きの電流Iを正の向きと考えればいい。

理由は，微小時間Δt秒間にこの正の向きの電流Iが$+Q$ (C)の極板に流れ込む結果，この極板は微小電荷ΔQだけ増加することになる。よって，

$\Delta Q = I\Delta t$ より，$I = \dfrac{\Delta Q}{\Delta t}$　　この極限をとって，

(コンデンサーの)電荷と電流の関係式：$I = \dfrac{dQ}{dt}$ ……①が導けるからだ。

> この逆向きの電流を正の向きの電流Iと考えると，Δt秒間に$+Q$ (C)の極板から$I\Delta t$の電荷が減少するので，$\Delta Q = -I\Delta t$となる。よって，$I = -\dfrac{dQ}{dt}$となるので，コイルの逆起電力やコンデンサーの電圧降下の項の符号(⊕,⊖)がどうなるのか？頭を悩ますことになるんだね。

では，本当に $-Q$ (C) の極板から $+Q$ (C) の極板に向かって，電流 I が流れることなんてあるんだろうか？答えは“イエス”だね。

電気振動回路のコンデンサーの電荷 Q は，力学の単振動における変位 x に相当する。右図に示すように，ばねを付けた重りを，つり合いの位置 $(x=0)$ から $x=x_0\ (>0)$ まで引っぱって，静かに手を放すと重りは $x=0$（つり合いの位置）を越えて，x が負の値になっても，まだ負の速度をもって縮もうとする。これと同様なんだね。

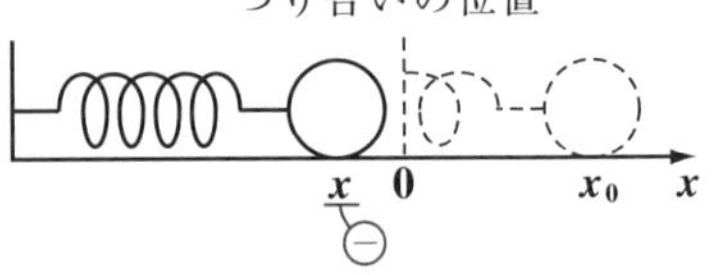

以上より，この LC 回路について（起電力）＝（電圧降下）の方程式を立てると，次のようになる。

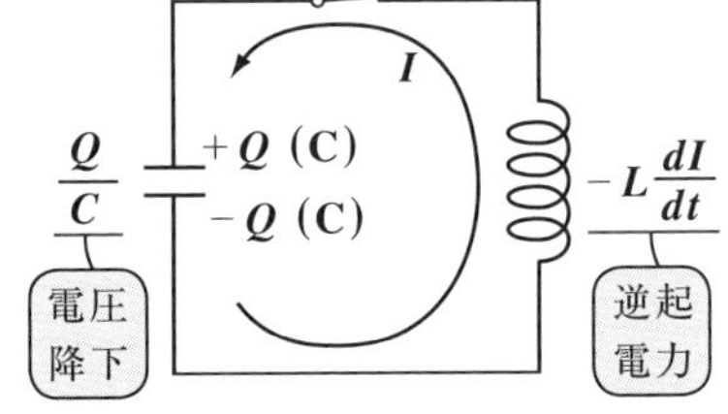

$$-L\frac{dI}{dt}=\frac{Q}{C}\ \cdots\cdots②$$

コイルによる逆起電力（$-L\frac{dI}{dt}$）　コンデンサーによる電圧降下（$\frac{Q}{C}$）

②の左辺に $I=\frac{dQ}{dt}\ \cdots\cdots①$ を代入すると，

$-L\frac{d}{dt}\left(\frac{dQ}{dt}\right)=\frac{Q}{C}$ より，$L\frac{d^2Q}{dt^2}=-\frac{1}{C}Q$ となる。

ここで，L を質量 m，Q を変位 x，$\frac{1}{C}$ をばね定数 k と考えるとこの微分方程式が，力学で学んだ単振動の方程式：$m\ddot{x}=-kx$ とまったく同じ形であることが分かると思う。当然これは，$\ddot{x}=-\omega^2x\ \left(\omega^2=\frac{k}{m}\right)$ と変形して，
一般解は，$x=A_1\cos\omega t+A_2\sin\omega t$　(A_1，A_2：任意定数）となるんだね。

よって，$\frac{d^2Q}{dt^2} = -\underbrace{\frac{1}{LC}}_{\omega^2}Q$　　ここで，角周波数 $\omega = \frac{1}{\sqrt{LC}}$ …③とおくと，

この Q の一般解は，$Q(t) = A_1\cos\omega t + A_2\sin\omega t$ ……④ (A_1，A_2：任意定数)

となる。④の両辺を t で微分すると，①より電流 $I(t)$ も次のように求まる。

電流 $I(t) = -A_1\omega\sin\omega t + A_2\omega\cos\omega t$ ……⑤

ここで，初期条件として，$t=0$ のとき，$Q(0)=Q_0$，$I(0)=0$ だね。

よって，④，⑤より，

$$\begin{cases} Q(0) = A_1\cos 0 + \cancel{A_2\underbrace{\sin 0}_{0}} = A_1 = Q_0 \\ I(0) = \cancel{-A_1\omega\underbrace{\sin 0}_{0}} + A_2\omega\cos 0 = A_2\underbrace{\omega}_{\neq 0} = 0 \end{cases}$$

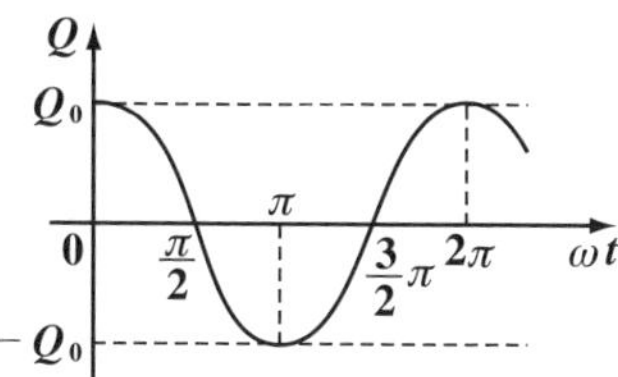

$A_1 = Q_0$，$A_2 = 0$ を④，⑤に代入して，

$$\begin{cases} Q(t) = Q_0\cos\omega t \quad \cdots\cdots\cdots⑥ \\ I(t) = -Q_0\omega\sin\omega t \quad \cdots\cdots⑦ \end{cases}$$ となる。

このグラフを右に示しておいた。

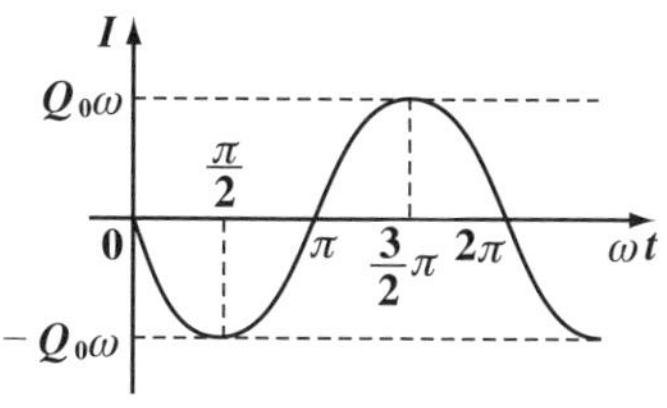

ここで，気を付けてほしいのは，$I(t)$ の正の向きを $-Q \rightarrow +Q$ に向かう向きにとっているので，$t=0$ のとき，当然 $+Q_0$ (C) の極板から $-Q_0$ (C) の極板に向かって逆向き(負の向き)に電流 $I(t)$ は流れ始めるので，$0 < \omega t < \pi$ の間は負の値をとることになるんだね。

では次に，この電気振動回路において，コンデンサーの静電エネルギー $U_e = \frac{1}{2}CV^2$ とコイルの磁場のエネルギー $U_m = \frac{1}{2}LI^2$ の関係についても調べてみよう。エッ，力学の単振動のときに，ばねの弾性エネルギー $\frac{1}{2}kx^2$ と重りの運動エネルギー $\frac{1}{2}mv^2$ の和が一定となったから，この電気振動回路においても，$U_e + U_m = (一定)$ の関係が成り立つんじゃないかって？ いい勘してるね！ その通りだ!!

それでは早速，$U_e + U_m$ が一定となることを確認してみよう。

⑥の $Q(t)$ を電気容量 C で割ると，回路の起電力 $V(t)$ となるので，

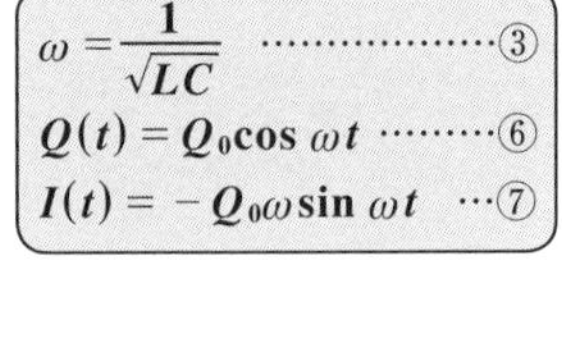

$V(t) = \frac{Q(t)}{C} = \frac{Q_0}{C} \cos \omega t$ ……⑧

だね。それでは，⑦，⑧より，静電エネルギー

$U_e = \frac{1}{2} CV^2$ と磁場のエネルギー $U_m = \frac{1}{2} LI^2$ の和を求めると，

$$U_e + U_m = \frac{1}{2} C \Big(\underbrace{\frac{Q_0}{C} \cos \omega t}_{V}\Big)^2 + \frac{1}{2} L (\underbrace{-Q_0 \omega \sin \omega t}_{I})^2$$

$$= \frac{1}{2} \cdot \frac{Q_0^2}{C} \cos^2 \omega t + \frac{1}{2} L Q_0^2 \cdot \underbrace{\omega^2}_{\frac{1}{LC}\text{（③より）}} \sin^2 \omega t$$

$$= \frac{Q_0^2}{2C} \cos^2 \omega t + \frac{Q_0^2}{2C} \sin^2 \omega t$$

$$= \frac{Q_0^2}{2C} (\underbrace{\cos^2 \omega t + \sin^2 \omega t}_{1})$$

$$= \frac{Q_0^2}{2C} \quad \text{（一定）となる。}$$

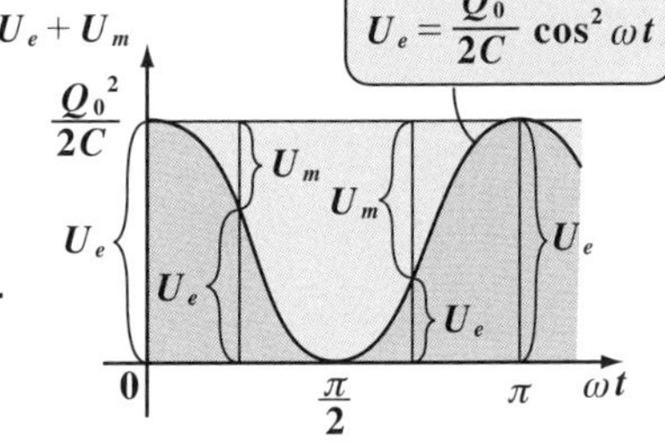

これは，LC 回路において，“**エネルギーの保存則**”が成り立つことを示しているんだね。

U_e と U_m は時間的に変化しても，$U_e + U_m =$ 一定の様子は上図のようになる。初め $(t = 0)$ の時点でコンデンサーに蓄えられていた静電エネルギー $\frac{Q_0^2}{2C}$ が時刻 t が経過しても，$U_e + U_m = \frac{Q_0^2}{2C}$ の形で一定に保存されていて，エネルギーの損失（抵抗によるジュール熱）がないため，この電気振動は永遠に続くことになるんだね。納得いった？

● 交流について復習しておこう！

この後，*RLC* 回路の解説に入るけれど，その前に交流電源について少し話しておこう。交流発電機の原理については，例題 **35** (**P192**) で既に解説した。つまり，コイルを貫く磁束を変化させ，それにより生じる誘導起電力から"**交流起電力**"が得られるんだね。この交流起電力は一般に，

（起電力，電圧，電位差はすべて本質的に同じものだ。）

$V = V_0\cos\omega t$ ……(*a*)　と表わされる。

（V_0：最大起電力 (V)，ω：角周波数 (1/s)）

そして，回路を流れる交流電流 I は，位相が ϕ だけずれて，

$I = I_0\cos(\omega t - \phi)$ ……(*b*)　と表わされることが多い。

（I_0：最大電流 (A)，ϕ：位相差 (－)）

したがって，この回路で消費される電力を $P(=IV)$ とおくと，(*a*)，(*b*) より，

$$P = IV = I_0\cos(\omega t - \phi)\cdot V_0\cos\omega t$$

$$= I_0V_0\cos(\underbrace{\omega t - \phi}_{\alpha})\cdot\cos(\underbrace{\omega t}_{\beta})$$

（積→和の公式：$\cos\alpha\cos\beta = \frac{1}{2}\{\cos(\alpha+\beta)+\cos(\alpha-\beta)\}$）

$$= I_0V_0\cdot\frac{1}{2}\{\cos(\underbrace{\omega t - \phi + \omega t}_{\alpha+\beta}) + \cos(\underbrace{\omega t - \phi - \omega t}_{\alpha-\beta})\}$$

$$= \frac{1}{2}I_0V_0\{\underbrace{\cos\phi}_{\text{定数}} + \cos(2\omega t - \phi)\}$$

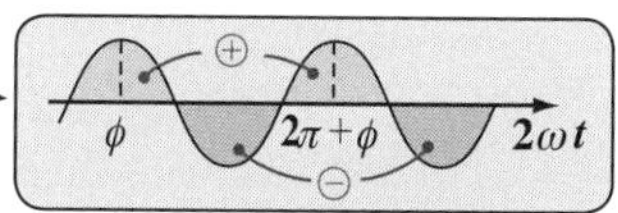

となる。ここで，$\cos\phi$ は定数だけれど，$\cos(2\omega t - \phi)$ は，⊕，⊖ に変動するため，この時間平均をとると，打ち消されて **0** となる。以上より，時間平均をとった平均消費電力を $\langle P\rangle = \langle IV\rangle$ と表わすことにすると，

平均消費電力 $\langle P\rangle = \langle IV\rangle = \frac{1}{2}I_0V_0\cos\phi$ ……(*c*)

となる。

（$\frac{1}{\sqrt{2}}I_0\cdot\frac{1}{\sqrt{2}}V_0 = I_e\cdot V_e$ とおく）

ここで，さらに最大電流 I_0 と最大電圧 V_0 に $\frac{1}{\sqrt{2}}$ をかけたものを電流と電圧の**実効値**と呼び，それぞれ I_e と V_e で表す。

つまり，$I_e = \frac{1}{\sqrt{2}}I_0$，$V_e = \frac{1}{\sqrt{2}}V_0$ なんだね。 $<P> = \frac{1}{2}I_0V_0\cos\phi$ ……(c)

これらを(c)に代入すると，平均消費電力$<P>$は，

$<P> = I_eV_e\cos\phi$ ……(d)　とシンプルに表わされる。ここで，$\cos\phi$ は

“**力率**(りきりつ)”と呼ばれ，電圧と電流の位相差により生じる係数のことだ。

例題41のLC回路は電気振動回路で，計算の結果，

$V(t) = \frac{Q_0}{C}\cos\omega t$，　$I(t) = -Q_0\omega\sin\omega t$の交流が生じていることが分かったんだね。これらを少し変形して示すと，

$$\begin{cases} \text{交流起電力 } V(t) = \underbrace{\frac{Q_0}{C}}_{V_0}\cos\omega t \\ \text{交流電流 } I(t) = -Q_0\omega\sin\omega t = \underbrace{Q_0\omega}_{I_0}\cos\left(\omega t + \underbrace{\frac{\pi}{2}}_{-\phi}\right) \end{cases}$$
となる。

よって，力率 $\cos\phi = \cos\left(-\frac{\pi}{2}\right) = \cos\frac{\pi}{2} = 0$ となるので，この場合，平均消費電力$<P> = I_0V_0\cos\frac{\pi}{2} = 0$ となって，この回路で電力が消費されることはない。つまり，例題41のLC回路では，電力ロスがないまま永遠に振動電流が流れ続けることが，このことからも裏付けられたんだね。

ここで，消費電力$P = IV$の単位についても調べておこう。Pの単位は

$$\left[\underbrace{\mathrm{A}}_{I\text{の単位}}\cdot\underbrace{\frac{\mathrm{N}}{\mathrm{C}}\cdot\mathrm{m}}_{V\text{の単位}}\right] = \left[\frac{\mathrm{ANm}}{\underbrace{\mathrm{A}\cdot\mathrm{s}}_{\mathrm{C}}}\right] = \left[\frac{\mathrm{J}}{\mathrm{s}}\right] = [\mathrm{J/s}]$$
となって，単位時間当りのエネルギー(仕事)，すなわち仕事率の単位になる。これも大丈夫だね。それでは，これからRLC回路の解説に入ろう。

● *RLC* 回路にチャレンジしよう！

コンデンサー C を予め充電しておいて，そのコンデンサー C と抵抗 R とコイル L とで閉回路 (RLC 回路) を作ると，減衰振動する交流電流が発生する。

次の例題で，早速練習してみよう。

例題 42　右図に示すように，電気容量 C (F) のコンデンサーに，予め $\pm Q_0$ (C) の電荷が与えられているものとする。これと，自己インダクタンス L (H) のコイルと $R(\Omega)$ の抵抗をつないだ回路のスイッチを，時刻 $t=0$ のときに閉じるものとする。

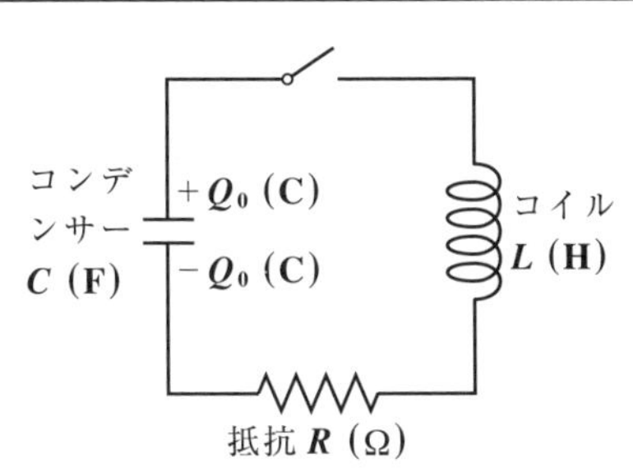

このとき，回路に流れる電流 I (A) を時刻 t の関数として求めてみよう。

ただし，$\frac{R}{L}=1$ (1/s)，$LC=\frac{4}{5}$ (s^2) とする。

スイッチを閉じて t 秒後の回路の様子を右に示す。右図のように，コンデンサーに $+Q$ (C)，$-Q$ (C) の電荷があるとき，$-Q$ (C) の極板から $+Q$ (C) の極板に向かう電流 I の向きを正の向きにとると，

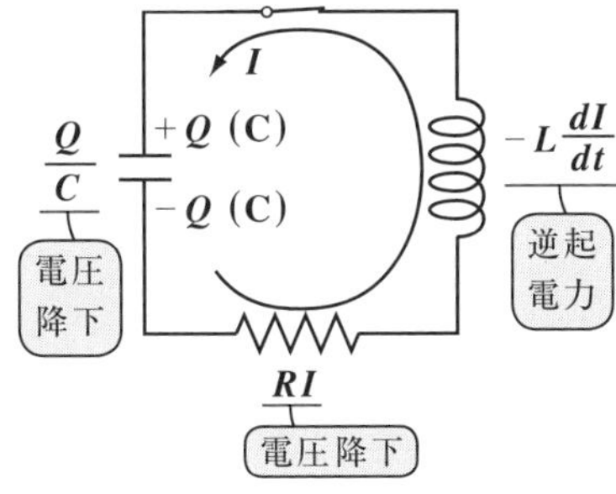

$$I=\frac{dQ}{dt} \quad \cdots\cdots ①$$ となる。

次に，この RLC 回路について，(起電力)＝(電圧降下) の方程式を立てると，

$$\underbrace{-L\frac{dI}{dt}}_{\text{コイルによる逆起電力}} = \underbrace{RI}_{\text{抵抗による電圧降下}} + \underbrace{\frac{Q}{C}}_{\text{コンデンサーによる電圧降下}} \quad \cdots\cdots ②$$ となる。

電流 I の正の向きの取り方も，LC 回路のときと同様だから大丈夫だね。

②に①を代入してまとめると，

$$I = \frac{dQ}{dt} \quad \cdots\cdots\cdots\cdots\cdots\cdots ①$$
$$-L\frac{dI}{dt} = RI + \frac{Q}{C} \quad \cdots ②$$

$$-L\frac{d^2Q}{dt^2} = R\frac{dQ}{dt} + \frac{Q}{C}$$ より，

$$L\frac{d^2Q}{dt^2} + R\frac{dQ}{dt} + \frac{1}{C}Q = 0, \qquad \frac{d^2Q}{dt^2} + \underbrace{\frac{R}{L}}_{1}\frac{dQ}{dt} + \underbrace{\frac{1}{LC}}_{\frac{5}{4}}Q = 0$$

ここで，$\frac{R}{L} = 1\ (1/\mathrm{s})$，$LC = \frac{4}{5}\ (\mathrm{s}^2)$ が与えられているので，Q の微分方程式：$\frac{d^2Q}{dt^2} + \frac{dQ}{dt} + \frac{5}{4}Q = 0 \cdots\cdots ③$　が導けるんだね。

③は 2 階定数係数線形微分方程式なので，

この解法を正確に知りたい方は，「常微分方程式キャンパス・ゼミ」，「力学キャンパス・ゼミ」で勉強されることを勧める。

解 $Q(t)$ が，$Q(t) = e^{\lambda t} \cdots\cdots ④$ (λ：定数) の形になることが容易に類推できると思う。実際これを t で微分して，

$$\dot{Q}(t) = \frac{dQ}{dt} = \lambda e^{\lambda t}, \qquad \ddot{Q}(t) = \frac{d^2Q}{dt^2} = \lambda^2 e^{\lambda t}$$ より，

これらを③に代入すると，

$$\lambda^2 e^{\lambda t} + \lambda e^{\lambda t} + \frac{5}{4}e^{\lambda t} = 0 \qquad \underbrace{e^{\lambda t}}_{\oplus}\left(\lambda^2 + \lambda + \frac{5}{4}\right) = 0$$

両辺を $e^{\lambda t}\ (>0)$ で割って，

$$\lambda^2 + \lambda + \frac{5}{4} = 0 \cdots\cdots ⑤$$ が得られる。← これを“**特性方程式**”と呼ぶ。

⑤を解いて，

$$\lambda = \frac{-1 \pm \sqrt{1^2 - 5}}{2} = \frac{-1 \pm 2i}{2} = -\frac{1}{2} \pm i$$ となる。

これを④に代入すると，③の 2 つの独立な解

$$Q_1(t) = e^{\left(-\frac{1}{2}+i\right)t} = e^{-\frac{1}{2}t} \cdot e^{it} \quad と \quad Q_2(t) = e^{\left(-\frac{1}{2}-i\right)t} = e^{-\frac{1}{2}t} \cdot e^{-it}$$

が求まる。そして，この $Q_1(t)$ と $Q_2(t)$ の 1 次結合が③の微分方程式の一般解となるんだね。よって，

一般解 $Q(t)=A_1Q_1(t)+A_2Q_2(t)$ （A_1，A_2：任意定数）

$$=e^{-\frac{1}{2}t}(A_1\underbrace{e^{it}}_{\cos t+i\sin t}+A_2\underbrace{e^{-it}}_{\cos(-t)+i\sin(-t)=\cos t-i\sin t})$$

ここで，オイラーの公式： $e^{i\theta}=\cos\theta+i\sin\theta$ を用いると，

$$Q(t)=e^{-\frac{1}{2}t}\{A_1(\cos t+i\sin t)+A_2(\cos t-i\sin t)\}$$

$\therefore\ Q(t)=e^{-\frac{1}{2}t}(B_1\cos t+B_2\sin t)$ ……⑥ となるんだね。

（B_1，B_2：任意定数，ただし，$B_1=A_1+A_2$，$B_2=i(A_1-A_2)$）

①より，⑥の両辺を t で微分して，電流 $I(t)$ を求めると，

$$I(t)=\frac{dQ}{dt}=-\frac{1}{2}e^{-\frac{1}{2}t}(B_1\cos t+B_2\sin t)+e^{-\frac{1}{2}t}(-B_1\sin t+B_2\cos t)$$

$$=e^{-\frac{1}{2}t}\left\{\left(B_2-\frac{1}{2}B_1\right)\cos t-\left(B_1+\frac{1}{2}B_2\right)\sin t\right\}$$ ……⑦ となる。

ここで，初期条件：$t=0$ のとき，$Q(0)=Q_0$，$I(0)=0$ より，

$$Q(0)=e^0(B_1\cos 0+\cancel{B_2\underbrace{\sin 0}_{0}})=B_1=Q_0$$

$$I(0)=e^0\left\{\left(B_2-\frac{1}{2}B_1\right)\cdot\cos 0-\cancel{\left(B_1+\frac{1}{2}B_2\right)\cdot\underbrace{\sin 0}_{0}}\right\}=B_2-\frac{1}{2}B_1=0$$

以上より，$B_1=Q_0$，$B_2=\frac{1}{2}B_1=\frac{1}{2}Q_0$ となる。

これらを⑦に代入して，求める回路を流れる電流 $I(t)$ は，

$$I(t)=e^{-\frac{1}{2}t}\left\{\cancel{\underbrace{\left(\frac{1}{2}Q_0-\frac{1}{2}Q_0\right)}_{0}\cos t}-\left(Q_0+\frac{1}{4}Q_0\right)\sin t\right\}$$

$$\therefore\ I(t)=-\frac{5}{4}Q_0e^{-\frac{1}{2}t}\sin t$$

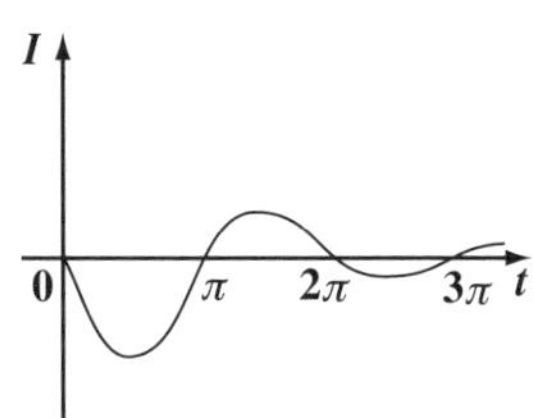

となる。このグラフを示すと，右図のように交流電流が減衰していく様子が分かると思う。これは LC 回路と違って，抵抗 R によるジュール熱によって，エネルギー損失が生じるからなんだね。納得いった？

● 強制振動の *RLC* 回路にも挑戦しよう！

抵抗 R とコイル L とコンデンサー C を直列につなぎ，交流電源に接続して閉回路を作ると，減衰振動による影響が消えた後，定常的な交流電流が流れるようになる。次の例題で実際に練習してみよう。

> 例題 **43**　右図に示すように，自己インダクタンス L (H) のコイルと電気容量 C (F) の帯電していないコンデンサーと R (Ω) の抵抗を直列につなぎ，これに起電力 $V = V_0\cos\omega t$ (V) の交流電源を接続して閉回路を作る。時刻 $t = 0$ のときにスイッチを閉じ，十分に時間が経過した後にこの回路に現れる定常的な交流電流 I (A) を求めてみよう。
>
> 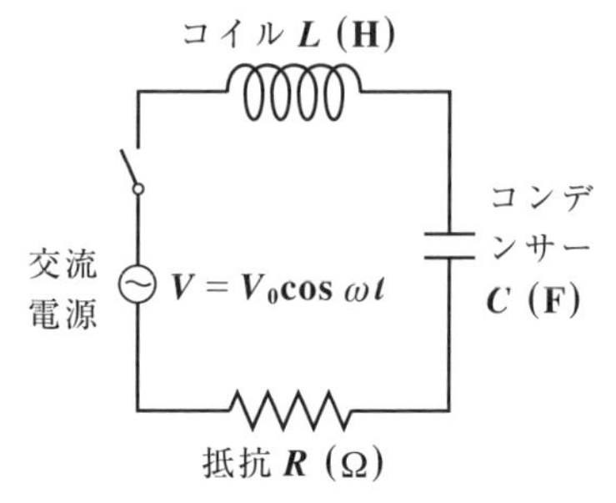
>

スイッチを閉じて t 秒後の回路の様子を右に示す。右図のように，コンデンサーに $+Q$ (C)，$-Q$ (C) の電荷があるとき，$-Q$ (C) の極板から $+Q$ (C) の極板に向かう電流 I の向きを正の向きにとると，

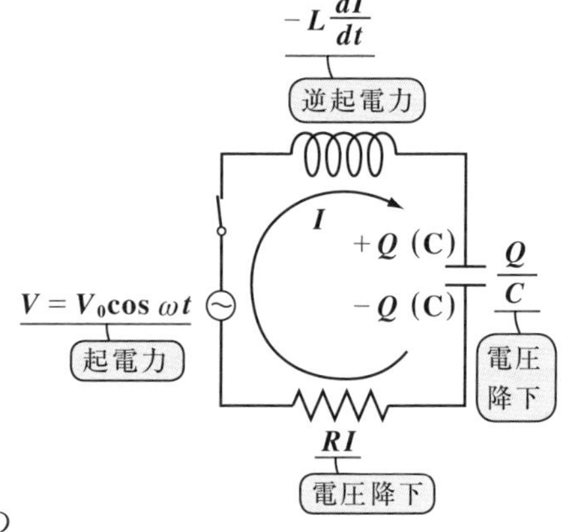

$I = \dfrac{dQ}{dt}$ ……①　となる。

この交流電源が接続された *RLC* 回路について，(起電力) = (電圧降下) の方程式を立てると，

$$\underbrace{V_0\cos\omega t}_{\text{交流電源による起電力}} - \underbrace{L\frac{dI}{dt}}_{\text{コイルによる逆起電力}} = \underbrace{RI}_{\text{抵抗による電圧降下}} + \underbrace{\frac{Q}{C}}_{\text{コンデンサーによる電圧降下}}$$

……②　となる。

これをまとめて，

$L\frac{dI}{dt}+RI+\frac{Q}{C}=V_0\cos\omega t$ ……③　となる。

③に①を使って，Q の微分方程式：$L\frac{d^2Q}{dt^2}+R\frac{dQ}{dt}+\frac{Q}{C}=V_0\cos\omega t$ にもち込むこともできるんだけれど，今回は直接 I の微分方程式にもち込むことにする。

③の両辺を t で微分すると，

$$L\frac{d^2I}{dt^2}+R\frac{dI}{dt}+\frac{1}{C}\frac{dQ}{dt}=-V_0\omega\sin\omega t$$

I（①より）

$$\therefore\ L\frac{d^2I}{dt^2}+R\frac{dI}{dt}+\frac{1}{C}I=-V_0\omega\sin\omega t \quad \cdots\cdots④$$ となる。

I の 2 階微分方程式

④の右辺は **0** ではないので，これを**非同次 2 階線形微分方程式**という。

ここで，④の解について，

（ⅰ）まず，④をみたす特殊解を $\widetilde{I(t)}$ とおく。

（ⅱ）次に，④の**同伴方程式**：$L\frac{d^2I}{dt^2}+R\frac{dI}{dt}+\frac{1}{C}I=0$ …⑤ の一般解を

④の右辺を **0** にした方程式。これを**同次方程式**ともいう。

$A_1I_1(t)+A_2I_2(t)$　とおく。

以上（ⅰ）（ⅱ）より，④の一般解 $I(t)$ は，

$$I(t)=\widetilde{I(t)}+A_1I_1(t)+A_2I_2(t) \quad \cdots\cdots⑥ \quad (A_1,\ A_2：任意定数)$$

④の特殊解　これは，減衰振動する電流 ← t が大きくなると，省略可

で表されることになる。

この解法について御存知ない方は，「常微分方程式キャンパス・ゼミ」で学習されることを勧める。

しかし，⑥の右辺の同伴（同次）方程式の解 $A_1I_1(t)+A_2I_2(t)$ の部分は例題 **42** で具体的に求めたように減衰振動する交流電流であることが分かっ

もちろん，数学的には過減衰や臨界減衰する場合も考えられる。「力学キャンパス・ゼミ」で学習するといいよ。

ている。よって，時間が十分経過して時刻 t が大きくなると，この部分は **0** に近づくので，省略していいんだね。

よって，時刻 t が十分経過すると
④の一般解は，
$I(t) = \widetilde{I(t)}$ ……⑥′　となって，
④の特殊解に一致する。

$$L\ddot{I} + R\dot{I} + \frac{1}{C}I = -V_0\omega\sin\omega t \quad \cdots④$$
$$I = \widetilde{I} + \underline{A_1I_1 + A_2I_2} \quad \cdots\cdots⑥$$
（減衰振動。t が大のとき省略できる。）

では，④の特殊解 $\widetilde{I(t)}$ とはどんな形の関数になるのだろうか？
交流電源の起電力が $V = V_0\cos\omega t$ で与えられているので，これが外部からの強制振動となる。よって，この回路に流れる定常の交流電流 $\widetilde{I}$ は振幅や位相のずれはあっても，角周波数 ω の電流と考えられるので，

$$I(t) = \widetilde{I(t)} = I_0\cos(\omega t - \phi) \quad \cdots\cdots⑦ \quad (I_0,\ \phi：未定定数)$$

とおくことができる。
⑦を t で 2 回微分して，

$$\dot{I} = -I_0\omega\sin(\omega t - \phi) \quad \cdots\cdots⑦', \qquad \ddot{I} = -I_0\omega^2\cos(\omega t - \phi) \quad \cdots\cdots⑦''$$

この⑦″，⑦′，⑦を I の微分方程式④に代入して，未定定数の I_0 と ϕ を求めてみることにしよう。

$$-LI_0\omega^2\cos(\omega t - \phi) - RI_0\omega\sin(\omega t - \phi) + \frac{1}{C}I_0\cos(\omega t - \phi) = -V_0\omega\sin\omega t$$

両辺を $-\omega$ で割ってまとめると，

$$I_0\left\{R\sin(\omega t - \phi) + \left(L\omega - \frac{1}{C\omega}\right)\cos(\omega t - \phi)\right\} = V_0\sin\omega t \quad \cdots\cdots⑧$$

となる。
ここで，図 1 に示すように，R と $L\omega - \dfrac{1}{C\omega}$ を 2 辺とする直角三角形を考え，その斜辺の長さを l とおくと，

$$l = \sqrt{R^2 + \left(L\omega - \frac{1}{C\omega}\right)^2} \quad \cdots\cdots⑨$$

となる。

図 1　強制振動回路

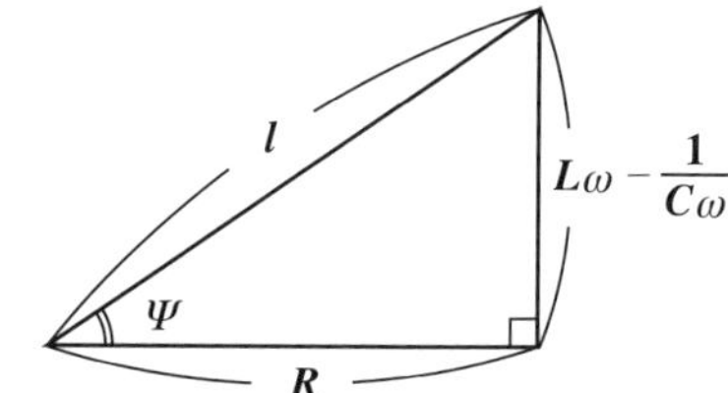

また，$\tan\Psi = \dfrac{L\omega - \dfrac{1}{C\omega}}{R}$ ……⑩　となるように角 Ψ をとる。

以上，l と Ψ を使って⑧を変形すると，

$$I_0 l\left\{\underbrace{\frac{R}{l}}_{\cos\Psi}\sin(\omega t-\phi)+\underbrace{\frac{L\omega-\dfrac{1}{C\omega}}{l}}_{\sin\Psi}\cos(\omega t-\phi)\right\}=V_0\sin\omega t$$

三角関数の合成：
$\sin\alpha\cos\beta+\cos\alpha\sin\beta=\sin(\alpha+\beta)$

$$I_0 l\underline{\sin(\omega t-\phi+\Psi)}=V_0\sin\omega t$$

以上より，$\begin{cases} I_0 l = V_0 \cdots\cdots\cdots\cdots\cdots\cdots\cdots\cdots ⑨ \\ \omega t - \phi + \Psi = \omega t + 2n\pi \quad \cdots ⑩ \end{cases}$　（n：整数）　が導ける。

$\therefore$ ⑨より，$I_0 = \dfrac{V_0}{l} = \dfrac{V_0}{\sqrt{R^2+\left(L\omega-\dfrac{1}{C\omega}\right)^2}}$

⑩より，$\phi = \Psi - 2n\pi$

よって，$\tan\phi = \tan(\Psi - 2n\pi) = \tan\Psi = \dfrac{L\omega - \dfrac{1}{C\omega}}{R}$ も導かれる。

これから，十分時刻が経過した後に，この回路に交流電源により強制振動として定常的に流れる交流電流 $I(t)$ は，⑦より，

$I(t) = \dfrac{V_0}{l}\cos(\omega t - \phi)$　となるんだね。

$\left(\text{ただし，} l = \sqrt{R^2+\left(L\omega-\dfrac{1}{C\omega}\right)^2},\ \phi = \tan^{-1}\left(\dfrac{L\omega-\dfrac{1}{C\omega}}{R}\right)\right)$

ここで，$l = \sqrt{R^2+\left(L\omega-\dfrac{1}{C\omega}\right)^2}$ は，交流の抵抗を一般化したもので，“**インピーダンス**”，または“**交流抵抗**”と呼ばれる。

そして，$L\omega - \dfrac{1}{C\omega} = 0$，すなわち $\omega = \dfrac{1}{\sqrt{LC}}$ のとき，インピーダンスは最小になるので，電流の振幅が非常に大きくなる。これは力学で勉強した“**共鳴**”(*resonance*)と同じ現象なんだね。

講義4 ● 時間変化する電磁場　公式エッセンス

1. マクスウェルの方程式(＊3)（アンペール-マクスウェルの法則）

$$\mathrm{rot}\,\boldsymbol{H} = \boldsymbol{i} + \frac{\partial \boldsymbol{D}}{\partial t} \quad \cdots\cdots(*3)$$

2. ファラデーの電磁誘導の法則・レンツの法則

$$V = -\frac{\partial \Phi}{\partial t}$$ （V (V)：誘導起電力，Φ (Wb)：磁束）

3. 磁束 Φ (Wb) と磁束密度 $\boldsymbol{B}$ (Wb/m²)

$$\Phi = \iint_S \boldsymbol{B} \cdot \boldsymbol{n}\, dS$$

4. マクスウェルの方程式(＊4)

$$\mathrm{rot}\,\boldsymbol{E} = -\frac{\partial \boldsymbol{B}}{\partial t} \quad \cdots\cdots(*4)$$

5. ソレノイド・コイルの自己誘導による逆起電力 V_-

$$V_- = -L\frac{dI}{dt}$$ （L(H)：自己インダクタンス，I(A)：コイルを流れる電流）

6. 相互誘導

(ⅰ) コイル L_1 に流れる電流 I_1 の時間変化率 $\frac{dI_1}{dt}$ により，コイル L_2 に生じる誘導起電力 V_{21} は，

$$V_{21} = -M_{21}\frac{dI_1}{dt}$$

（M_{21} (H)：相互インダクタンス）

(ⅱ) コイル L_2 に流れる電流 I_2 の時間変化率 $\frac{dI_2}{dt}$ により，コイル L_1 に生じる誘導起電力 V_{12} は，

$$V_{12} = -M_{12}\frac{dI_2}{dt}$$

（M_{12} (H)：相互インダクタンス）

7. 相互インダクタンスの相反定理：$M_{21} = M_{12}$

8. コイルに蓄えられている磁場のエネルギー U_m

$$U_m = \frac{1}{2}LI^2$$ （I (A)：コイルに流れている電流）

9. 磁場のエネルギー密度

$$u_m = \frac{1}{2}\mu_0 H^2$$

10. LC 回路におけるエネルギー保存則と平均消費電力 $\langle P \rangle$

$$U_e + U_m = (\text{一定}) \qquad \langle P \rangle = 0$$

マクスウェルの方程式と電磁波

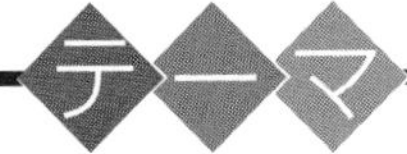

▶ **波動方程式**

$$\left(\Delta \boldsymbol{E} = \varepsilon_0 \mu_0 \frac{\partial^2 \boldsymbol{E}}{\partial t^2},\quad \Delta \boldsymbol{H} = \varepsilon_0 \mu_0 \frac{\partial^2 \boldsymbol{H}}{\partial t^2}\right)$$

▶ **ダランベールの解**

$$\left(u(x,\ t) = f\left(t - \frac{x}{v}\right) + g\left(t + \frac{x}{v}\right)\right)$$

▶ **電磁波**

$$\begin{pmatrix} E_2(x,\ t) = E_0 \sin\omega\left(t - \dfrac{x}{c}\right) \\ H_3(x,\ t) = \sqrt{\dfrac{\varepsilon_0}{\mu_0}}\, E_0 \sin\omega\left(t - \dfrac{x}{c}\right) \end{pmatrix}$$

§1. 波動方程式

これまでの講義で，時間変化する電磁場におけるマクスウェルの **4** つの方程式をすべて導くことが出来た。よって，これからは“**この方程式を解く**”ことがメインテーマになるんだね。事実，マクスウェルは，この **4** つの方程式を解くことにより，電磁波を導き，光もこの電磁波の **1** 種であることを推論したことは，これまでにも解説した通りだ。エッ，どうやったら電磁波を導けるのか？早く知りたいって!?

そんなに焦ることはない。マクスウェルの方程式はシンプルな形で表現されてはいるけれど，これを解くにはかなりの準備が必要なんだ。これからすべて分かるように解説するから，マクスウェルの偉大な業績を味わいながら，ジックリ進んでいこう。

この講義では，マクスウェルの方程式を変形して，電磁波を生み出す元となる電場と磁場の“**波動方程式**”を導いてみることにしよう。

● まず，マクスウェルの方程式を整理しよう！

ここでまず，時間変化する電磁場における **4** つのマクスウェルの方程式とそのイメージを下に示す。

図 **1**　時間変化する電磁場におけるマクスウェルの方程式

(ⅰ) $\mathrm{div}\boldsymbol{D} = \rho$ ……………(＊1)　　(ⅱ) $\mathrm{div}\boldsymbol{B} = 0$ …………(＊2)

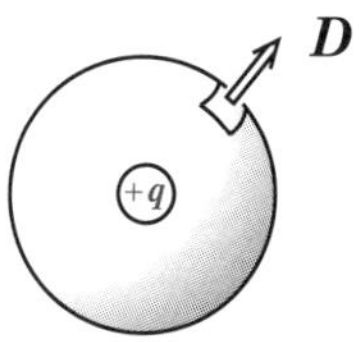

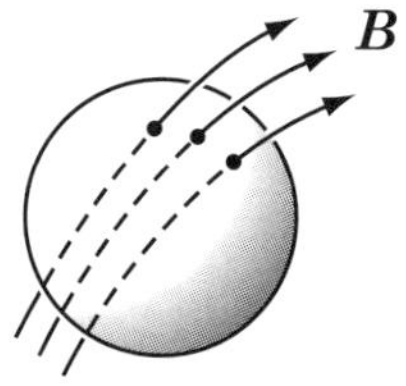

(ⅲ) $\mathrm{rot}\boldsymbol{H} = \boldsymbol{i} + \dfrac{\partial \boldsymbol{D}}{\partial t}$ ……(＊3)　　(ⅳ) $\mathrm{rot}\boldsymbol{E} = -\dfrac{\partial \boldsymbol{B}}{\partial t}$ ……(＊4)

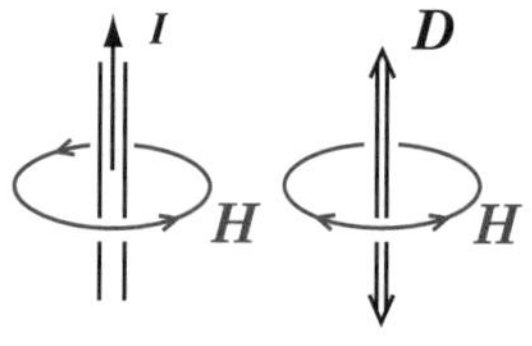

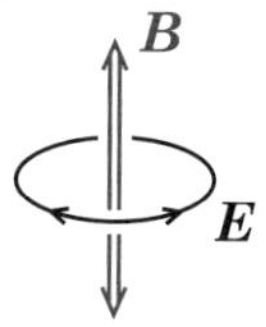

そして，(＊3) と (＊4) から，「時間変化する電場 $\boldsymbol{E}$ のまわりに時間変化する磁場 $\boldsymbol{H}$ が生じ」かつ「時間変化する磁場 $\boldsymbol{H}$ のまわりに時間変化する電場 $\boldsymbol{E}$ が生じる」ことが分かるので，真空中を伝わる電磁波のイメージとして，図 2 に示すような大雑把なイメージを想定することができたんだね。(P195)

図 2　電磁波の素朴なイメージ

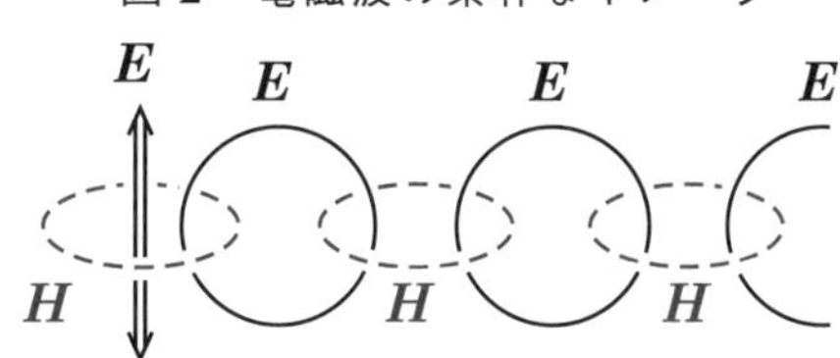

したがって，ここでは真空中を伝播しながら時間変化する電場と磁場の関係を知りたいので，4 つのマクスウェルの方程式の中から，物質的な要素である“**電荷密度**” ρ と“**電流密度**” $\boldsymbol{i}$ を消去して，次の 4 つの方程式を基に考えていくことにしよう。すると，

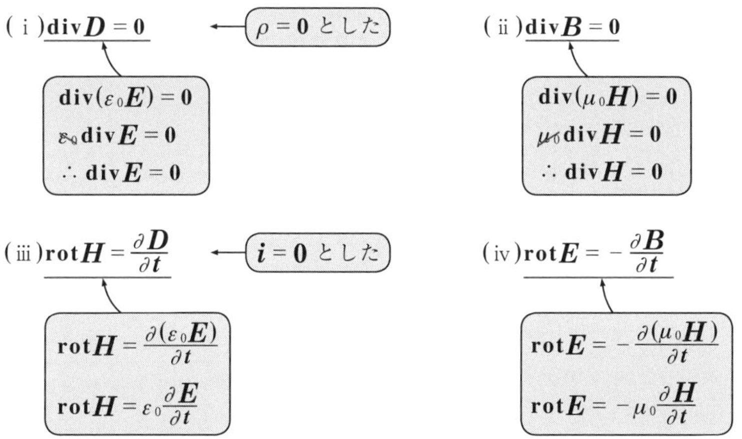

となる。ここで，$\boldsymbol{D} = \varepsilon_0\boldsymbol{E}$，$\boldsymbol{B} = \mu_0\boldsymbol{H}$　(ε_0：真空の誘電率，μ_0：真空の透磁率) を使って，すべて電場 $\boldsymbol{E}$ と磁場 $\boldsymbol{H}$ の式に書き換えると，電磁波を求めるためのマクスウェルの 4 つの方程式は次のようにまとめられる。

(ⅰ) $\mathrm{div}\boldsymbol{E} = 0$ ……………(＊1)′

(ⅱ) $\mathrm{div}\boldsymbol{H} = 0$ ……………(＊2)′

(ⅲ) $\mathrm{rot}\boldsymbol{H} = \varepsilon_0\frac{\partial \boldsymbol{E}}{\partial t}$ ………(＊3)′

(ⅳ) $\mathrm{rot}\boldsymbol{E} = -\mu_0\frac{\partial \boldsymbol{H}}{\partial t}$ ……(＊4)′

ここで注意点を1つ言っておこう。この電磁波を求めるマクスウェルの方程式では，ρ や $\boldsymbol{i}$ を消去したんだけれど，これは，「(運動する)電荷や(変動する)電流がどこにもない」と言っているわけではないよ。「(運動する)電荷や(変動する)電流はどこかにある」はずだ。でも，それにより生まれる電磁波が伝播していく真空中には，電荷も電流も存在しないと考えているので，$\rho=0$，かつ $\boldsymbol{i}=\boldsymbol{0}$ として，マクスウェルの方程式を書き換えたんだね。つまり，ここで対象としているのは電磁波が進行していく，電荷も電流もない真空であることに注意しよう。

● 電場の波動方程式を求めてみよう！

では，xyz 直交座標系における電場 $\boldsymbol{E}=[E_1,\ E_2,\ E_3]$ の“**波動方程式**”（E_1：x 成分，E_2：y 成分，E_3：z 成分）(***wave equation***) をマクスウェルの方程式から導いてみよう。

> マクスウェルの方程式
> (i) $\mathrm{div}\,\boldsymbol{E}=0$ …………$(*1)'$
> (ii) $\mathrm{div}\,\boldsymbol{H}=0$ …………$(*2)'$
> (iii) $\mathrm{rot}\,\boldsymbol{H}=\varepsilon_0\dfrac{\partial \boldsymbol{E}}{\partial t}$ ……$(*3)'$
> (iv) $\mathrm{rot}\,\boldsymbol{E}=-\mu_0\dfrac{\partial \boldsymbol{H}}{\partial t}$ …$(*4)'$

まず $(*4)'$ の両辺の回転 (rot) をとると，

$$\mathrm{rot}(\mathrm{rot}\boldsymbol{E})=\mathrm{rot}\left(-\mu_0\frac{\partial \boldsymbol{H}}{\partial t}\right)\quad\cdots\cdots①$$

となる。ここで，

(i) ①の左辺については，P39 の公式：

$$\mathrm{rot}(\mathrm{rot}\boldsymbol{f})=\mathrm{grad}(\mathrm{div}\boldsymbol{f})-\Delta\boldsymbol{f}$$

> これは，$\nabla\times(\nabla\times\boldsymbol{f})=\nabla(\nabla\cdot\boldsymbol{f})-(\nabla\cdot\nabla)\boldsymbol{f}$ と表してもいい。（$\nabla\cdot\nabla=\nabla^2=\Delta$）

> ベクトル3重積の公式 (P20)：
> $\boldsymbol{a}\times(\boldsymbol{b}\times\boldsymbol{c})=(\boldsymbol{a}\cdot\boldsymbol{c})\boldsymbol{b}-(\boldsymbol{a}\cdot\boldsymbol{b})\boldsymbol{c}$
> と対比して覚えるといいよ。

を利用するといい。すると，

$$(①の左辺)=\mathrm{rot}(\mathrm{rot}\boldsymbol{E})$$

$$=\mathrm{grad}(\mathrm{div}\boldsymbol{E})-\Delta\boldsymbol{E}$$

（$\mathrm{div}\boldsymbol{E}=0$ ($(*1)'$ より)）

$$=-\Delta\boldsymbol{E}\quad\cdots\cdots②$$

となる。

（Δ：ラプラシアン $\left(\dfrac{\partial^2}{\partial x^2}+\dfrac{\partial^2}{\partial y^2}+\dfrac{\partial^2}{\partial z^2}\right)$ のこと）

(ii) 次，①の右辺は，回転 (rot) と偏微分 $\dfrac{\partial}{\partial t}$ の操作の順序を入れ替えることができるものとして，

$$(\text{①の右辺}) = \mathbf{rot}\left(-\mu_0\frac{\partial \boldsymbol{H}}{\partial t}\right) = -\mu_0\mathbf{rot}\left(\frac{\partial \boldsymbol{H}}{\partial t}\right)$$

定数　順序を入れ替えた

$$= -\mu_0\frac{\partial}{\partial t}(\mathbf{rot}\boldsymbol{H}) = -\mu_0\frac{\partial}{\partial t}\left(\varepsilon_0\frac{\partial \boldsymbol{E}}{\partial t}\right) = -\varepsilon_0\mu_0\frac{\partial^2 \boldsymbol{E}}{\partial t^2} \quad \cdots③$$ となる。

$\varepsilon_0\frac{\partial \boldsymbol{E}}{\partial t}$ ((＊3)′より)　定数

以上②，③を①に代入して，

$-\Delta\boldsymbol{E} = -\varepsilon_0\mu_0\frac{\partial^2 \boldsymbol{E}}{\partial t^2}$　　この両辺に -1 をかけて，

電場 $\boldsymbol{E}$ の波動方程式：

$$\Delta\boldsymbol{E} = \varepsilon_0\mu_0\frac{\partial^2 \boldsymbol{E}}{\partial t^2} \quad \cdots\cdots(*f_0)$$ が導かれるんだね。

ここで，$\varepsilon_0(\mathrm{C^2/Nm^2})$，$\mu_0(\mathrm{N/A^2})$ より，$\varepsilon_0\mu_0$ の単位は，

$$\left[\frac{\mathrm{C^2}}{\mathrm{Nm^2}}\cdot\frac{\mathrm{N}}{\mathrm{A^2}}\right] = \left[\frac{\mathrm{A^2s^2}}{\mathrm{m^2A^2}}\right] = \left[\frac{\mathrm{s^2}}{\mathrm{m^2}}\right]$$ となって，速度の 2 乗の逆数の単位となる。

（$\mathrm{C^2} = \mathrm{A^2s^2}$）

よって，

$\varepsilon_0\mu_0 = \frac{1}{v^2}$ ……④ (v：速さ $(\mathrm{m/s})$) とおくことにしよう。

④を $(*f_0)$ に代入したものを，電場 $\boldsymbol{E}$ の波動方程式：

$$\Delta\boldsymbol{E} = \frac{1}{v^2}\frac{\partial^2 \boldsymbol{E}}{\partial t^2} \quad \cdots\cdots(*f_0)'$$ と表してもいい。

$(*f_0)$ や $(*f_0)'$ が，速さ v で伝播する波動の偏微分方程式に

多変数関数の微分方程式のこと。この場合，電場 $\boldsymbol{E}$ は，x，y，z と時刻 t の関数，すなわち $\boldsymbol{E} = \boldsymbol{E}(x, y, z, t)$ と，4 つの独立変数をもつ多変数関数になっているんだね。

なることは，後で詳しく解説するつもりだ。

ここで，電場 $\boldsymbol{E} = [E_1, E_2, E_3]$ より，$(*f_0)'$ の波動方程式を各成分毎に具体的に表すと，

$$\left(\frac{\partial^2}{\partial x^2}+\frac{\partial^2}{\partial y^2}+\frac{\partial^2}{\partial z^2}\right)[E_1,\ E_2,\ E_3]=\frac{1}{v^2}\cdot\frac{\partial^2}{\partial t^2}[E_1,\ E_2,\ E_3]$$ より，

ラプラシアン $\Delta=\nabla^2$ のこと

・x 成分：$\dfrac{\partial^2 E_1}{\partial x^2}+\dfrac{\partial^2 E_1}{\partial y^2}+\dfrac{\partial^2 E_1}{\partial z^2}=\dfrac{1}{v^2}\dfrac{\partial^2 E_1}{\partial t^2}$

これを，$E_{1xx}+E_{1yy}+E_{1zz}=\dfrac{1}{v^2}E_{1tt}$，または，$\Delta E_1=\dfrac{1}{v^2}E_{1tt}$ と表しても同じことだ。E_2，E_3 成分についても同様だね。

・y 成分：$\dfrac{\partial^2 E_2}{\partial x^2}+\dfrac{\partial^2 E_2}{\partial y^2}+\dfrac{\partial^2 E_2}{\partial z^2}=\dfrac{1}{v^2}\dfrac{\partial^2 E_2}{\partial t^2}$

・z 成分：$\dfrac{\partial^2 E_3}{\partial x^2}+\dfrac{\partial^2 E_3}{\partial y^2}+\dfrac{\partial^2 E_3}{\partial z^2}=\dfrac{1}{v^2}\dfrac{\partial^2 E_3}{\partial t^2}$

となり，$\Delta E=\dfrac{1}{v^2}\dfrac{\partial^2 E}{\partial t^2}$ ……$(*f_0)'$ が 3 次元の波動方程式であることが明らかとなった。初めてこれを見た方はヒェ〜って感じかも知れないね。もちろん，これをもっと単純化していくんだけれど，これから，波動が生じることになるんだよ。

● 磁場の波動方程式も求めてみよう！

磁場 H の波動方程式も，電場 E の波動方程式と同様に，まったく同じ形式のものが導ける。これは次の例題で導くことにしよう。

> 例題 44　マクスウェルの方程式：（ii）$\mathrm{div}\,H=0$ …………$(*2)'$
>
> （iii）$\mathrm{rot}\,H=\varepsilon_0\dfrac{\partial E}{\partial t}$ ……$(*3)'$　（iv）$\mathrm{rot}\,E=-\mu_0\dfrac{\partial H}{\partial t}$ ……$(*4)'$
>
> を利用して，磁場 H の波動方程式：
>
> $\Delta H=\dfrac{1}{v^2}\cdot\dfrac{\partial^2 H}{\partial t^2}$ ……$(*g_0)'$ $\left(\text{ただし，} v^2=\dfrac{1}{\varepsilon_0\mu_0}\right)$ を導いてみよう。

電場のときと同様に，$(*3)'$ の両辺の回転（rot）をとることから始めると，

$\mathrm{rot}(\mathrm{rot}\boldsymbol{H}) = \mathrm{rot}\left(\varepsilon_0 \frac{\partial \boldsymbol{E}}{\partial t}\right)$ ……⑤ となる。

ここで，

公式 (P39)：
$\nabla \times (\nabla \times \boldsymbol{f}) = \nabla(\nabla \cdot \boldsymbol{f}) - \Delta \boldsymbol{f}$

(ⅰ)(⑤の左辺) $= \mathrm{rot}(\mathrm{rot}\boldsymbol{H}) = \mathrm{grad}(\underbrace{\mathrm{div}\boldsymbol{H}}_{0\ ((*2)'より)}) - \Delta \boldsymbol{H}$

$= -\Delta \boldsymbol{H}$ ……⑥ となる。

(ⅱ)(⑤の右辺) $= \mathrm{rot}\left(\underbrace{\varepsilon_0}_{定数} \frac{\partial \boldsymbol{E}}{\partial t}\right) = \varepsilon_0 \frac{\partial}{\partial t}(\underbrace{\mathrm{rot}\boldsymbol{E}}_{-\mu_0 \frac{\partial \boldsymbol{H}}{\partial t}\ ((*4)'より)})$

$= \varepsilon_0 \frac{\partial}{\partial t}\left(-\mu_0 \frac{\partial \boldsymbol{H}}{\partial t}\right) = -\varepsilon_0 \mu_0 \frac{\partial^2 \boldsymbol{H}}{\partial t^2}$ ……⑦ となる。

以上(ⅰ)(ⅱ)より，⑥，⑦を⑤に代入すると，

$-\Delta \boldsymbol{H} = -\varepsilon_0 \mu_0 \frac{\partial^2 \boldsymbol{H}}{\partial t^2}$ この両辺に -1 をかけて，

磁場 $\boldsymbol{H}$ の波動方程式：

$\Delta \boldsymbol{H} = \varepsilon_0 \mu_0 \frac{\partial^2 \boldsymbol{H}}{\partial t^2}$ ……$(*g_0)$ が導かれるんだね。

ここで，$\varepsilon_0 \mu_0 = \frac{1}{v^2}(\mathrm{s}^2/\mathrm{m}^2)$ とおくと，磁場の波動方程式は，

$\Delta \boldsymbol{H} = \frac{1}{v^2} \frac{\partial^2 \boldsymbol{H}}{\partial t^2}$ ……$(*g_0)'$ の形で表すことができる。

そして，この磁場の波動方程式 $(*g_0)'$ を，$\boldsymbol{H} = [H_1, H_2, H_3]$ とおいて，成分表示で表すと，電場の波動方程式のときと同様に，

$$\frac{\partial^2 H_1}{\partial x^2} + \frac{\partial^2 H_1}{\partial y^2} + \frac{\partial^2 H_1}{\partial z^2} = \frac{1}{v^2} \frac{\partial^2 H_1}{\partial t^2},$$

$$\frac{\partial^2 H_2}{\partial x^2} + \frac{\partial^2 H_2}{\partial y^2} + \frac{\partial^2 H_2}{\partial z^2} = \frac{1}{v^2} \frac{\partial^2 H_2}{\partial t^2},$$

$$\frac{\partial^2 H_3}{\partial x^2} + \frac{\partial^2 H_3}{\partial y^2} + \frac{\partial^2 H_3}{\partial z^2} = \frac{1}{v^2} \frac{\partial^2 H_3}{\partial t^2}$$

となり，この $(*g_0)'$ が 3 次元の磁場の波動方程式であることが分かるんだね。

§2. ダランベールの解

前回の講義で，マクスウェルの方程式から電場の波動方程式

$\Delta \boldsymbol{E} = \frac{1}{v^2}\frac{\partial^2 \boldsymbol{E}}{\partial t^2}$ と磁場の波動方程式 $\Delta \boldsymbol{H} = \frac{1}{v^2}\frac{\partial^2 \boldsymbol{H}}{\partial t^2}$ を導いたんだけれど，これらはいずれも“**偏微分方程式**”だったんだね。

一般に微分方程式は，“**常**(じょう)**微分方程式**”と“**偏**(へん)**微分方程式**”の **2** つに大別される。$u(x)$ などの **1** 変数関数の微分方程式を“**常微分方程式**”といい，$u(x,\ y)$ などの多変数関数の微分方程式のことを“**偏微分方程式**”という。これから解こうとする波動方程式は偏微分方程式なので，ここではまず，偏微分方程式の解法の基本について解説するつもりだ。

さらに，**1** 次元波動方程式の解として，“**ダランベールの解**”が存在することも証明しよう。

今回の講義は，数学的なテーマが中心になるけれど，分かりやすく丁寧に解説するから，シッカリついてらっしゃい。

● 偏微分方程式の基本をマスターしよう！

まず初めに，次の簡単な例で，“**常微分方程式**”と“**偏微分方程式**”の本質的な違いを明らかにしておこう。

$(ex1)$ 常微分方程式：$\frac{du}{dx} = 2x$ ……①

$(ex2)$ 偏微分方程式：$\frac{\partial u}{\partial x} = 2x$ ……②

（これは“ラウンド u，ラウンド x”と読む。）

$(ex1)$ の u が **1** 変数関数 $u(x)$ である場合，①の常微分方程式の

解が $u(x) = x^2 + C$ （C：任意定数）となることは大丈夫だね。

これに対して，

$(ex2)$ の u が **2** 変数関数 $u(x,\ y)$ であるとすると，②は **2** 変数関数 $u(x,\ y)$ の微分方程式，すなわち偏微分方程式になる。

よって，①の $\frac{du}{dx}$ の代わりに，②では $\frac{\partial u}{\partial x}$ と表現しているんだね。そして，②の一般解が①の一般解と異なる形になるのは大丈夫だろうか？

②では，2 変数関数 $u(x,\ y)$ を x で微分したものが $2x$ になるので，これを x で積分した②の一般解は $u(x,\ y)=x^2+C$ ではない。この一般解は，

$u(x,\ y)=x^2+\underline{\underline{f(y)}}$ ……③ ($\underline{\underline{f(y)}}$：$y$ の任意関数）となるんだね。

この $f(y)$ は，y^2+1 でも，$\sin y$ でも，e^{2y} でも何でもかまわない。だから任意関数なんだね。実際にどんな y の関数であったとしても，③の両辺を x で偏微分すると，

$\frac{\partial u(x,\ y)}{\partial x}=\frac{\partial}{\partial x}\{x^2+f(y)\}=2x+\underbrace{\frac{\partial f(y)}{\partial x}}_{0}=2x$ となって，②をみたすからだ。

このように，偏微分方程式では，任意定数の代わりに任意関数を含む解が得られ，これを "**偏微分方程式の一般解**" と呼ぶ。このことが常微分方程式との大きな違いなんだね。頭に入れておこう。

そして，$\frac{\partial u}{\partial x}=2x$ ……②や，$\left(\frac{\partial u}{\partial x}\right)^2=\frac{\partial u}{\partial y}$ ……④などは，u を x または

（これを，$u_x=2x$）（これを $(u_x)^2=u_y$ と表してもいい。）

y で 1 階しか微分していないので，"**1 階偏微分方程式**" と呼ぶ。これに対して，

$\frac{\partial^2 u}{\partial x^2}+\frac{\partial^2 u}{\partial y^2}=0$ ……⑤や $\frac{\partial^2 u}{\partial x^2}=\frac{\partial^2 u}{\partial t^2}$ ……⑥などは，u を x または y また

（これを $u_{xx}+u_{yy}=0$）（これを，$u_{xx}=u_{tt}$ と表してもいい。）（これは，$u(x,\ t)$ とする。）

は t で 2 階微分しているので，"**2 階偏微分方程式**" と呼ぶ。

また，②，⑤，⑥は，u_x，u_{xx}，u_{yy}，u_{tt}… などがすべて 1 次式の微分方程式なので，"**線形**（せんけい）**偏微分方程式**" と呼ぶ。これに対して，④は u_x の 2 次式になっているので，これを "**非線形**（ひせんけい）**偏微分方程式**" と呼ぶ。

以上で，偏微分方程式の基本の説明は終わったので，次の例題で実際に，いくつか偏微分方程式を解いてみることにしよう。

例題 **45**　次の微分方程式をみたす **2** 変数関数 $u(x,\ y)$ の一般解を求めてみよう。

(1) $\dfrac{\partial u}{\partial y} = \cos y$　　(2) $\dfrac{\partial^2 u}{\partial x^2} = 2$　　(3) $\dfrac{\partial^2 u}{\partial x \partial y} = 0$

$u = u(x,\ y)$ であることに気を付けて，解いていこう。

(1) $\dfrac{\partial u}{\partial y} = \cos y$ の両辺を y で積分して，

$$u(x,\ y) = \int \cos y\, dy = \sin y + \underline{\underline{f(x)}}$$ （ただし，$f(x)$ ：x の任意関数）

となる。　これが，任意定数 C ではなくて，任意関数 $f(x)$ になる。

(2) $\dfrac{\partial^2 u}{\partial x^2} = 2$ の両辺を x で積分して，

$$\frac{\partial u}{\partial x} = \int 2\, dx = 2x + f(y)$$

さらに，この両辺を x で積分して，　x から見て，定数扱い

$$u(x,\ y) = \int \{2x + f(y)\}\, dx = x^2 + x \cdot \underline{\underline{f(y)}} + g(y)$$

（ただし，$f(y)$，$g(y)$：y の任意関数）となる。

(3) $\dfrac{\partial}{\partial x}\left(\dfrac{\partial u}{\partial y}\right) = 0$　の両辺を，まず x で積分して，

$\dfrac{\partial u}{\partial y} = \underline{\underline{\widetilde{f(y)}}}$　（ただし，$\widetilde{f(y)}$：y の任意関数）

任意定数 C ではなくて，y の任意関数になる。注意しよう！

さらに，この両辺を y で積分して，

$$u(x,\ y) = \underline{\underline{\int \widetilde{f(y)}\, dy}} + g(x)$$ （ただし，$g(x)$：x の任意関数）

これを新たな y の関数 $f(y)$ とおけばいい。

$\therefore u(x,\ y) = f(y) + g(x)$　となって，答えだ！

$$\left(\text{ただし，} f(y) = \int \widetilde{f(y)}\, dy\right)$$

これで，偏微分方程式の解法にも少しは慣れただろう？

● 弦の振動から波動方程式を導こう！

前回，マクスウェルの方程式から電場と磁場の波動方程式を導いた。その1例として，電場 $\boldsymbol{E} = [E_1,\ E_2,\ E_3]$ の x 成分 E_1 の波動方程式は，

$$\frac{\partial^2 E_1}{\partial x^2} + \frac{\partial^2 E_1}{\partial y^2} + \frac{\partial^2 E_1}{\partial z^2} = \frac{1}{v^2}\frac{\partial^2 E_1}{\partial t^2} \quad \cdots\cdots①$$

と表せたんだね。

しかし，偏微分方程式に慣れていない読者の方にとって，「これが，波動(波の動き)を表す方程式である」と言われても，ピンとこないのではないかと思う。そこで，少し回り道になるかも知れないけれど，力学における“**弦の振動**”問題から同様の微分方程式が導けることを示そうと思う。これで①などの方程式が，“**波動方程式**”であることを納得して頂けるはずだ。

図1に示すように，x 軸の2点原点と点 $(L,\ 0)$ を端点(固定点)として張られた弦が，鉛直方向にブ～ンと振動するとき，この運動(波動)を支配する微分方程式を求めてみよう。

図1　弦の振動のイメージ

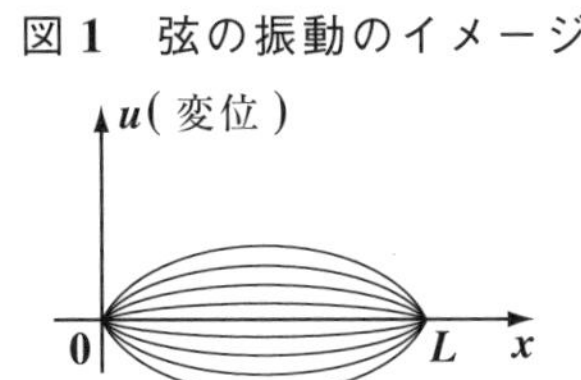

弦の平衡状態からの鉛直方向の微小な変位を u とおくと，これは位置 x と時刻 t との2変数関数 $u(x,\ t)$ となることが分かると思う。

図2に示すように，水平方向に x 軸，鉛直方向に u 軸をとる。ただし，弦は一様な線密度 ρ(kg/m) と断面積をもつものとし，また，弦の張力 T(N) は弦のどの場所においても一定であるものとする。

図2　弦の Δx の微小部分に働く力

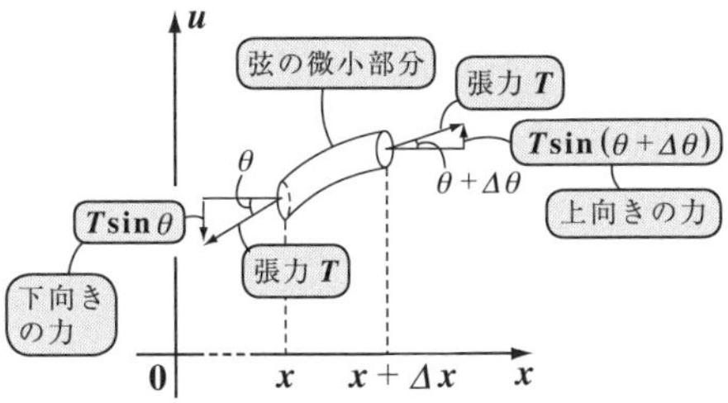

u
弦の微小部分
張力 T
$T\sin(\theta+\Delta\theta)$
θ
$\theta+\Delta\theta$
上向きの力
$T\sin\theta$
張力 T
下向きの力
0　x　$x+\Delta x$　x

このとき，弦の微小部分 $[x,\ x+\Delta x]$ について，鉛直方向に，ニュートンの運動方程式：$F = m \cdot \alpha$ ……(＊)を

力(N)　質量：$\Delta x \cdot \rho$(kg)　加速度：$\dfrac{\partial^2 u}{\partial t^2}$(m/s^2)

立ててみよう。すると，

・((＊)の右辺) $= m \cdot \alpha = \Delta x \cdot \rho \cdot \dfrac{\partial^2 u}{\partial t^2}$ ……②

ニュートンの運動方程式
$F = m\alpha$ ……(＊)

となるのはいいね。

次，(＊)の左辺は図 2 に示すように，Δx の微小長さの弦に鉛直方向に働く力のことより，

・((＊)の左辺) $= T \cdot \sin(\theta + \Delta\theta) - T \cdot \sin\theta$

上向きの力：$\sin(\theta+\Delta\theta)$ ≒ $\tan(\theta + \Delta\theta) = \left(\dfrac{\partial u}{\partial x}\right)_{x+\Delta x}$

下向きの力：$\sin\theta$ ≒ $\tan\theta = \left(\dfrac{\partial u}{\partial x}\right)_x$

$\theta \fallingdotseq 0$ と考えてよいので，$\sin\theta \fallingdotseq \tan\theta$，$\sin(\theta+\Delta\theta) \fallingdotseq \tan(\theta+\Delta\theta)$ が成り立つ。また，$\tan\theta$ は x における，$\tan(\theta+\Delta\theta)$ は $x+\Delta x$ における曲線(弦)の接線の傾きを表すことになる。

$$= T\left\{\left(\frac{\partial u}{\partial x}\right)_{x+\Delta x} - \left(\frac{\partial u}{\partial x}\right)_x\right\}$$

$$= T \cdot \Delta x \frac{\partial^2 u}{\partial x^2} \quad \cdots\cdots ③$$

ここで，$g(x) = \left(\dfrac{\partial u}{\partial x}\right)_x$ とおくと
$g(x+\Delta x) = \left(\dfrac{\partial u}{\partial x}\right)_{x+\Delta x}$ だね。
ここで，関数の 1 次近似式より
$g'(x) \fallingdotseq \dfrac{g(x+\Delta x) - g(x)}{\Delta x}$
よって，
$g(x+\Delta x) - g(x) = \Delta x \cdot g'(x)$
つまり，
$\left(\dfrac{\partial u}{\partial x}\right)_{x+\Delta x} - \left(\dfrac{\partial u}{\partial x}\right)_x = \Delta x \cdot \dfrac{\partial^2 u}{\partial x^2}$
となる。

となるんだね。

②，③を(＊)の運動方程式に代入すると，

$$T \cdot \Delta x \frac{\partial^2 u}{\partial x^2} = \Delta x \cdot \rho \cdot \frac{\partial^2 u}{\partial t^2}$$

両辺を $\Delta x \cdot T$ で割ると，

$$\frac{\partial^2 u}{\partial x^2} = \frac{\rho}{T} \cdot \frac{\partial^2 u}{\partial t^2} \quad \cdots\cdots ④$$ となる。

ここで，$\dfrac{T}{\rho}$ の単位は，$\left[\dfrac{\mathrm{N}}{\mathrm{kg/m}}\right] = \left[\dfrac{\cancel{\mathrm{kg}} \cdot \mathrm{m/s^2}}{\cancel{\mathrm{kg}}/\mathrm{m}}\right] = [\mathrm{m^2/s^2}]$

となって，速度の 2 乗の単位となるので，$\dfrac{T}{\rho} = v^2$，すなわち $\dfrac{\rho}{T} = \dfrac{1}{v^2}$

とおくと，④は弦の振動を表す 1 次元の波動方程式：

$\frac{\partial^2 u}{\partial x^2} = \frac{1}{v^2}\frac{\partial^2 u}{\partial t^2}$ ……$(*h_0)$ となるんだね。納得いった？

もちろん，これは1次元の波動方程式だけど，この考え方を拡張して，

・2次元の波動方程式：$\frac{\partial^2 u}{\partial x^2} + \frac{\partial^2 u}{\partial y^2} = \frac{1}{v^2} \cdot \frac{\partial^2 u}{\partial t^2}$ ……$(*h_0)'$ や

・3次元の波動方程式：$\frac{\partial^2 u}{\partial x^2} + \frac{\partial^2 u}{\partial y^2} + \frac{\partial^2 u}{\partial z^2} = \frac{1}{v^2} \cdot \frac{\partial^2 u}{\partial t^2}$ ……$(*h_0)''$ も

導けるのが分かると思う。

そして，$(*h_0)''$ は，電場の x 成分の波動方程式：

$\frac{\partial^2 E_1}{\partial x^2} + \frac{\partial^2 E_1}{\partial y^2} + \frac{\partial^2 E_1}{\partial z^2} = \frac{1}{v^2}\frac{\partial^2 E_1}{\partial t^2}$ ……①とまったく同じ形であることも分かっただろう？

このように，ニュートンの運動方程式とマクスウェルの方程式というまったく異なる方程式から，同型の波動方程式が導かれて面白かったと思う。しかし，これによって，マクスウェルの方程式から導いた電場と磁場の方程式が間違いなく波動方程式であることが確認できたんだね。

では次のステップとして，1次元の波動方程式ではあるけれど，$(*h_0)$ の一般解が“**ダランベールの解**”で求まることを，これから示そう。

● ダランベールの解をマスターしよう！

ここで，変数 x と t の2変数関数 $u(x, t)$ について，これが全微分可能であるとすると，

$du = \frac{\partial u}{\partial x}dx + \frac{\partial u}{\partial t}dt$ ……① となるのは大丈夫だね。

ここでもし，2つの変数 x と t が，さらに2つの変数 α と β の関数，すなわち $x = x(\alpha, \beta)$，$t = t(\alpha, \beta)$ で表されるものとしよう。

このとき，u は，x と t を介して，α と β の2変数関数と考えることができるので，当然 α と β によるそれぞれの偏微分 $\frac{\partial u}{\partial \alpha}$ と $\frac{\partial u}{\partial \beta}$ を，①を利用して，次のように求めることができるんだね。

$$\frac{\partial u}{\partial \alpha} = \frac{\partial u}{\partial x} \cdot \frac{\partial x}{\partial \alpha} + \frac{\partial u}{\partial t} \cdot \frac{\partial t}{\partial \alpha}$$ ← ①の両辺を形式的に $\partial\alpha$ で割った形だね。

$$\frac{\partial u}{\partial \beta} = \frac{\partial u}{\partial x} \cdot \frac{\partial x}{\partial \beta} + \frac{\partial u}{\partial t} \cdot \frac{\partial t}{\partial \beta}$$ ← ①の両辺を形式的に $\partial\beta$ で割った形だね。

それでは準備が整ったので，**1** 次元波動方程式の一般解が次の“**ダランベールの解**”で与えられることを示そう。

ダランベールの解

位置 x と時刻 t の **2** 変数関数 $u(x,\ t)$ の **1** 次元波動方程式：

$$\frac{\partial^2 u}{\partial x^2} = \frac{1}{v^2}\frac{\partial^2 u}{\partial t^2} \quad \cdots\cdots ①$$ の一般解は，

$$u(x,\ t) = f\left(t - \frac{x}{v}\right) + g\left(t + \frac{x}{v}\right) \quad \cdots\cdots (*i_0)$$ となる。

（ただし，f，g は **2** 階微分可能な任意関数）

この解を“**ダランベールの解**”と呼ぶ。

①の解が，$(*i_0)$ のダランベールの解となることを証明しておこう。

まず，$\alpha = t - \frac{x}{v}$ ……(a)，$\beta = t + \frac{x}{v}$ ……(b) とおくと，

$\frac{(a)+(b)}{2}$ より，$t = \frac{\alpha + \beta}{2}$ ……………(c)

$\frac{(b)-(a)}{2}$ より，$\frac{\beta - \alpha}{2} = \frac{x}{v}$

$$\therefore x = \frac{v}{2}(\beta - \alpha) \quad \cdots\cdots (d)$$ となる。

ここで，u は x と t を介して，変数 α と β の関数でもあるので，

・まず，u を β で偏微分すると，

$$\frac{\partial u}{\partial \beta} = \frac{\partial u}{\partial x} \cdot \underbrace{\frac{\partial x}{\partial \beta}}_{\frac{v}{2}} + \frac{\partial u}{\partial t} \cdot \underbrace{\frac{\partial t}{\partial \beta}}_{\frac{1}{2}} = \frac{v}{2}\frac{\partial u}{\partial x} + \frac{1}{2}\frac{\partial u}{\partial t} \quad \cdots\cdots (e)$$

← (c) と (d) より

となる。この (e) をさらに α で偏微分すると，

$$\frac{\partial^2 u}{\partial\alpha\partial\beta} = \frac{\partial}{\partial\alpha}\left(\frac{\partial u}{\partial\beta}\right) = \frac{\partial}{\partial\alpha}\left(\underbrace{\frac{v}{2}}_{\text{定数}}\cdot\frac{\partial u}{\partial x} + \underbrace{\frac{1}{2}}_{\text{定数}}\cdot\frac{\partial u}{\partial t}\right)$$

$$= \frac{v}{2}\cdot\frac{\partial}{\partial\alpha}\left(\frac{\partial u}{\partial x}\right) + \frac{1}{2}\cdot\frac{\partial}{\partial\alpha}\left(\frac{\partial u}{\partial t}\right)$$

$$= \frac{v}{2}\left(\underbrace{\frac{\partial x}{\partial\alpha}}_{-\frac{v}{2}}\cdot\frac{\partial^2 u}{\partial x^2} + \underbrace{\frac{\partial t}{\partial\alpha}}_{\frac{1}{2}}\cdot\frac{\partial^2 u}{\partial t\partial x}\right) + \frac{1}{2}\left(\underbrace{\frac{\partial x}{\partial\alpha}}_{-\frac{v}{2}}\cdot\frac{\partial^2 u}{\partial x\partial t} + \underbrace{\frac{\partial t}{\partial\alpha}}_{\frac{1}{2}}\cdot\frac{\partial^2 u}{\partial t^2}\right)$$

$$= \frac{v}{2}\left(-\frac{v}{2}\cdot\frac{\partial^2 u}{\partial x^2} + \frac{1}{2}\cdot\frac{\partial^2 u}{\partial t\partial x}\right) + \frac{1}{2}\left(-\frac{v}{2}\cdot\frac{\partial^2 u}{\partial x\partial t} + \frac{1}{2}\frac{\partial^2 u}{\partial t^2}\right)$$

ただし，シュワルツの公式：$\frac{\partial^2 u}{\partial t\partial x} = \frac{\partial^2 u}{\partial x\partial t}$ が成り立つものとする。

$$= -\frac{v^2}{4}\cdot\frac{\partial^2 u}{\partial x^2} + \frac{1}{4}\cdot\frac{\partial^2 u}{\partial t^2}$$

$$= -\frac{v^2}{4}\underbrace{\left(\frac{\partial^2 u}{\partial x^2} - \frac{1}{v^2}\cdot\frac{\partial^2 u}{\partial t^2}\right)}_{0\ (\text{①の波動方程式より})} = 0$$ となるんだね。

例題 **45(3)(P230)** と同じ問題

∴偏微分方程式 $\frac{\partial^2 u}{\partial\alpha\partial\beta} = 0$ ……(f) を解けばいい。

(f) の両辺を α で積分して，

$$\frac{\partial u}{\partial\beta} = \widetilde{g(\beta)}$$

さらに，これを β で積分して，

$$u = \underbrace{\int\widetilde{g(\beta)}d\beta}_{\text{これを新たに } g(\beta) \text{ とおく。}} + f(\alpha) = f(\alpha) + g(\beta)\ (f,\ g：\text{任意関数})$$

これに (a)，(b) を代入すると，①の波動方程式の解が，

ダランベールの解：$u(x,\ t) = f\left(t - \frac{x}{v}\right) + g\left(t + \frac{x}{v}\right)$ ……$(*i_0)$ として与えられることが分かったんだね。大丈夫だった？

ここで，ダランベールの解：$u(x,\ t)=f\left(t-\frac{x}{v}\right)+g\left(t+\frac{x}{v}\right)$ ……$(*i_0)$

の $f\left(t-\frac{x}{v}\right)$ は，“**進行波**”を表し，$g\left(t+\frac{x}{v}\right)$ は“**後退波**”を表す。よって，ダランベールの解は，進行波と後退波の重ね合わせ（和）の形で表されているんだね。ン？進行波と後退波の意味がよく分からないって!?

いいよ，図を使って詳しく解説しよう。

図 **3** 進行波 $f\left(t-\frac{x}{v}\right)$

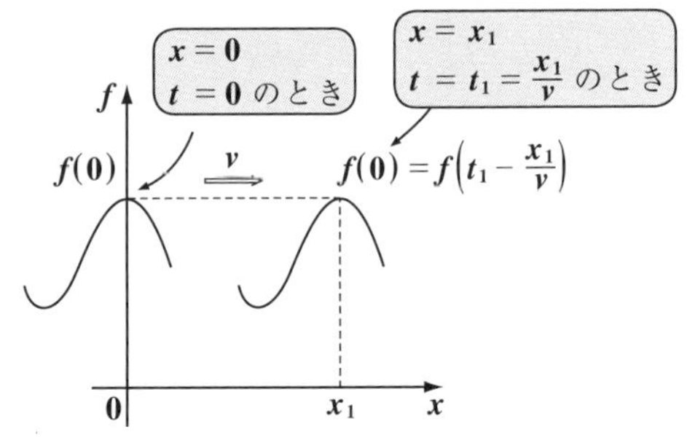

まず，進行波 $f\left(t-\frac{x}{v}\right)$ について説明しよう。図 **3** に示すように，時刻 $t=0$ のとき，$x=0$ 前後に f により描かれた波形と同じ波形が，$x=x_1(>0)$ の位置においては，時刻 $t=t_1=\frac{x_1}{v}$ 秒後に現れることになる。なぜなら，$t=t_1=\frac{x_1}{v}$，$x=x_1$ を，$f\left(t-\frac{x}{v}\right)$ に代入すると，

$$f\left(\underset{\frac{x_1}{v}}{t_1}-\frac{x_1}{v}\right)=f\left(\frac{x_1}{v}-\frac{x_1}{v}\right)=f(0)$$ となって，

$t=0$，$x=0$ のときと同じ値をとるからなんだね。

つまり，時刻 $t=0$ のとき $x=0$ 付近にあった波が，速さ $v(\mathrm{m/s})$ で進行して $t=t_1$ 秒後に $x=x_1$ 付近に現れることになるので，$f\left(t-\frac{x}{v}\right)$ を進行波と呼ぶんだね。納得いった？

次，後退波 $g\left(t+\frac{x}{v}\right)$ についても同様に考えればいいんだね。図 **4** に示すように，時刻 $t=0$ のとき $x=0$ 前後に g により描かれた波形と同じ波形が，$x=-x_1(<0)$ の位置においては，時刻 $t=t_1=\frac{x_1}{v}$ 秒後に現われることになる。

つまり，時刻 $t=0$ のとき $x=0$ 付近にあった波が速さ $-v(m/s)$ で後退して，$t=t_1$ 秒後に $x=-x_1$ 付近に現れることになる。よって，$g\left(t+\frac{x}{v}\right)$ を後退波と呼ぶんだ。これも大丈夫だね。

図4　後退波 $g\left(t+\frac{x}{v}\right)$

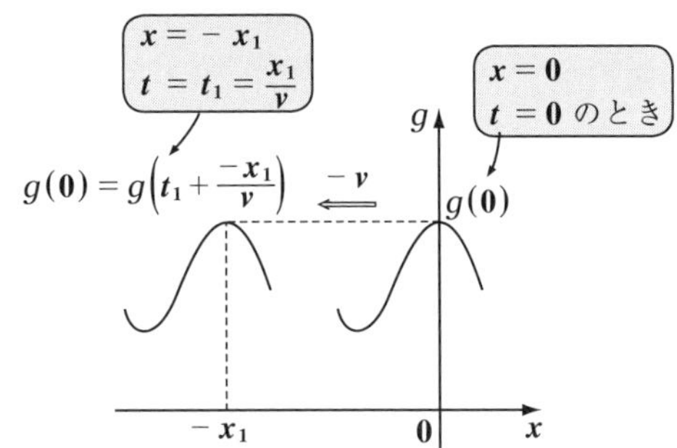

ここで，進行波の例として，

$u(x,\ t)=u_0\sin\omega\left(t-\frac{x}{v}\right)$　……①　を考えてみよう。

(u_0：振幅，ω：角周波数 (1/s)，v：波の進行速度 (m/s))

これは，振幅 u_0，角周波数 ω の進行波で，これを変形すると，

$u(x,\ t)=u_0\sin\left(\omega t-\frac{\omega}{v}x\right)$　……①´となる。

ここで，$\omega T=2\pi$　……②，$\nu\lambda=v$　……③の関係があるのはいいね。

(T：周期 (s)，$\nu\left(=\frac{1}{T}\right)$：周波数 (1/s)，$\lambda$：波長 (m))

③より，$\frac{1}{T}\lambda=v$　　これに $T=\frac{2\pi}{\omega}$ を代入して，

$\frac{\omega}{2\pi}\lambda=v$　　$\therefore \frac{\omega}{v}=\frac{2\pi}{\lambda}$　となる。

ここで，さらに，$\frac{2\pi}{\lambda}=k(1/m)$ とおく。この k は"**波数**"と呼ばれる。

よって，$\frac{\omega}{v}=k$ より，これを①´に代入して，

x 軸方向の1次元の進行波 $u(x,\ t)$ は，

$u(x,\ t)=u_0\sin(\omega t-kx)$　と表されることも覚えておこう。

● 球面波の波動方程式を導こう！

3次元の波動方程式：$\frac{\partial^2 u}{\partial t^2}=v^2\left(\frac{\partial^2 u}{\partial x^2}+\frac{\partial^2 u}{\partial y^2}+\frac{\partial^2 u}{\partial z^2}\right)$ ……(＊) から球面波の波動方程式を導いてみよう。ある1つの波源から均質な媒質中をすべての

向きに伝わる球面波のイメージを図5に示す。この球面波の変位 u は時刻 t と波源からの距離 r のみの関数，すなわち $u(r, t)$ である。まず，

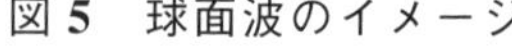
図5　球面波のイメージ

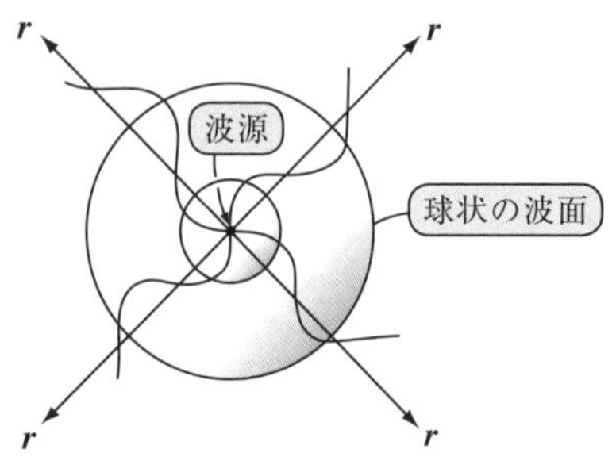

$$r=\sqrt{x^2+y^2+z^2}=(x^2+y^2+z^2)^{\frac{1}{2}} \quad \cdots\cdots①$$

から，r_x と u_x と u_{xx} を求めよう。

$$\cdot\, r_x=\frac{\partial r}{\partial x}=\frac{\partial}{\partial x}\left\{(x^2+\underbrace{y^2+z^2}_{\text{定数扱い}})^{\frac{1}{2}}\right\}$$

$$=\frac{1}{2}(x^2+y^2+z^2)^{-\frac{1}{2}}\cdot 2x \qquad \therefore\, r_x=\frac{\partial r}{\partial x}=\frac{x}{r} \quad \cdots\cdots②$$

となる。②より，

$$\cdot\, u_x=\frac{\partial u}{\partial x}=\underbrace{\frac{\partial r}{\partial x}}_{r_x}\cdot\frac{\partial u}{\partial r}=\frac{x}{r}\cdot u_r \qquad \therefore\, u_x=\frac{\partial u}{\partial x}=\frac{x}{r}u_r \quad \cdots\cdots③$$

となる。

$$\cdot\, u_{xx}=\frac{\partial^2 u}{\partial x^2}=\frac{\partial}{\partial x}(\underbrace{u_x}_{\frac{x}{r}u_r\ (③より)})=\frac{\partial}{\partial x}\left(\frac{x}{r}u_r\right)$$

$$=\left\{\frac{\partial}{\partial x}\left(\frac{x}{r}\right)\right\}u_r+\frac{x}{r}\left(\frac{\partial}{\partial x}u_r\right)$$

公式：$(f\cdot g)'=f'\cdot g+f\cdot g'$

$$\frac{\partial}{\partial x}\left(\frac{x}{r}\right)=\frac{1\cdot r-x\cdot r_x}{r^2}=\frac{r-x\cdot\frac{x}{r}}{r^2}=\frac{r^2-x^2}{r^3}=\frac{y^2+z^2}{r^3} \quad (r^2=x^2+y^2+z^2)$$

公式：$\left(\frac{g}{f}\right)'=\frac{g'\cdot f-g\cdot f'}{f^2}$

$$\frac{\partial}{\partial x}u_r=\frac{\partial r}{\partial x}\cdot\frac{\partial}{\partial r}(u_r)=\frac{x}{r}u_{rr} \quad (②より)$$

$$\therefore\, u_{xx}=\frac{y^2+z^2}{r^3}\cdot u_r+\frac{x^2}{r^2}u_{rr} \quad \cdots\cdots④$$

が導けるんだね。

同様の計算を行って，u_{yy}，u_{zz} も求めると，

$$u_{yy}=\frac{z^2+x^2}{r^3}u_r+\frac{y^2}{r^2}u_{rr} \quad \cdots\cdots⑤ \qquad u_{zz}=\frac{x^2+y^2}{r^3}u_r+\frac{z^2}{r^2}u_{rr} \quad \cdots\cdots⑥$$

となる。

ここで，④＋⑤＋⑥ を求めると，

$$u_{xx}+u_{yy}+u_{zz}=\frac{y^2+z^2}{r^3}u_r+\frac{x^2}{r^2}u_{rr}+\frac{z^2+x^2}{r^3}u_r+\frac{y^2}{r^2}u_{rr}+\frac{x^2+y^2}{r^3}u_r+\frac{z^2}{r^2}u_{rr}$$

$$=\frac{2(x^2+y^2+z^2)}{r^3}u_r+\frac{x^2+y^2+z^2}{r^2}u_{rr}$$

（$x^2+y^2+z^2=r^2$）

$$\therefore u_{xx}+u_{yy}+u_{zz}=\frac{2}{r}u_r+u_{rr} \quad \cdots\cdots ⑦$$ となる。

この⑦を，3 次元波動方程式：$u_{tt}=v^2(u_{xx}+u_{yy}+u_{zz})$ ……$(*)$ に

代入すると，

$$u_{tt}=v^2\left(\frac{2}{r}u_r+u_{rr}\right) \quad \cdots\cdots ⑧$$ となる。

ここで，$\frac{2}{r}u_r+u_{rr}=\frac{1}{r}\cdot\frac{\partial^2(ru)}{\partial r^2}$ ……⑨ と表すことができる。

$\because$（⑨の右辺）$=\frac{1}{r}\frac{\partial}{\partial r}(1\cdot u+ru_r)=\frac{1}{r}(u_r+1\cdot u_r+ru_{rr})$

$=\frac{1}{r}(2u_r+ru_{rr})=\frac{2}{r}u_r+u_{rr}=$（⑨の左辺）となるからだね。

⑨を⑧に代入して，

$$u_{tt}=\frac{v^2}{r}\cdot\frac{\partial^2(ru)}{\partial r^2} \qquad r\cdot\frac{\partial^2 u}{\partial t^2}=v^2\frac{\partial^2(ru)}{\partial r^2}$$

$$\therefore \frac{\partial^2(ru)}{\partial t^2}=v^2\frac{\partial^2(ru)}{\partial r^2} \quad \cdots\cdots ⑩$$

1 次元波動方程式：$\frac{\partial^2 u}{\partial t^2}=v^2\cdot\frac{\partial^2 u}{\partial x^2}$ と同じ形

r と t は独立変数より，t で偏微分する場合，r は定数扱いなので，

$r\frac{\partial^2 u}{\partial t^2}=\frac{\partial^2(ru)}{\partial t^2}$ と変形できる。

⑩は，$r\cdot u(r,t)$ を新たな波動関数と考えると，これは 1 次元の波動方程式と同じ形をしている。よって，この一般解はダランベールの解の内，波源からの進行波のみで，後退波は存在しないはずなので，$r\cdot u(r,t)=f\left(t-\frac{r}{v}\right)$ と表せることも分かるんだね。これも面白かったでしょう？

§3. 電磁波

さァ，前回までの講義で準備も整ったので，マクスウェルの方程式と，電場と磁場の波動方程式を解いて，電磁波が生じることを示してみよう。もちろん，一般論として解くと計算が繁雑になるので，ここでは本質が分かりやすくなるように，単純化したモデル(1次元波動方程式)を解いていくことにする。

その結果，電場の波動と磁場の波動が互いに直交すること，およびこの2つの波動が完全に同じ形状になることなど，面白い電磁波の性質が次々と明らかになっていく。楽しみにしてくれ。

さらに，電磁波が真空中を伝播していくことにより，電場と磁場のエネルギーの流れが生じる。ここでは，"**ポインティング・ベクトル**"も含めて，詳しく解説しよう。

● 電磁波を求めてみよう！

電磁波を求めるためのマクスウェルの方程式：

(i) $\mathrm{div}\boldsymbol{E} = 0$ ……………(＊1)′ ← 具体的には，$E_{1x} + E_{2y} + E_{3z} = 0$

(ii) $\mathrm{div}\boldsymbol{H} = 0$ ……………(＊2)′ ← 具体的には，$H_{1x} + H_{2y} + H_{3z} = 0$

(iii) $\mathrm{rot}\boldsymbol{H} = \varepsilon_0 \dfrac{\partial \boldsymbol{E}}{\partial t}$ ………(＊3)′

(iv) $\mathrm{rot}\boldsymbol{E} = -\mu_0 \dfrac{\partial \boldsymbol{H}}{\partial t}$ ……(＊4)′ を用いて，

電場 $\boldsymbol{E}$ と磁場 $\boldsymbol{H}$ の波動方程式：

$$\begin{cases} \Delta \boldsymbol{E} = \varepsilon_0\mu_0 \dfrac{\partial^2 \boldsymbol{E}}{\partial t^2} & \cdots\cdots(*f_0) \\ \Delta \boldsymbol{H} = \varepsilon_0\mu_0 \dfrac{\partial^2 \boldsymbol{H}}{\partial t^2} & \cdots\cdots(*g_0) \end{cases}$$

を導いた。

ここで，$\varepsilon_0\mu_0$ は速度の2乗の逆数の単位 $[\mathrm{s}^2/\mathrm{m}^2]$ をもち，かつ，これが $\varepsilon_0\mu_0 = \dfrac{1}{c^2}$ (c：光速(約 $3 \times 10^8 (\mathrm{m/s})$))となることが実験的に分かっているので，$(*f_0)$，$(*g_0)$ を次のように表すことができる。

$$\Delta \boldsymbol{E} = \frac{1}{c^2}\frac{\partial^2 \boldsymbol{E}}{\partial t^2} \quad \cdots\cdots(*f_0)'$$

具体的には次の3つの方程式を表す。

$$E_{1xx}+E_{1yy}+E_{1zz}=\frac{1}{c^2}\cdot E_{1tt} \quad \cdots\cdots①$$

$$E_{2xx}+E_{2yy}+E_{2zz}=\frac{1}{c^2}\cdot E_{2tt} \quad \cdots\cdots②$$

$$E_{3xx}+E_{3yy}+E_{3zz}=\frac{1}{c^2}\cdot E_{3tt} \quad \cdots\cdots③$$

$$\Delta \boldsymbol{H} = \frac{1}{c^2}\frac{\partial^2 \boldsymbol{H}}{\partial t^2} \quad \cdots\cdots(*g_0)'$$

具体的には次の3つの方程式を表す。

$$H_{1xx}+H_{1yy}+H_{1zz}=\frac{1}{c^2}\cdot H_{1tt} \quad \cdots\cdots(a)$$

$$H_{2xx}+H_{2yy}+H_{2zz}=\frac{1}{c^2}\cdot H_{2tt} \quad \cdots\cdots(b)$$

$$H_{3xx}+H_{3yy}+H_{3zz}=\frac{1}{c^2}\cdot H_{3tt} \quad \cdots\cdots(c)$$

以上が，電磁波を求めるための方程式なんだね。本来，電場 $\boldsymbol{E}$ と磁場 $\boldsymbol{H}$ は，共に4つの変数 x, y, z, t の関数，すなわち $\boldsymbol{E}(x, y, z, t)$, $\boldsymbol{H}(x, y, z, t)$ となるんだけれど，ここではモデルを単純化して，$\boldsymbol{E}$ も $\boldsymbol{H}$ も共に x と t のみの2変数関数，すなわち，

$$\begin{cases} \boldsymbol{E}(x, t)=[E_1(x, t), E_2(x, t), E_3(x, t)] & \cdots\cdots④ \\ \boldsymbol{H}(x, t)=[H_1(x, t), H_2(x, t), H_3(x, t)] & \cdots\cdots⑤ \end{cases}$$

として，これから解いていくことにしよう。

これは，後に明らかになるんだけれど，yz 平面と平行な平面上で電荷を変動させたときにできる電磁波の平面波モデルになるんだよ。

ここで，$(*f_0)'$ と $(*g_0)'$ の $\boldsymbol{E}$ と $\boldsymbol{H}$ の2つの波動方程式が与えられているけれど，これらは互いに独立に存在するわけではない。$(*1)'$～$(*4)'$ のマクスウェルの方程式により，密接な関係をもっていることに気を付けよう。では，解いていくよ！

まず，$\boldsymbol{E}$ と $\boldsymbol{H}$ が，④と⑤で示すように x と t の2変数関数なので，

(i) $(*1)'$ より，$E_{1x}+E_{2y}+E_{3z}=0$　$\therefore \dfrac{\partial E_1}{\partial x}=0$ ……⑥ となる。

（$E_{2y} = \dfrac{\partial E_2}{\partial y}=0$，$E_{3z} = \dfrac{\partial E_3}{\partial z}=0$ ← E_2, E_3 も x と t のみの関数より，y や z で偏微分すると 0 になる。）

(ii) $(*2)'$ より，$H_{1x}+H_{2y}+H_{3z}=0$　$\therefore \dfrac{\partial H_1}{\partial x}=0$ ……⑦ となる。

（$H_{2y} = \dfrac{\partial H_2}{\partial y}=0$，$H_{3z} = \dfrac{\partial H_3}{\partial z}=0$ ← H_2, H_3 も x と t のみの関数より，y や z で偏微分すると 0 になる。）

(iii) $\mathbf{rot}\boldsymbol{H} = \varepsilon_0 \dfrac{\partial \boldsymbol{E}}{\partial t}$ ……(∗3)′ より，

$$[0,\ -H_{3x},\ H_{2x}] = \varepsilon_0[E_{1t},\ E_{2t},\ E_{3t}]$$

よって，

$0 = \varepsilon_0 \dfrac{\partial E_1}{\partial t}$ …⑧，　$-\dfrac{\partial H_3}{\partial x} = \varepsilon_0 \dfrac{\partial E_2}{\partial t}$ …⑧′

$\dfrac{\partial H_2}{\partial x} = \varepsilon_0 \dfrac{\partial E_3}{\partial t}$ ……⑧′′ が導ける。

$\dfrac{\partial E_1}{\partial x} = 0$ ……⑥

$\dfrac{\partial H_1}{\partial x} = 0$ ……⑦

rot$H$ の計算

$\dfrac{\partial}{\partial x}$ $\dfrac{\partial}{\partial y}$ $\dfrac{\partial}{\partial z}$ $\dfrac{\partial}{\partial x}$

H_1 H_2 H_3 H_1

, H_{2x}][0, $-H_{3x}$

(iv) $\mathbf{rot}\boldsymbol{E} = -\mu_0 \dfrac{\partial \boldsymbol{H}}{\partial t}$ …(∗4)′ より，

$$[0,\ -E_{3x},\ E_{2x}] = -\mu_0[H_{1t},\ H_{2t},\ H_{3t}]$$

よって，

$0 = -\mu_0 \dfrac{\partial H_1}{\partial t}$ …⑨，　$\dfrac{\partial E_3}{\partial x} = \mu_0 \dfrac{\partial H_2}{\partial t}$ …⑨′

$\dfrac{\partial E_2}{\partial x} = -\mu_0 \dfrac{\partial H_3}{\partial t}$ …⑨′′

rot$E$ の計算

$\dfrac{\partial}{\partial x}$ $\dfrac{\partial}{\partial y}$ $\dfrac{\partial}{\partial z}$ $\dfrac{\partial}{\partial x}$

E_1 E_2 E_3 E_1

, E_{2x}][0, $-E_{3x}$

以上の結果をよく見てみよう。

・⑥と⑧より，$\dfrac{\partial E_1}{\partial x} = 0$ かつ $\dfrac{\partial E_1}{\partial t} = 0$ だね。よって，$E_1(x,\ t)$ は，x と t のいずれで微分しても 0 になるということは定数ということになる。

・⑦と⑨より，$\dfrac{\partial H_1}{\partial x} = 0$ かつ $\dfrac{\partial H_1}{\partial t} = 0$ だね。よって，$H_1(x,\ t)$ も，x と t のいずれで微分しても 0 になるので，これも定数であることが分かる。

今回は，変動する電場と磁場にのみ興味があるので，定数である E_1 と H_1 は共に 0 として，省略することにしよう。

以上より，④と⑤の電場と磁場は，

$$\begin{cases} \boldsymbol{E}(x,\ t) = [\underset{}{\overset{E_1}{\boxed{0}}},\ E_2(x,\ t),\ E_3(x,\ t)] & \cdots\cdots ④' \\ \boldsymbol{H}(x,\ t) = [\overset{H_1}{\boxed{0}},\ H_2(x,\ t),\ H_3(x,\ t)] & \cdots\cdots ⑤' \end{cases}$$

となることが分かった。

④´より，変動する電場 $\boldsymbol{E}$ は，図1(ⅰ)に示すように，x 成分を $E_1 = 0$ としたので，yz 平面に平行な平面上で E_2 と E_3 により変動することが分かったんだね。

であれば，この変動する電場の向きと y 軸の向きが一致するように，y 軸と z 軸を x 軸のまわりに回転させて考えると，図1(ⅱ)に示すように，電場の z 成分 E_3 も，$E_3 = 0$ とすることができる。つまり，変動する電場の成分は y 成分の E_2 のみとすることができるんだね。

図1　変動する電場のイメージ

(ⅰ)

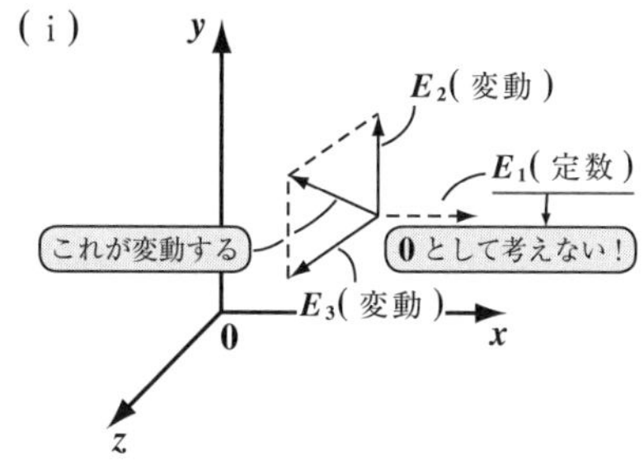

(ⅱ)　y 軸と z 軸を回転して，$E_3 = 0$ とする

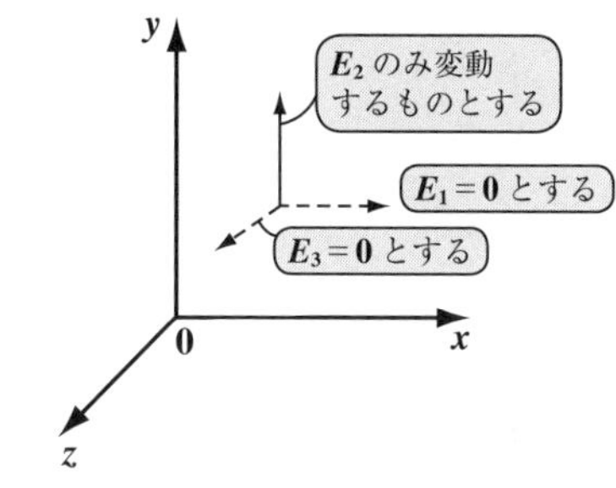

よって，④´は，

$$\boldsymbol{E}(x,\ t) = [0,\ E_2(x,\ t),\ \underset{}{\overset{E_3}{\boxed{0}}}] \quad \cdots\cdots ④''$$

とおくことができる。

ここで，$E_3 = 0$ を，⑧´´と⑨´に代入すると，

$\dfrac{\partial H_2}{\partial x} = \varepsilon_0 \cdot 0$ かつ $0 = \mu_0 \dfrac{\partial H_2}{\partial t}$ より，$\dfrac{\partial H_2}{\partial x} = 0$ かつ $\dfrac{\partial H_2}{\partial t} = 0$ となるので，

H_2 も定数となる。よって，変動しない H_2 も $H_2 = 0$ とおくことにすると，⑤´より

$$\boldsymbol{H}(x,\ t) = [0,\ \overset{H_2}{\boxed{0}},\ H_3(x,\ t)] \quad \cdots\cdots ⑤''$$

も導ける。

よって，図2に示すように，電場 $\boldsymbol{E}$ は y 軸方向にのみ変動し，磁場 $\boldsymbol{H}$ は z 軸方向にのみ変動することが分かった。これから $\boldsymbol{E} \perp \boldsymbol{H}$，すなわち電場 $\boldsymbol{E}$ と磁場 $\boldsymbol{H}$ は直交することも明らかとなったんだね。

図2　変動する電磁場のイメージ

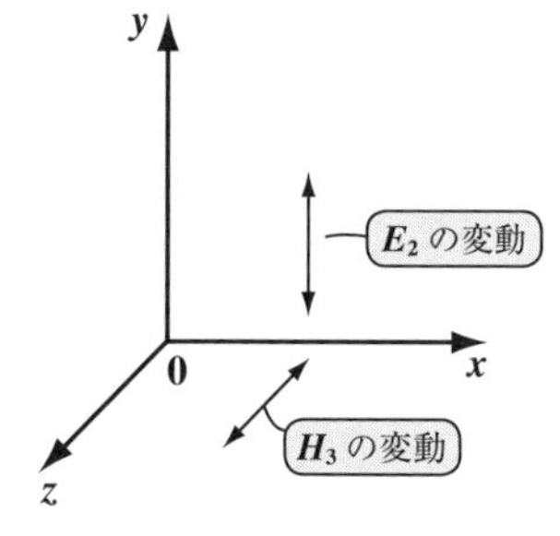

$\boldsymbol{E}=\boldsymbol{E}(x,\ t)$, $\boldsymbol{H}=\boldsymbol{H}(x,\ t)$ とおくと，マクスウェルの方程式から $E_1=E_3=H_1=H_2=0$ となって，

$$\begin{cases} \boldsymbol{E}=[0,\ E_2(x,\ t),\ 0] & \cdots\cdots④'' \\ \boldsymbol{H}=[0,\ 0,\ H_3(x,\ t)] & \cdots\cdots⑤'' \end{cases}$$ が

$$-\frac{\partial H_3}{\partial x}=\varepsilon_0\frac{\partial E_2}{\partial t} \quad \cdots\cdots⑧'$$

$$\frac{\partial E_2}{\partial x}=-\mu_0\frac{\partial H_3}{\partial t} \quad \cdots⑨''$$

導けたんだね。エッ，まだ⑧′と⑨′′の使ってない方程式があるって？そうだね。これらも，この後，重要な役割を演じることになるんだよ。でも，ここではまず，これまでの結果を基に電場と磁場の **2** つの波動方程式を整理しておこう。

(Ⅰ) まず，電場の波動方程式：$\Delta\boldsymbol{E}=\frac{1}{c^2}\frac{\partial^2\boldsymbol{E}}{\partial t^2}$ ……$(*f_0)'$ について，これを **3** つの成分の方程式に分けて表示しよう。その際，$E_1=E_3=0$ となることに注意すると，

$$\begin{cases} E_{1xx}+E_{1yy}+E_{1zz}=\frac{1}{c^2}\cdot E_{1tt} & \cdots\cdots① \\ E_{2xx}+E_{2yy}+E_{2zz}=\frac{1}{c^2}\cdot E_{2tt} & \cdots\cdots② \\ E_{3xx}+E_{3yy}+E_{3zz}=\frac{1}{c^2}\cdot E_{3tt} & \cdots\cdots③ \end{cases}$$ となり，

①，③は $0=0$ の恒等式になるだけで意味がなく，最終的には，

$$\frac{\partial^2 E_2}{\partial x^2}=\frac{1}{c^2}\frac{\partial^2 E_2}{\partial t^2} \quad \cdots\cdots②$$ のみが残る。大丈夫？

(Ⅱ) 次，磁場の波動方程式：$\Delta\boldsymbol{H}=\frac{1}{c^2}\cdot\frac{\partial^2\boldsymbol{H}}{\partial t^2}$ ……$(*g_0)'$ も，$H_1=H_2=0$ かつ $H_3=H_3(x,\ t)$ であることに気を付けて，**3**つの成分表示にして表すと，

$$\begin{cases} H_{1xx}+H_{1yy}+H_{1zz}=\frac{1}{c^2}\cdot H_{1tt} & \cdots\cdots(a) \\ H_{2xx}+H_{2yy}+H_{2zz}=\frac{1}{c^2}\cdot H_{2tt} & \cdots\cdots(b) \\ H_{3xx}+H_{3yy}+H_{3zz}=\frac{1}{c^2}\cdot H_{3tt} & \cdots\cdots(c) \end{cases}$$ となるので，

$$\frac{\partial^2 H_3}{\partial x^2} = \frac{1}{c^2}\frac{\partial^2 H_3}{\partial t^2} \quad \cdots\cdots(c)$$ のみが残るんだね。

この②と (c) は共に，1 次元の波動方程式で，それぞれ進行波と後退波の和の形のダランベールの解 $(*i_0)$(P234) を持つことが分かる。これらを並べて下に示そう。

・電場の波動方程式

$$\frac{\partial^2 E_2}{\partial x^2} = \frac{1}{c^2}\cdot\frac{\partial^2 E_2}{\partial t^2} \quad \cdots\cdots②$$ は，

次のダランベールの解

$$E_2(x,\ t) = \underbrace{f\left(t - \frac{x}{c}\right)}_{\text{進行波}} + \underbrace{g\left(t + \frac{x}{c}\right)}_{\text{後退波}}$$

をもつ。

・磁場の波動方程式

$$\frac{\partial^2 H_3}{\partial x^2} = \frac{1}{c^2}\cdot\frac{\partial^2 H_3}{\partial t^2} \quad \cdots\cdots(c)$$ は，

次のダランベールの解

$$H_3(x,\ t) = \underbrace{\tilde{f}\left(t - \frac{x}{c}\right)}_{\text{進行波}} + \underbrace{\tilde{g}\left(t + \frac{x}{c}\right)}_{\text{後退波}}$$

をもつ。

ここでさらに話を簡単に進めるために，E_2 も H_3 も共に，進行波のみの解をもつものとすると，

$E_2 = f\left(t - \frac{x}{c}\right) \quad \cdots\cdots⑩ \qquad H_3 = \tilde{f}\left(t - \frac{x}{c}\right) \quad \cdots\cdots⑪$ となる。

f も $\tilde{f}$ も $t - \frac{x}{c}$ の任意の関数のことなので，⑩や⑪の解は，たとえば，$\sin\left(t - \frac{x}{c}\right)$ や $\cos^2\left(t - \frac{x}{c}\right)$ や $\sin\omega\left(t - \frac{x}{c}\right)$ などなど…，様々な関数を取り得る。だから，$f\left(t - \frac{x}{c}\right)$ と $\tilde{f}\left(t - \frac{x}{c}\right)$ はまったく異なる関数なのか？よく似た関数なのか？この時点ではまったく分からない状態なんだね。

このfと $\tilde{f}$ の関係がどうなっているのか？この問題を解く鍵こそ…，そう，まだ使っていない⑧′と⑨′′の方程式だったんだ。ここで，1 例として，E_2 が，振幅 E_0，角周波数 ω の正弦波の進行波の解：

$E_2(x,\ t) = E_0\sin\omega\left(t - \frac{x}{c}\right) \quad \cdots\cdots⑩'$ をもつものとして，$H_3(x,\ t)$ の解がどのようなものになるのか調べてみよう。

（これは，$\sin(\omega t - kx)$ （k：波数(P237)）と表してもいいね。）

(ⅰ) ⑧´を変形して，これに⑩´を代入すると，

$$\frac{\partial H_3}{\partial x} = -\varepsilon_0 \frac{\partial E_2}{\partial t} \quad \left(E_2 = E_0 \sin\omega\left(t-\frac{x}{c}\right) \cdots ⑩'\right)$$

$$= -\varepsilon_0 \omega E_0 \cos\omega\left(t-\frac{x}{c}\right) \quad \cdots\cdots ⑫$$

となる。

$$-\frac{\partial H_3}{\partial x} = \varepsilon_0 \frac{\partial E_2}{\partial t} \quad \cdots\cdots\cdots\cdots ⑧'$$

$$\frac{\partial E_2}{\partial x} = -\mu_0 \frac{\partial H_3}{\partial t} \quad \cdots\cdots\cdots ⑨''$$

$$E_2 = E_0 \sin\omega\left(t-\frac{x}{c}\right) \quad \cdots ⑩'$$

$$c = \frac{1}{\sqrt{\varepsilon_0 \mu_0}}$$

(ⅱ) ⑨´´を変形して，これに⑩´を代入すると，

$$\frac{\partial H_3}{\partial t} = -\frac{1}{\mu_0} \cdot \frac{\partial E_2}{\partial x} = -\frac{1}{\mu_0}\left(-\frac{\omega}{c}\right) E_0 \cos\omega\left(t-\frac{x}{c}\right) \quad \left(E_2 = E_0 \sin\omega\left(t-\frac{x}{c}\right) \cdots ⑩'\right)$$

$$= \frac{\omega}{\mu_0 c} E_0 \cos\omega\left(t-\frac{x}{c}\right) = \sqrt{\frac{\varepsilon_0}{\mu_0}} \omega E_0 \cos\omega\left(t-\frac{x}{c}\right) \quad \cdots\cdots ⑬ \quad \left(c = \frac{1}{\sqrt{\varepsilon_0 \mu_0}}\right)$$

となる。

(ⅰ) ここで，⑫の両辺を x で積分すると，

$$H_3 = -\varepsilon_0 \omega E_0 \int \cos\omega\left(t-\frac{x}{c}\right) dx$$

$$= -\varepsilon_0 \omega E_0 \left(-\frac{c}{\omega}\right) \sin\omega\left(t-\frac{x}{c}\right) + \underline{p(t)}$$

任意定数ではなく，t の任意関数

$$= \varepsilon_0 c E_0 \sin\omega\left(t-\frac{x}{c}\right) + p(t) \quad \left(c = \frac{1}{\sqrt{\varepsilon_0 \mu_0}}\right)$$

$$= \sqrt{\frac{\varepsilon_0}{\mu_0}} E_0 \sin\omega\left(t-\frac{x}{c}\right) + p(t) \quad \cdots\cdots ⑭$$

となる。

(ⅱ) 同様に，⑬の両辺を t で積分すると，

$$H_3 = \sqrt{\frac{\varepsilon_0}{\mu_0}} \omega E_0 \int \cos\omega\left(t-\frac{x}{c}\right) dt$$

$$= \sqrt{\frac{\varepsilon_0}{\mu_0}} \omega E_0 \frac{1}{\omega} \sin\omega\left(t-\frac{x}{c}\right) + \underline{q(x)}$$

x の任意関数

$$= \sqrt{\frac{\varepsilon_0}{\mu_0}} E_0 \sin\omega\left(t-\frac{x}{c}\right) + q(x) \quad \cdots\cdots ⑮$$

となる。

⑭と⑮は当然等しくないといけないので，これから $p(t)=g(x)=C$（定数）となる。ここで，この定数 C をまた 0 とおいて省略すると，

$H_3(x,\ t)=\widetilde{f}\left(t-\frac{x}{c}\right)$ ……⑪ (P245) は，

$H_3(x,\ t)=\widetilde{f}\left(t-\frac{x}{c}\right)=\sqrt{\frac{\varepsilon_0}{\mu_0}}\underline{E_0\sin\omega\left(t-\frac{x}{c}\right)}$ となる。

$E_2(x,\ t)=f\left(t-\frac{x}{c}\right)$ (P245)

よって，H_3 と E_2 の関係として，

$H_3(x,\ t)=\sqrt{\frac{\varepsilon_0}{\mu_0}}E_2(x,\ t)$，すなわち $\widetilde{f}\left(t-\frac{x}{c}\right)=\sqrt{\frac{\varepsilon_0}{\mu_0}}f\left(t-\frac{x}{c}\right)$ が導けるんだね。

（定数）

ここで，$\sqrt{\frac{\varepsilon_0}{\mu_0}}$ は定数より，電場の波形 $E_2(x,\ t)=f\left(t-\frac{x}{c}\right)$ を係数倍しただけの全く同じ形の波形を，磁場 $H_3(x,\ t)=\widetilde{f}\left(t-\frac{x}{c}\right)$ が描くことが分かった。

以上より，

$E_2=E_0\sin\omega\left(t-\frac{x}{c}\right)$ のときの電磁波のイメージを図 3 に示す。これから，電場と磁場の互いに直交した同じ形の波動が，速さ（光速）c で x 軸方向に進んでいく様子が分かると思う。

図 3　$E_2=E_0\sin\omega\left(t-\frac{x}{c}\right)$ のときの電磁波のイメージ

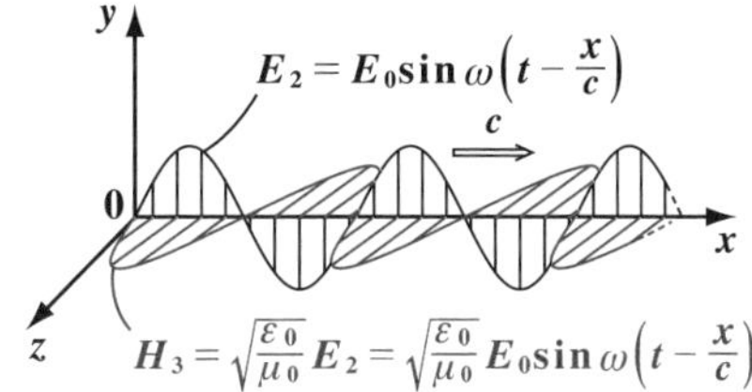

この電場 $\boldsymbol{E}$ と磁場 $\boldsymbol{H}$ の互いに直交する同形の波動が光速 c で真空中に伝播していくことは，一般の電場と磁場についても成り立つ。すなわち，

$\boldsymbol{E}\cdot\boldsymbol{H}=0$ ……$(*j_0)$，$H=\sqrt{\frac{\varepsilon_0}{\mu_0}}E$ ……$(*k_0)$ が成り立つんだね。このことから，マクスウェルは，「赤外線や光も，電磁気学から導かれるこの電磁波の 1 種であるかも知れない」と推論したんだ。そして，このことが正しいことは，後にヘルツによって実証された。

以上で，かなり単純化したモデルではあったけれど，マクスウェルの方程式から電磁波が導かれるプロセスがすべて分かったと思う。

面白かった？

● ポインティング・ベクトルはエネルギーの流れを表す！

$$H=\sqrt{\frac{\varepsilon_0}{\mu_0}}E \quad \cdots(*k_0)$$
$$c=\frac{1}{\sqrt{\varepsilon_0\mu_0}}$$

最後に，電磁波によるエネルギーの流れについても解説しておこう。太陽は常に宇宙空間に向かって電磁波を放出し続けている。そして，我々の地球はその1部をエネルギーとして受け取り，地球上の様々な生命活動の源としているんだね。このように，宇宙空間(真空中)を電磁波が伝わっていくことにより，電磁波のエネルギーも一緒に運ばれていると考えることができる。この現象を，これまでの知識を使って整理してみることにしよう。

まず，電場と磁場のエネルギー密度(単位体積当たりのエネルギー)をそれぞれu_e，u_mとおくと，

$$u_e=\frac{1}{2}\varepsilon_0E^2 \quad \cdots\cdots(*n), \qquad u_m=\frac{1}{2}\mu_0H^2 \quad \cdots\cdots(*e_0)$$

P107 P201

となることは，既に教えた。

電磁波が存在する空間では，電場と磁場が共に存在するので，電磁波のエネルギー密度(単位体積当たりのエネルギー)をuとおくと，

$$u=u_e+u_m=\frac{1}{2}(\varepsilon_0E^2+\mu_0H^2) \quad \cdots\cdots① \quad となる。$$

$H^2 = \left(\sqrt{\frac{\varepsilon_0}{\mu_0}}E\right)^2$ （$(*k_0)$より）

（$(*n)$，$(*e_0)$より）

ここで，$(*k_0)$を①に代入すると，

$$u=\frac{1}{2}\left(\varepsilon_0E^2+\mu_0\cdot\frac{\varepsilon_0}{\mu_0}E^2\right)$$

$$u=\varepsilon_0E^2 \quad \cdots\cdots② \quad となる。$$

図4　電磁波によるエネルギーの流れ

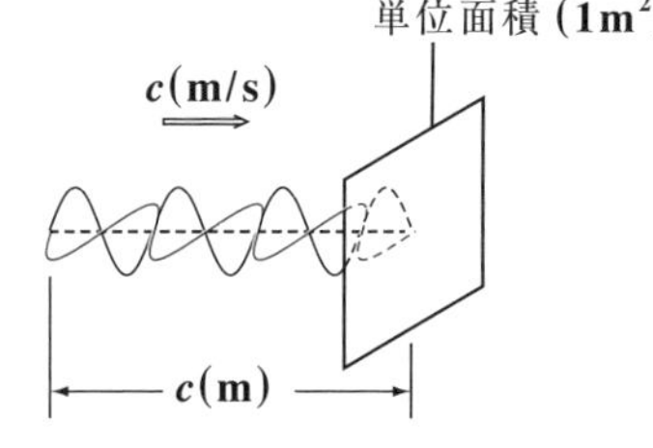

電磁波は光速c(m/s)で伝播していくので，図4に示すように，単位面積(1m^2)の断面に対して，電磁波が垂直に伝播していくものとすると，1秒間にc(m)分の電磁波のエネルギーも，ドッとこの断面を通過していくことになる。

よって単位時間(1秒間)に単位面積(1m^2)を通過する電磁波のエネルギーをSとおくと,

$S = cu = c\varepsilon_0 E^2$ ……③ となる。 (②より)

ここで,$c = \dfrac{1}{\sqrt{\varepsilon_0\mu_0}}$ より,これを③に代入すると,

$S = \dfrac{\varepsilon_0}{\sqrt{\varepsilon_0\mu_0}}E^2 = E\cdot\underbrace{\sqrt{\dfrac{\varepsilon_0}{\mu_0}}E}_{H((*k_0)より)}$ よって,$(*k_0)$より,

$S = EH$ ……$(*l_0)$ と,シンプルに表すことができる。

ここで,$\boldsymbol{E}\perp\boldsymbol{H}$より,図5に示すように,新たなベクトル$\boldsymbol{S}$を

$\boldsymbol{S} = \boldsymbol{E}\times\boldsymbol{H}$ ……$(*m_0)$

で定義してみよう。

そして,この$(*m_0)$の両辺の大きさをとると,

$\underbrace{\|\boldsymbol{S}\|}_{S} = \underbrace{\|\boldsymbol{E}\times\boldsymbol{H}\|}_{\|\boldsymbol{E}\|\|\boldsymbol{H}\|\sin\frac{\pi}{2} = EH}$ より,($\sin\frac{\pi}{2} = 1$)

図5 ポインティング・ベクトル$\boldsymbol{S}$

E
ポインティング・ベクトル
$\boldsymbol{S} = \boldsymbol{E}\times\boldsymbol{H}$
H

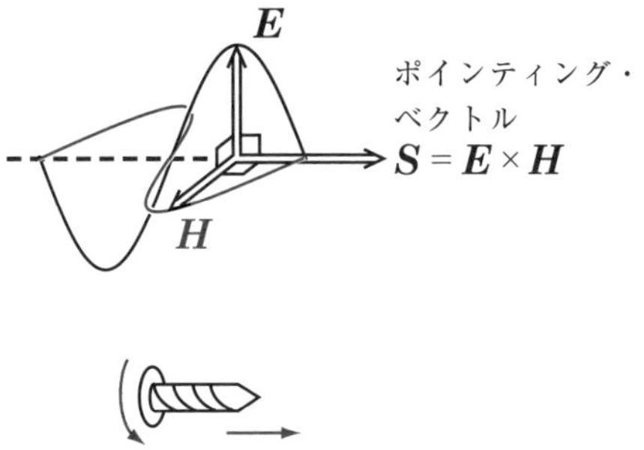

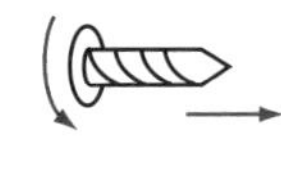

$S = EH$ ……$(*l_0)$ が導かれる。

しかも,$\boldsymbol{E}$から$\boldsymbol{H}$の向きに回したとき右ネジの進む向きが,ベクトル$\boldsymbol{S}$の向きであり,これは,電磁波が進行する向きと一致する。つまり,$\boldsymbol{S}$は,電流密度$\boldsymbol{i}$と同様に,単位時間に単位面積を通過する電磁波のエネルギーの流れそのものを表すベクトルと言えるんだね。発案者ポインティングに因んで,このベクトル$\boldsymbol{S}$のことを,"**ポインティング・ベクトル**"(***Poynting vector***)と呼ぶことも覚えておこう。

以上で，**「電磁気学キャンパス・ゼミ」**の講義は終了です。ここまで読み進んでくることは，結構大変だったと思う。それは，電磁気学が，力学のような目に見える物体の運動ではなく，目に見えない電流や電場や磁場などを対象にしていることが挙げられる。また，ベクトル解析や偏微分方程式など，数学的な要素がいたる所に現われるので，これも読者の皆さんにとって，大きな負担になったと思う。

しかし，電磁気学の考え方や，数学的な手法についても，できるだけ丁寧に解説したので，かなりよく理解できたと思う。今は一息ついていいと思う。でも，電磁気学の基本を本当にマスターするには，この後，本書を繰り返し読まれることを勧める。反復練習を積み重ねることにより，さらに理解が深まるからだ。

そしてさらに問題演習をしたい方は，**「演習 電磁気学キャンパス・ゼミ」**で学習されることを勧める。

皆さんがさらに成長していかれることを楽しみにしています…。

マセマ代表　馬場敬之

講義5 ● マクスウェルの方程式と電磁波　公式エッセンス

1. 真空中を伝播する電場と磁場のマクスウェルの方程式

(i) $\mathrm{div}\boldsymbol{E}=0$ ………(∗1)′　　(ii) $\mathrm{div}\boldsymbol{H}=0$ …………(∗2)′

(iii) $\mathrm{rot}\boldsymbol{H}=\varepsilon_0\dfrac{\partial\boldsymbol{E}}{\partial t}$ …(∗3)′　　(iv) $\mathrm{rot}\boldsymbol{E}=-\mu_0\dfrac{\partial\boldsymbol{H}}{\partial t}$ …(∗4)′

2. 真空中を伝播する電場 $\boldsymbol{E}$ と磁場 $\boldsymbol{H}$ の波動方程式

$\Delta\boldsymbol{E}=\dfrac{1}{c^2}\dfrac{\partial^2\boldsymbol{E}}{\partial t^2}$ …(∗f_0)′,　$\Delta\boldsymbol{H}=\dfrac{1}{c^2}\dfrac{\partial^2\boldsymbol{H}}{\partial t^2}$ …(∗g_0)′　$\left(c=\dfrac{1}{\sqrt{\varepsilon_0\mu_0}}\right)$

3. ダランベールの解

位置 x と時刻 t の2変数関数 $u(x,\ t)$ の1次元波動方程式：

$\dfrac{\partial^2 u}{\partial x^2}=\dfrac{1}{v^2}\dfrac{\partial^2 u}{\partial t^2}$ …①　の一般解は，

$u(x,\ t)=f\left(t-\dfrac{x}{v}\right)+g\left(t+\dfrac{x}{v}\right)$ …(∗i_0)

速さ v の進行波　速さ v の後退波を表す。

$u=f\left(t-\dfrac{x}{v}\right)$，$u=g\left(t+\dfrac{x}{v}\right)$ のいずれも①の解となる。

4. 電場と磁場の1次元波動方程式 ($\boldsymbol{E}=\boldsymbol{E}(x,\ t)$, $\boldsymbol{H}=\boldsymbol{H}(x,\ t)$ とする)

マクスウェルの方程式 (∗1)′ ～ (∗4)′ から導かれる

$$\begin{cases}\boldsymbol{E}(x,\ t)=[0,\ E_2(x,\ t),\ 0\,] & \cdots ㋐\\ \boldsymbol{H}(x,\ t)=[0,\ 0,\ H_3(x,\ t)] & \cdots ㋑\end{cases}$$

を使って，

㋐と㋑より，$\boldsymbol{E}\perp\boldsymbol{H}$

電場と磁場の波動方程式 (∗f_0)′ と (∗g_0)′ より，次式を得る。

$\dfrac{\partial^2 E_2}{\partial x^2}=\dfrac{1}{c^2}\dfrac{\partial^2 E_2}{\partial t^2}$ ……㋐′　　$\dfrac{\partial^2 H_3}{\partial x^2}=\dfrac{1}{c^2}\dfrac{\partial^2 H_3}{\partial t^2}$ ……㋑′

5. 電場と磁場の1次元波動方程式 ㋐′，㋑′ の解

$E_2=f\left(t-\dfrac{x}{c}\right)$ ……㋐″

$H_3=\tilde{f}\left(t-\dfrac{x}{c}\right)$ ……㋑″

ただし，進行波のみの解とした。((∗i_0) 参照)

6. $E_2(x,\ t)=E_0\sin\omega\left(t-\dfrac{x}{c}\right)$ のときの $H_3(x,\ t)$

$$H_3(x,\ t)=\sqrt{\frac{\varepsilon_0}{\mu_0}}E_2(x,\ t)=\sqrt{\frac{\varepsilon_0}{\mu_0}}E_0\sin\omega\left(t-\frac{x}{c}\right)$$

7. ポインティング・ベクトル $\boldsymbol{S}$

$\boldsymbol{S}=\boldsymbol{E}\times\boldsymbol{H}$

$\|\boldsymbol{S}\|$:単位時間に単位面積を通過する電磁波のエネルギー。$\boldsymbol{S}$ の向きは，電磁波の進行する向きと一致する。

Appendix (付録)

◆ラプラス変換入門◆

電気回路の解法で，"ラプラス変換"(***Laplace transformation***)を利用される先生もいらっしゃると思う。ラプラス変換を使うと，様々な電気回路の微分方程式を，積分計算することなく，代数方程式を解く要領で，簡単に解けて便利だからだ。この概略について，ここで解説しよう。

● ラプラス変換の定義をマスターしよう！

時刻 t を独立変数にもつある関数 $f(t)$ に対して，これに e^{-st} をかけて区間 $0 \leqq t < \infty$ において，t で積分したものをラプラス変換と言うんだね。まず，このラプラス変換の定義を下に示そう。

ラプラス変換の定義

$[0,\ \infty)$ で定義される t の関数 $f(t)$ に，次のような s の関数 $F(s)$ を対応させる演算子を $\mathcal{L}$ とおき，これを"**ラプラス変換**"と定義する。

$$F(s) = \mathcal{L}[f(t)] = \int_0^\infty f(t)e^{-st}dt \quad \cdots\cdots(*1) \quad (s：実数)$$

($f(t)$：原関数，$F(s)$：像関数(または，$f(t)$のラプラス変換))

$(*1)$ から分かるように，t の関数 $f(t)e^{-st}$ を区間 $[0,\ \infty)$ で t により積分して，その t には，∞ と 0 が入るため，t はなくなるんだね。よって，この無限積分の結果，s が残って，ラプラス変換 $\mathcal{L}[f(t)]$ は s の関数となるので，これを $F(s)$ とおくんだね。ここで，原関数 $f(t)$ とその像関数(ラプラス変換) $F(s)$ は，1 対 1 に対応するものと考えて，

$f(t) \longleftrightarrow F(s)$　と表すことも覚えよう。そして，

(i) $f(t)$ から $F(s)$ への変換を，ラプラス変換と呼び，

　$\mathcal{L}[f(t)] = F(s)$　と表し，逆に

(ii) $F(s)$ から $f(t)$ への変換を，ラプラス逆変換と呼び，

　$\mathcal{L}^{-1}[F(s)] = f(t)$　と表すことも，頭に入れておこう。

ン？抽象的で分かりづらいって!?いいよ，具体例で示そう。

$(ex1)$ $f(t)=1$ のとき，$s>0$ として，

$$F(s)=\int_0^\infty 1\cdot e^{-st}dt=-\frac{1}{s}\left[e^{-st}\right]_0^\infty=-\frac{1}{s}\times(-1)=\frac{1}{s}$$

$$\lim_{p\to\infty}\left[e^{-st}\right]_0^p=\lim_{p\to\infty}(\underbrace{e^{-sp}}_{0}-\underbrace{e^0}_{1})=-1$$

$(ex2)$ $f(t)=e^{at}$ のとき，$s>a$ として，

$$F(s)=\int_0^\infty e^{at}\cdot e^{-st}dt=\int_0^\infty e^{-(s-a)t}dt$$

$$=-\frac{1}{s-a}\left[e^{-(s-a)t}\right]_0^\infty=-\frac{1}{s-a}\times(-1)=\frac{1}{s-a}$$

$$\lim_{p\to\infty}\left[e^{-(s-a)t}\right]_0^p=\lim_{p\to\infty}(\underbrace{e^{-(s-a)\cdot p}}_{0}-\underbrace{e^0}_{1})=-1$$

以上より，次の関係が成り立つんだね。

(i) $f(t)=1\longleftrightarrow F(s)=\dfrac{1}{s}$ $(s>0)$　　(ii) $f(t)=e^{at}\longleftrightarrow F(s)=\dfrac{1}{s-a}$ $(s>a)$

よって，(i)から，$\mathcal{L}[1]=\dfrac{1}{s}$，また $\mathcal{L}^{-1}\left[\dfrac{1}{s}\right]=1$ と表せるし，また，

(ii)から，$\mathcal{L}[e^{at}]=\dfrac{1}{s-a}$，また $\mathcal{L}^{-1}\left[\dfrac{1}{s-a}\right]=e^{at}$ と表せるんだね。

● ラプラス変換の性質も押さえよう！

一般論として，$\mathcal{L}[f(t)]=F(s)$，かつ $\mathcal{L}[g(t)]=G(s)$ のとき，a，b を実数定数とすると，次の公式が成り立つ。

$$\mathcal{L}[af(t)+bg(t)]=aF(s)+bG(s)\quad\cdots\cdots(*2)$$

$(*2)$ は，ラプラス変換の線形性と呼ばれる公式で，これは，次のように証明できる。

$\mathcal{L}[af(t)+bg(t)]=\displaystyle\int_0^\infty\{af(t)+bg(t)\}e^{-st}dt$ より

$$\mathcal{L}[af(t)+bg(t)] = a\underbrace{\int_0^\infty f(t)e^{-st}dt}_{F(s)} + b\underbrace{\int_0^\infty g(t)e^{-st}dt}_{G(s)}$$ ←項別に積分した。

$$= aF(s)+bG(s)$$

また，この逆変換についても，次の線形性の公式が成り立つ。

$$\mathcal{L}^{-1}[aF(s)+bG(s)] = af(t)+bg(t) \quad \cdots\cdots(*2)'$$

次に，$f(t)$ の導関数 $f'(t)$ のラプラス変換も調べてみよう。$s>0$ として，

$$\mathcal{L}[f'(t)] = \int_0^\infty f'(t)e^{-st}dt$$

$$= \underbrace{[f(t)e^{-st}]_0^\infty}_{} - \underbrace{\int_0^\infty f(t)\cdot(e^{-st})'dt}_{}$$

部分積分：
$\int_0^\infty f'\cdot g\,dt = [f\cdot g]_0^\infty - \int_0^\infty f\cdot g'dt$

$\lim_{p\to\infty}[f(t)e^{-st}]_0^p$
$= \lim_{p\to\infty}\{\underbrace{f(p)e^{-sp}}_{0} - \underbrace{f(0)e^0}_{f(0)}\}$
$= -f(0)$

$\int_0^\infty f(t)\cdot(-s)e^{-st}dt$
$= -s\underbrace{\int_0^\infty f(t)e^{-st}dt}_{F(s)} = -s\cdot F(s)$

ただし，$f(p)$ は
$\lim_{p\to\infty} f(p)e^{-sp} = 0$
をみたすものとする。

$$= -f(0)-(-s)F(s) = sF(s)-f(0) \quad \cdots\cdots(*3)$$ となるんだね。

これまでの原関数 $f(t)$ と像関数（ラプラス変換）$F(s)$ の関係を表 **1** にまとめて示しておこう。このように，表にまとめることにより，$f(t)$ と $F(s)$ の関係が，ちょうど英和や和英の辞書のように利用できるようになるんだね。

表 1

$f(t)$（原関数）	$F(s)$（像関数）
1	$\frac{1}{s}$
e^{at}	$\frac{1}{s-a}$
$af(t)+bg(t)$	$aF(s)+bG(s)$
$f'(t)$	$sF(s)-f(0)$

これで，必要最小限だけれど，準備が整ったので，いよいよ微分方程式の解法の解説に入ろう。

● ラプラス変換で微分方程式を解いてみよう！

微分方程式は，(i) 積分により解析的に解く手法と，(ii) ラプラス変換（と逆変換）を用いて解く方法の **2** 通りがあるんだね。これを図 **1** に模式図で表すので，まず頭に入れておこう。

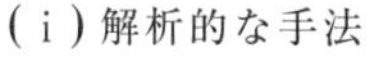
図1　微分方程式の解法

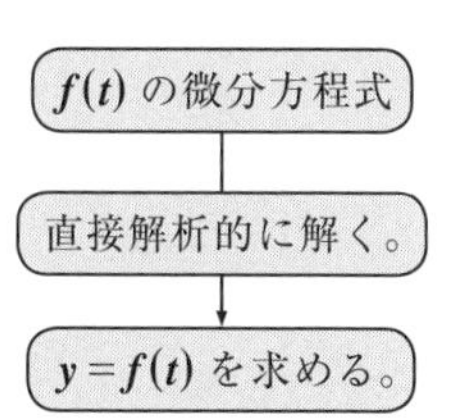

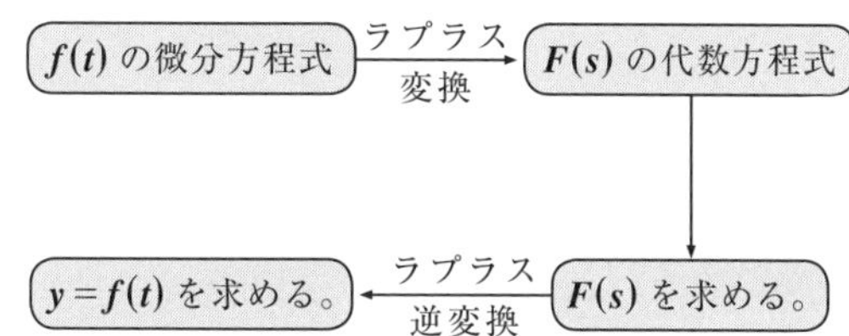

次の簡単な例題を使って，具体的に示そう。

(ex3) 微分方程式 $f'(t)=f(t)$ ……① (初期条件：$f(0)=2$) を解こう。

(i) まず解析的に解いてみよう。$y=f(t)$ とおくと，$f'(t)=y'=\dfrac{dy}{dt}$ より

①は，$\dfrac{dy}{dt}=y$　よって，$\dfrac{1}{y}dy=1\cdot dt$ ←変数分離形

$\displaystyle\int\frac{1}{y}dy=\int 1\cdot dt$　$\therefore \log|y|=t+C_1$　$|y|=e^{t+c_1}$

$y=\underbrace{\pm e^{c_1}}\cdot e^t$ (C (積分定数) とおく)　　$\therefore y=f(t)=C\cdot e^t\ (C=\pm e^{c_1})$

ここで，初期条件 $f(0)=2$ より，$f(0)=C\cdot e^0=\underline{C=2}$ ←これで，積分定数 C の値が求まった！

$\therefore f(t)=2e^t$　となる。……………………………………(答)

(ii) 次に，ラプラス変換を使って解いてみよう。

$\mathcal{L}[f(t)]=F(s)$　とおく。①の両辺をラプラス変換すると，

$\underbrace{\mathcal{L}[f'(t)]}_{sF(s)-f(0)\ ((*3)\text{より})}=\underbrace{\mathcal{L}[f(t)]}_{F(s)}$　　$s\cdot F(s)-\underbrace{f(0)}_{2\ (\text{初期条件より})}=F(s)$ ←F(s) の代数方程式

$(s-1)F(s)=2$　　$\therefore F(s)=\dfrac{2}{s-1}$ ……② ←F(s) が求まった！後は，この逆変換をとって答えだ。

②の両辺をラプラス逆変換して，

$\underbrace{\mathcal{L}^{-1}[F(s)]}_{f(t)}=\mathcal{L}^{-1}\left[\dfrac{2}{s-1}\right]=2\underbrace{\mathcal{L}^{-1}\left[\dfrac{1}{s-1}\right]}_{e^{1\cdot t}}$ ←線形性より，定数2を表に出せる！

$e^{1\cdot t}$ ← $\dfrac{1}{s-a}\longleftrightarrow e^{at}$

$\therefore f(t)=2e^t$　となって，同じ答えが導けた！………………(答)

● RC 回路をラプラス変換で解いてみよう！

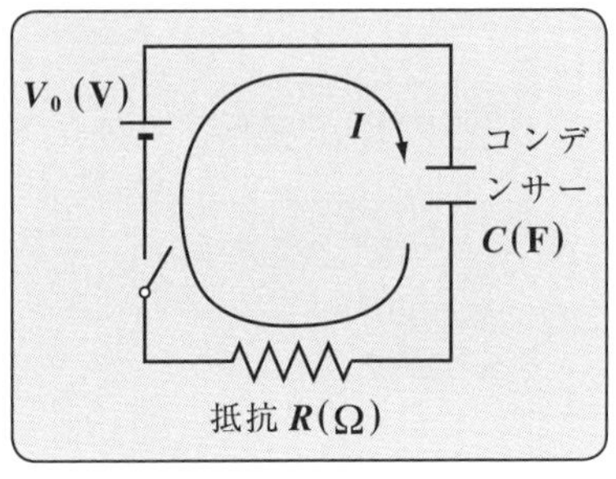

右に示すような例題 **39**(**P203**) で扱った RC 回路を，ラプラス変換で解いてみよう。電荷を $q(t)$ とおき，このラプラス変換を $Q(s) = \mathcal{L}[q(t)]$ とおこう。

（ラプラス変換では，原関数を小文字の $q(t)$，像関数を大文字で $Q(s)$ と表すことにする。）

P203 で既に解説したように，$q(t)$ の微分方程式は，

$$V_0 = R\dot{q}(t) + \frac{1}{C}q(t) \quad \cdots\cdots(\mathrm{a})$$

（V_0，R，$\frac{1}{C}$：定数）

（初期条件：$q(0) = 0$）となる。

(a)の両辺をラプラス変換すると，

$$\mathcal{L}[V_0] = \mathcal{L}\left[R\dot{q}(t) + \frac{1}{C}q(t)\right]$$

よって，線形性より

$$V_0 \underbrace{\mathcal{L}[1]}_{\frac{1}{s}} = R \underbrace{\mathcal{L}[\dot{q}(t)]}_{sQ(s) - q(0),\ q(0)=0} + \frac{1}{C}\underbrace{\mathcal{L}[q(t)]}_{Q(s)}$$

（$\dot{q}(t)$ は $q'(t)$ と同じ）

（$\mathcal{L}[1] = \frac{1}{s}$，$\mathcal{L}[\dot{q}(t)] = sQ(s) - q(0)$）

$$\frac{V_0}{s} = R \cdot sQ(s) + \frac{1}{C}Q(s) \quad \cdots\cdots(\mathrm{b})$$

$$\left(Rs + \frac{1}{C}\right)Q(s) = \frac{V_0}{s}$$

これから，$Q(s)$ を求めると，

$$Q(s) = \frac{V_0}{s\left(Rs + \frac{1}{C}\right)} = \frac{V_0}{R} \cdot \frac{1}{s\left(s + \frac{1}{RC}\right)} = \frac{V_0}{\cancel{R}} \cdot \cancel{R}C\left(\frac{1}{s} - \frac{1}{s + \frac{1}{RC}}\right)$$

（部分分数に分解した！）

$$\therefore\ Q(s) = \underbrace{CV_0}_{\text{定数}}\left(\frac{1}{s} - \frac{1}{s + \underbrace{\frac{1}{RC}}_{\text{定数}}}\right) \quad \cdots\cdots(\mathrm{c})$$

（$Q(s)$ が求まったので，後は，これを逆変換するだけだね。）

(c)の両辺をラプラス逆変換すると，

$$\underbrace{\mathcal{L}^{-1}[Q(s)]}_{q(t)} = \underbrace{\mathcal{L}^{-1}\left[CV_0\left(\frac{1}{s} - \frac{1}{s+\frac{1}{RC}}\right)\right]}$$

$$CV_0\mathcal{L}^{-1}\left[\frac{1}{s} - \frac{1}{s+\frac{1}{RC}}\right]$$

$$= CV_0\left(\underbrace{\mathcal{L}^{-1}\left[\frac{1}{s}\right]}_{1} - \underbrace{\mathcal{L}^{-1}\left[\frac{1}{s+\frac{1}{RC}}\right]}_{e^{-\frac{1}{RC}t}}\right)$$

$$= CV_0\left(1 - e^{-\frac{1}{RC}t}\right)$$

$$\mathcal{L}^{-1}\left[\frac{1}{s}\right] = 1$$

$$\mathcal{L}^{-1}\left[\frac{1}{s-a}\right] = e^{at}$$

$\therefore\ q(t) = CV_0\left(1 - e^{-\frac{1}{RC}t}\right)$　となって

P204 で求めた結果と一致するんだね。

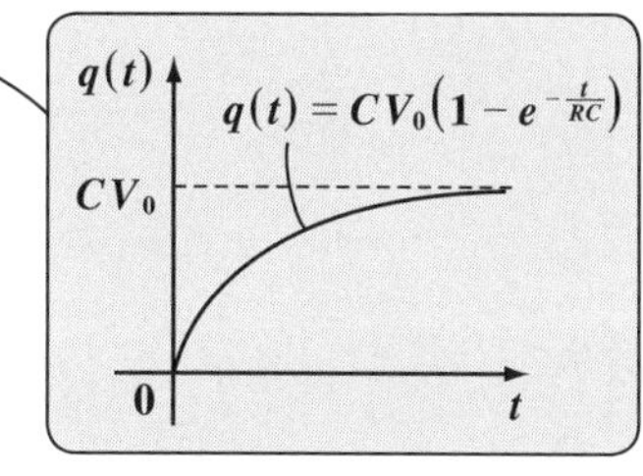

このように，時刻 t の領域では，(a)の微分方程式で表されていたものが，ラプラス変換した後の s の領域では，(b)のような s の代数方程式になってしまうところが，面白いんだね。そして(b)を解いて，$Q(s) = (s$ の式$)$ の形にした後，この両辺にラプラス逆変換を行えば，$q(t)$ が求まるんだね。このように，ラプラス変換と逆変換をうまく利用することにより，積分計算を一切行うことなく，$q(t)$ が求められるんだね。大丈夫だった？

ラプラス変換の手法は，イギリスの電気学者ヘヴィサイド(***Heaviside***)によって，文字通り，電気回路の電流や電圧などの過渡現象を調べるために考案された。彼は，複雑な微分方程式を解くことなく，簡単な代数計算(四則演算(＋，－，×，÷)と n 乗根の計算のこと)だけで，様々な問題を解いてみせたという。ヘヴィサイド自身は数学的な裏付けなしに，これらの手法を編み出したわけだから，まさに，天才的な直感力の持ち主だったと言えると思う。

● RL 回路もラプラス変換で解いてみよう！

ラプラス変換に慣れて頂くために，右図に示すような例題40(P205)の *RL* 回路もラプラス変換で解いてみよう。ここでは，電流を $i(t)$ とおき，このラプラス変換を $I(s)=\mathcal{L}[i(t)]$ とおこう。

V_0(V)　コイル L(H)　抵抗 R(Ω)

P205 で既に教えたように，$i(t)$ の微分方程式は，

$$V_0 - L\frac{di(t)}{dt} = R\cdot i(t) \quad \cdots\cdots ①$$

(V_0, L, R：定数)　(初期条件：$i(0)=0$) となる。

①の両辺をラプラス変換すると，

$$\mathcal{L}\left[V_0 - L\frac{di(t)}{dt}\right] = \mathcal{L}[R\cdot i(t)]$$

$$V_0\mathcal{L}[1] - L\mathcal{L}[\dot{i}(t)] = R\mathcal{L}[i(t)]$$ より，

($\mathcal{L}[1]=\frac{1}{s}$，$\mathcal{L}[\dot{i}(t)]=sI(s)-i(0)$，$i(0)=0$ (初期条件)，$\mathcal{L}[i(t)]=I(s)$)

$$\frac{V_0}{s} - L\cdot sI(s) = R\cdot I(s)$$ となる。

これを変形して，$I(s)$ を求めると，

$$(Ls+R)I(s) = \frac{V_0}{s}$$ より，

$$I(s) = \frac{V_0}{s(Ls+R)} = \frac{V_0}{L}\cdot\frac{1}{s\left(s+\frac{R}{L}\right)}$$

$$= \frac{V_0}{L}\cdot\frac{L}{R}\left(\frac{1}{s} - \frac{1}{s+\frac{R}{L}}\right)$$

部分分数に分解した！

$$\therefore I(s)=\frac{V_0}{R}\left(\frac{1}{s}-\frac{1}{s+\frac{R}{L}}\right)\cdots\cdots②$$ となる。

$I(s)$ が，s の式として求まったので，後は，逆変換するだけだ。

②の両辺をラプラス逆変換すると，

$$\underbrace{\mathcal{L}^{-1}[I(s)]}_{i(t)}=\mathcal{L}^{-1}\left[\frac{V_0}{R}\left(\frac{1}{s}-\frac{1}{s+\frac{R}{L}}\right)\right]$$

$$\frac{V_0}{R}\mathcal{L}^{-1}\left[\frac{1}{s}-\frac{1}{s+\frac{R}{L}}\right]$$

$$=\frac{V_0}{R}\left(\underbrace{\mathcal{L}^{-1}\left[\frac{1}{s}\right]}_{1}-\underbrace{\mathcal{L}^{-1}\left[\frac{1}{s+\frac{R}{L}}\right]}_{e^{-\frac{R}{L}t}}\right)$$

$\mathcal{L}^{-1}\left[\frac{1}{s}\right]=1$

$\mathcal{L}^{-1}\left[\frac{1}{s-a}\right]=e^{at}$

$$\therefore i(t)=\frac{V_0}{R}\left(1-e^{-\frac{R}{L}t}\right)$$ となって，

P206 で求めた結果と見事に一致するんだね。面白かったでしょう?

● *LC* 回路もラプラス変換で解いてみよう！

次に，**P207** で解説した LC 回路についても，ラプラス変換を利用して解いてみよう。ただし，ここでは新たに $\cos at$ と $f''(t)$ のラプラス変換の辞書が必要となるので，これらのラプラス変換をまず求めておこう。

(ⅰ) $\cos at=\frac{1}{2}(e^{iat}+e^{-iat})$ とおいて，

オイラーの公式：$e^{i\theta}=\cos\theta+i\sin\theta$ から導ける。

このラプラス変換を求めると，

$$\mathcal{L}[\cos at]=\mathcal{L}\left[\frac{1}{2}(e^{iat}+e^{-iat})\right]=\frac{1}{2}(\underbrace{\mathcal{L}[e^{iat}]}_{\frac{1}{s-ia}}+\underbrace{\mathcal{L}[e^{-iat}]}_{\frac{1}{s-(-ia)}})$$

公式 $\mathcal{L}[e^{at}]=\frac{1}{s-a}$

よって，

$\mathcal{L}[\cos at]$

$= \frac{1}{2}\left(\frac{1}{s-ia}+\frac{1}{s+ia}\right)$

$= \frac{1}{2}\cdot\frac{s+ia+s-ia}{(s-ia)(s+ia)}$

$= \frac{1}{2}\cdot\frac{2s}{s^2-i^2a^2} = \frac{s}{s^2+a^2}$ となる。次に，

表 2

$f(t)$（原関数）	$F(s)$（像関数）
$\cos at$ $(t \geqq 0)$	$\frac{s}{s^2+a^2}$ $(s>0)$
$f''(t)$	$s^2F(s)-sf(0)-f'(0)$

(ⅱ) $f''(t)$ のラプラス変換を求めると，（ただし，$s>0$ とする。）

$$\mathcal{L}[f''(t)] = \int_0^\infty f''(t)\,e^{-st}dt$$

$$= \left[f'(t)\,e^{-st}\right]_0^\infty - \int_0^\infty f'(t)\cdot(-s)\,e^{-st}dt$$

$\lim_{p\to\infty}\left[f'(t)e^{-st}\right]_0^p$
$= \lim_{p\to\infty}\{f'(p)e^{-sp} - f'(0)e^0\}$ （$f'(p)e^{-sp} \to 0$）
$= -f'(0)$ $(\because s>0)$

$-s\int_0^\infty f'(t)e^{-st}dt$
$= -s\mathcal{L}[f'(t)]$
$= -s\{sF(s)-f(0)\}$

公式
$\mathcal{L}[f'(t)]$
$= sF(s)-f(0)$

$$= -f'(0) + s\{sF(s)-f(0)\} = s^2F(s) - sf(0) - f'(0)$$ となる。

以上の結果を，表 **2** にまとめて示す。これを新たな辞書として利用すればいいんだね。

それでは例題 **41**(**P207**) で解説した右図のような LC 回路を，ラプラス変換を使って解いてみよう。

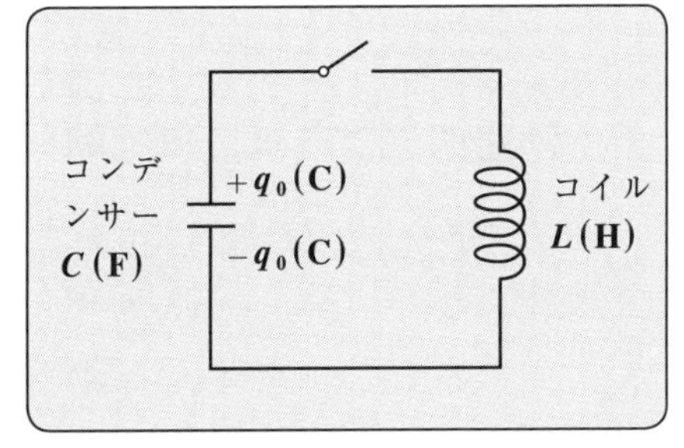

初めに，$\pm q_0$(C) の電荷がコンデンサーに帯電しているとき，時刻 $t=0$ でスイッチを閉じて以降の電荷 $q(t)$ は，次の微分方程式をみたすんだね。

$$\ddot{q}(t) = -\frac{1}{LC}\,q(t) \cdots\cdots ① \quad (\text{初期条件：} q(0)=q_0\ ,\ \dot{q}(0)=0)$$

$t=0$ での $q(t)$ の変化はゆるやかなはずだから，$\dot{q}(0)=0$ とする。

ここで，$q(t)$ のラプラス変換を $\mathcal{L}[q(t)] = Q(s)$ とおくこととして，①の両辺をラプラス変換すると，

$$\underbrace{\mathcal{L}[\ddot{q}(t)]}_{s^2Q(s)-sq(0)-\dot{q}(0)} = \mathcal{L}\left[-\underbrace{\frac{1}{LC}}_{\omega^2\text{（定数）とおく。}}q(t)\right]$$

公式：$\mathcal{L}[f''(t)] = s^2F(s) - sf(0) - f'(0)$

$$s^2Q(s) - s\underbrace{q(0)}_{q_0} - \underbrace{\dot{q}(0)}_{0} = -\omega^2 Q(s)$$

$$(s^2+\omega^2)Q(s) = sq_0 \qquad \therefore Q(s) = \frac{q_0\cdot s}{s^2+\omega^2} \quad \cdots\cdots②$$ となる。

よって，②の両辺をラプラス逆変換して $q(t)$ を求めると，

$$\underbrace{\mathcal{L}^{-1}[Q(s)]}_{q(t)} = \underbrace{\mathcal{L}^{-1}\left[q_0\cdot\frac{s}{s^2+\omega^2}\right]}_{q_0\mathcal{L}^{-1}\left[\frac{s}{s^2+\omega^2}\right]=q_0\cos\omega t}$$ より，

公式：$\mathcal{L}^{-1}\left[\frac{s}{s^2+a^2}\right] = \cos at$

$q(t) = q_0\cos\omega t$ ……③ となって，P209 と同じ結果が導ける。

後は，③の両辺を t（時刻）で微分すれば電流 $i(t)$ も，

$i(t) = \dfrac{dq(t)}{dt} = -q_0\omega\sin\omega t$ と求めることができるんだね。大丈夫？

● *RLC* 回路もラプラス変換で解こう！

では次，P213 で解説した *RLC* 回路についても，ラプラス変換で解いてみよう。ここで，新たに利用するラプラス変換の公式は次の 2 つだ。

$$\begin{cases} \mathcal{L}[\sin at] = \dfrac{a}{s^2+a^2} \\ \mathcal{L}[e^{at}f(t)] = F(s-a) \end{cases}$$

（ただし，$\mathcal{L}[f(t)] = F(s)$）

これらの証明は自分で確認してみるといいよ。

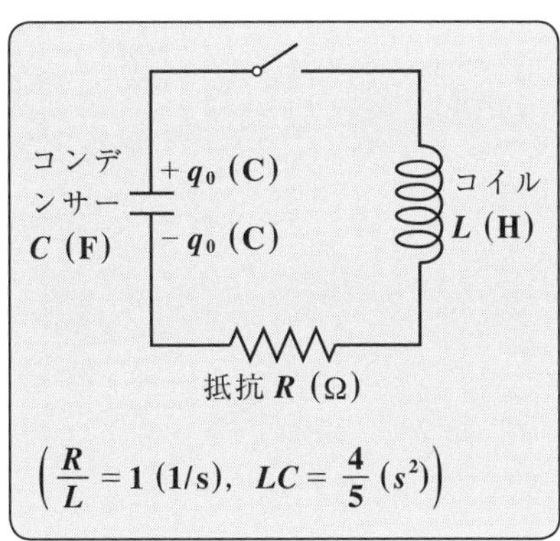

P213 で解説したように，この RLC 回路のコンデンサーの電荷を $q(t)$ とおくと，この微分方程式は，次のようになる。

$\ddot{q}+\dfrac{R}{L}\dot{q}+\dfrac{1}{LC}q=0$ ……①

①に，$\dfrac{R}{L}=1\ (1/\mathrm{s})$，$LC=\dfrac{4}{5}\ (\mathrm{s}^2)$ を代入すると，

$\ddot{q}+\dot{q}+\dfrac{5}{4}q=0$ ……②　となる。

ここで，$q(t)$ のラプラス変換を $\mathcal{L}[q(t)]=Q(s)$ とおくことにして，②の両辺をラプラス変換すると，

$$\underbrace{\mathcal{L}[\ddot{q}(t)]}_{s^2Q(s)-sq(0)-\dot{q}(0)}+\underbrace{\mathcal{L}[\dot{q}(t)]}_{sQ(s)-q(0)}+\frac{5}{4}\underbrace{\mathcal{L}[q(t)]}_{Q(s)}=0$$

公式：
$\mathcal{L}[\dot{f}(t)]=sF(s)-f(0)$
$\mathcal{L}[\ddot{f}(t)]=s^2F(s)-sf(0)-\dot{f}(0)$

$$s^2Q(s)-s\underbrace{q(0)}_{q_0}-\underbrace{\dot{q}(0)}_{0}+sQ(s)-\underbrace{q(0)}_{q_0(\text{初期条件})}+\frac{5}{4}Q(s)=0$$

$$\left(s^2+s+\frac{5}{4}\right)Q(s)=q_0(s+1)\qquad\left\{\left(s+\frac{1}{2}\right)^2+1\right\}Q(s)=q_0(s+1)$$

$$\therefore\ Q(s)=q_0\frac{\left(s+\frac{1}{2}\right)+\frac{1}{2}}{\left(s+\frac{1}{2}\right)^2+1}=q_0\left\{\frac{s+\frac{1}{2}}{\left(s+\frac{1}{2}\right)^2+1}+\frac{1}{2}\cdot\frac{1}{\left(s+\frac{1}{2}\right)^2+1}\right\}\ \cdots\cdots③$$

後のラプラス逆変換のために $\left(s+\dfrac{1}{2}\right)$ の形を保っておこう！

③が求められたので，③の両辺をラプラス逆変換して，$q(t)$ を求めることができる。ここで，公式：$\mathcal{L}[e^{at}f(t)]=F(s-a)$ より，

$\mathcal{L}^{-1}[F(s-a)]=e^{at}f(t)=e^{at}\cdot\mathcal{L}^{-1}[F(s)]$ となることに気を付けて，

$$q(t)=\mathcal{L}^{-1}[Q(s)]=q_0\mathcal{L}^{-1}\left[\frac{s+\frac{1}{2}}{\left(s+\frac{1}{2}\right)^2+1}+\frac{1}{2}\cdot\frac{1}{\left(s+\frac{1}{2}\right)^2+1}\right]$$

$$=q_0e^{-\frac{1}{2}t}\mathcal{L}^{-1}\left[\frac{s}{s^2+1}+\frac{1}{2}\cdot\frac{1}{s^2+1}\right]$$

公式：
$\mathcal{L}^{-1}[F(s-a)]=e^{at}\mathcal{L}^{-1}[F(s)]$
（今回は，$a=-\frac{1}{2}$ の場合だね。）

$$=q_0e^{-\frac{1}{2}t}\left\{\underbrace{\mathcal{L}^{-1}\left[\frac{s}{s^2+1}\right]}_{\cos t}+\frac{1}{2}\underbrace{\mathcal{L}^{-1}\left[\frac{1}{s^2+1}\right]}_{\sin t}\right\}$$

公式：
$\mathcal{L}^{-1}\left[\frac{s}{s^2+a^2}\right]=\cos at$
$\mathcal{L}^{-1}\left[\frac{a}{s^2+a^2}\right]=\sin at$
（これは，$a=1$ の場合だね。）

$\therefore\ q(t)=q_0e^{-\frac{1}{2}t}\left(\cos t+\frac{1}{2}\sin t\right)$ となる。

よって，この *RLC* 回路を流れる電流 $i(t)$ は，
$i(t)=\dot{q}(t)$ より求められるので，

公式：$(fg)'=f'\cdot g+f\cdot g'$

$$i(t)=\dot{q}(t)=q_0\left\{-\frac{1}{2}e^{-\frac{1}{2}t}\left(\cancel{\cos t}+\frac{1}{2}\sin t\right)+e^{-\frac{1}{2}t}\left(-\sin t+\cancel{\frac{1}{2}\cos t}\right)\right\}$$

$=q_0\cdot\left(-\frac{5}{4}\right)e^{-\frac{1}{2}t}\sin t=-\frac{5}{4}q_0e^{-\frac{1}{2}t}\sin t$ となって，P215 で求めた結果と一致するんだね。これも，面白かったでしょう？

この *Appendix* では，ラプラス変換の入門ということで，本当に基礎的なものしか扱っていないんだけれど，これでも，ラプラス変換の威力を十分にご理解頂けたと思う。さらに，本格的なラプラス変換をマスターされたい方は，**「ラプラス変換キャンパス・ゼミ」（マセマ）**で是非勉強して頂きたい。

天才ヘヴィサイドが考案し，その後，カールソンやブロムウィッチ等，優秀な数学者によって洗練された理論として組み立てられた，奥深くて面白いこの“ラプラス変換”の世界を十分に堪能して頂けると思います。

 Term・Index 

あ行

か行

さ行

た行

な行

は行

ま行

や行

ら行

わ行

メモ

スバラシク実力がつくと評判の
電磁気学 キャンパス・ゼミ
改訂10

マセマ

著　者　馬場 敬之
発行者　馬場 敬之
発行所　マセマ出版社
〒 332-0023 埼玉県川口市飯塚 3-7-21-502
TEL 048-253-1734　FAX 048-253-1729
Email：info@mathema.jp
https://www.mathema.jp

編　集	七里 啓之
制作協力	高杉 豊　印藤 治　滝本 隆 野村 直美　滝本 修二 野村 大輔　瀬口 訓仁 秋野 麻里子　間宮 栄二 町田 朱美
カバーデザイン	馬場 冬之
ロゴデザイン	馬場 利貞
印刷所	中央精版印刷株式会社

平成 20 年 4 月 14 日　初版発行
平成 23 年 3 月 14 日　改訂 1　4 刷
平成 26 年 4 月 26 日　改訂 2　4 刷
平成 27 年 10 月 21 日　改訂 3　4 刷
平成 29 年 1 月 27 日　改訂 4　4 刷
平成 30 年 2 月 15 日　改訂 5　4 刷
平成 31 年 1 月 17 日　改訂 6　4 刷
令和 元 年 12 月 15 日　改訂 7　4 刷
令和 3 年 2 月 22 日　改訂 8　4 刷
令和 4 年 4 月 15 日　改訂 9　4 刷
令和 5 年 6 月 14 日　改訂 10 初版発行

ISBN978-4-86615-306-3 C3042